寵物食品概論

馬海樂 主編

Introduction to Pet Food

目錄

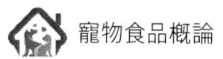

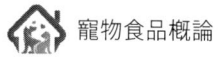

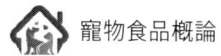

第一章

緒論

寵物是人類出於非經濟目的而飼養的動物，通常指的是人類為了精神目的而飼養的犬和貓等伴侶動物，是家庭中的重要成員。飼養寵物是現代社會人類追求精神寄託、豐富生活內容、緩解生活壓力、提高生活品質的重要方式，在現代社會生活中占有不可忽視的地位。

寵物食品是寵物經濟中最早興起的市場，也是寵物消費中的最大支出。寵物食品，指經工業化加工、製作的供寵物直接食用的產品，可為各種寵物提供基礎的生命保障和生長發育的營養，是介於人類食品與傳統畜牧飼料之間的高檔動物食品（圖1-1）。儘管寵物食品仍屬於動物飼料，但其與傳統飼料又有區別，而寵物食品的購買者是寵物主人，他們並不追求利潤，而是更關注於寵物食品的品質和品牌。

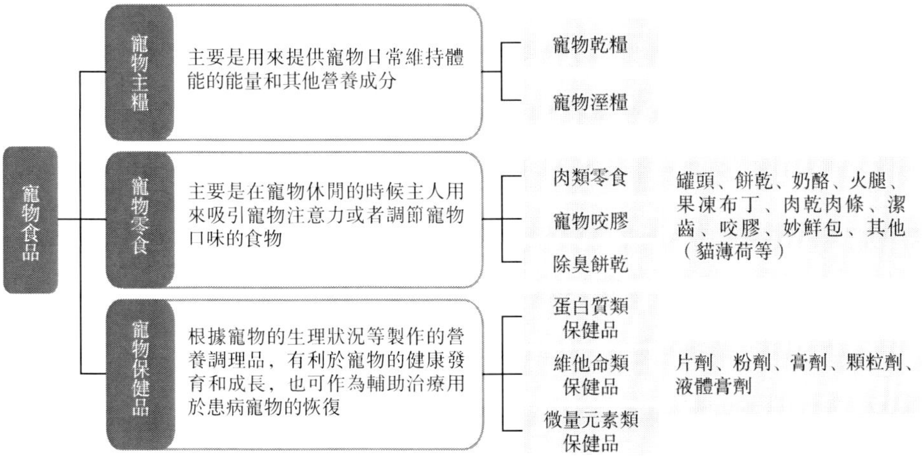

圖1-1　寵物食品分類

一 世界寵物食品行業發展概況

西方寵物食品行業起步較早，1860年代，第一份商業犬糧在美國誕生，經過長期發展，2020年全球寵物食品市場規模為980.7億美元，其中美國和歐盟市場規模約占總量的68.2%，遠高於世界其他國家。160多年的發展中，寵物食品類型不斷增多，如餅乾、罐頭、乾製膨化食品等，有關原料要求、製作工藝、衛生要求等方面的標準也逐漸建立，經營多樣化成為市場的顯著特徵。

已開發國家寵物食品產業已有百年的歷史，並且由於人們生活水準的提高、消費觀念的改變，人們逐漸用購買來的加工型食品餵養寵物，更加注重寵物食品中的營養搭配。為滿足消費者的消費需求，寵物食品產業也已逐漸成熟，並形成規模。2020年全球寵物飼料產量為2 930萬t，較2019年的2 770萬t同比成長5.8%，同時受益於南非等一些新興市場的快速發展，2020年全球寵物食品市場規模為980.7億美元，較2019年的946.8億美元同比成長3.6%。但經過多年的競爭和發展，全球寵物行業已經呈現出了越來越集中的態勢，瑪氏和雀巢兩家公司體系比較完善並幾乎壟斷了全球寵物食品市場近50%的份額。2018年，世界排名前五位的寵物食品生產企業分別為瑪氏、雀巢普瑞納、斯味可、希爾斯和鑽石寵物食品，這5家企業的合計市場銷售額為379.77億美元，占前十企業總收入的89.84%。這些企業在長期市場競爭中，獲得了豐富的市場開拓經驗，擁有較高的品牌知名度、美譽度及忠誠度，並且具有雄厚的產品研發及資金優勢，是全球寵物食品行業的風向標（表1-1）。由於市場發展比較成熟，寵物食品作為寵物行業的一個重要分支，是寵物市場最大的銷售點，全球寵物食品市場占整個寵物行業的比重逐年增加。

表1-1　全球十大寵物食品企業

企業	中文譯名	國家	主要產品
Mars Petcare Inc	瑪氏	美國	貓、犬零食，溼犬糧，溼貓糧，乾犬糧，乾貓糧
Nestlé Purina Pet Care	雀巢普瑞納	美國	半溼貓糧，半溼犬糧，貓零食，犬零食，溼貓糧，乾貓糧，溼犬糧，乾犬糧
J.M.Smucker	斯味可	美國	貓零食，溼貓糧，犬零食，溼犬糧，乾貓糧，乾犬糧
Hill's Pet Nutrition	希爾斯	美國	貓零食，溼貓糧，溼犬糧，犬零食，乾貓糧，乾犬糧
Diamond Pet Foods	鑽石寵物食品	美國	溼貓糧，溼犬糧，犬零食，乾貓糧，乾犬糧
General Mills	通用磨坊	美國	乾犬糧，貓零食，溼犬糧，溼貓糧，犬零食，乾貓糧
Simmons Pet Food	西蒙斯寵物食品	美國	貓零食，溼貓糧，溼犬糧，犬零食，乾貓糧，乾犬糧

（續）

企業	中文譯名	國家	主要產品
Spectrum Brands / United Pet Group	聯合寵物食品	美國	爬行動物食物，寵物鳥食物，小哺乳動物食物，貓零食，犬零食，乾貓糧，乾犬糧
Agrolimen SA（Affinity Petcare）	阿菲利蒂	西班牙	生冷凍/冷藏貓食品，生冷凍/冷藏犬食品，半溼貓糧，半溼犬糧，小哺乳動物食品，貓零食，溼貓糧，溼犬糧，犬零食，乾貓糧，乾犬糧
Unicharm Corp	尤妮佳	日本	半溼貓糧，貓零食，半溼犬糧，溼貓糧，溼犬糧，犬零食，乾犬糧，乾貓糧

（一）歐洲寵物食品行業發展概況

寵物產業在已開發國家已有100多年的歷史，形成了食品、用品、繁育、訓練、醫療等產品與服務組成的全面產業體系。整個產業管理嚴格、責任明確，政府和寵物組織相互配合，產業運行系統化、規範化，已成為國民經濟的重要組成部分。

如今西方的寵物食品行業發展已經非常成熟，歐盟針對寵物食品的管理法規包括法令、指令、決定和建議，以《非人類食用動物副產品的衛生規則》及其修訂指令（EC）NO.829/2007為核心。《非人類食用動物副產品的衛生規則》是目前歐盟針對動物源性寵物食品最完整的一個指令。

作為全球寵物食品消費的重要市場，在經歷了多年的發展之後，歐洲寵物數量與消費規模均處於較高水準。近年來，歐洲寵物食品銷量較為穩定，2020年歐洲寵物食品銷量為850萬t，較上年持平；銷售收入為218億歐元，較上年增加了8億歐元，成長了3.8%，年成長率（過去3年的平均值）為2.8%。整體來看，歐洲寵物食品市場業已進入成熟期，2020年歐洲共有150家寵物食品公司，較上年增加了18家；共有200家寵物食品生產工廠，較2019年持平。由統計結果可看出，俄羅斯的寵物飼養量最多，但是寵物食品市場主要集中在英國、德國、法國等國家，英國占據主導地位；就寵物食品市場份額來看，貓糧市場超過了其他寵物食品的市場。

（二）美國寵物食品行業發展概況

美國是全球第一寵物大國。飼養寵物已經成為美國人生活的重要組成部分，其中犬、貓為美國人主要飼養寵物。從寵物供給側來看，美國在全球寵物食品行業中具有壓倒性優勢。寵物食品在近幾年始終為美國寵物行業消費的第一大支出，近年來，美國寵物食品產業進入平穩成長期，截至2020年末，美國整個寵物市場包括寵物食品和零食在內的銷售額首次超過1 000億美元，其中寵物食品和零食的銷售額超過420億美元，占整個寵物行業銷售額的40.5%。APPA報告稱，2020年，美國70%的家庭飼養超過一隻寵物，隨著年輕人不斷走入社會，寵物市場仍有較大的發展空間。這些正面數據讓製造商和投資者都在關注寵物食品和零食的未來成長。為了突出寵物食品和零食配方的多樣性，一些較大的供應商已在冷凍乾燥設施、魚粉加工、昆蟲蛋白和培養蛋白技術方面投資。在配料方面，美國寵物食品公司不斷推陳出新，將芒草、昆蟲蛋白和發酵酵母培養蛋白等成分引入寵物食品和零食配方中，甚至推出了100%純素食犬糧，寵物食品品類多且全，整個行業體系發展非常成熟。

（三）日本寵物食品行業發展概況

日本是亞洲寵物飼養和消費的大國，受人口高齡化加深、單身人群數量成長等因素影響，日本寵物數量處於較高水準。日本在寵物方面的花費主要在寵物食品、寵物用品和寵物養護方面。近年來，日本受經濟下行的不利因素影響，寵物食品市場規模成長相對較緩，處於穩定但低速成長階段。截至2020年，日本寵物食品市場規模為4 346億日元，較2019年成長僅為2.3%。值得注意的是，由於供需不平衡，日本也是寵物食品主要進口國，從寵物食品進口來看，2019年，日本進口寵物食品達26萬t，占日本國內寵物食品消費總量的44.4%。其中，泰國在日本寵物食品進口總額中占比33%，為日本寵物食品的最大進口國；美國次之，占比16.4%；法國排名第三，占比16%。這三個進口國加起來約占2019年日本寵物食品進口總額的65.4%。在日本寵物市場品牌方面，2019年日本寵物食品行業前五大巨頭為瑪氏、尤妮佳、高露潔、雀巢和稻葉，市場占有率分別為20.1%、13%、9%、7.2%和4.9%。2016—2021年，日本本土品牌尤妮佳和稻葉的市場占有率逐年提升，分別提高1.2%和2.1%。

二 中國寵物食品行業發展概況

本部分所引用數據和分析來自艾瑞諮詢研究院，中國寵物食品行業研究報告（https://www.iresearch.com.cn/Detail/report?id=3883&isfree=0）。

隨著中國寵物經濟的崛起，寵物食品行業也受到了越來越多的關注。近年來，中國寵物食品行業產量不斷增加，主要集中在河北、山東、上海等地。據統計，2021年中國寵物食品行業市場規模達到人民幣1 337億元，其中寵物貓食品規模達到527億元，寵物犬食品規模達到667億元（圖1-2）。

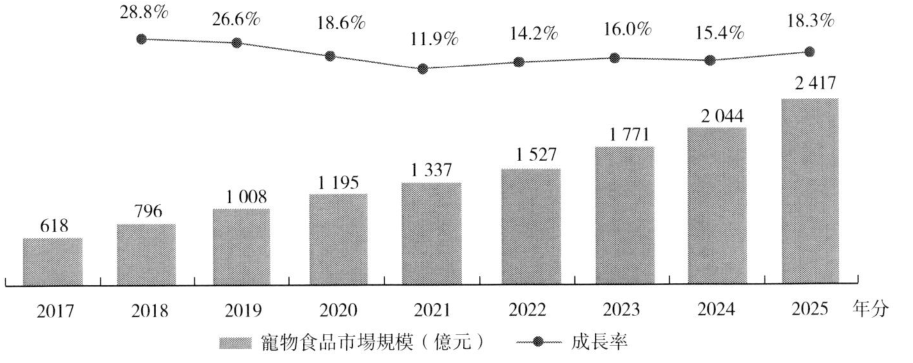

圖1-2　2017—2025年中國寵物食品行業市場規模

相比於其他較為發達的西方國家，中國寵物行業的發展起步較晚，但整體發展速度較為穩定（圖1-3）。自2004年開始，中國寵物經濟以30%的發展速度穩定成長，寵物行業的建設規模也與日俱增。儘管目前中國寵物行業發展勢頭較為迅猛，但受發展起步較晚的影響，中國大部分寵物產品仍無法在激烈的市場競爭中占據有利地位，寵物產品的整體品質也有待提高（表1-2、表1-3）。與此同時，中國較為高級的寵物食物仍依賴於進口，而自主生產的寵物食品又普遍處於中低端品牌市場，無形中拉開了中國與西方國家之間的差距，不利於中國寵物行業實現可持續發展戰略目標。

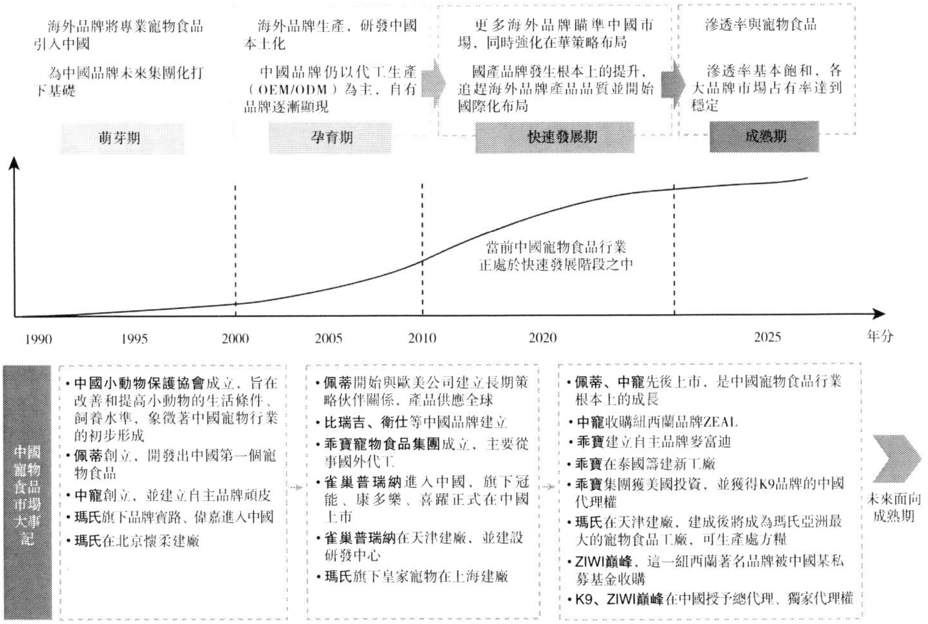

圖1-3　中國寵物食品發展歷史

表1-2　中國、日本、美國寵物食品行業對比分析

項目	中國	日本	美國
寵物種類	犬數量大於貓，貓增速快，犬數量下降	犬數量小於貓，且增速慢於貓	犬數量大於貓，兩者增速相當
	人口密度大，人均占地面積小，居室類型多為公寓樓，寵物活動空間小。老年人口占比增加，人口年齡結構趨於高齡化。因此，出於飼養的便利性、經濟性，多養貓和小型犬	人口密度大，人均占地面積小，居室類型多為公寓樓，寵物活動空間小。老年人口占比增加，人口年齡結構趨於高齡化。因此，出於飼養的便利性、經濟性，多養貓和小型犬	人口密度低，寵物主人多居住於獨棟平房，寵物活動空間大，以犬類為主
市場成長空間	快速成長期	穩定期	飽和期
	行業發展早期，養寵滲透率、養寵支出、寵物食品優質化程度都有很大發展空間	行業發展歷史久，市場生態、產品形態成熟，整體市場空間趨於穩定，成長有限	行業發展歷史久，市場生態、產品形態成熟，整體市場空間趨於穩定，成長有限
行業格局	行業集中度低	行業相對集中	行業集中度高
	市場分散，缺少行業龍頭，2020年行業第一的外資品牌瑪氏市場占有率僅為11.4%	2020年行業第一的外資品牌瑪氏市場占有率高達20.1%，本土品牌尤妮佳位居第二	各類細分市場都存在優勢明顯的龍頭品牌，小企業突圍難度大。雀巢、瑪氏、高露潔等食品生產巨頭入場時間早，實力強勁。2020年行業內份額集中度指標CR4為58.6%
行業發展歷程	後發型，行業起步晚	後發型，行業起步晚	先發型
	早期市場被外資品牌占領，本土企業崛起的契機分別是行銷通路的變化和關稅壁壘的增加	早期市場被外資品牌占領，本土企業崛起的契機分別是行銷通路的變化和關稅壁壘的增加	寵物食品行業隨工業化、現代化發展而發展
歷史文化背景	小農經濟，歷來對犬貓不重視	小農經濟，歷來對犬貓不重視	漁獵經濟、大牧場放牧業，犬貓地位高
	農耕經濟更強調雞、鴨等家禽的作用，犬貓歷來作為輔助性生產生物	農耕經濟更強調雞、鴨等家禽的作用，犬貓歷來作為輔助性生產生物	獵犬對於農場主而言具有重要生產意義，是戰鬥夥伴
行銷通路	線上通路日益超過傳統通路	線上通路日益超過傳統通路	傳統通路為主，線上通路日漸興盛
	2013年前後，以淘寶、京東等為代表的電商崛起帶來了中國線上行銷通路的迅速拓寬，行業行銷通路變革	傳統通路具有垂直型資訊傳遞優勢，年輕寵物主人的增加也使得其線上通路繁榮發展	傳統通路具有垂直型資訊傳遞優勢，年輕寵物主人的增加也使得其線上通路繁榮發展

表1-3　2020年中國、日本、美國寵物食品滲透率與消費水準比較

指標	美國	日本	中國
總人口	3.29億	1.26億	14.43億
家庭戶均人數	2.62	2.33	2.62
家庭戶數	1.26億	5 401萬	5.5億
養寵滲透率	約67%	約21.5%	一、二線城市約39.1%
養寵戶數	8 426萬	1 161萬	2.2億
寵物食品滲透率	約90%	約88.5%	約19%
購買寵物食品的養寵戶	7 583萬	1 028萬	4 093萬
寵物食品市場規模	約382億美元	約44.3億美元	約1 195億元
寵物食品的戶均消費	504美元	431美元	2 920元（約458美元）
寵物食品的人均消費	192美元	185美元	1 114元（約175美元）
人均GDP	63 544美元	39 539美元	一線城市約15.3萬元
寵物食品消費與人均GDP比例	0.3%	0.47%	0.73%

中國針對飼料的管理還存在一定的問題，大部分寵物飼料的原料未進行常規分析，並且由於大部分廠商缺乏專業設備，無法對一些不良物質進行檢測。此外，監管條例在處方糧、營養補充劑、階段性營養標準等方面仍處於空白狀態。

在寵物食品品質方面，中國寵物食品缺乏核心競爭力。中國寵物食品市場起步較晚，部分人仍習慣採用傳統飼養方式給寵物餵殘羹剩飯，這會導致寵物體內某些營養素不均衡，從而危害寵物身體健康；而市場上比較常見的寵物食品品牌基礎研究薄弱，如麥富迪、衛仕、凱銳思、伯納天純等，大多只覆蓋寵物主糧，但隨著寵物行業市場規模的持續擴大及消費者科學養寵意識的不斷提升，寵物主糧行業在發展中迎來了品牌與品類的升級，根據產品形態及功能，寵物主糧可以劃分為1.0剩飯、2.0寵物糧、3.0天然糧和4.0功能糧四個階段。目前中國基本處於2.0寵物糧階段，正向3.0天然糧階段發展（圖1-4）。

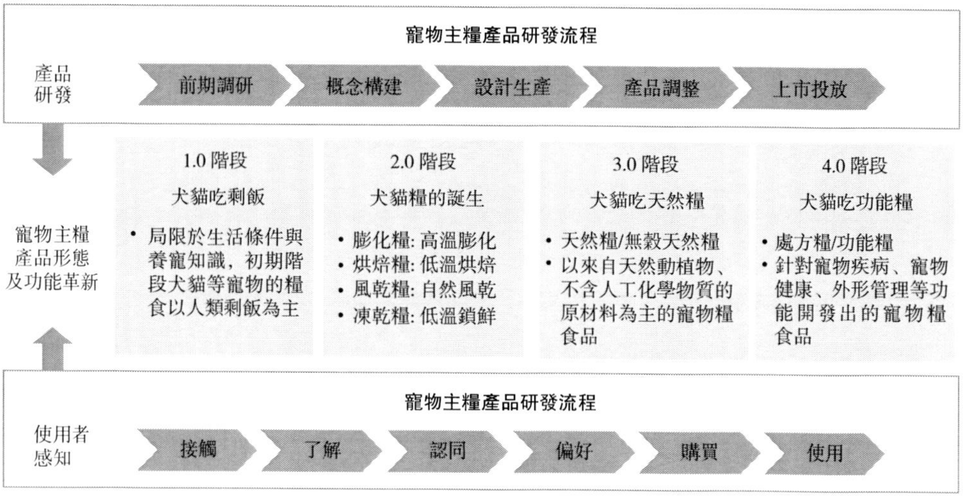

圖 1-4　寵物主糧行業的發展階段

三 寵物食品現代科技前沿

科技是寵物食品產業可持續發展的核心動力，創新是寵物食品產業科技發展的永恆主題，科技創新是寵物食品產業發展的主導力量。近年來，隨著經濟、民生和科學技術的發展，人們對食品產業在經濟轉型發展中的作用寄予了更大的期望，對食品營養、安全、便捷等提出了更高訴求。這些新的變化趨勢對食品產業科技創新提出了新挑戰。只有創新驅動內生成長，才能引領和支撐食品產業的健康持續發展。

寵物食品一方面強調了滿足寵物生存所必需的營養物質，另一方面也附加了人類對於陪伴動物的特殊情感，使得寵物食品的定位介於人類食品和傳統的畜禽飼料之間，越來越多的人類食品加工技術和產品形態被應用於寵物食品的研究。

(一) 替代蛋白資源的技術

一些在人類食品中具有爭議性的蛋白資源（微生物蛋白和昆蟲蛋白），正逐漸成為寵物食品蛋白質替代資源的研究熱點。

1. 微生物蛋白　又稱飼用菌體蛋白，是指透過人工大規模培養細菌、真菌、藻類等微生物（或單核生物），分離提純培養後的細胞質團得到的複合蛋白質。微生物蛋白具有蛋白質含量豐富、生產效率高、資源消耗少、成本低廉等優點。已經有研究證實，符合安全性與食用標準的微生物蛋白可應用於動物飼料甚至人類食品。

2. 昆蟲蛋白　指以昆蟲為原料，經合適提取工藝生產出的一類蛋白質。昆蟲蛋白具有來源廣泛、胺基酸含量高、種類豐富、吸收率高等優點。研究較多的昆蟲蛋白包括黃粉蟲蛋白、黑水虻蛋白和蠅蛆蛋白等。各種來源的替代蛋白在一定程度上緩解了人類和動物消費之間的蛋白質競爭和需求，但寵物食品的替代蛋白應用歷史較短，不同蛋白質原料在畜禽方面研究報導較多，關於犬貓等寵物方面研究較少。因此，寵物食品替代蛋白在應用過程中一方面需要評估寵物主人的接受程度和寵物適口性問題，另一方面也要綜合考慮寵物對於蛋白數量和品質的需求，包括替代蛋白的蛋白含量和胺基酸組成。

（二）加工技術

中國寵物食品企業的加工技術和設備整體落後於已開發國家，關鍵技術和設備多依賴進口，加工標準和品質控制體系尚不健全。以人類食品加工技術為參考，將人類食品成熟的加工技術應用到寵物食品工業化生產中，可有效提升寵物食品產業的加工技術水準。根據加工工藝流程，可將用於寵物食品加工的技術分為原料加工技術、生產加工技術、殺菌及保鮮技術。

1. 原料加工技術

（1）超微粉碎技術　利用機械或流體動力的方法克服固體內部凝聚力使之破碎，從而將3mm以上的物料顆粒粉碎至10～25μm的超微細粉末。超微細粉末具有良好的溶解性、分散性、吸附性、化學反應活性等，廣泛應用於農產品加工、化工、醫藥等許多領域。應用於寵物食品原料預處理加工中，可以保證營養成分不被破壞，保持良好的口感和加工特性，也有利於寵物的消化吸收。

（2）超臨界萃取技術　指以氣體作溶劑，在超臨界點範圍提取目標產物的技術。該技術不但價格便宜，而且超臨界溫度低（31.1℃），對一些熱敏性物質無降解變質作用，溶劑殘留低，提取速度快，提取率和選擇性好等，逐漸成為動、植物原料中所含微量有用或有害成分分離加工的有效手段。在寵物食品加工中，該技術可用於天然產物的分離提取，以及生產添加到寵物食品中的生產成分穩定、效果顯著的寵物保健食品。

2. 生產加工技術

（1）擠壓膨化技術　指利用螺桿的旋轉推進作用，在機械剪切力的作用下，完成輸送、混合、攪拌、流變、加熱、成形等加工過程，生產出新型食品的技術。該技術具有通用性強、效率高、成本低、形式多樣、品質高、能源消耗低等特點，可生產出營養和風味損失少、產品易消化吸收的新型質構產品。擠壓膨化技術多用於生產商品化寵物乾糧，大約95%的寵物乾糧由擠壓膨化技術生產。擠壓膨化技術受多種因素影響，因此研究寵物擠壓膨化食品生產工藝要素的控制，尋找合適的原料配方及加工條件，減少寵物食品中熱敏性營養素的損失，是擠壓膨化技術在寵物食品生產中需要解決的問題。

（2）超高壓食品技術　是將食品的原料充填容皿中，密封後放入裝有淨水的高壓容皿中，施加100～1 000MPa的壓力，利用高壓使蛋白質變性、酶失活，從而殺死微生物，可以避免因加熱引起的食品變色變味、營養損失以及因冷凍引起的組織破壞。超高壓技術生產工業化生骨肉類寵物食品仍處於研究階段，一方面，生肉食品營養成分單一，無法滿足寵物特殊營養需求，需要綜合考慮添加其他物料後的適口性、原料間相互反應、營養和保藏期等問題；另一方面，生肉製品攜帶的耐高壓病原菌和寄生蟲，容易引起寵物健康問題。

（3）遠紅外加熱技術　是一種以輻射為主的加熱過程，利用加熱元件所發出來的紅外線，引起物質分子的激烈共振，達到加熱乾燥的目的。遠紅外加熱與傳統的加熱方法相比，具有熱效率高、加熱品質好、無前處理、無汙染、方便快捷、無破壞性、線上檢測等優點，可保持產品的原有外觀形態和營養成分，滿足寵物食品加工中加熱熔化、乾燥、整形、固化等加工技術要求，用於生產以零食為主的肉乾、肉條、肉纏繞類等產品。

（4）冷凍乾燥技術　又稱眞空冷凍乾燥，是在低壓狀態下將物料凍結到共晶點溫度以下，透過昇華除去物料中水分的一種加工技術。眞空冷凍乾燥技術對食品的色澤、風味、營養成分及生物活性成分影響較小，可以很好地保持食品原有組織結構和骨架，並賦予食品酥脆的口感，滿足長期保存、方便即時和營養健康的需求。近年來，冷凍乾燥技術已開始應用於寵物食品的生產。寵物食品凍乾魚、凍乾雞肉和凍乾鵪鶉是市面上常見的冷凍乾燥寵物食品。因冷凍乾燥產品重量輕，攜帶方便，多數以獎勵作用的寵物零食形式存在。

3. 殺菌及保鮮技術

（1）超高溫殺菌技術　指將物料在2.8s內加熱到135～150℃，再迅速冷卻到30～40℃的殺菌技術。能在極短時間內有效殺死微生物，幾乎可完全保持食品原有的營養成分。超高溫瞬時殺菌的細菌致死時間短，食品成分保存率高。利用高溫殺菌工藝的寵物食品主要是軟包裝罐頭、馬口鐵罐頭、鋁盒罐頭和包裝腸類製品。隨著殺菌工藝的不斷進步，利用超高溫工藝生產安全健康的寵物食品是未來罐裝寵物食品的重點研究方向。

（2）氣調包裝保鮮技術　是向產品包裝內充入一定成分的氣體，以破壞或改變微生物賴以生存繁殖的氣體條件，從而減緩包裝食品的生物化學質變，達到保鮮目的。氣調包裝用的氣體通常為CO_2、O_2、N_2或它們的組合氣體。該技術可用於寵物鮮糧的生產，保持鮮肉、水產等產品的原始營養成分和風味。氣調包裝保鮮效果取決於包裝前鮮肉衛生指標、包裝材料阻隔性、封口品質和所用氣體配比，以及包裝肉儲存環境溫度。因此，氣調包裝保鮮技術在寵物鮮糧的生產中需要嚴格控制加工環境。

四 寵物食品技術態勢分析

（一）寵物食品基礎研究分析

為檢索出與寵物食品相關的研究與綜述論文，根據專家提供的檢索詞，以數據為支撐，運用定量分析與定性分析的深度融合方法，收集數據，建立分析框架，探究與解讀中外研究主題與特徵。

選擇中國知網和WOS論文作為中外文資訊源，其中中文檢索式為：SU%='寵物'*('食品'+'飼料'+'營養'+'犬食品'+'貓食品'+'添加劑'+'功能食品'+'功能糧'+'功能性食品'+'保健食品'+'補充劑'+'主糧'+'主食'+'零食'+'膳食平衡'+'休閒食品'+'處方食品'+'處方糧'+'天性糧'+'天然糧'+'乾糧'+'溼糧')；時間跨度為2012—2021年，共找到598條結果，經清理得到密切相關文獻485篇。

在WOS核心合集中選擇3個庫Science Citation Index Expanded（SCI，SSCI，CPCI-S）進行檢索，英文檢索式為：TS=（("pet" or "pets" or "domestic cats" or "domestic dogs"）near（"food" or "feed" or "diet" or "nutrition" or "nourishment" or "Pet dog food" or "pet cat food" or "dog-food" or "cat-food" or "additive" or "supplements" or "functional food" or "functional grain" or "health* food" or "staple food" or "staple food grain" or "dietary balance" or "balanced meal" or "staple food" or "snack*" or "snack foods" or "prescription food" or "natural food" or "natural grain" or "solid food" or "dry food" or "wet food" or "wet grain" or "pet treats" or "supplementary feeding" or "protein" or "nutrient" or "carbohydrate" or "fat" or "obesity" or "fiber" or "canine nutrition" or "feline nutrition" or "digestibility" or "digestible")）；時間跨度為2012—2021年。共找到4 785條結果，經清理得到密切相關文獻512篇。

1. 寵物食品研究總體趨勢

（1）國際論文逐年發文量分布　2012—2021年10年，國際論文中有關寵物食品的文獻共計512篇，從圖1-5可以看出，發表數量呈現逐年遞增的趨勢。2012年的發文量為31篇，在2021年達到105篇，相關研究發表數量漲幅較大，成長了2.4倍。

（2）中國論文逐年發文量分布　2012—2021年10年，共發表論文485篇，根據圖1-6分析，中國關於寵物食品研究呈現波浪形發展趨勢。在2013年、2019年分別出現發文量小高峰。2021年的相關研究有74篇，出現新高，是最低點2016年的2倍多，表明中國寵物食品研究有趨熱的跡象。

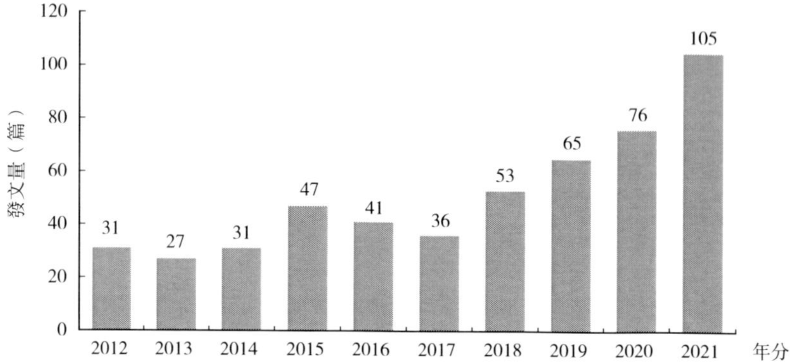

圖 1-5　WOS論文發文量年代分布

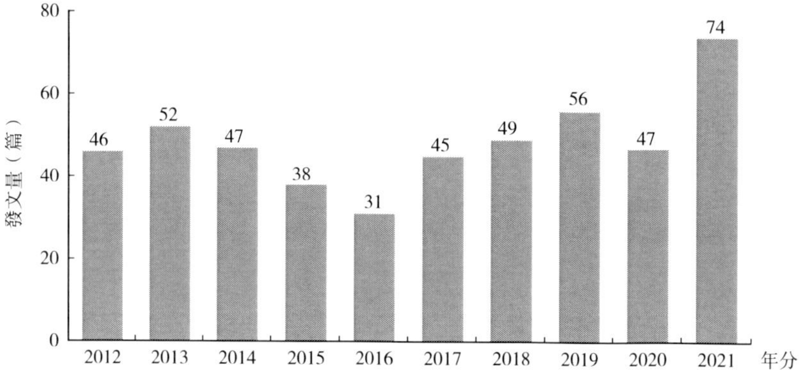

圖 1-6　中國論文發文量年代分布

2. 國際論文計量分析

(1) 國際論文來源　全球共有41個國家開展了關於寵物食品的研究，其前20位的國家見圖1-7。其中，美國的發文量最多，達到183篇，大幅領先於其他國家。發文量前10位的國家分別是美國、巴西、義大利、英國、德國、中國、加拿大、法國、西班牙和波蘭，上述10個國家在這一技術主題中的發文量占總量的72%。

分析發文量前6位國家發文變化發現（圖1-8），2012—2021年10年，美國在寵物食品研究的發文量一直處於領先，並在2021年有爆發式成長。此外，中國也愈加關注此類研究，發文量也呈現波動上升趨勢。

(2) 國際機構發文分布　全球發表的關於寵物食品研究論文前24位機構見表1-4，其中美國有11家，荷蘭有2家，加拿大、巴西、澳洲、芬蘭、比利時、南非、德國、西班牙、蘇格蘭、義大利和葡萄牙分別有1家。發文量排名前10位的機構依次是美國堪薩斯州立大學、美國伊利諾伊大學、加拿大貴湖大學、巴西聖保羅大學、美國愛荷華州立大學、澳洲雪梨大學、美國食品藥品監督管理局、美國康乃爾大學、芬蘭赫爾辛基大學、美國北卡羅萊納州立大學、美國俄勒岡州立大學、比利時根特大學。

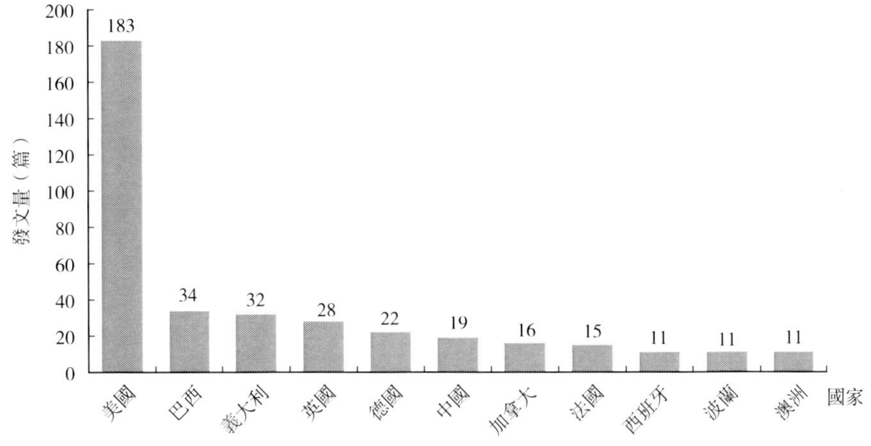

圖1-7 發文國家分布

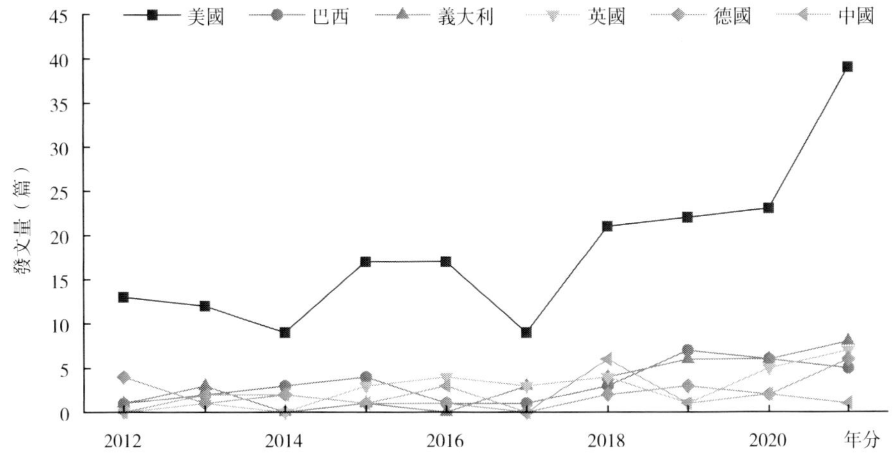

圖1-8 論文前6位國家近10年時間分布

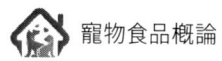

表1-4　寵物食品研究機構前24位

排序	作者機構	發文量（篇）	國家
1	堪薩斯州立大學	24	美國
2	伊利諾伊大學	23	美國
3	貴湖大學	10	加拿大
4	聖保羅大學	9	巴西
5	愛荷華州立大學	8	美國
5	雪梨大學	8	澳洲
5	美國食品藥品監督管理局	8	美國
8	康乃爾大學	7	美國
9	赫爾辛基大學	7	芬蘭
10	北卡羅萊納州立大學	6	美國
10	俄勒岡州立大學	6	美國
10	根特大學	6	比利時
13	普渡大學	5	美國
13	加州大學戴維斯分校	5	美國
13	誇祖魯-納塔爾大學	5	南非
16	希爾思寵物營養品公司	4	美國
16	慕尼黑大學	4	德國
16	普瑞納寵物食品公司	4	美國
16	巴塞隆納自治大學	4	西班牙
16	愛丁堡大學	4	蘇格蘭
16	巴都亞大學	4	義大利
16	波多大學	4	葡萄牙
16	烏得勒支大學	4	荷蘭
16	瓦赫寧恩大學	4	荷蘭

(3) 國際期刊發文分布　該主題發表論文涉及的期刊有516種，發文量最多的前5位是（表1-5）：《動物雜誌》（*ANIMALS*）（36篇）、《動物科學學報》（*JOURNAL OF ANIMAL SCIENCE*）（24篇）、《動物生理學與動物營養學雜誌》（*JOURNAL OF ANIMAL PHYSIOLOGY AND ANIMAL NUTRITION*）（24篇）、《公共科學圖書館·綜合》（*PLOS*

ONE)（15篇）、《北美獸醫臨床：小型動物診療》（*VETERINARY CLINICS OF NORTH AMERICA–SMALL ANIMAL PRACTICE*）（14篇）。

表1-5 寵物食品研究發文期刊前20位

排序	期刊名	發文量（篇）
1	《動物雜誌》（*ANIMALS*）	36
2	《動物科學學報》（*JOURNAL OF ANIMAL SCIENCE*）	24
2	《動物生理學與動物營養學雜誌》（*JOURNAL OF ANIMAL PHYSIOLOGY AND ANIMAL NUTRITION*）	24
4	《公共科學圖書館·綜合》（*PLOS ONE*）	15
5	《北美獸醫臨床：小型動物診療》（*VETERINARY CLINICS OF NORTH AMERICA-SMALL ANIMAL PRACTICE*）	14
6	《獸醫學前沿》（*FRONTIERS IN VETERINARY SCIENCE*）	11
7	《食品保藏雜誌》（*JOURNAL OF FOOD PROTECTION*）	10
7	《獸醫學研究》（*BMC VETERINARY RESEARCH BMC*）	10
9	《動物飼料科學與技術》（*ANIMAL FEED SCIENCE AND TECHNOLOGY*）	9
10	《科學報告》（*SCIENTIFIC REPORTS*）	7
10	《國際協會雜誌》（*JOURNAL OF AOAC INTERNATIONAL AOAC*）	7
10	《食品》（*FOODS*）	7
13	《獸醫實踐問題K：小動物/寵物》（*TIERAERZTLICHE PRAXIS AUSGABE KLEINTIERE HEIMTIERE*）	6
14	《獸醫記錄》（*VETERINARY RECORD*）	5
14	《全面環境科學》（*SCIENCE OF THE TOTAL ENVIRONMENT*）	5
14	《小動物診治雜誌》（*JOURNAL OF SMALL ANIMAL PRACTICE*）	5
14	《國際食品微生物學雜誌》（*INTERNATIONAL JOURNAL OF FOOD MICROBIOLOGY*）	5
14	《環境科學與技術》（*ENVIRONMENTAL SCIENCE & TECHNOLOGY*）	5
14	《人類與動物學》（*ANTHROZOOS*）	5
20	《世界眞菌毒素雜誌》（*WORLD MYCOTOXIN JOURNAL*）	4

（4）論文被引國別分析　對全球各國發表的關於「寵物食品」研究論文的被引頻次進行分析，並計算其篇均被引頻次。總被引頻次和篇均被引頻次的高低說明研究的影響力大小，發表論文數前10位國家的論文總被引頻次和篇均被引頻次見表1–6。論文總被引頻次排名前3位的為美國、中國、義大利；篇均被引排名前3位為中國、西班牙、美國。

表1-6　寵物食品研究國家被引頻次分析

國家	發文量		總被引頻次		篇均被引頻次	
	篇	排序	頻次	排序	頻次	排序
美國	183	1	2 486	1	13.58	3
巴西	34	2	238	5	7.00	9
義大利	32	3	340	3	10.63	4
英國	28	4	242	4	8.64	6
德國	22	5	180	6	8.18	7
中國	20	6	345	2	17.25	1
加拿大	16	7	129	8	8.06	8
法國	15	8	76	10	5.07	10
西班牙	11	9	151	7	13.73	2
波蘭	11	10	99	9	9.00	5

同時，以論文被引頻次總計、平均被引頻次和發文量為數據源製作出國家被引頻次分析氣泡圖，其中橫座標表示發文量，縱座標表示篇均被引頻次，氣泡大小表示總被引頻次（圖1-9）。

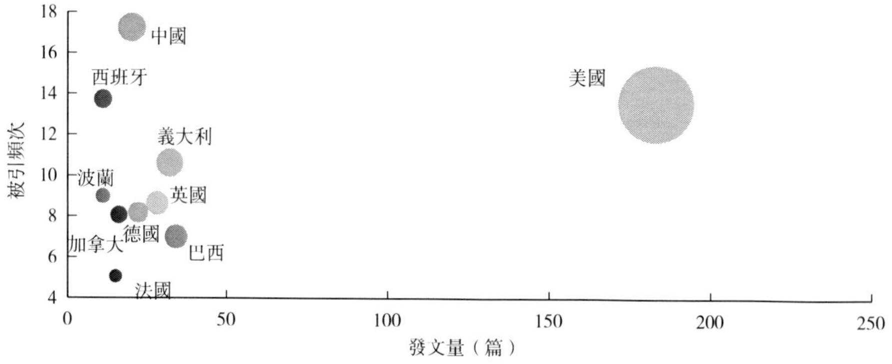

圖1-9　發文量前10位國家被引頻次氣泡圖

綜合比較，美國在該領域的研究實力相對較強，發文量、被引頻次總計和篇均被引頻次均較高，尤其是發文量處於遙遙領先位置，顯示出了超強的實力。其次，就發文量而言，巴西處於第2位次，但其總被引頻次與篇均被引頻次排名卻靠後，論文的被關注度和影響力尚有待提升。此外，可以明顯看到中國的發文量雖處於中間位次，但總被引頻次與篇均被引頻次卻名列前茅，論文得到了較高的關注，影響力也較強。發文量排名第3位的義大利，其總被引頻次與篇均被引頻次排名也處於第3位，說明其研究的產出與影響力較為平衡，而西班牙的發文量與總被引頻次排名雖然並不靠前，但其篇均被引頻次卻位於第2位，說明其研究成果中存在影響力較強的論文；除此之外的英國、德國、加拿大、波蘭發文量排名與被引頻次排名基本平衡。

（5）國際論文作者分析　寵物食品研究國際論文發文作者前13位見表1-7，其中美國有7位，義大利有3位，南非、波蘭和加拿大各有1位。發文量排名前13位的第一作者依次是Alvarenga, IC（美國）、Donadelli, RA（美國）、Singh, SD（南非）、Morelli, G（義大利）、Hall, JA（美國）、Lambertini, E（美國）、Kilburn, LR（美國）、Kerr, KR（美國）、Kazimierska, K（波蘭）、Goi, A（義大利）、Dodd, SAS（加拿大）、Di Cerbo, A（義大利）、Deng, P（美國）。

表1-7　國際論文作者發文量前13位

排序	第一作者	發文量（篇）	國家
1	Alvarenga IC	8	美國
2	Donadelli RA	5	美國
3	Singh SD	4	南非
3	Morelli G	4	義大利
3	Hall JA	4	美國
6	Lambertini E	3	美國
6	Kilburn LR	3	美國
6	Kerr KR	3	美國
6	Kazimierska K	3	波蘭
6	Goi A	3	義大利
6	Dodd SAS	3	加拿大
6	Di Cerbo A	3	義大利
6	Deng P	3	美國

對國際論文作者的被引頻次進行分析，篩選出排名前10位的作者（表1-8）。其中，被引量最多的作者是Laflamme DP，達到93次，排名第10的Mao JF的被引頻次有71次，差距不大，說明寵物食品領域被引頻次排名前10位的國際作者影響力相差不大。此外，來自中國的Zhou QC與Mao JF也進入了前10位榜中，顯示出中國學者也有較強影響力。

表1-8　國際論文發文作者被引頻次前10位

排序	作者	被引頻次	國家
1	Laflamme DP	93	美國
2	Dorne JL	91	義大利
3	Fulkerson CM	80	美國
4	Brooks D	76	美國
5	Okuma TA	75	美國
5	Athreya V	75	印度
7	Zhou QC	74	中國
8	Hall JA	73	紐西蘭
9	Stejskal V	72	美國
10	Mao JF	71	中國

3. 中國論文計量分析

(1) 中國研究機構發文分布　對中文文獻發文機構的發文量進行分析，發表論文數前12位的機構及其發文量見圖1-10。

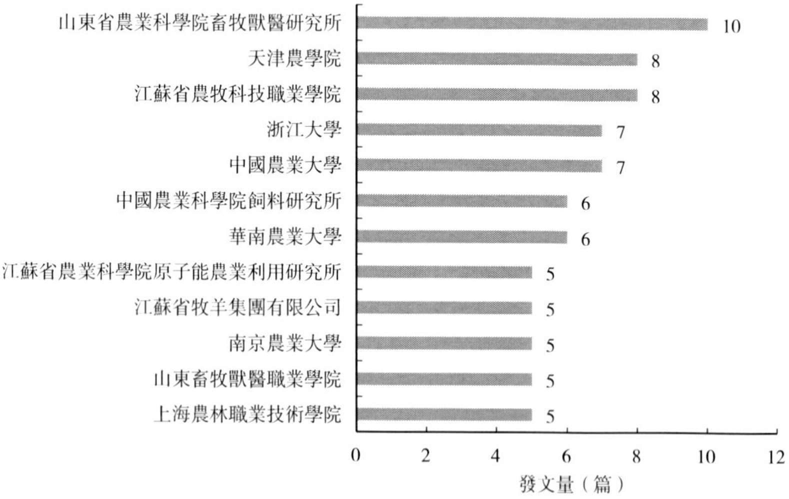

圖1-10　中文文獻發文機構前12位

(2) 中國研究作者分布　對中文文獻的作者的發文量與被引頻次進行統計分析，發表論文數前10位的作者及其發文量、被引頻次見表1-9。

(3) 中國發文期刊分布　對中文文獻發文期刊的發文量進行分析，發表論文數前

11位的期刊及其發文量見圖1-11。

表1-9　中文文獻發文作者前10位

排序	作者	發文量（篇）	被引頻次
1	孫海濤	10	29
1	陳雪梅	10	29
1	林振國	10	29
4	劉　策	9	27
5	朱佳延	7	31
6	馮　敏	7	31
7	王德寧	7	31
8	楊　萍	7	31
9	顧貴強	7	31
10	張建斌	6	4

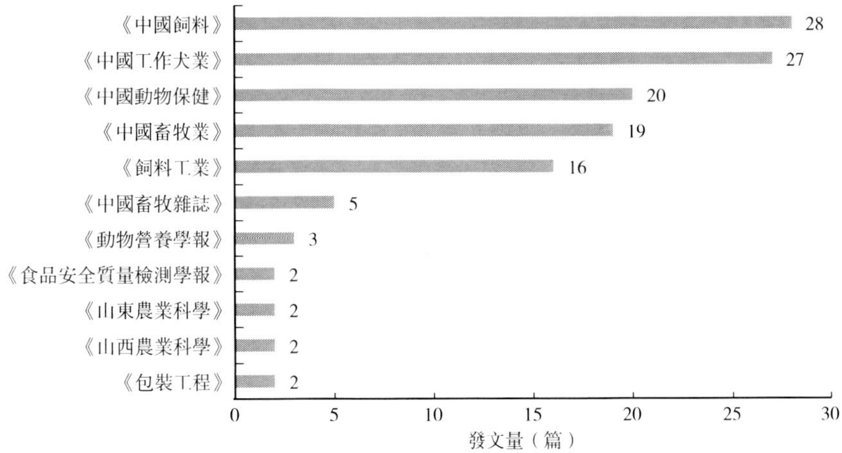

圖1-11　中文文獻發文期刊前11位

4. 寵物食品研究主題分析

（1）中文文獻分析

①聚類分析：中文文獻的聚類主要分為寵物食品、寵物飼料、寵物行業、寵物和動物養殖五大類

a. 寵物食品類：#0寵物食品以關鍵字「寵物食品」為中心，與其相關的包括食品的生產加工、營養成分、銷售等方面。

b. 寵物飼料類：#1寵物飼料& #6飼料以關鍵字「寵物飼料」和「飼料」為中心，聚類#1寵物飼料的常用詞包括「畜牧業」、「飼料工業」、「農業部」、「推介會」等；聚類#6飼料的關鍵字主要以「檢測」和各類化學物質為主，如「三聚氰胺」、「牛黃」等。

c. 寵物行業類：#2寵物行業以關鍵字「寵物經濟」和「寵物市場」為核心，主要包含醫療、美容、保險等行業。

d. 寵物類：#3寵物犬和#4寵物兩個聚類主要是寵物的醫療和保健，如「疾病防控」、「腸道健康」、「慢性腹瀉」等。

e. 動物養殖類：#5動物養殖聚類的關鍵字較為零散，一部分節點偏向#0寵物食品，如「添加劑」等；一部分節點偏向#3寵物犬，如「獸藥」。

②突現詞分析：2012—2021年共出現5個突現詞，其中突現強度最高的是「寵物飼料」，但是持續時間只有1年（2012—2013年）；突現時間較近的有3個關鍵字，分別是「添加劑」、「寵物醫療」和「寵物行業」，突現時間開始於2018年。這表明寵物食品研究領域從早期關注食品本身逐漸向寵物食品與醫療結合以及行業宏觀發展（圖1-12）。

關鍵字	年分	頻率	起始年	截止年	2012—2021年
寵物飼料	2012	4.77	2012	2013	
飼料工業	2012	3.15	2012	2016	
添加劑	2012	3.39	2018	2019	
寵物行業	2012	2.65	2018	2021	
寵物醫療	2012	2.47	2018	2019	

圖1-12　中文文獻突現詞分布

（2）英文文獻分析

①聚類分析：文獻聚類為8類，分別是#0 risk factor（衝突因素）；#1 deoxyribonucleic acid（去氧核糖核酸）；#2 raw meat-based diet（生肉飲食）；#3 precision-fed cecectomized rooster assay（精密餵養）；#4 spay surgery（結紮手術）；#5 gastrointestinal tolerance（腸胃耐受性）；#6 dietary fibre（膳食纖維）；#7 individual feed ingredient（特殊飼料成分）（圖1-13）。

②突現詞分析：2012—2021年共出現5個突現詞，其中突現強度最高的是identification（辨識），突現時間是2017—2018年；突現時間較近的還有2個關鍵字，分別是starch（澱粉）和salmonella（沙門氏菌），突現時間開始於2016年和2020年（圖1-14）。

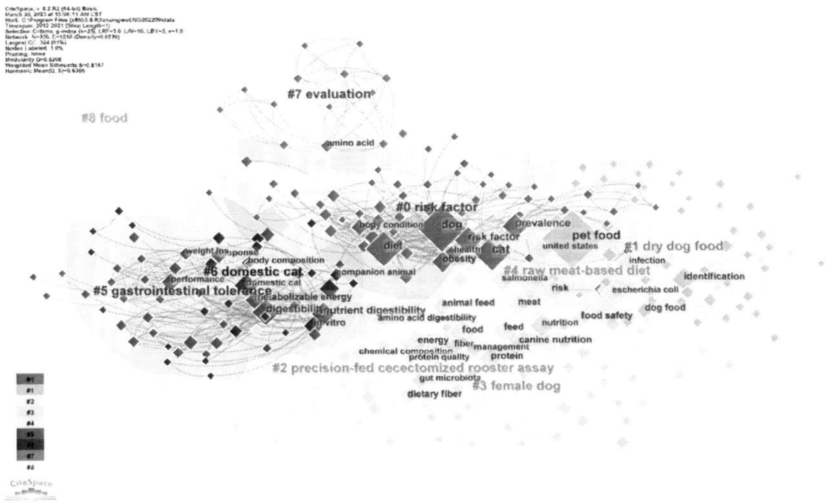

圖 1-13 英文文獻聚類分析圖譜

關鍵字	年分	頻率	起始年	截止年	2012—2021年
animal	2012	2.73	2012	2014	
domestic cat	2012	3.06	2013	2014	
starch	2012	2.84	2016	2017	
identification	2012	3.53	2017	2018	
salmonella	2012	3.08	2020	2022	

圖 1-14 英文文獻突現詞分布

（二）寵物食品專利技術分析

寵物食品專利態勢分析 本次項目檢索主要採用電腦檢索，所使用的數據源為IncoPat全球專利數據庫。數據區域統計範圍為全球。海內外專利數據截至2022年7月31日。

專利數據具有滯後性。《專利法》規定：發明專利申請的公開期限是自申請日起18個月，如果專利發明人請求提前公開，專利在申請之日起6個月後公開；對於實用新型專利申請和外觀設計專利申請，專利局審核符合授權條件核准授權時才進行公告。

本次專利分析工作截取的專利數據是公開日為2022年7月31之前的專利數據，因此，專利申請日早於2022年7月31日但公開日晚於該日期的專利文件未列入本次分析中。

（1）寵物食品領域專利技術趨勢分析

①專利申請和公開時間趨勢：圖1-15為寵物食品全球年度專利申請量和中國年度專利申請量時間趨勢。從圖1-15中來看，寵物食品的專利申請起步於1960年代，但是

前期研究進展緩慢，在1997年的專利申請量首次超過100件，經歷一段時間的上升後，又經歷一段短暫的回落，之後持續上升，到2015年達到一個高峰，發展勢頭持續至今，雖有一點回落，但總體趨勢是上升。進一步分析表明，這一趨勢中主要是由於美國、中國、日本、瑞士研究的貢獻。全球專利申請量在2018年的數量從圖中看略有所下降，原因之一是因為當時全球寵物食品市場發展較早，已進入成熟階段，整體格局較為穩定。而中國也受全球環境影響，在2019年的數量有一個回落。

另外，有些研發團隊會在專利申請和商業祕密保護之間有所平衡，專利是無論時間的遲與早，終會公開來換取保護，所以也有部分研發團隊會選擇透過商業祕密來保護新的方案；再者，還有一部分研發團隊會側重於發表高水準的文章來體現研發成果。因此，本書中的數據不一定全面代表本技術領域全部的研發狀態，僅從專利角度解讀寵物食品研發的動態。

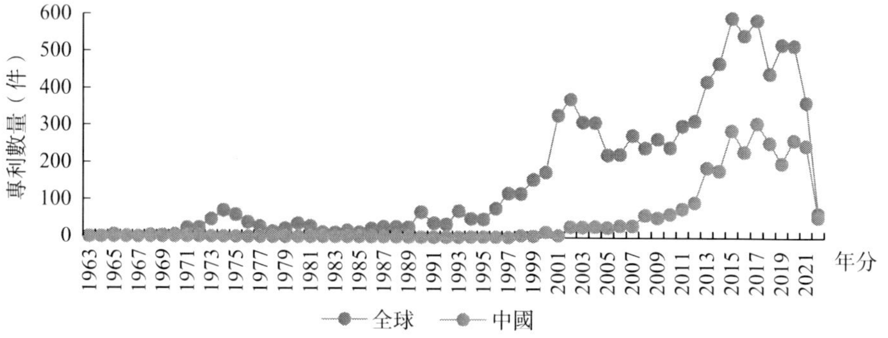

圖1-15　全球與中國範圍內寵物食品相關專利申請趨勢

②專利技術國家/地區分布：圖1-16展示的是寵物食品技術來源國家/地區分布，圖1-17展示的是寵物食品主要市場國家/地區，透過該分析可以了解寵物食品在不同國家技術創新的活躍情況和重要的目標市場。

全球有50餘個國家/地區開展了與寵物食品有關的專利申請。從圖1-16專利技術的來源國家/地區可以看出，美國申請的專利技術最多，占全部專利的32%。中國和日本分列第2和第3位，三者合計占71%，說明主要專利技術掌握在這些國家。從圖1-16和圖1-17可以看出，美國、中國和日本是這一技術的輸出國，其技術來源比例高於市場應用比例；他們也同時是重要的應用市場，分列前3位。此外，歐洲、澳洲也是重要的應用市場。

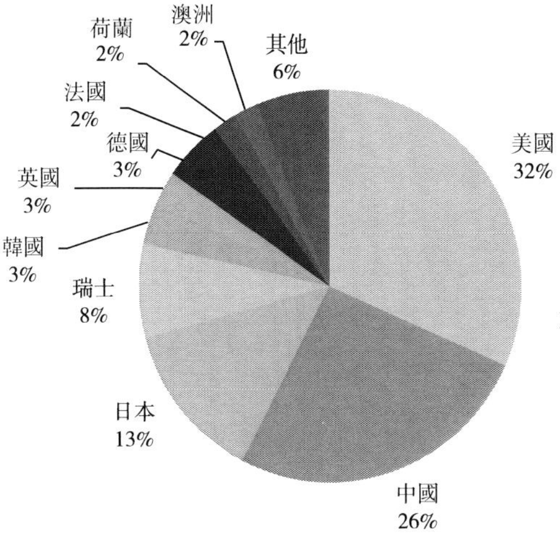

圖1-16　寵物食品相關技術來源國家/地區分布

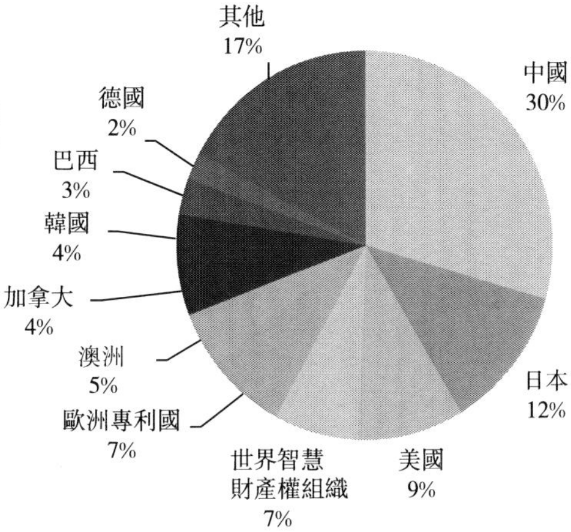

圖1-17　寵物食品相關技術市場國家/地區分布

③主要國家專利數量年度變化趨勢：由圖1-18可以看出，美國和日本是較早開始相關研究的國家，並在相當長時期內一直領先於其他各國。但自2013年起，中國在該領域獲得的專利後來居上。而且，中國專利在該領域迅速成長的勢頭保持至今。

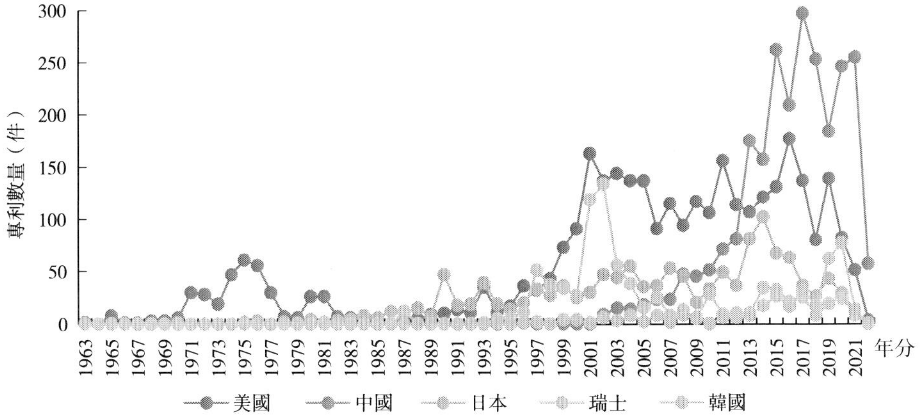

圖1-18　寵物食品前五位國家時間趨勢

從圖1-18中還可以看出，美國和日本基本上持續平穩，雖有小幅度上升和回落，但總體還是趨於平穩。其中，美國在2018年有一個非常明顯的回落，而這也可能是導致之前該領域專利總體趨勢出現回落的原因；而日本在2014年出現一個高峰，與全球趨勢基本保持一致。另外，韓國在2000年後，專利申請數量出現上升，瑞士在2000年基本保持平穩狀態。

(2) 寵物食品領域應用競爭對手分析　從檢索結果看，全球有多家企業或大學進行寵物食品的應用研發。前10位專利申請人見表1-10。其中，美國共有6家品牌進入全球前10位，優勢較明顯；雀巢位居第1位，另外是瑪氏、希爾斯、愛慕思、尤妮佳分別居第2～5位。

從專利權人的專利申請時間、2019—2021年的專利百分比以及市場布局看，各專利申請人的發展態勢差異很大。其中，帝斯曼（DSM IP ASSETS B V）近3年的專利申請量較多，其次是尤妮佳、瑪氏、希爾斯，說明近些年這幾家企業在寵物食品中的研發情況較好。

表1-10　寵物食品技術申請人前10位

排序	專利申請人名稱	國家	專利數量（件）	近3年專利百分比（%）（2019—2021年）	主要市場分布	專利起始年
1	NESTLE SA	中國	852	5	CN/EP/WO/AU/CA/BR/JP	1981
2	MARS INCORPORATED	美國	599	12.5	CN/EP/WO/AU/US/JP	1973
3	HILL'S PET NUTRITION INC	美國	490	10	CN/EP/WO/JP/AU/CA	2001
4	THE IAMS COMPANY	美國	348	0	CN/EP/WO/JP/AU/CA/AR	1995
5	UNICHARM CORPORATION	日本	279	16.8	CN/JP/EP/WO/US/CA	1995
6	SPECIALITES PET FOOD	法國	116	1.7	EP/WO/US/CA/BR/AU	2007
7	QUAKER OATS CO	美國	104	0	SE/GB/DK/NL/DE	1972
8	DSM IP ASSETS B V	荷蘭	96	29	EP/WO/BR/JP/CA/US	2001
9	RALSTON PURINA CO	美國	83	0	NO/DE/NL/SE/BE/DK	1969
10	COLGATE PALMOLIVE CO	美國	78	1	JP/AU/CA/DK/ EP/WO	1973

（3）寵物食品領域應用專利主題分析

①主題技術分布：按照國家專利分類表（4位），寵物食品相關技術專利申請所涉及的技術方向主要集中在動物餵養飼料（A23K）、食品、食料或非酒精飲料（A23L）、醫用、牙科用或梳妝用的配製品（A61K）等（表1-11）。

②重點國家專利技術布局分析：圖1-19為寵物食品領域專利數量前5個國家/地區在該領域的技術分布情況。可以看出，由於各主要國家/地區的國情不同，它們在該領域的專利技術構成差異較大，但在一些技術如A23K中專門適用於動物的餵養飼料及其生產方法方面均有較多布局。

表1-11 寵物食品專利主要技術類型（國際專利分類）

排序	IPC分類	專利數量（件）	中文釋義
1	A23K	8 292	專門適用於動物的餵養飼料；其生產方法
2	A23L	2 501	食品、食料或非酒精飲料；它們的製備或處理，例如烹調、營養品質的改進、物理處理；食品或食料的一般保存
3	A61K	1 448	醫用、牙科用或梳妝用的配製品
4	A61P	883	化合物或藥物製劑的特定治療活性
5	A01K	606	畜牧業；養鳥業；養蜂業；水產業；捕魚業；飼養或養殖其他類不包含的動物；動物的新品種
6	A23J	394	食用蛋白質組合物；食用蛋白質的加工；食用磷脂組合物
7	A23P	379	食料成型或加工
8	C12N	282	微生物或酶；其組合物；繁殖、保藏或維持微生物；變異或遺傳工程；培養基
9	A23N	239	水果、蔬菜或花球莖相關機械或裝置；大量蔬菜或水果的去皮；製備牲畜飼料裝置
10	A23B	218	保存，如用罐頭儲存肉、魚、蛋、水果、蔬菜、食用種子；水果或蔬菜的化學催熟；保存、催熟或罐裝產品

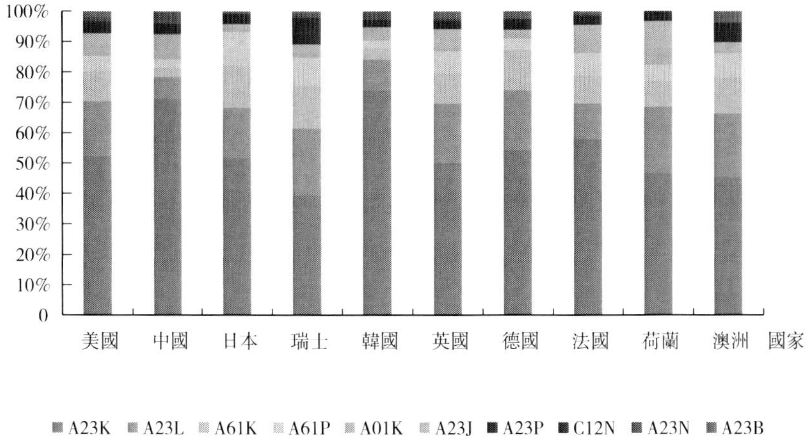

圖1-19 寵物食品專利主要國家技術領域分布

就每項技術在各自國家中的研發比重而言，除了A23K，各個國家在A23L食品、食料或非酒精飲料方面也比較突出；除此之外，美國、日本、瑞士、英國、德國、法國、荷蘭、澳洲還在A61K中在醫用、牙科用或梳妝用的配製品產品比較突出，也說明這些國家在寵物的營養健康方面比較注重；而中國、韓國在A01K中技術分布較多。

③主要申請人技術布局分析：表1-12為寵物食品領域專利數量前10位申請人的技術分布情況。可以看出，由於各機構的主營業務、定位及研發實力等不同，其專利技術分布有所不同；但是從整體來看，前10位的申請人中，基本在A23K技術領域分布較多。

表1-12　寵物食品專利主要申請人技術領域分布（國際專利分類）（件）

序號	申請人	A23K	A23L	A61K	A61P	A01K	A23J	A23P	C12N	A23B	A23N
1	NESTLE SA	781	422	253	169	35	46	71	100	17	28
2	MARS INCORPORATED	548	195	79	38	24	43	20	3	12	3
3	HILL'S PET NUTRITION INC	488	53	88	80	8	1	11	3	0	0
4	THE IAMS COMPANY	345	59	86	68	15	1	11	1	7	1
5	UNICHARM CORPORATION	278	7	0	0	2	1	2	0	0	0
6	SPECIALITES PET FOOD	116	8	2	7	1	2	0	0	0	0
7	QUAKER OATS CO	96	16	0	0	1	18	2	0	0	0
8	RALSTON PURINA CO	89	34	2	2	3	8	1	0	7	2
9	DSM IP ASSETS B V	75	30	19	17	0	11	0	2	0	0
10	COLGATE PALMOLIVE CO	75	12	33	8	0	5	9	0	0	1

除了A23K這一領域，雀巢、瑪氏、尤妮佳等還在A23L中有較多分布，而希爾斯和愛慕思在A61K中分布較多，其他領域也有相關涉及，從分類號來看，各個申請人主要的分類都基本類似，對於不同的食品種類或技術不同，還會涉及一些其他技術領域。

筆者團隊對寵物食品的專利申請做了進一步的分析，重點發現在寵物食品領域中主要研究的技術側重點，從技術功效上來看，主要集中在提高安全性、吸收好、提高免疫力、健康營養、易消化、提高適口性等方面，這也是目前行業內技術人員較為關注的一個技術重點。

五　寵物食品發展的對策措施與政策建議

為了能促進寵物食品持續健康發展，必須籌集資金，加大寵物食品研發工作的投入；建立健全規章制度和法律法規，強化生產監督檢查機制，提高產品品質；加大科研工作力度，積極開展研究工作；制定寵物食品規劃，明確不同時期目標；實現以企業為主體的企業化生產。

參考文獻

曹樹梅，張曉曼，李嘉，2022．寵物食品行業研究綜述［J］．合作經濟與科技（13）：98-99.

陳寶江，劉樹棟，韓帥娟，2020．寵物腸道健康與營養調控研究進展［J］．飼料工業，41（13）：9-13.

陳渺，齊曉，孫皓然，等，2022．寵物食品適口性評估方法研究進展［J］．廣東畜牧獸醫科技，47（3）：55-59.

陳穎鋸，2020．寵物貓肥胖症原因及治療［J］．獸醫導刊（9）：53-53.

程智蓁，張雙其，楊慶倫，等，2021．高濃度CO_2氣調包裝對冷藏草魚品質的影響［J］．食品工業，42（12）：196-201.

董忠泉，2021．國際寵物食品市場與中國寵物食品產業發展展望［J］．今商圈（9）：98-101.

馮果燁，楊麗雪，2022．新時代寵物經濟的發展研究［J］．中國市場（9）：66-67.

苟夢星，王嵐，翟江洋，等，2022．昆蟲蛋白的功能特性及其應用研究現狀［J］．肉類工業（4）：49-53.

何小娥，2018．2017年歐洲寵物市場：多因素聚合推動寵物食品市場發展［J］．中國畜牧雜誌，54（11）：147-149.

洪蕾蕾，2022．我國寵物食品行業發展狀況［J］．福建畜牧獸醫，44（3）：17-19.

胡慧靈，李惠俠，2021．益生菌在寵物中的應用研究進展［J］．畜牧產業（8）：61-66.

江移山，2021．寵物食品行業存在的問題和對策探討［J］．現代食品（7）：54-56.

寇慧，文曉霞，葉思廷，等，2021．微生物發酵生產飼用菌體蛋白的研究進展［J］．飼料工業，42（21）：26-33.

李棟，薛瑞婷，2022．用昆蟲蛋白原料替代豆粕對肉雞生長性能和腸道健康的影響［J］．中國飼料（6）：101-104.

李娜，2022．昆蟲蛋白質資源開發應用研究進展［J］．現代牧業，6（1）：46-49.

李欣南，阮景欣，韓鐫竹，等，2021．寵物食品的研究熱點及發展方向［J］．中國飼料（19）：54-59.

劉小英，2013．當前寵物管理中存在的問題及建議［J］．湖北畜牧獸醫，34（6）：89.

馬峰，周啟升，劉守梅，等，2022．功能性寵物食品發展概述［J］．中國畜牧業（10）：123-124.

毛愛鵬，孫皓然，張海華，等，2022．益生菌、益生元、合生元與犬貓腸道健康的研究進展［J］．動物營養學報，34（4）：2140-2147.

魏琦麟，向蓉，康樺華，等，2022．寵物食品研究進展［J］．廣東畜牧獸醫科技，47（3）：13-19，25.

夏咸柱，2010．寵物與寵物保健品［J］．中國獸藥雜誌，44（10）：6-8，19.

徐舒怡，肖佳怡，朱嘉璐，等，2021．益生菌發酵豆粕降解抗營養因子的研究進展［J］．現代農業（5）：50-54.

薛瑞嬋，羅新雨，朱蕾，等，2022．我國寵物食品消費狀況的統計調查研究［J］．統計學與應用，11（3）：537-550.

周維維，劉禕帆，謝曦，等，2021．超微粉碎技術在農產品加工中的應用［J］．農產品加工（23）：67-71.

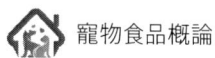

朱淑婷，2019．寵物產業國內寵物食品企業崛起［J］．中國工作犬業（7）：62-63.

Bagw A, 2008．Animal companions, consumption experiences, and the marketing of pets: Transcending boundaries in the animal–human distinction［J］. Journal of Business Research, 61 (5) : 377–381.

Becques A, Larose C, Baron C, et al., 2014．Behaviour in order to evaluate the palatability of pet food in domestic cats［J］. Applied Animal Behaviour Science, 159: 55–61.

Cerbo AD, Morales-Medina JC, Palmieri B, et al., 2017．Functional foods in pet nutrition: Focus on dogs and cats［J］. Research in Veterinary Science, 112: 161–166.

Cva D, 2021．Insights into Commercial Pet Foods［J］. Veterinary Clinics of North America: Small Animal Practice, 51 (3) : 551–562.

Di DB, Kadri K, Gregory AC, 2018．Pet and owner acceptance of dry dog foods manufactured with sorghum and sorghum fractions［J］. Journal of Cereal Science, 83: 42–48.

Dvm S, 2021．Pros and cons of commercial pet foods (including grain/grain free) for dogs and cats［J］. Veterinary Clinics of North America: Small Animal Practice, 51 (3) : 529–550.

Goi A, Manuelian C L, S Currò, et al., 2019．Prediction of mineral composition in commercial extruded dry dog food by near-Infrared reflectance spectroscopy［J］. Animals: an Open Access Journal from MDPI, 9 (9) : 640–651.

Lyng J, Cai Y, Bedane T F, 2022．The potential to valorize myofibrillar or collagen proteins through their incorporation in an Extruded Meat Soya Product for use in Canned Pet Food［J］. Applied Food Research, 2 (1) : 100068.

Manbeck A E, Aldrich C G, Alavi S, et al., 2017．The effect of gelatin inclusion in high protein extruded pet food on kibble physical properties［J］. Animal Feed Science & Technology, 232: 91–101.

Mcgee N, Radosevich J, Rawson N E, 2014．Chapter 27-Functional Ingredients in the Pet Food Industry: Regulatory Considerations［J］. Nutraceutical and Functional Food Regulations in the United States and Around the World (Second Edition) , 497–502.

Melanie E R, Slater M R, Ward M P, 2010．Companion animal knowledge, attachment and pet cat care and their associations with household demographics for residents of a rural Texas town［J］. Preventive Veterinary Medicine, 94 (3–4) : 251–263.

Mgba B, Drm C, Tm D, et al., 2022．Promising perspectives on novel protein food sources combining artificial intelligence and 3D food printing for food industry［J］. Trends in Food Science & Technology, 128: 38–52.

Mishyna M, Keppler JK, Chen J, 2021．Techno-functional properties of edible insect proteins and effects of processing［J］. Current Opinion in Colloid & Interface Science, 56: 26–31.

Parks, A R, Brashears, 2016．Validation of pathogen destruction in dry pet foods after production and bagging under simulated industry conditions［J］. Meat Science, 112: 167–168.

Perrine D, Kadri K, Pascal P, et al., 2020．How the odor of pet food influences pet owners, emotions: A cross cultural study［J］. Food Quality and Preference, 79: 103772.

Pauline M, Alicia G, Leah L, 2021．A literature review on vitamin retention during the extrusion of dry pet food［J］. Animal Feed Science and Technology, 277: 114975.

Renata D, Carine S, Emma O, 2020．Demographics and self-reported well-being of Brazilian adults as a function of pet ownership: A pilot study [J] . Heliyon, 6 (6) : e04069.

Serra-Castelló C, Possas A, Jofré A, et al., 2022 · Enhanced high hydrostatic pressure lethality in acidulated raw pet food formulations was pathogen species and strain dependent [J] . Food Microbiology, 104: 104002.

Sinan C, 2015 · The importance of house pets in emotional development [J] . Procedia - Social and Behavioral Sciences, 185: 411-416.

Strengers Y, Pink S, Nicholls L, 2019 · Smart energy futures and social practice imaginaries: Forecasting scenarios for pet care in Australian homes [J] . Energy Research & Social Science, 48: 108-115.

Thompson A, 2008 · Ingredients: where pet food starts [J] . Topics in Companion Animal Medicine, 23 (3) : 127-132.

Viana LM, Mothé CG, Mothé MG, 2020 · Natural food for domestic animals: A national and international technological review [J] . Research in Veterinary Science, 130: 11-18.

Wehrmaker A M, Bosch G, Goot A, 2021 · Effect of sterilization and storage on a model meat analogue pet food [J] . Animal Feed Science and Technology, 271: 114737.

Yadav B, Roopesh MS, 2020 · In-package atmospheric cold plasma inactivation of Salmonella in freeze-dried pet foods: Effect of inoculum population, water activity, and storage [J] . Innovative Food Science & Emerging Technologies, 66: 102543.

第二章

寵物主糧

寵物，作為人類伴侶，在飼養過程中人們更關注牠們的健康和長壽。寵物主糧能夠提供最基礎的營養，以保證寵物正常的生長、發育、繁殖和對外界環境的抵抗能力。中國具有豐富的農副產品和畜禽資源，可以為寵物提供營養全面均衡、消化吸收率高、配方科學、品質標準、飼餵方便的寵物主糧。寵物主糧中的營養成分主要包括水分、蛋白質、碳水化合物、脂肪、維他命及礦物質等。優質的寵物主糧還能夠幫助寵物預防疾病和延長壽命（Raditic，2021）。

第一節 寵物主糧的基礎營養

一 水分

水雖然不是能量來源，且在寵物日糧的研究中討論最少，但其在寵物營養方面卻有著極為重要的作用。寵物體內含水50%～80%，寵物絕食期間，消耗掉機體全部脂肪、超半數蛋白質或失去40%體重時仍能生存，但喪失約10%的水分就會引起機體代謝紊亂，失水15%時發生死亡。犬消耗的水量遠大於貓，貓利用水的能力更強，為減少水的流失，貓的尿液濃度很高，但這是引發貓尿結石的原因之一。充分供給寵物清潔衛生的水，才能維持寵物正常的生理活動，保證寵物機體健康（王景芳和史東輝，2008）。

（一）水的生理作用

寵物體內水的作用複雜，許多特殊的生理作用都依賴於水：①水是構成寵物機體乃至細胞的主要成分，分布於各組織中，構成機體內環境；②水是營養物質代謝的載體，參與體內的物質代謝和生化反應，在消化、吸收、循環、排泄過程中，促進營養物質的吸收和運送，協助代謝廢物透過糞便、汗液及呼吸等途徑排泄；③維持體液正常滲透壓及電解質平衡，維持血容量；④經皮膚和黏膜蒸發散熱，維持機體溫度恆定；⑤對眼睛、關節、肌肉等組織具有潤滑、緩衝和保護作用（韓丹丹和王景方，2007；王秋梅和唐曉玲，2021）。

（二）水的來源

寵物水來源於飲用水、食物水及代謝水（圖2-1）。

1. 飲用水　是寵物獲得水分的主要方式，飲水量與動物種類、生理狀況、食物成分、環境溫度等有關。當食物水和代謝水變化時，寵物可依靠飲水來調節體內的水準衡。

2. 食物水　寵物透過攝食獲得的水分，隨食物種類而異，如犬乾糧含水量低於14%，罐裝食物水分含量往往超過75%，顆粒配合日糧含水量遠低於鮮溼日糧。

3. 代謝水　是細胞中營養物質氧化分解或合成過程中產生的水，如氧化100g脂肪、碳水化合物和蛋白質產生的水分別是1.07、0.55、0.41mL，即每100kJ能量代謝可產生10～16g代謝水；1分子葡萄糖參與糖原合成可產生1分子水；代謝水產量取決於動物代謝率和食物組成，一般占總攝水量的5%～10%（韓丹丹和王景方，2007）。

（三）水的排出

排水量過少會使代謝產生的廢物在體內堆積，影響細胞正常的生理功能。機體內水分的排出路徑見圖2-1。

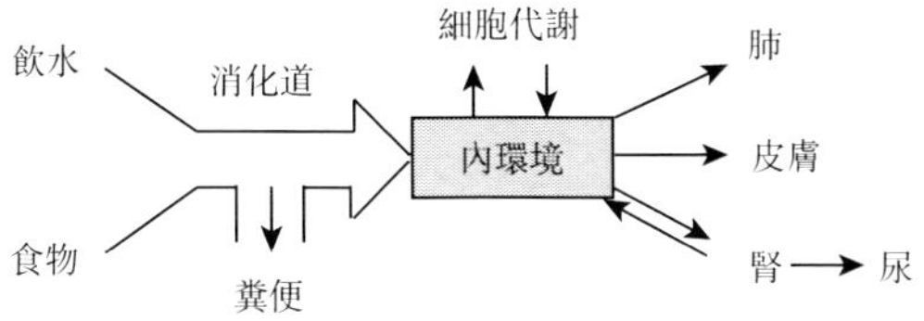

圖2-1　寵物體內水分的主要來源及排出路徑

1. 尿、糞失水　動物從尿液排出的水分約占總排水量的50%。排尿量受動物種類、飲水量、日糧性質、活動量及環境溫度等因素影響。其中，飲水量影響最大，飲水越多，尿量越大；活動量越大、環境溫度越高，尿量越少。一般來說，透過糞便排出的水量與分泌到消化道中的大量液體相比是很少的，只有當腸道吸收功能受到嚴重干擾或腹瀉時，才會透過糞便丟失大量水分。

2. 皮膚和肺呼吸蒸發　皮膚排水方式有兩種：一是由微血管和皮膚體液擴散到皮表蒸發，二是透過汗液排水。皮膚排汗與散發體熱、調節體溫密切相關。具有汗腺的動物，在高溫下透過出汗排出大量水分。犬貓沒有汗腺，不能透過排汗散失水分和降低體溫。動物呼出的氣體水蒸氣幾乎達到飽和，因此，肺呼出氣體的含水量一般大於吸入氣體的含水量。在適宜的環境下，經呼吸散失的水分是恆定的；隨環境溫度升高和活動量增加，動物呼吸頻率加快，經肺呼出的水分增加。缺乏汗腺或汗腺不發達的動物體內水的蒸發，大多以水蒸氣的形式經肺呼氣排出。

3. 其他方式　哺乳寵物的乳汁含水量較高，因此泌乳也是寵物排水的方式之一。在高溫情況下，貓體內的一部分水透過唾液而減少，是因為唾液被用來溼潤被毛和透過水分蒸發降溫。患病寵物可能透過出血、嘔吐、腹瀉等大量丟失水分（王金全，2018）。

（四）寵物失水的危害

寵物獲得水分是間斷性的，而水分的排出時刻都在進行。飲水不足引起機體缺水時，食物的消化、吸收發生障礙，營養物質的運輸和代謝廢物的排除發生困難，且機體健康受到損害。機體缺水導致寵物死亡的速度要比飢餓快得多，失水量達到體重1%～2%時，寵物表現為乾渴、食慾減退、尿量減少；失水量達到8%～10%時，寵物食慾喪失、代謝紊亂、生理失常；失水15%會引起寵物死亡（McCluney，2017）。

在大多數情況下，按照水和代謝能1：1的比例為寵物提供水是很合理的。高溫環境、運動後或飼餵較乾的食物時，應增加飲水量。有報導表明，正常情況下，成年犬每天每公斤體重需要100mL水，幼犬每天每公斤體重需要150mL水。

二　蛋白質和胺基酸

蛋白質是生命活動的執行者，參與生命所有過程，如遺傳、發育、繁殖、物質和能量代謝、壓力、思維和記憶等。1878年恩格斯提出，生命是蛋白體的存在形式。蛋白質是寵物體內除水分外含量最高的物質，約占體重的50%，在寵物營養中具有重要地位。胺基酸是構成蛋白質的基本單位，其種類、數量和結合方式不同，組成了不同結構和功能的蛋白質（張冬梅和陳鈞輝，2021；Li等，2007）。

（一）蛋白質的生理功能

1. 構成機體組織、器官的基本物質　寵物的肌肉、神經、結締組織、腺體、皮膚、毛髮、血液等都以蛋白質為主要成分，起著傳導、運輸、支持、保護、連接、運動等多種功能。肌肉、心、肝、脾、腎等組織器官中蛋白質占乾物質重量的80%以上；蛋白質也是乳汁和毛皮的主要組成成分。

2. 機體內功能物質的主要成分　在寵物生命和代謝活動中起催化作用的酶、調節代謝和生理活動的激素和神經傳遞物、具有免疫和防禦機能的抗體，都是以蛋白質為主體構成的；肌肉收縮、血液凝固、物質運輸等也是由蛋白質來實現的；此外，蛋白質在維持體內的滲透壓和水分的正常分布方面也起著重要作用。因此，蛋白質不僅是結構物質，而且是維持生命活動的功能物質。

3. 組織再生、修復和更新的必需物質 在新陳代謝過程中，寵物組織和器官中的蛋白質不斷更新，舊蛋白質不斷分解，新蛋白質不斷合成；另外，在組織受創傷時，需供給更多的蛋白質作為修補的原料。同位素測定結果表明，犬貓全身蛋白質6～7個月可更新一半。

4. 遺傳物質的基礎 遺傳物質DNA與組蛋白結合成的核蛋白複合體存在於染色體上，將攜帶的遺傳資訊透過自身的複製傳遞給下一代。在DNA複製過程中，涉及30多種酶和蛋白質的參與協同。

5. 供能和轉化為醣、脂肪 蛋白質的主要作用不是氧化供能，但在分解過程中，可氧化產生部分能量。當寵物攝取蛋白質過量、胺基酸組成不平衡、機體能量不足時，蛋白質可轉化為醣、脂肪或者分解供能，每克蛋白質在體內氧化分解可產生17.19kJ的能量。其中，白胺酸和離胺酸為生酮胺基酸，異白胺酸、色胺酸、蘇胺酸、苯丙胺酸和酪胺酸為生糖兼生酮胺基酸，而其餘胺基酸均為生糖胺基酸。實踐中應盡量避免將蛋白質作為能源物質（王金全，2018）。

（二）胺基酸的生理功能

常見的胺基酸有20多種，根據對寵物的營養作用，通常將胺基酸分為必需胺基酸和非必需胺基酸。

1. 必需胺基酸 是指寵物體內不能合成或合成數量很少，不能滿足寵物營養需求，必須從食物獲得的胺基酸，缺少時會影響寵物的生長、大腦發育、新陳代謝和其他功能。犬的必需胺基酸有10種，即精胺酸、色胺酸、離胺酸、組胺酸、蛋胺酸、纈胺酸、異白胺酸、苯丙胺酸、白胺酸和蘇胺酸。貓除上述10種外還有一種非常重要的必需胺基酸，即牛磺酸（Sinclair等，2019）。

2. 非必需胺基酸 是指在寵物體內能利用含氮物質和酮酸合成，或可由其他胺基酸轉化替代，無需飼糧提供即可滿足寵物營養需求的胺基酸，如丙胺酸、麩胺酸、絲胺酸、羥麩胺酸、脯胺酸、瓜胺酸、天門冬胺酸等。

必需和非必需胺基酸都是寵物合成體蛋白不可缺少的，且它們之間的關係密切。某些必需胺基酸是合成某些特定非必需胺基酸的前體，如果日糧中某些非必需胺基酸不足，則會動用必需胺基酸來轉化替代，如蛋胺酸脫甲基可轉變為胱胺酸和半胱胺酸。非必需胺基酸絕大部分仍由日糧提供，不足部分才由體內合成，但易引起必需胺基酸的缺乏。因此，日糧組成應盡量做到胺基酸種類齊全且比例適當。

限制性胺基酸是指寵物食品所含必需胺基酸的量與動物所需的量相比，比值偏低的胺基酸。這些胺基酸的不足，限制了寵物對其他必需和非必需胺基酸的利用。其中比值最低的稱為第一限制性胺基酸，其他依次為第二、第三、第四……限制性胺基酸。常用禾穀類及其他植物性寵物食品中，離胺酸為第一限制性胺基酸（韓丹丹和王景方，2007）。

各種必需胺基酸的營養功能：

1. **離胺酸**　是幼年寵物生長發育必需的營養物質，參與骨骼肌、酶、血清蛋白、激素等的合成；透過參與脂肪代謝的必需輔助因子肉鹼的生物合成而參與能量代謝；透過與鈣、鐵等礦物質元素螯合形成可溶的小分子單體，促進礦物質元素吸收；離胺酸是一種非特異性的橋分子，能將抗原與T細胞相連，使其產生特異效應，增強機體免疫。缺乏時，寵物食慾降低，消瘦，生長停滯，紅血球中血紅素減少，皮下脂肪減少，骨的鈣化失常。

動物性食物和豆類富含離胺酸，堅果中離胺酸含量也較多。穀類食物中離胺酸含量低，且在加工過程中易被破壞，因此，離胺酸是穀類的第一限制性胺基酸（田穎和時明慧，2014；賈紅敏等，2020）。

2. **蛋胺酸**　是機體代謝中的甲基供體，透過甲基轉移參與腎上腺素、膽鹼和肌酸的合成；在肝臟脂肪代謝中，參與脂蛋白合成，將脂肪輸出肝外，防止產生脂肪肝，降低膽固醇；此外，具有促進寵物被毛生長的作用。蛋胺酸脫甲基後可轉變為胱胺酸和半胱胺酸。缺乏蛋胺酸會導致寵物發育不良，體重減輕，食慾下降，精神憂鬱，眼睛出現異常分泌物。

3. **色胺酸**　參與血漿蛋白的更新，並與血紅素、菸鹼酸的合成有關；能促進維他命B_2發揮作用，並具有傳遞神經衝動的功能；是幼年寵物生長發育和成年寵物繁殖、泌乳必需的胺基酸。缺乏時，寵物食慾下降、體重減輕。

4. **蘇胺酸**　參與機體蛋白合成。缺乏時，寵物體重下降。蘇胺酸是免疫球蛋白的成分，並作為黏膜糖蛋白的組成成分，有助於形成防止細菌與病毒侵入的非特異性防禦屏障。

5. **纈胺酸**　具有保持神經系統正常機能的作用。缺乏時，寵物生長停滯、運動失調。纈胺酸是免疫球蛋白的成分，能影響寵物的免疫反應。纈胺酸缺乏可明顯阻礙胸腺和外圍淋巴組織的發育，抑制中性粒細胞與嗜酸性粒細胞增殖（王景芳和史東輝，2008）。

6. **白胺酸**　是合成體組織蛋白與血漿蛋白必需的胺基酸；是免疫球蛋白的成分，並能促進骨骼肌蛋白質合成，抑制骨骼肌以外的機體組織蛋白質降解。

7. 異白胺酸 參與體蛋白合成。缺乏時，寵物不能利用食物中的氮。纈胺酸、白胺酸和異白胺酸的生理作用具有共同之處，即在體內除用於合成蛋白質外，當寵物處於特殊生理時期（如飢餓、泌乳、運動）時還能氧化供能，它們在體內分解產生ATP的效率高於其他胺基酸；能夠調節胺基酸與蛋白質的代謝，影響雌性寵物的泌乳與繁殖；並對寵物的免疫反應與健康產生影響（韓丹丹和王景方，2007）。

8. 精胺酸 是生長期寵物的必需胺基酸，缺乏時體重迅速下降；在精子蛋白中約占80%，影響精子的生成；寵物在免疫壓力期間，精胺酸透過產生一氧化氮而在巨噬細胞與淋巴細胞間的黏連與活化中起重要作用。貓對精胺酸的需求量遠大於犬，缺乏時會導致貓流口水、嘔吐、肌肉顫抖、運動失調、痙攣甚至昏迷（張益凡等，2022）。

9. 組胺酸 大量存在於細胞蛋白質中，參與機體的能量代謝，是生長期寵物的必需胺基酸。缺乏時，生長停滯（韓丹丹和王景方，2007）。

10. 苯丙胺酸 是形成毛髮和皮膚黑色素的原料。缺乏時，犬貓的毛色會減退。

11. 牛磺酸 是一種含硫胺基酸，不構成蛋白質，以游離狀態存在膽汁中，促進腸道對膽固醇等類脂的吸收。牛磺酸是貓科日糧的重要組成成分，缺乏時會減緩貓神經組織的成熟並引發退化，可導致貓視覺功能減退甚至失明；牛磺酸能有效防止貓的擴張型心肌病；牛磺酸是貓正常妊娠、分娩及仔貓成活和發育所必需的營養物質。缺乏時，機體組織發生變化，如聽力減弱、白血球減少、腎發育不充分，出現產胎數減少或死胎等生殖異常（Barnett和Burger，1980；Pion等，1992；Sturman等，1986）。

（三）蛋白質來源

蛋白質來源於植物、動物及微生物菌體。其中，植物和動物蛋白是寵物主糧中蛋白質的主要來源，如豆粕、菜籽粕、棉籽粕、魚粉、乳清粉、血粉、雞肉、鴨肉等。蛋白質的品質主要取決於它所含各種胺基酸的平衡狀況和蛋白質的消化率，特別是必需胺基酸的含量和比例，而可利用胺基酸的含量和比例更能準確地表明蛋白質的品質。

理想蛋白質是指該蛋白質的胺基酸在組成和比例上與寵物某一生理階段所需蛋白質的胺基酸組成和比例一致，包括必需胺基酸之間以及必需胺基酸和非必需胺基酸之間的組成和比例。寵物對該蛋白質的利用率應為100%，通常以離胺酸作為100，其他胺基酸用相對比例表示。在配製飼糧時，可根據胺基酸與離胺酸的比例關係算出其他胺基酸的需求量，以保證飼糧平衡，有效提高飼糧胺基酸的利用率。

（四）蛋白質及胺基酸代謝

寵物對日糧中蛋白質的消化在胃和小腸前段進行，以酶解消化為主，並伴隨部分物理性消化和微生物消化（圖2-2）。

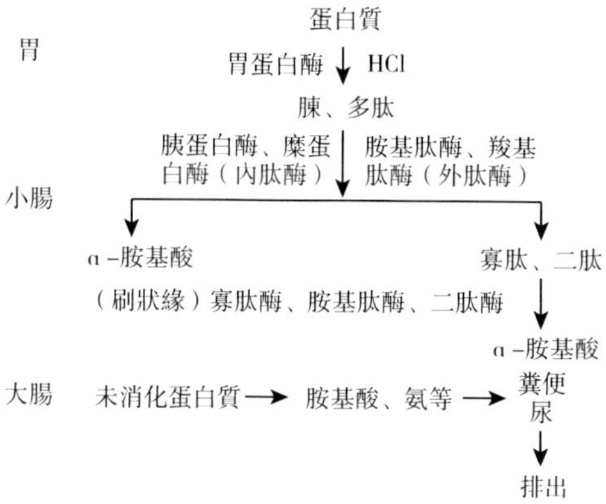

圖2-2　蛋白質的消化

飼糧中的粗蛋白在胃酸（鹽酸）作用下發生變性，三維空間結構被破壞，暴露對蛋白酶敏感的大多數肽鍵；胃酸活化胃蛋白酶，蛋白酶將蛋白質分子降解為含胺基酸數量不等的各種多肽；在小腸內，多肽在胰腺分泌的羧基肽酶和胺基肽酶作用下，進一步降解為游離胺基酸和寡肽，含2～3個肽鍵的寡肽能夠被腸黏膜直接吸收，或者經二肽酶水解為游離胺基酸後被吸收。寵物消化蛋白質的酶主要是十二指腸中的胰蛋白酶、糜蛋白酶等內切酶及胺基肽酶和羧基肽酶等外切酶（王金全，2018）。

小腸中未被消化吸收的蛋白質和胺基酸進入大腸，在腐敗菌作用下降解為吲哚、糞臭素等有毒物質，一部分經肝臟解毒後隨尿排出，另一部分隨糞便排出；部分蛋白質被大腸內微生物分解為胺基酸，進一步被合成菌體蛋白，大部分與未被消化的蛋白質一起隨糞便排出體外；可再度被降解為胺基酸後由大腸吸收的甚少。糞便排出的蛋白質，除食品中未被消化吸收的蛋白質外，還包括腸脫落黏膜、腸道分泌物和殘存的消化液等，後部分蛋白質則稱為「代謝蛋白質」（王景芳和史東輝，2008）。

寵物食品中的蛋白經消化後以胺基酸的形式被腸壁吸收進入血液，透過血液循環運到全身的組織器官，該部分胺基酸稱為外源性胺基酸；機體組織蛋白質在酶的作用下，也不斷分解成為胺基酸，機體還能合成部分胺基酸，這兩種來源的胺基酸稱為內源性胺基酸。外源性和內源性胺基酸沒有區別，共同構成了機體的胺基酸代謝庫，包括細胞內液、間液和血液中的胺基酸。

胺基酸代謝途徑如圖2-3所示，肝臟是胺基酸代謝最重要的器官，大部分胺基酸在肝臟中進行分解代謝，氨的解毒過程也主要在肝臟進行。這些胺基酸主要用於合成組織蛋白，也可合成酶類、激素以及轉化為核苷酸、膽鹼等含氮物質；沒有被利用的胺基酸，在肝臟中脫氨，酮酸部分氧化供能或轉化為糖類和脂肪儲存起來，而脫掉的胺基生成氨又轉變為尿素，由腎臟以尿的形式排出體外，該過程稱為鳥胺酸循環（圖2-4）；此外，胺基酸在肝臟中還可透過轉胺基作用合成新的胺基酸（王金全，2018）。

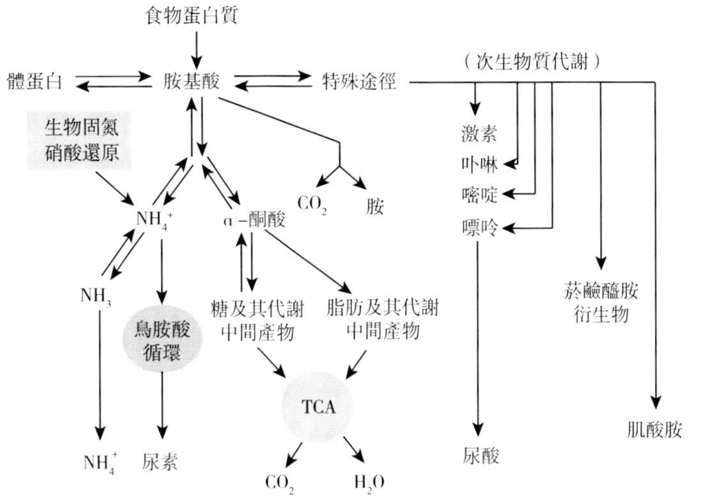

圖 2-3　胺基酸的代謝

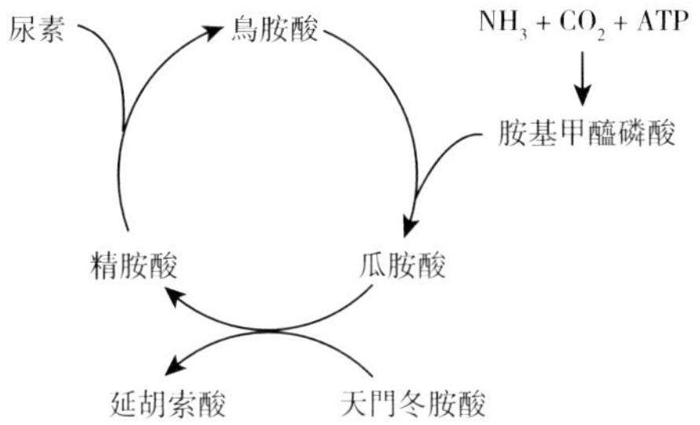

圖 2-4　鳥胺酸循環

犬和貓的腸管較短，對食物中的蛋白質消化吸收能力很強，而對氨化物幾乎不能消化吸收。寵物對胺基酸的吸收率不盡相同，一般來說，對苯丙胺酸、絲胺酸、麩胺酸、丙胺酸、脯胺酸和甘胺酸的吸收率較其他胺基酸高，對L型胺基酸的吸收率比D型胺基酸要高。

初生的幼犬、幼貓在出生後24～36h內可透過腸黏膜上皮的胞飲作用吸收初乳中的免疫球蛋白來獲取抗體得到免疫力（王景芳和史東輝，2008）。

（五）寵物對蛋白質的需求量

寵物對蛋白質的需求量除了與蛋白質的品質和來源有關外，還取決於犬貓的品種、生長階段、體型以及生理狀態和活動量等（吳艷波和李仰銳，2009）。

貓對蛋白的需求量很高，在其生長階段，60%的蛋白質用於維持機體正常生理功能，40%用於生長需要。過高的蛋白質需求是因為貓肝臟不能自動調節分解胺基酸的胺基酶的分泌，不能自動適應日糧蛋白水準的變化；當飼餵低蛋白日糧時，貓還保持著旺盛的蛋白分解代謝活動，因此貓攝取的蛋白質大部分用於機體維持需要（Cecchetti等，2021）。

幼犬攝取蛋白質的66%用於生長需要，33%用於維持需要。幼犬及幼貓的生長速度較快，因此，對蛋白質的需求高於成年犬（成犬）及成年貓（成貓）。正常的日糧蛋白質攝取能夠保持機體代謝需要以及維持組織更新和生長。為滿足最大生長需要的氮沉積，初生幼犬的蛋白質水準要大於22.5%，14週後可以下降到20%。蛋白質需求量標準見表2-1。

表2-1　蛋白質需求量標準（和代謝能的相對比值）

寵物	生理狀態	NRC	AAFCO
犬	成年犬維持	8. 75%/代謝能*	18%/代謝能
	生長和繁殖	21%/代謝能（幼犬小於14周）	22%/代謝能
貓	成年貓維持	17.5%/代謝能	22.75%/代謝能
	生長和繁殖	20%/代謝能	26.25%/代謝能

注：NRC（National Research Council）國家研究委員會，犬貓營養需求2006年版；AAFCO（The Association of American Feed Control Officials）美國飼料管制協會，2008年頒布。

*代謝能：4 000kJ/kg情況下。

過量的蛋白質不能在動物體內儲存，當日糧脂肪水準低時，蛋白質分解產能；當脂肪能夠滿足需要時，過多的蛋白質轉化為脂肪儲存，分解的氮隨尿液排出。

粗蛋白質是犬貓日糧營養價值評定和飼糧配製的基礎指標。可消化粗蛋白質（digestible crude protein，DCP）是指日糧中能夠被消化吸收的蛋白質，是日糧總蛋白質減去糞中的蛋白質部分，是評價蛋白質品質的指標之一。蛋白質的生物學價值（biological value，BV）分為表觀生物學價值（apparent biological value，ABV）和真生物學價值（true biological value，TBV）。ABV指動物沉積氮與吸收氮之比。

$$ABV = \frac{\text{食入氮} - (\text{糞氮} + \text{尿氮})}{\text{食入氮} - \text{糞氮}} \times 100\%$$

TBV在ABV基礎上從糞氮中扣除內源的代謝糞氮（metabolic fecal nitrogen，MFN），從尿氮中扣除內源尿氮（endogenous urinay nitrogen，EUN）。

$$TBV = \frac{\text{食入氮} - (\text{糞氮} - \mathrm{MFN}) - (\text{尿氮} - EUN)}{\text{食入氮} - (\text{糞氮} - MFN)} \times 100\%$$

BV反映了蛋白質消化率和可消化蛋白質的平衡。BV高，說明日糧中蛋白質的胺基酸組成與動物需要接近。雞蛋是生物學價值最高的蛋白原料，如果把雞蛋的效價當作100，那麼魚粉和奶的生物學效價為92、雞肉大於80、牛肉78、豆粕67、肉骨粉50、小麥48、玉米45，羽毛粉的蛋白含量很高但生物學利用率最低（王金全，2018）。

按照飼糧乾物質重量比例，則AAFCO對犬貓飼糧中粗蛋白及各類胺基酸的建議量如表2-2所示（AAFCO，2018）。

表2-2 AAFCO對犬貓飼糧中粗蛋白及各類胺基酸的建議量

粗蛋白及胺基酸（以乾物質計，%）	犬		貓	
	生長、繁殖期最低值	成年期最低值	生長、繁殖期最低值	成年期最低值
粗蛋白質	22.50	18.00	30.00	26.00
精胺酸	1.00	0.51	1.24	1.04
組胺酸	0.44	0.19	0.33	0.31
異白胺酸	0.71	0.38	0.56	0.52
白胺酸	1.29	0.68	1.28	1.24
離胺酸	0.90	0.63	1.20	0.83
蛋胺酸	0.35	0.33	0.62	0.20
蛋胺酸+胱胺酸	0.70	0.65	1.10	0.40
苯丙胺酸	0.83	0.45	0.52	0.42
苯丙胺酸+酪胺酸	1.30	0.74	1.92	1.53
蘇胺酸	1.04	0.48	0.73	0.73
色胺酸	0.20	0.16	0.25	0.16
纈胺酸	0.68	0.49	0.64	0.62
牛磺酸（膨化）			0.10	0.10
牛磺酸（罐頭）			0.20	0.20

三 碳水化合物

生物化學中常用糖類作為碳水化合物的同義語。習慣上，糖通常指水溶性的單醣和寡醣，不包括多醣。碳水化合物廣泛存在於植物性飼料中，是供給寵物能量最主要的營養物質。

（一）碳水化合物的生理功能

1. **寵物能量的主要來源**　為了生存和繁殖，寵物必須維持體溫恆定和各組織器官正常活動，如心臟跳動、血液循環、胃腸蠕動、呼吸、肌肉收縮等。動物所需能量中，約80%由碳水化合物提供。此外，葡萄糖是大腦神經系統、肌肉及脂肪組織、胎兒生長發育、乳腺等代謝的唯一能源。

2. **參與寵物的多種生命過程**　核糖和去氧核糖是遺傳物質核酸的成分；黏多醣是

保證多種生理功能的重要物質，並參與結締組織的形成；透明質酸能潤滑關節，並在震動時保護機體；硫酸軟骨素在軟骨中起結構支持作用；肝素有抗血凝作用；糖脂是神經細胞的組成成分，並能促進溶於水的物質透過細胞膜；糖蛋白因多醣的複雜結構而具有多種生理功能，如有的糖蛋白作為細胞膜成分，有的可提高機體抗低溫能力，有的能促進營養物質的轉運，而由唾液酸組成的糖蛋白能潤滑和保護消化道；胃腸黏膜中的糖蛋白能促進維他命B_{12}吸收。目前認為糖蛋白能攜帶短鏈碳水化合物，而短鏈碳水化合物具有資訊辨識能力，存在於細胞和膜轉運控制系統中；機體內紅血球的壽命、機體的免疫反應、細胞分裂等，都與糖辨識鏈機制有關。

碳水化合物的代謝產物可與胺基結合形成某些非必需胺基酸，例如α-酮戊二酸與胺基結合可形成麩胺酸。

3. 形成體脂肪、乳脂肪和乳糖的原料　除為機體提供能量外，多餘的碳水化合物可轉變為肝糖原和肌糖原。當肝臟和肌肉中的糖原已儲滿，血糖也達到正常水準後，多餘的碳水化合物可轉變為體脂肪。在泌乳期，碳水化合物也是合成乳脂肪和乳糖的原料。試驗證明，約50%的體脂肪、60%～70%的乳脂肪是以碳水化合物為原料合成的。

4. 日糧中不可缺少的成分　以肉食為主的犬貓日糧中含有適量的粗纖維，可起到刺激胃腸蠕動、寬腸利便的作用。另外，粗纖維經微生物發酵產生揮發性脂肪酸，除用以合成葡萄糖外，還可氧化供能及合成胺基酸，但過多的粗纖維會影響寵物對蛋白質、礦物質、脂肪和澱粉等的利用與吸收，還易引起便祕。因此，日糧標籤值標注小於6%～8%，實測以4%～6%為宜。

5. 寡醣的特殊作用　已知的寡醣有1 000種以上，在寵物營養中常用的有果寡醣、甘露寡醣、菊粉、半乳寡醣、乳果糖。研究表明，寡醣可作為有益菌的基質，改變腸道菌群結構，建立健康的腸道微生物區系。作為一種穩定、安全、環保的抗生素替代物，寡醣在寵物飼養中有廣闊的發展前景。

日糧中碳水化合物不足時，寵物需利用體內儲備的糖原、體脂肪甚至體蛋白來維持機體代謝水準，出現消瘦、體重減輕、繁殖性能降低等現象。犬如果大量缺乏碳水化合物，則生長及發育緩慢，容易疲勞。因此，必須重視碳水化合物的供應（王景芳和史東輝，2008）。

（二）碳水化合物的來源

1. 單醣　葡萄糖甜味適度，是在穀物和水果中發現的單醣，也是體內澱粉消化、糖原水解的主要終產物，參與血液循環並是生物體細胞能量供應的最初形式。

果糖有高度甜味，存在於蜂蜜、成熟水果和一些蔬菜中，也可由蔗糖消化或酸水解產生。哺乳動物乳液中含有乳糖，乳糖消化過程中會釋放半乳糖；在體內，半乳糖可由肝臟轉化為葡萄糖後參與體內循環。

2. 雙醣 由2個單醣單元連接組成，乳糖是唯一的動物源碳水化合物，存在於乳液中，由1分子半乳糖和1分子葡萄糖組成。犬貓斷奶後，乳糖酶逐漸減少，成年後腸道中缺乏乳糖酶，導致犬貓食用牛乳後發生腹瀉。蔗糖由1分子葡萄糖和1分子果糖組成，在甘蔗、甜菜或槭樹糖漿中含量較高。麥芽糖由2分子葡萄糖組成，大部分食物中無麥芽糖，在體內是澱粉消化的中間產物。

3. 多醣 是由單醣連接成的複雜的、長鏈狀結構的碳水化合物，如澱粉、糖原、糊精和膳食纖維。澱粉是植物體儲存的非結構性多醣，如玉米、小麥等穀物是澱粉的主要原料。澱粉是大多寵物食品主要的碳水化合物來源，可被犬利用。日糧缺乏澱粉時，葡萄糖的供應發生變化，肝臟會轉化胺基酸或脂肪來提供葡萄糖。儘管葡萄糖是犬和貓必需的營養素，但可消化的碳水化合物並不是必不可少的成分，犬和貓可利用食物中充足的蛋白質，透過糖異生作用合成葡萄糖。為防止母犬發生低血糖和降低初生幼犬死亡率，日糧需含一定量碳水化合物。研究證明，當碳水化合物缺乏時，蛋白的需求迅速上升。糖原是動物體內碳水化合物的儲存形式，存在於肝臟和肌肉中，用以維持體內恆定的葡萄糖濃度。環糊精是澱粉消化的中間產物，在體內消化代謝過程中產生。澱粉、糖原和環糊精中的單醣透過α鍵連接，易被消化酶水解而產生單醣單元。

膳食纖維不能被犬和貓直接消化，但能被腸道中的微生物分解產生短鏈脂質（short chain fatty acids，SCFAs）和其他物質。可溶性纖維溶於水可形成黏液，影響胃排空時間；大多數可溶性纖維在大腸中發生中度或高度發酵。而不溶解性纖維自身結構中保留一些水分子，不能形成黏液，也很少發酵，但可增加排泄物量和排空速度。對於犬和貓來說，不同纖維素在其體內的可溶性及可發酵性能見表2-3。

表2-3 纖維素分類、可溶性和發酵性能

纖維素種類	甜菜渣	纖維素	米糠	阿拉伯膠	果膠	羧甲基纖維素	甲基纖維素	白菜纖維	瓜爾豆膠	槐豆膠	黃原膠
可溶性	低	低	低	高	高	高	高	低	高	高	高
發酵性能	中等	低	中等	中等	高	低	低	高	高	低	低

（三）碳水化合物的代謝

寵物胃中不含消化碳水化合物的酶類，進入小腸後，碳水化合物在消化酶作用下分解為單醣。澱粉分解為麥芽糖，並進一步分解為葡萄糖；蔗糖分解為葡萄糖和果糖；乳糖可分解為葡萄糖和半乳糖。大部分單醣被小腸壁吸收，經血液輸送至肝臟。在肝臟中，其他單醣首先轉變為葡萄糖，大部分葡萄糖經體循環輸送至機體各組織參加三羧酸循環，進行氧化供能；剩餘的葡萄糖在肝臟中合成肝糖原以及透過血液輸送至肌肉形成肌糖原；過量的葡萄糖被輸送至寵物的脂肪組織及細胞中合成體脂肪作為能源儲備（圖2-5）。

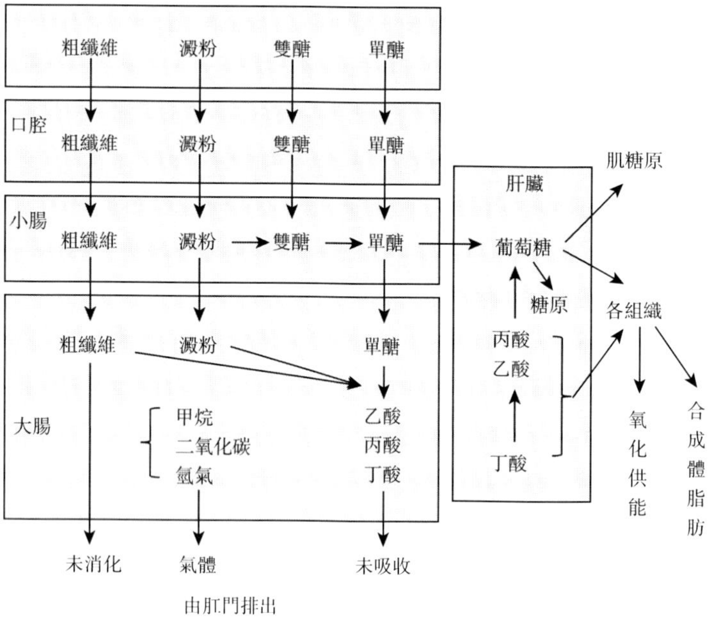

圖2-5　碳水化合物的消化吸收及代謝

犬貓的胃和小腸不含消化粗纖維的酶類，但大腸中的細菌可以將粗纖維發酵降解為乙酸、丙酸、丁酸等揮發性脂肪酸和一些氣體。部分揮發性脂肪酸可被腸壁吸收，經血液輸送至肝臟，進而被機體利用，氣體則被排出體外。寵物的腸管較短，如貓的腸管只有家兔的1/2，盲腸不發達；犬的腸管只有其體長的3～4倍，進食後5～7h即可將食物全部排出。因此，對粗纖維的利用能力很弱。未被消化吸收的碳水化合物最終以糞便的形式排出體外（Monti等，2016）。

總之，寵物對碳水化合物的消化代謝以澱粉在小腸中消化酶的作用下分解為葡萄糖為主，以粗纖維被大腸中細菌發酵形成揮發性脂肪酸為輔。幼犬和幼貓缺少胰澱粉酶，因此，不應給哺乳期的幼犬和幼貓提供過多的澱粉食物；但幼犬和幼貓對熟化澱粉的利用效率會大幅提高。貓對糖的代謝有限，採食低劑量的半乳糖（每公斤體重5.6g/d）即產生中毒症狀。貓小腸黏膜雙醣酶的活性不能自由調節，無法適應日糧中高水準的碳水化合物，其主要靠糖異生作用來滿足糖的需要，僅能利用一小部分澱粉中的葡萄糖（王金全，2018）。

(四) 寵物體內碳水化合物的轉化

機體代謝需要的葡萄糖從胃腸道吸收或透過體內生糖物質轉化。碳水化合物除直接氧化供能外，也可以轉變成糖原和脂肪儲存於肝臟、肌肉和脂肪組織中，但儲存量很少，一般不超過體重的1%。胎兒在妊娠後期能儲積大量糖原和脂肪供出生後作能源利用。

四 脂類

脂類是脂肪酸、脂肪和類脂的統稱，存在於動植物組織中，是其能源儲備的重要來源，是寵物營養中不可缺少和替代的一類重要營養物質。其中，脂肪酸是最簡單的一種脂，也是其他脂類的基本組成成分，根據碳鏈長度可劃分為短鏈、中鏈和長鏈脂肪酸；根據飽和程度可劃分為飽和、單不飽和及多不飽和脂肪酸。脂肪的學術名稱為三酸甘油酯，是由1個甘油和3個脂肪酸組成的分子，根據脂肪酸的不同，三酸甘油酯的結構也千變萬化。類脂則是結構更為複雜的脂類統稱，又稱複合脂類，包括磷脂、鞘脂、糖脂、脂蛋白及固醇類（王景芳和史東輝，2008）。

(一) 脂類的生理功能

1. 機體組織的重要成分　寵物的組織器官如皮膚、骨骼、肌肉、神經、血液及內臟中均含有脂類，主要為磷脂和固醇類，腦和外周神經組織含有鞘磷脂；蛋白質和脂類按一定比例構成細胞膜和細胞原生質，因此，脂類是組織細胞增殖、更新及修補的原料。犬體內脂肪含量占體重的10%～20%。

2. 供給機體能量和儲備能量　脂類是寵物體內重要的能源物質，脂類氧化分解產生的能量是同質量糖類的2.25倍。脂類分解產物游離脂肪酸和甘油都是機體維持生命活動的重要能量來源。日糧脂類作為供能營養物質，熱增耗最低，消化能或代謝能轉變為淨能的利用效率比蛋白質和碳水化合物高5%～10%。寵物攝取過多營養物質時，可以體脂肪形式將能量儲備起來。體內儲積的脂類能以較小體積儲藏較多的能量，是寵物儲存能量的最佳方式，且動物體內脂肪氧化時產生的代謝水最多。

3. 提供必需脂肪酸　體內不能合成，必須由日糧供給或透過體內特定前體物形成，對機體機能和健康有重要作用的脂肪酸稱為必需脂肪酸（essential fatty acids，EFA），如亞油酸、亞麻酸（α-亞麻酸）和花生四烯酸。缺乏必需脂肪酸會影響寵物的生長發育及機體健康。

4. 脂溶性維他命的溶劑　脂溶性維他命A、維他命D、維他命E、維他命K及胡蘿蔔素在寵物體內須溶於脂肪中才能被消化吸收和利用。因此，日糧中脂類不足可導致脂溶性維他命缺乏。

5. 對寵物具有保護作用　高等哺乳動物皮膚中的脂類具有抵抗微生物侵襲、保護機體的作用。脂肪不易傳熱，因此，皮下脂肪能夠防止體熱的散失，在寒冷季節有利於維持體溫和抵禦寒冷。脂類填充在臟器周圍，具有固定和保護器官以及緩和外力衝擊的作用。

6. 寵物產品成分　寵物的奶、肉、皮毛、精子均含有一定量脂肪。低脂日糧可導致貓、犬脫皮，皮膚和毛髮粗糙，甚至影響繁殖性能（王景芳和史東輝，2008）。

（二）必需脂肪酸的生理功能

1. 細胞組成成分　必需脂肪酸是細胞膜、線粒體膜和核膜的組成成分，能夠保證細胞膜結構正常，並使膜保持一定韌性；參與磷脂合成，缺乏時生物膜磷脂含量降低而導致結構異常，引發多種病變。

2. 參與膽固醇代謝　膽固醇與必需脂肪酸結合才能在動物體內運轉；缺乏必需脂肪酸時，膽固醇將與飽和脂肪酸形成難溶性膽固醇酯，導致機體代謝異常。

此外，必需脂肪酸在動物體內可轉化為一系列長鏈多不飽和脂肪酸，這些多不飽和脂肪酸具有抗血栓形成和抗動脈粥樣硬化作用；並能促進動物腦組織發育；必需脂肪酸與精子生成有關，長期缺乏可導致動物繁殖機能降低，第二性徵發育遲緩，甚至出現死胎；必需脂肪酸是合成前列腺素的前體，缺乏時影響前列腺素合成，導致脂肪組織中脂解作用加快；必需脂肪酸能維持視網膜光感受器功能，長期缺乏會導致視力減退（王景芳和史東輝，2008）。

（三）脂類代謝

寵物口腔和胃中存在脂肪酶，但對脂類的消化作用很小。初生小動物在肝臟和胰腺功能未發育健全前，口腔內的脂肪酶對奶中的脂類有較好的消化作用，隨著年齡成長，口腔內脂肪酶的分泌減少。

脂類進入十二指腸與胰脂肪酶和膽汁混合，膽汁中的膽鹽與脂肪接觸時，將親油端插入脂肪中使脂肪塊分離成小油滴，親水端包裹在油滴外圍使其融入水裡。同時，膽鹽活化脂肪酶，將三酸甘油酯分解成游離脂肪酸和單酸甘油酯。與此同時，磷脂和固醇類也會被相應的酶水解成脂肪酸、溶血性卵磷脂和膽固醇（圖2-6）。

膽汁與脂類消化產物聚合成直徑5～10nm的膠粒，並攜帶著脂溶性維他命、類胡蘿蔔素等物質，當與小腸絨毛接觸時，膠粒破裂釋放出營養物質。營養物質從腸腔進入小腸細胞；短鏈和中鏈脂肪酸可直接穿過基底膜進入血液循環，但長鏈脂肪酸必須與單酸甘油酯重新合成三酸甘油酯。新合成的脂肪會攜帶一些磷脂、膽固醇酯，並被一層蛋白脂膜包裹成為乳糜微粒（chylomicrons），然後透過胞吐作用經基底膜進入淋巴系統，到達心臟附近後進入血液循環。在此過程中，沿途的細胞均可從血液中的乳糜微粒取用需要的脂肪。預先進入淋巴系統可降低脂類進入血液循環系統的速度，防止進食後血脂上升過快。

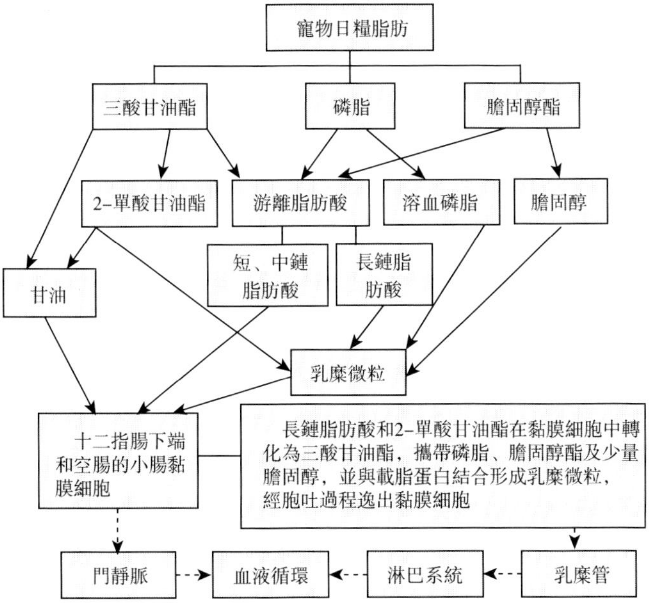

圖2-6　脂類的消化吸收及代謝

脂類在血液中以脂蛋白形式轉運到脂肪組織、肌肉、乳腺等組織。根據其密度和組成，脂蛋白可分為乳糜微粒、極低密度脂蛋白（very low density lipoprotein，VLDL）、低密度脂蛋白（low density lipoprotein，LDL）和高密度脂蛋白（high density lipoprotein，HDL）。密度越高，蛋白含量越高；密度越低，脂肪含量就越高。

日糧中脂肪形式不同，其表觀消化率可能會發生改變。研究發現，硬脂酸表觀消化率低（幼貓95.2%，成貓93.2%）；單不飽和脂肪酸表觀消化率稍高（幼貓98.2%，成貓96.4%）；多不飽和脂肪酸最高（幼貓98.7%，成貓98.0%），短鏈脂肪酸比長鏈脂肪酸更易消化（王金全，2018）。

（四）脂類的需求量

飼糧中脂肪缺乏會加速蛋白質的消耗，寵物消瘦；脂肪過高，則寵物出現肥胖，造成代謝紊亂，發生脂肪肝、胰腺炎等營養代謝病，犬表現為行動遲緩、食慾下降，嚴重者生長停滯，繁殖能力下降。

對犬而言，脂肪占飼料乾重的2%～5%即可滿足最低需要，NRC推薦脂肪應占犬日糧乾重的5%，可以提供犬11%的能量需要。實際生產中，脂肪供應較多，一般為飼糧乾重的12%～14%。給幼犬、青年犬飼餵高脂肪日糧時，應調整蛋白質、礦物質和維他命含量，以免營養失衡。對於貓，脂肪應占飼糧乾重的15%～20%，為了滿足幼貓快速生長、旺盛的精力以及機體健康，通常幼貓飼糧中脂肪含量較高。

貓可採食含脂肪64%的飼糧而不感到膩煩，也不會引起血管異常。犬的肝臟相當於體重的3%左右，能分泌較多膽汁，利於脂肪的消化吸收，但犬對脂肪的忍耐性不如貓，大多數犬可以忍耐含脂肪50%的日糧，但有些犬會感到噁心（楊久仙和劉建勝，2007）。

亞油酸被認為是動物重要的必需脂肪酸之一。亞油酸、亞麻酸和花生四烯酸在犬的體內可以相互轉化，犬日糧中亞油酸占1%～1.4%即可滿足機體對必需脂肪酸的需要。貓對必需脂肪酸的需求量目前研究較少，一般認為日糧中1%的亞油酸或花生四烯酸即可防止必需脂肪酸的缺乏。由於貓沒有將亞油酸轉化為花生四烯酸的功能，因此須考慮花生四烯酸的供給（王金全，2018）。

按照飼糧乾物質重量比例，AAFCO對犬貓飼糧中粗脂肪及脂肪酸的建議量見表2-4。

表2-4　AAFCO對犬貓飼糧中各類脂肪酸的建議量

脂肪及脂肪酸（以乾物質計，%）	犬		貓	
	生長、繁殖期最低值	成年期最低值	生長、繁殖期最低值	成年期最低值
粗脂肪	8.5	5.5	9	9
亞油酸	1.3	1.1	0.6	0.6
亞麻酸	0.08	NDd	0.02	NDd
花生四烯酸			0.02	0.02
二十碳五烯酸+二十二碳六烯酸	0.05	NDd	0.012	NDd

（五）脂類來源

脂肪存在於動植物組織中，動物性脂肪來源有豬油、牛油、羊油、魚油、骨髓、肥肉、魚肝油、奶油等；植物性脂肪主要來自植物種子及果仁，如油菜籽、大豆、花生、芝麻、葵花籽、核桃、松子等。

近年來研究發現，僅亞油酸必須由食物直接供給，其主要來源是植物油。黃玉米、大豆、花生、菜籽、棉籽、葵花籽中亞油酸含量豐富；而亞麻酸主要來源於紫蘇籽和亞麻籽。所有動物油的主要脂肪酸都是飽和脂肪酸，魚油除外，魚油中的不飽和脂肪酸高達70%以上，其中多不飽和脂肪酸含量在40%左右，主要為二十碳五烯酸（EPA）和二十二碳六烯酸（DHA）。

五 維他命

維他命是維持動物正常生理功能所必需且需求量極少的低分子有機化合物，機體自身不能合成，須由食物供給或提供前體物質。維他命主要以輔酶和催化劑的形式參與體內代謝和各種化學反應，保證組織器官的細胞結構和功能正常，維持動物健康和各種生產活動。

已確定的維他命有14種，按溶解性分為脂溶性維他命（維他命A、維他命D、維他命E、維他命K）和水溶性維他命（維他命B群和維他命C）兩大類。脂溶性維他命分子僅含碳、氫、氧三種元素，不溶於水，而溶於脂肪和大部分有機溶劑（王金全，2018）。

（一）脂溶性維他命

1. 維他命A（抗乾眼症維他命、視黃醇）

（1）生理功能　維他命A與視覺、機體上皮組織、繁殖及神經等功能有關。能維持寵物在弱光下的視力，是視覺細胞內感光物質——視紫紅質的成分；缺乏時，弱光下視力減退，患「夜盲症」或失明，對貓的視力非常重要。與上皮黏多醣合成有關，能夠維持上皮組織的健康；缺乏時，上皮組織乾燥和角質化，易受細菌感染。調節碳水化合物、脂肪、蛋白質及礦物質代謝，促進幼年寵物生長；缺乏時，生長發育受阻，甚至導致肌肉及臟器萎縮，嚴重時死亡。與成骨細胞活性有關，維持骨骼正常發育；缺乏時，影響軟骨骨化，骨質脆弱且過分增厚，壓迫中樞神經。犬可因聽神經受損而導致耳聾，出現運動失調、痙攣、麻痺等神經症狀。參與性激素形成；缺乏時，寵物繁殖力下降（楊久仙和劉建勝，2007；馬馨 等，2014）。

（2）需求量　通常以國際單位（IU）計算，1IU維他命A相當於0.3μg視黃醇、0.55μg維他命A棕櫚酸鹽和0.6μg β-胡蘿蔔素。

成貓和生長貓每天需提供1 500～2 100IU維他命A，妊娠和哺乳期母貓應適當增加餵量，因妊娠期消耗大量的維他命A，致使肝中的儲存量減少一半，哺乳時又將減少一半。此外，貓呼吸道感染也消耗大量肝臟中的維他命A。美國飼料管制協會（AAFCO）對犬貓日糧中維他命A最低值的建議量如表2-5所示（楊久仙和劉建勝，2007）。

表2-5　AAFCO對犬貓飼糧中各類維他命最低值的建議量

維他命（以乾物質計）	犬			貓		
	生長、繁殖期最低值	成年期最低值	最高值	生長、繁殖期最低值	成年期最低值	最高值
維他命A（IU/kg）	5 000	5 000	250 000	6 668	3 332	333 300
維他命D（IU/kg）	500	500	3 000	280	280	30 080
維他命E（IU/kg）	50	50		40	40	
維他命K（mg/kg）				0. 1	0. 1	
維他命B_1（mg/kg）	2. 25	2. 25		5. 6	5. 6	
維他命B_2（mg/kg）	5. 2	5. 2		4. 0	4. 0	
維他命B_5（mg/kg）	12	12		5. 75	5. 75	
維他命B_3（mg/kg）	13. 6	13. 6		60	60	
維他命B_6（mg/kg）	1. 5	1. 5		4. 0	4. 0	
葉酸（mg/kg）	0. 216	0. 216		0. 8	0. 8	
生物素（mg/kg）				0. 07	0. 07	
維他命B_{12}（mg/kg）	0. 028	0. 028		0. 02	0. 02	
膽鹼（mg/kg）	1 360	1 360		2 400	2 400	

維他命A過量儲存在肝臟和脂肪組織中易引起中毒，表現為骨畸形、骨質疏鬆、頸椎骨脫離和頸軟骨增生。對於寵物，維他命A的中毒劑量是需求量的4～10倍及以上（韓丹丹和王景方，2007）。

（3）來源　維他命A只存在於動物體內，其中肝臟、魚肝油、蛋黃、乳脂中含量豐富。植物體內不含維他命A，但含有維他命A原——胡蘿蔔素。胡蘿蔔素有多種類似物，其中以β-胡蘿蔔素活性最強。在動物腸壁中，1分子β-胡蘿蔔素經酶作用生成2分子視黃醇，而貓缺乏這種轉化能力，只能從動物性食物中獲取（王金全，2018；Schweigert等，2002）。

2. 維他命D

（1）生理功能　維他命D種類較多，對動物較重要的是維他命D_2（麥角鈣化醇）和維他命D_3（膽鈣化醇）。在紫外線照射下，植物中的麥角固醇可轉化為維他命D_2，動物中的7-脫氫膽固醇轉化為維他命D_3，但犬貓幾乎無此能力。

維他命D被吸收後並無活性，需在肝臟及腎臟中進行羥化，維他命D_3轉變為1,25-二羥維他命D_3才能發揮作用，如增強小腸酸性，調節鈣、磷比例，促進鈣、磷吸收；

可直接作用於成骨細胞，促進鈣、磷在骨骼和牙齒中沉積，利於骨骼鈣化。

維他命D缺乏會導致鈣磷代謝失調，寵物出現「佝僂症」，行動困難、不能站立、生長緩慢；成年寵物，尤其是妊娠和泌乳雌性患「骨軟症」，骨質疏鬆、骨幹脆弱、四肢及關節變形、牙齒缺乏琺瑯質而發育不良。

研究表明，即使將犬貓背上的毛剃去使其受到更多的紫外線照射，其體內合成的維他命D仍不足，原因是犬貓皮膚中合成維他命D_3所需要的7–脫氫膽固醇濃度很低，而且犬貓體內含有高活性的7–脫氫膽固醇還原酶，能迅速將7–脫氫膽固醇轉化成膽固醇，所以不能合成維他命D_3，因此需從食物中補充。

人體中的維他命D主要是皮膚經紫外線照射合成的，只有少數來源於天然食物，因此又被稱為「陽光維他命」。然而，這種光合作用途徑在犬和貓身上效果甚微，因為犬皮膚中7–脫氫膽固醇濃度很低，且這些7–脫氫膽固醇也不能充分轉化為維他命D_3；貓皮膚中有足夠量的7–脫氫膽固醇，但在被用作維他命D合成的前體之前，它會被7–脫氫膽固醇還原酶迅速還原。因此，犬貓都需要從食物獲取維他命D。

（2）需求量　動物對維他命D的需求量通常以國際單位（IU）計算，1IU維他命D相當於0.025μg維他命D_3。犬貓對維他命D的需求量取決於動物生理狀態以及食物中鈣、磷的水準和比例，美國飼料管制協會（AAFCO）對犬貓日糧中維他命D及鈣、磷最低值的建議量見表2–5和表2–7。

（3）來源　動物性食物如魚肝油、肝粉、血粉、蛋、酵母及經陽光晒製的乾草（楊久仙和劉建勝，2007）。

3. 維他命E(抗不育維他命)　是一組結構相近的酚類化合物，以α、β、γ、δ較重要，且α–生育酚效價最高。

（1）生理功能　維他命E具有抗氧化作用，能保護膜脂中的不飽和脂肪酸及維他命A不被氧化；參與調節細胞DNA合成；維持寵物正常的繁殖機能；保證肌肉正常生長發育；維持微血管結構完整和中樞神經系統機能健全；促進抗體形成和淋巴細胞增殖，增強機體免疫力和抵抗力；作為細胞色素還原酶的輔助因子，參與生物氧化以及維他命C和泛酸的合成等體內物質代謝；透過使含硒的氧化型麩胱甘肽過氧化物酶變為還原型的酶以及減少其他氧化物的生成而節約硒，減輕缺硒帶來的影響。

維他命E缺乏症是多樣的，涉及多個組織和器官。貓對維他命E缺乏較敏感，當維他命E缺乏時，由於過氧化物的蓄積，患貓體內的脂肪變為黃色、棕色或橘黃色，質地硬，稱為脂肪組織炎或黃色脂肪病，即貓的皮下脂肪或內臟脂肪出現炎症、硬化、發熱、疼痛等症狀。長期飼餵金槍魚和竹莢魚可誘發此病，因為金槍魚和竹莢魚不飽和脂肪酸含量高，貓無法對其進行很好的代謝，殘留在體內後會大量消耗維他命E（楊久仙和劉建勝，2007；Van–Vleet，1975）。

（2）需求量　通常以國際單位（IU）和重量單位（mg/kg）表示，1IU維他命E相當於1mg DL-α-生育酚乙酸酯，1mg α-生育酚相當於1.49IU維他命E。

犬貓日糧含有大量不飽和脂肪酸，因此，維他命E需求量較大。在維他命E添加量30IU/kg基礎上，NRC推薦維他命E（mg）與日糧中多不飽和脂肪酸（g）的比例為0.6：1.0，當多不飽和脂肪酸含量增加時，維他命E需求量也相應增加，以滿足寵物對維他命E的需要；這種需要還與日糧中硒的水準和其他抗氧化劑含量有關。幾種動物攝取高劑量的維他命E後，並沒有出現相關的毒性；也有報導稱，攝取極端過量的維他命E會干擾維他命D、維他命K的吸收和代謝。目前，還沒有關於犬的維他命E中毒的資料（韓丹丹和王景方，2007）。AAFCO對犬貓日糧中維他命E最低值的建議量見表2-5。

（3）來源　維他命E在動物體內不能合成，但能在脂肪組織中大量儲存。植物能夠合成維他命E，穀物飼料含豐富的維他命E，特別是種子胚芽；小麥胚油、豆油、花生油也含有豐富的維他命E；而油料餅粕和動物性飼料中含量較少（王金全，2018）。

4. 維他命K（抗出血維他命）　是萘醌類衍生物，維他命K_1（葉綠醌）和K_2（甲基萘醌）是最重要的天然維他命K活性物質，而維他命K_3（甲萘醌）為人工合成的。

（1）生理功能　參與凝血活動，維他命K可催化肝臟中凝血酶原和凝血活素的合成，凝血活素將凝血酶原轉變為具有活性的凝血酶，將血液可溶性纖維蛋白原轉變為不溶性的纖維蛋白而使血液凝固；與鈣結合蛋白的形成有關，並參與蛋白質和多肽代謝；具有利尿、強化肝臟解毒及降血壓等功能。缺乏維他命K可能導致凝血時間延長，發生皮下、肌肉及胃腸道出血。

（2）需求量　犬貓體內可合成維他命K，通常不會缺乏，因此犬貓日糧可不添加維他命K。當患腸道及肝膽疾病、長期服用抗生素或磺胺類藥物時，易引起維他命K缺乏。犬缺乏和過量均未見報導，維他命K相對於維他命A和D來說是無毒的，但大劑量維他命K可引起溶血。AAFCO對貓飼糧維他命K最低值的建議量為0.1mg/kg。

（3）來源　維他命K_1由植物合成，維他命K_2由微生物和動物合成，青綠飼料或動物性飼料可以提供維他命K（楊久仙和劉建勝，2007；王景芳和史東輝，2008）。

（二）水溶性維他命

水溶性維他命包括維他命B群、肌醇、膽鹼和維他命C，除含碳、氫、氧外，多數含氮元素，有的還含硫或鈷。該類維他命與能量代謝有關，以輔酶或輔基的形式對營養素的代謝和利用進行調節（膽鹼除外），間接發揮促生長作用。水溶性維他命缺乏時，寵物食慾下降、生長受阻。

1. 維他命B_1（硫胺素）　維他命B_1分子中含硫和胺基，故稱硫胺素。

（1）生理功能　硫胺素以羧化輔酶的成分參與α-酮酸的氧化脫羧而進入糖代謝和

三羧酸循環；維持神經組織和心臟正常功能；維持胃腸正常消化機能；為神經介質和細胞膜組分，影響神經系統能量代謝和脂肪酸合成。

缺乏硫胺素時，丙酮酸不能氧化，供能減少，影響神經組織及心肌的代謝和機能；硫胺素能抑制膽鹼酯酶活性，減少乙醯膽鹼水解，乙醯膽鹼有增加胃腸蠕動和腺體分泌的作用，因此，維他命B_1缺乏會引起寵物消化不良，食慾不振。

（2）需求量　寵物對硫胺素的需求量受日糧組成、代謝特點及疾病等影響，如日糧中碳水化合物增加或含抗硫胺素因子（魚、蝦、蟹等生魚產品中含有硫胺素酶），以及飼料受念珠狀鐮刀菌侵襲和寵物受疾病感染時，對硫胺素的需求量將增加。貓比犬對硫胺素的缺乏更敏感，牠對日糧中硫胺素的需求是犬的4倍，且以魚為基礎的日糧含有硫胺素酶，能破壞硫胺素。因此，商品貓糧常出現硫胺素缺乏（Singh等，2005）。貓需要硫胺素0.4mg/d。硫胺素一般不引起寵物中毒。美國飼料管制協會（AAFCO）對犬貓日糧中硫胺素最低值的建議量見表2-5。

（3）來源　分布廣泛，酵母、瘦肉、肝、腎、蛋、穀物胚芽和種皮中硫胺素含量較高；腸道微生物也可合成硫胺素（王金全，2018；王景芳和史東輝，2008）。

2. 維他命B_2（核黃素）

（1）生理功能　以輔基形式與特定酶［FAD（黃素腺嘌呤二核苷酸）和FMN（黃素單核苷酸）］結合形成多種黃素蛋白酶，參與蛋白質、脂類、碳水化合物代謝及生物氧化；參與色胺酸及鐵的代謝以及維他命C的合成；具有強化肝臟功能、促進生長和修復組織的功能，並對視覺有重要作用。

缺乏核黃素時，幼年寵物食慾減退、生長停滯、被毛粗亂、眼角分泌物增多，常伴有腹瀉、成年寵物繁殖性能下降。貓還表現為缺氧、脫毛並發展為白內障、脂肪肝、小紅血球增多，嚴重時死亡。犬表現為失重、後腿肌肉萎縮、結膜炎、角膜混濁，有時口腔黏膜出血、口角潰爛、流涎等。一般貓不會發生維他命B_2缺乏，且犬貓未見過量報導。維他命B_2的中毒劑量是其需求量的數十倍到數百倍。

（2）需求量　AAFCO對犬貓飼糧中維他命B_2最低值的建議量見表2-5。

（3）來源　維他命B_2在體內合成量少，也不能儲存。油脂草料如苜蓿中含量較高，魚粉、餅粕、酵母、瘦肉、蛋、奶及動物肝臟含量豐富（王景芳和史東輝，2008）。

3. 維他命B_3（泛酸或遍多酸）　廣泛存在於動植物體中，故稱泛酸或遍多酸，是β-丙胺酸衍生物。

（1）生理功能　泛酸是輔酶A（CoA）和醯基載體蛋白（ACP）的組成成分，參與碳水化合物、脂肪和蛋白質代謝，促進類固醇合成；作為琥珀酸酶的組成部分，參與血紅素的形成及免疫球蛋白的合成；維持動物皮膚和黏膜的正常功能，保持毛髮色澤。

缺乏泛酸時，寵物生長發育受阻，胃腸功能紊亂，運動失調，脂肪肝，繁殖機能下降等。

(2) 需求量　AAFCO對犬貓飼糧中維他命B_3最低值的建議量見表2-5。

(3) 來源　來源廣泛，常用日糧一般不缺乏泛酸。動物肝臟、腎、酵母、雞蛋卵黃中含量豐富，糠麩、穀實、苜蓿、亞麻籽餅中含量也較高（韓丹丹和王景方，2007；王金全，2018）。

4. 維他命B_5（維他命PP）　維他命B_5包括菸鹼酸和菸鹼醯胺，均是吡啶的衍生物。

(1) 生理功能　菸鹼酸在體內可轉變為菸鹼醯胺，菸鹼醯胺可合成菸鹼醯胺腺嘌呤二核苷酸（NAD^+，又名輔酶Ⅰ）及菸鹼醯胺腺嘌呤二核苷酸磷酸（$NADP^+$，又名輔酶Ⅱ），在體內生物氧化過程中起傳遞氫的作用。輔酶Ⅰ和輔酶Ⅱ具有參與視紫紅質的合成，促進鐵吸收和血球生成，維持皮膚的正常功能和消化腺分泌，提高中樞神經的興奮性，擴張末梢血管，降低血清膽固醇等重要作用。

菸鹼酸和菸鹼醯胺合成不足會影響生物氧化反應，使新陳代謝發生障礙，引發癩皮病、角膜炎、神經和消化系統障礙等。

(2) 需求量　一般在每公斤寵物飼糧中添加10～50mg維他命B_5；成貓每天需要菸鹼酸2.6～4.0mg，貓在生長期、妊娠期、哺乳期對菸鹼酸需求量增大。犬攝取量超過每公斤體重350mg/d可能引起中毒，成犬可以耐受每天每公斤體重1.0g；貓沒有過量報導。AAFCO對犬貓飼糧中維他命B_5最低值的建議量見表2-5。

(3) 來源　菸鹼酸廣泛分布於各種食物中，但穀物中的菸鹼酸呈結合態，利用率低。動物性產品、酒糟、發酵液及油餅類含量豐富。穀物副產物、綠葉，特別是青草中含量較多。飼糧中的色胺酸在多餘時可轉化為菸鹼酸，但貓缺乏這種能力（韓丹丹和王景方，2007；王景芳和史東輝，2008）。

5. 維他命B_6　包括吡哆醇、吡哆醛和吡哆胺三種吡啶衍生物。吡哆醇能轉化成吡哆醛和吡哆胺，吡哆醛和吡哆胺可相互轉化。

(1) 生理功能　維他命B_6以轉胺酶和脫羧酶等多種形式參與胺基酸、蛋白質、脂肪和碳水化合物代謝；促進抗體及血紅素中原卟啉的合成。

缺乏維他命B_6時，幼年寵物食慾下降、生長發育受阻、皮膚發炎、脫毛、眼睛有褐色分泌物、流淚、視力減退、心肌變性；成年寵物表現為被毛粗亂、食慾差、貧血、腹瀉、驚厥、陣發性抽搐或痙攣、運動失調、急性腎臟疾患、昏迷等。

(2) 需求量　寵物對維他命B_6的需求量一般為1～5mg/kg飼糧。NRC（1987）建議，推測犬日糧中吡哆醇的安全上限60d內為1 000mg/kg，60d以上為500mg/kg。過量會出現厭食和共濟失調，急性攝取每天每公斤體重1g的吡哆醇時，將導致犬協調損害和強直性痙攣。貓日糧中安全上限尚未確定。AAFCO對犬貓飼糧中維他命B_6最低值的建議量見表2-5。

（3）來源　在自然界廣泛存在，酵母、肝臟、雞肉、乳清、穀物及其副產品、蔬菜中維他命B_6含量豐富，通常不易產生明顯的缺乏症。寵物日糧中蛋白質水準升高，色胺酸、蛋胺酸或其他胺基酸過多會增加對維他命B_6的需要（王景芳和史東輝，2008）。

6. 生物素（維他命H）　生物素有多種異構體，但只有D-生物素有活性。

（1）生理功能　生物素是動物機體內許多羧化酶的輔酶，參與碳水化合物、脂肪和蛋白質的代謝；此外，與溶菌酶活化和皮脂腺功能相關。

缺乏生物素時，寵物表現為生長不良、皮炎及脫毛等。貓表現厭食、眼睛和鼻子乾性分泌物、唾液增多，可能出現血痢和顯著消瘦；犬表現為皮屑狀皮炎、精神沉鬱、食慾不振、貧血、嘔吐。

（2）來源　生物素在自然界廣泛存在，另外，犬貓腸道微生物也可以合成生物素，故寵物一般不會缺乏生物素。食物中大部分生物素與蛋白質共價結合，在消化道內，胰液中的生物素酶可以釋放生物素（王金全，2018；王景芳和史東輝，2008）。

7. 葉酸　因在綠葉中含量豐富，故稱為葉酸。

（1）生理功能　能促進血球的形成，抗貧血；與維他命B_{12}有協同作用；可加氫變成四氫葉酸，是體內一碳基團轉移酶的輔酶，參與蛋白質和核酸代謝，促進紅血球、白血球和抗體的形成與成熟。一般情況下寵物不會缺乏葉酸，但長期使用抗生素或磺胺類藥物的犬貓可能會缺乏葉酸，引起大紅血球性貧血、白血球減少、生長緩慢、皮炎、繁殖機能和飼料利用率下降。

（2）需求量　寵物對葉酸的需求量一般為0.2～1mg/kg飼糧；AAFCO對犬貓飼糧中葉酸最低值的建議量見表2-5。

（3）來源　葉酸主要存在於綠色植物的葉中，肉類、大豆、魚粉、肝臟中含量也較高；寵物腸道細菌也能合成葉酸（王景芳和史東輝，2008）。

8. 維他命B_{12}（鈷胺素）　維他命B_{12}分子中含胺基和三價鈷，故稱鈷胺素，是唯一含金屬元素的維他命。

（1）生理功能　主要以二去氧腺苷鈷胺素和甲鈷胺素兩種輔酶形式參與多種代謝，如嘌呤和嘧啶合成、甲基轉移、蛋白質合成及碳水化合物和脂肪代謝，最重要的是參與核酸和蛋白質合成；維持神經系統完整和促進紅血球形成。

缺乏維他命B_{12}時，易引起惡性貧血及組織代謝障礙，如厭食、胃腸道上皮細胞改變、神經系統損害等；寵物最明顯的症狀是生長停滯、被毛粗糙、皮炎、肌肉軟弱、後肢運動失調；雌性動物受胎率、繁殖率降低和產後泌乳量下降。

（2）需求量　一般情況下寵物不會缺乏維他命B_{12}，其中毒劑量至少是超過需求量的數百倍。AAFCO對犬貓飼糧中維他命B_{12}最低值的建議量見表2-5。

（3）來源　日糧維他命B_{12}主要來源於動物產品，植物中缺乏；商業生產的維生素B_{12}源於微生物發酵（王金全，2018）。

9. 膽鹼

(1) 生理功能　膽鹼在動物體內作為結構物質發揮作用，是細胞卵磷脂、神經磷脂和某些原生質的成分，也是軟骨組織磷脂的成分。因此，它是構成和維持細胞結構、保證軟骨基質成熟必不可少的物質，並能防止骨短粗病的發生；參與肝臟脂肪代謝，促使肝臟脂肪以卵磷脂形式輸送或提高脂肪酸在肝臟內的氧化作用，防止脂肪肝的產生；作為甲基供體參與甲基轉移；作為乙醯膽鹼的成分參與神經衝動的傳導。

寵物一般不易缺乏膽鹼。缺乏膽鹼時，寵物精神不振、食慾喪失、生長發育緩慢、貧血、衰竭無力、關節腫脹、運動失調、消化不良等；脂肪代謝障礙，易形成脂肪肝，產生低白蛋白血症。

(2) 需求量　寵物對膽鹼的需求量一般為500～2 000mg/kg飼糧，過量供給會發生中毒。AAFCO對犬貓飼糧中膽鹼最低值的建議量見表2-5。

(3) 來源　肝臟、腦、魚肉、瘦肉和雞蛋（尤其是蛋黃）、大豆磷脂和豆類富含膽鹼（韓丹丹和王景方，2007；王金全，2018）。

10. 維他命C（抗壞血酸）　有L型和D型兩種異構體，僅L型對寵物有生理功效。

(1) 生理功能　是合成膠原和黏多醣等細胞間質必需的物質；具有解毒和抗氧化作用，重金屬離子能破壞體內一些酶的活性而使機體中毒，維他命C能使體內氧化型麩胱甘肽轉變為還原型麩胱甘肽，還原型麩胱甘肽可與重金屬離子結合而排出體外；阻止體內致癌物質亞硝基胺的形成而預防癌症；參與體內氧化還原反應；可使三價鐵還原為二價鐵，促進鐵的吸收；促進葉酸轉變為四氫葉酸，刺激腎上腺皮質素等多種激素合成；促進淋巴細胞增生，協助中性粒細胞殺死細菌，調節促炎和抗炎細胞因子的表達，增強機體的免疫、抗炎和抗壓力能力。

缺乏維他命C時，微血管的細胞間質減少，通透性增強而引起皮下、肌肉、腸道黏膜出血；骨質疏鬆易折；牙齦出血，牙齒鬆脫，創口潰瘍不易癒合，患「壞血症」；犬貓食慾下降，生長阻滯，體重減輕，活動力喪失等（Gordon等，2020）。

(2) 需求量　寵物對維他命C的需求量無規定。維他命C毒性很低，一般寵物可耐受需求量的數百倍甚至上千倍的劑量。

(3) 來源　來源廣泛，青綠飼料、新鮮水果中含量豐富。寵物能合成維他命C，一般不需補飼，但在高溫、寒冷、驚嚇、患病等壓力狀態下，寵物合成維他命C的能力下降，消耗增加，需額外補充。斷奶幼犬、仔貓飼糧中也應補充維他命C（韓丹丹和王景方，2007；王景芳和史東輝，2008）。

（三）維他命的代謝

脂溶性維他命的存在與吸收均與脂肪有關，它與日糧中的脂肪一同被動物吸收。日糧中缺乏脂肪時，脂溶性維他命的吸收率下降；相當數量的脂溶性維他命儲存在脂肪組織中，動物吸收的多，體內儲存的也多；未被動物消化吸收的脂溶性維他命透過膽汁隨糞便排出體外。

水溶性維他命可隨水分由腸道吸收，體內不儲存，未被動物利用的水溶性維他命主要由尿液排出體外，因此，即使一次較大劑量服用也不易中毒。

與其他養分相比，動物對維他命的需求量極微。作為養分利用的調節劑，可促進能量、蛋白質及礦物質等的高效利用。缺乏時可引起機體代謝紊亂，影響寵物健康；而攝取過量對機體也不利。犬能合成維他命C，貓能合成維他命K、維他命D、維他命C、維他命B_{12}等，但除了維他命K、維他命C的合成量能滿足機體的需要外，其他幾種都需額外添加（吳任許等，2005）。AAFCO對犬貓飼糧中各類維他命最低值的建議量見表2-5。

六 礦物質

礦物質是一大類無機營養素，約占動物體重的4%，在機體生命活動中起著重要的調節作用。礦物質雖然不是動物的能量來源，但在寵物體內不能相互轉化和替代，只能從一種價態轉變為另一種價態，它是機體組織器官的組成成分並在物質代謝中起著重要的調節作用。缺乏時，寵物生長受阻甚至死亡，而過量會影響寵物健康，甚至發生中毒、疾病或死亡。其中，5/6的礦物元素存在於骨骼和牙齒中，其餘1/6分布於身體各個部位（付弘贇和李呂木，2006；瀋坤銀，2000）。

礦物質以離子形式被機體吸收，吸收部位主要是小腸和大腸前段；排出方式隨寵物和日糧組成而異，如透過糞、尿排出鈣和磷，分泌乳汁也是排出礦物元素的途徑之一（圖2-7）。

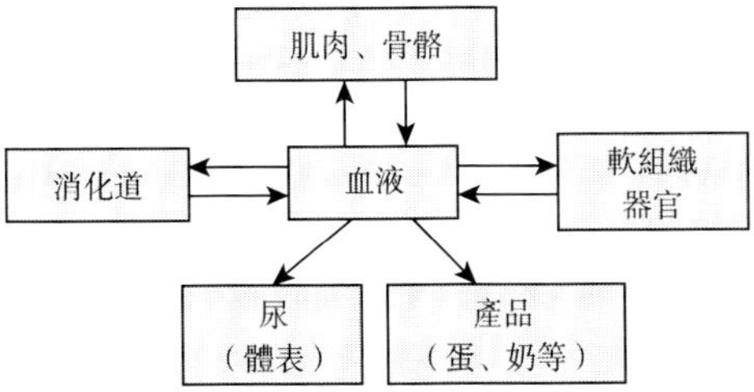

圖2-7 礦物元素在體內的動態平衡

（一）常量元素

1. 鈣、磷　是哺乳動物體內含量最多的礦物元素，占體重的1% ～ 2%。

（1）生理功能　機體約99%的鈣存在於骨骼和牙齒中；維持神經和肌肉正常功能，血鈣低於正常水準（每100mL中9 ～ 12mg）時，神經和肌肉興奮性增強，引起抽搐；活化凝血酶，參與正常血凝過程；鈣是多種酶的活化劑或抑制劑；維持膜完整性，調節激素分泌。

機體約80%的磷存在於骨骼和牙齒中；以磷酸根形式參與糖氧化和酵解、脂肪酸氧化和蛋白質分解等；作為ADP和ATP成分，在能量儲存與傳遞中起重要作用；磷是RNA、DNA及輔酶成分，與蛋白質合成及動物遺傳有關；參與維持細胞膜的完整性。

缺乏鈣時，幼犬貓患佝僂病，常見於1 ～ 3月齡寵物和生長較快的青年寵物；成年犬貓患軟骨病或骨質疏鬆症；哺乳母犬貓低鈣血症；食慾不振，喜歡啃食泥土、石頭等異物的異嗜癖，在缺磷時表現更為明顯。研究表明，飼餵低磷日糧的成年貓會出現溶血性貧血、運動系統障礙和代謝酸中毒。

過量造成的中毒少見，但超過一定限度，寵物生長減慢，脂肪消化率下降，磷、鎂、鐵、錳、碘等代謝紊亂。日糧中鈣增加，鈣的表觀消化率下降，骨密度增加。磷過多會使血鈣降低，寵物為調節血鈣，刺激副甲狀腺分泌而引起副甲狀腺機能亢進，致使骨中磷大量分解，易產生跛行或長骨骨折（Coltherd等，2019；Stockman等，2021）。

（2）吸收與代謝　鈣的吸收始於胃，主要部位在小腸，需維他命D_3和鈣結合蛋白（calcium binding protein，CaBP）參與。犬對鈣的利用率隨年齡成長和鈣濃度增加而降低，幼年或青年犬的鈣表觀吸收率為90%，成年犬為30% ～ 60%；CaBP位於腸細胞刷狀緣上，參與吸收和轉運鈣；主要透過糞排泄。

磷大多在小腸後段被吸收，吸收形式以無機磷酸根為主，少量磷脂。小腸細胞刷狀緣上的鹼性磷酸酶能解離一些有機化合物結合的磷，如磷糖、磷酸化胺基酸及核苷。磷的表觀消化率為30% ～ 70%，鈣磷比超過2：1或日糧中植酸磷較多時，磷吸收率會下降；主要透過尿排出體外（Dobenecker等，2018）。

影響鈣、磷吸收的因素除了與鈣、磷含量及其存在形態有關外，還與下列因素有關：

①酸性環境：寵物對鈣的吸收始於胃，食物中的鈣可與胃液中的鹽酸化合成易溶解的氯化鈣，被胃壁吸收。小腸中的磷酸鈣、碳酸鈣等的溶解度受腸道pH影響很大，在鹼性、中性溶液中溶解度很低，難吸收。小腸前端為弱酸性環境，是食物鈣和無機磷吸收的主要場所。小腸後端偏鹼性，不利於吸收。因此，增強小腸酸性的因素有利於鈣、磷吸收。

②日糧中可利用的鈣磷比例：AAFCO推薦的犬貓飼糧中鈣磷比的最小值為1：1，最大值為2：1。鈣磷比例失調易產生磷酸鈣沉澱；實踐證明，食物中鈣磷供應充足，但鈣磷比例失調同樣會導致腿病。

③維他命D：其對鈣磷代謝的調節是透過在肝及腎臟羥化後的產物1,25-二氫維他命D_3起作用的，調節鈣磷比例，促進鈣磷吸收與沉積。

④過多的脂肪、草酸、植酸：易與鈣結合成鈣皂、草酸鈣和植酸鈣，影響鈣吸收，皂鈣由糞便排出；飼料中的乳糖能增加細胞通透性，促進鈣吸收；犬體內植酸磷比無機磷的生物利用率低，表觀吸收率為30%～70%。

此外，維他命A、維他命D、維他命C及適量的胺基酸有利於鈣、磷在骨骼中的沉積和骨骼的形成。

鈣、磷代謝處於動態平衡，鈣的周轉代謝量為吸收量的4～5倍，是沉積量的8倍。透過糞和尿排出體外，糞排出量占80%，尿占20%。

(3) 來源　鈣、磷來源有肉骨粉、骨粉（鈣31%、磷14%）、磷酸氫鈣、磷酸鈣、碳酸鈣、魚粉、石粉等。植物原料中鈣少磷多，一半左右的磷為植酸磷，飼料總磷利用率一般較低，為20%～60%（王金全，2018）。

2. 鎂

(1) 生理功能　寵物體內含鎂0.05%，其中60%～70%存在於骨骼和牙齒，30%～40%在軟組織中；作為酶活化因子或酶的組成成分，參與體內300多種代謝，對維持氧化磷酸化和三磷酸腺苷合成酶活性，DNA、RNA和蛋白質合成是必需的；調節神經和肌肉興奮性；維持心肌正常功能和結構。研究表明，補鎂有利於防止過敏反應和集約化飼養時咬尾巴的現象。

缺乏鎂時，幼犬貓厭食、生長受阻、腕關節伸展過度、肌肉抽搐、後腿癱瘓、運動失調，胸主動脈礦化；影響寵物心臟、腎臟、血管等組織中的鈣沉積，使鈣水準提高約40倍；肝臟氧化磷酸化強度下降；外周血管擴張和血壓、體溫下降；犬缺乏鎂時會出現肌肉萎縮，嚴重時發生痙攣，幼犬像站在光滑的地板上，無法站立起來。

鎂過量可導致中毒，表現為昏睡、運動失調、腹瀉、採食量下降、生長緩慢甚至死亡。貓攝取的過量鎂以磷酸銨鎂的形式由尿液排出，但過多的磷酸銨鎂結晶沉積可阻塞尿道。因此，貓糧中鎂含量以不超過0.1%為宜。

(2) 吸收與代謝　以擴散吸收的形式在小腸吸收。果寡醣可以使鎂的吸收率從14%上升到23%；降低迴腸pH，鎂的可溶性增加；磷含量與鎂的生物學利用率呈負相關；成貓對鎂的吸收率低於青年貓。

幼年動物儲存和利用鎂的能力較成年動物高，骨中80%的鎂可參與周轉代謝。幼貓對鎂的表觀吸收率為60%～80%，成貓降至20%～40%。

(3) 來源　商品犬糧含鎂0.08%～0.17%。鎂普遍存在於寵物食品原料中，糠麩、餅粕和青飼料含鎂豐富；塊根和穀實含鎂也較多；缺鎂時可用硫酸鎂、氯化鎂、碳酸鎂補飼（王景芳和史東輝，2008）。

3. 鈉、鉀、氯　又稱為電解質元素，主要存在於體液和軟組織中（表2-6）。

表2-6　體內鈉、鉀、氯的分布（%）

元素	總含量（占體重）	可交換（占總量）	細胞外（占總量）	細胞內（占總量）
鈉	0. 13	76	60	16
鉀	0. 17	91	3	88
氯	0. 11	99	76	23

(1) 生理功能

鈉：鈉和氯的主要作用是維持細胞外液的滲透壓和調節酸鹼平衡，並參與水代謝；大量存在於肌肉中，增強肌肉的興奮性，也對心臟活動起調節作用；還能刺激唾液分泌及活化消化酶。

氯：存在於細胞內外，占血液酸離子的2/3，維持酸平衡。氯是合成胃液鹽酸的原料，鹽酸能活化胃蛋白酶，保持胃液呈酸性，起到殺菌作用。

鉀：維持細胞內液滲透壓的穩定和調節酸鹼平衡；與肌肉收縮密切相關；參與蛋白質和糖的代謝，並促進神經和肌肉興奮。

寵物體內不能儲存鈉，故鈉易缺乏，其次是氯，鉀不易缺乏。植物性原料，尤其是細嫩植物中含鉀豐富。食鹽是供給寵物鈉和氯的最好來源，具有調節食物口味、改善適口性、刺激唾液分泌、活化消化酶等作用。缺乏鈉和氯時，犬表現食慾不振，疲勞無力，飲水減少，皮膚乾燥，被毛脫落，生長減慢或失重，並有掘土毀窩、喝尿、舔髒物等異嗜癖，同時飼糧蛋白質利用率下降。

寵物攝取食鹽過多時，若飲水量少，易引起食鹽中毒，表現為極度口渴、腹瀉、步態不穩、抽搐等，嚴重時可導致死亡。老年犬會因食鹽超量而使心臟遭受損害，食鹽在心臟周圍和體液中積滯。犬飼糧中，鹽最大含量為乾重的1%；犬飼糧中鉀過量會影響鈉、鎂的吸收，甚至引起「缺鎂痙攣症」（Chandler，2008）。

(2) 吸收與代謝　主要吸收部位是十二指腸，而胃、後段小腸和結腸部分吸收，吸收形式為簡單擴散。犬對鈉的吸收率達到100%，其中80%的鈉在結腸吸收；鉀在小腸中的吸收率高。日糧含樹薯澱粉、馬鈴薯澱粉或大米時，會降低鉀的吸收率；纖維素含量高時，鈉及鉀的吸收率降低。大部分鉀隨尿排出，其他途徑包括糞、汗腺。

(3) 來源　食物原料中鈉、氯少時，以食鹽補充；餅粕類、肉製品、乳製品含鉀較高，植物性原料，尤其是細嫩植物中含鉀豐富（王景芳和史東輝，2008；王金全，2018）。

4. 硫

生理功能　以含硫胺基酸形式參與被毛、羽毛、蹄爪等角蛋白合成；是硫胺素、生物素和胰島素的成分，參與碳水化合物代謝；作為黏多醣成分參與膠原蛋白及結締組織代謝等。

通常在寵物缺乏蛋白質時才會發生硫缺乏，表現為消瘦，蹄、爪、毛生長緩慢。

硫過量現象少見。用無機硫作添加劑，用量超過0.3%～0.5%時，可能使寵物產生厭食、失重、便祕、腹瀉、憂鬱等症狀，嚴重時可導致死亡（王金全，2018）。

（二）微量元素

1. 鐵

（1）生理功能　鐵是合成血紅素和肌紅素的原料。血紅素是氧和二氧化碳的載體，肌紅素是肌肉在缺氧時做功的供氧源；鐵作為細胞色素氧化酶、過氧化物酶、過氧化氫酶、黃嘌呤氧化酶的成分及碳水化合物代謝酶類的激活劑，參與機體內代謝；轉鐵蛋白除運載鐵外，還有預防機體感染疾病的作用（Levander和Seleniurn，1986）。

一般不會缺鐵，典型缺乏症為貧血，表現為食慾不良、虛弱、皮膚和黏膜蒼白、皮毛粗糙無光澤、生長緩慢；血液中血紅素低於正常，易發於幼犬貓，血色素濃度不達標。攝取量低於每公斤體重1mg/d時，會產生缺乏症。貓平均每天需要鐵5mg/隻。

鐵大多以與蛋白結合形式存在於體內，過量攝取會造成游離鐵增加，產生毒性，導致犬胃腸輕微損傷。犬貓過量飼餵鐵的中毒數據尚無報導。

（2）來源　青草、乾草及糠麩、肉粉、血粉、肉骨粉、穀類食品、七水硫酸亞鐵均含鐵；鐵的氧化物和碳酸鹽利用率差（楊久仙和劉建勝，2007；王金全，2018）。

2. 鋅

（1）生理功能　動物體含鋅每公斤體重10～30mg，其中50%～60%存在於骨骼肌中，30%存在於骨骼中，其餘分布於身體各部位，眼角膜中含量最高，其次是毛、骨、雄性生殖器官、心臟和腎臟等。

參與酶的組成，體內200多種酶含鋅，這些酶主要參與蛋白質代謝和細胞分裂；參與胱胺酸和黏多醣代謝，維持上皮組織和被毛健康；維持激素的正常功能並與精子形成有關，鋅與胰島素或胰島素原形成可溶性聚合物有利於其發揮作用；維持生物膜正常結構與功能；在蛋白質和核酸的生物合成中起重要作用；能增強機體免疫力和抗感染能力。

寵物缺乏鋅時的典型症狀是皮膚不完全角質化症，幼犬足墊、皮膚出現紅斑，被毛發育不良，皮膚皺褶粗糙、結痂，傷口難癒合；生長不良，骨骼發育異常，睪丸受損，繁殖能力下降。阿拉斯加雪橇犬，由於遺傳缺陷影響鋅的吸收，終生都需要在日糧中補充。

寵物對鋅的耐受力較強，過量一般不會對其造成危害，但會抑制鐵、銅的吸收，導致貧血。

(2) 來源　幼嫩植物、酵母、魚粉、麩皮、油餅類及動物性食物鋅含量豐富。日糧中的鈣能抑制鋅的吸收，應注意日糧鋅、鈣平衡（王金全，2018）。

3. 銅

(1) 生理功能　作為氧化酶組分參與體內代謝，這些氧化酶主要催化彈性蛋白肽鏈中離胺酸殘基轉變為醛基，使彈性纖維變成不溶性的，以維持組織韌性及彈性；銅是紅血球成分，能維持鐵的正常代謝，利於血紅素合成和紅血球成熟；參與骨骼形成並促進鈣、磷在軟骨上沉積；維持中樞神經系統功能，促進生長激素、促甲狀腺激素、促黃體激素和促腎上腺激素釋放；促進被毛中雙硫基形成及交叉結合，從而影響被毛生長；參與血清免疫球蛋白及多種酶的構成，增強機體免疫力。

銅需求量約7.3mg/kg飼糧，鋅或鐵含量過高會影響銅的利用。貓缺乏銅會導致體重下降和肝臟銅濃度降低。犬缺乏銅時會產生貧血，且補鐵不能消除；骨骼異常，骨畸形，易骨折；被毛褪色、趾骨末端伸展過度。犬不易缺乏銅。

銅過量可危害動物健康，甚至引起中毒。銅在肝臟蓄積到一定水準時，會釋放進入血液，使紅血球溶解，出現貧血（高濃度銅抑制鐵的吸收）、血尿和黃疸症狀，組織壞死，甚至死亡。正常犬肝臟銅濃度每克體重幾百微克，患病犬肝臟中銅濃度達到每克體重幾千微克。犬按照每公斤體重投餵含銅（硫酸銅）165mg的急性口服藥，在4h內嘔吐死亡。貝靈頓犬有特殊缺陷，常因銅過量引起肝炎、肝硬化，因此，該品種犬禁用高銅食物（Gubler等，1953）。

(2) 來源　牧草、麩實糠麩和餅粕含銅較高，或補飼五水硫酸銅、氯化銅（犬貓利用率低）（王金全，2018）。

4. 錳　寵物體內錳含量較低，為每公斤體重0.2～0.5mg，主要集中在肝、骨骼、腎、胰腺及腦垂體。

(1) 生理功能　錳是精胺酸酶和脯胺酸肽酶成分，也是腸肽酶、羧化酶、ATP酶等的激活劑，參與蛋白質、醣類、脂肪及核酸代謝；參與骨骼基質中硫酸軟骨素生成並影響骨骼中磷酸酶活性，保證骨骼發育；催化性激素的前體膽固醇合成；保護細胞膜完整性（過氧化物歧化酶成分）；與造血機能密切相關，並維持大腦的正常功能。

缺錳主要影響寵物骨骼發育和繁殖功能。

錳的毒性較小，錳中毒現象非常少見。

（2）來源　植物飼料特別是牧草、糠麩含錳豐富，動物飼料含錳少，一般不需補充，幼年寵物常用硫酸錳補充（王金全，2018）。

5. 硒　機體硒含量每公斤體重0.05～0.2mg，集中在肝、腎及肌肉中，一般與蛋白質結合。

（1）生理功能　硒是麩胱甘肽過氧化酶（GSH-Px）成分，可催化組織產生的過氧化氫和脂質過氧化物還原成無破壞性的羥基化合物，保護細胞膜結構和功能完整；維持胰腺結構和功能完整；保證腸道脂酶活性，促進乳糜微粒形成，促進脂類及脂溶性維他命的消化吸收；促進免疫球蛋白合成，增強白血球殺菌能力；拮抗和降低汞、鎘、砷等毒性，並可減輕維他命D中毒引起的病變；還具有活化含硫胺基酸和抗癌作用。

目前，尚未有關於貓缺乏硒的報導，犬缺乏硒的報導也很少。有報導顯示，在飼餵6～8周幼犬缺乏硒和維他命E的基礎飼糧（含硒0.01mg/kg）時，幼犬的臨床症狀表現為厭食、精神不振、呼吸困難和昏迷；屍檢顯示腰部腫大，骨骼肌蒼白、腫大並帶有分散的白色條紋，腸道肌肉顏色褪至黃褐色，在腎臟皮質延髓的交界處有白色沉積物；組織病理學變化包括肌肉退化，在心室肌肉組織中局部心內膜壞死和腸道脂褐質沉積以及腎臟礦物化。

硒過量對犬貓影響的研究很少。有報導稱，犬攝取過多的硒（含硒5.0mg/kg飼糧）可導致幼紅血球和低色素性貧血，並隨時間進一步惡化，肝受損嚴重，發生壞死和硬化。

（2）來源　酸性土壤地區多缺乏硒，可用亞硒酸鈉補充，但日糧中亞硒酸鈉的生物利用率只有20%。植物來源的硒比動物來源更易利用，硒利用率罐裝食品為30%、擠壓膨化寵物乾糧為53%（王景芳和史東輝，2008；王金全，2018）。

6. 碘　體內含碘0.2～0.3mg/kg。

（1）生理功能　體內70%～80%的碘存在於甲狀腺中，參與甲狀腺素形成，參與體內代謝和維持體內熱平衡，對繁殖、生長發育、紅血球生成和血糖等起調控作用。

成犬碘缺乏時，臨床症狀有甲狀腺腫大，脫毛，全身性皮毛乾燥、稀疏，以及體重增加（Nuttall，1986；Thompson和Hutt，1979）。

犬貓糧中碘過量，會使甲狀腺激素降低，骨骼異常。

（2）來源　沿海地區植物含碘量高於內陸地區，各種飼料均含碘，一般不易缺乏，但妊娠和泌乳動物可能不足。缺碘時，可用加碘食鹽（含碘0.007%）或添加碘化鉀（王金全，2018）。

表2-7　AAFCO對犬貓飼糧中各類礦物元素最低值的建議量

養分（以乾物質計）	犬			貓		
	生長、繁殖期最低值	成年期最低值	最高值	生長、繁殖期最低值	成年期最低值	最高值
鈣（%）	1.2	0.5	2.5	1.0	0.6	
磷（%）	1.0	0.4	1.6	0.8	0.5	
鈣磷比	1：1	1：1	2：1			
鉀（%）	0.6	0.6		0.6	0.6	
鈉（%）	0.3	0.08		0.2	0.2	
氯（%）	0.45	0.12		0.3	0.3	
鎂（%）	0.06	0.06		0.08	0.04	
鐵（mg/kg）	88	40		80	80	
銅（擠壓）（mg/kg）	12.4	7.3		15	5	
銅（罐頭）（mg/kg）				8.4	5	
錳（mg/kg）	7.2	5.0		7.6	7.6	
鋅（mg/kg）	100	80		75	75	
碘（mg/kg）	1.0	1.0	11	1.8	0.6	9.0
硒（mg/kg）	0.11	0.11	2	0.3	0.3	

第二節　寵物主糧原料

寵物食品原料的來源非常廣泛，但它們的營養價值差異很大。根據食物原料的來源和營養成分的不同可分為以下幾類。

一、穀類

穀物類食品原料種類繁多，來源廣泛，價格低廉，是寵物食品的重要組成，包括玉米、小麥、稻米、小米、高粱等。植物性食品中雖含有較多的纖維素，但對寵物正常生理代謝卻有重要意義（Donfrancesco等，2018）。

(一) 穀類的營養

由於種類、品種和種植條件不同，穀類的營養成分有一定差異。

1. 蛋白質 含量為7.5%～13%，胺基酸組成不平衡，離胺酸不足，蘇胺酸、色胺酸、苯丙胺酸及蛋胺酸含量也較低，蛋白營養價值低於豆類及動物性食品。

2. 碳水化合物 主要為澱粉，含量在70%以上，易消化，故穀類食品的有效能值高。粗纖維一般在5%之內，只有帶穎殼的大麥、燕麥、稻和粟等粗纖維可達10%左右。

3. 脂肪 含量低，大米、小麥為1%～2%，玉米和小米可達4%，米糠與胚芽中含較多的脂肪。穀類脂肪多含不飽和脂肪酸，如玉米和小麥胚芽中不飽和脂肪酸達到80%，其中60%為亞油酸，具有降低血清膽固醇、防止動脈粥樣硬化的作用。

4. 礦物質 粗灰分為1.5%～3%，鈣含量低於0.1%，磷含量高達0.31%～0.45%，多以植酸鹽形式存在；鋅、錳、鈷分別在大麥、小麥和玉米中含量較多。

5. 維他命 穀類是硫胺素、核黃素、泛酸和吡哆醇等維他命B群的重要來源，維他命E含量也較高，主要分布在米糠、麩皮和胚芽餅（粕）中；黃玉米含有維他命A原（楊久仙和劉建勝，2007）。

(二) 主要的穀物類寵物食品原料

1. 玉米 粗纖維含量低，無氮浸出物達74%～80%，主要為易消化的澱粉，消化率達90%以上，總能可達16.68MJ/kg。粗蛋白質為8%～10%，缺乏離胺酸、色胺酸、蛋胺酸及胱胺酸，其中離胺酸是第一限制性胺基酸，蛋白質生物學價值較低。粗脂肪可達3.6%，不飽和脂肪酸含量較高，主要是油酸和亞油酸，其中亞油酸含量達到2%，為穀實類之首。黃玉米含有維他命A原，每公斤黃玉米含1mg左右的β-胡蘿蔔素及22mg葉黃素，是麩皮及稻穀無法相比的。玉米含鈣僅為0.02%、磷0.3%。因脂肪含量高，粉碎後的玉米粉易氧化變質，不宜久存，且易被黃麴黴汙染而產生強致癌物質黃麴毒素，對寵物危害極大（王景芳和史東輝，2008）。

2. 小麥 適口性好，易消化吸收。小麥粗脂肪含量僅為玉米的一半左右，因此小麥的總能較玉米低，為15.72MJ/kg。小麥粗蛋白含量為12%～14%，約為玉米的150%。小麥籽實含較高比例的胚乳，胚乳中最主要的蛋白質是醇溶蛋白（麥醇溶蛋白）和穀蛋白（麥穀蛋白），這兩種蛋白通常被稱為「麵筋」。小麥蛋白質的胺基酸組成優於玉米，但蘇胺酸明顯不足。離胺酸高於玉米，但離胺酸、蛋胺酸含量均較低，分別為0.30%和0.25%。無氮浸出物占67%～75%，主要是澱粉，其中直鏈澱粉約占27%。小麥脂肪含量低，必需脂肪酸含量也低，亞油酸含量僅為0.8%。小麥中鈣、磷、銅、錳、鋅等礦物質元素含量較玉米高，但與寵物的營養需求相比仍不足。小麥中維他命B群和維他命E較多，而其他維他命較少。大部分的礦物質存在麩皮中，而大部分的維他命存在於皮和胚芽中，故麵粉越白，麵粉中的礦物質和維他命含量越少。胚芽中含有豐富的卵磷脂。

根據加工精度，小麥粉分為普通粉、標準粉和特製粉，出粉率越低，礦物質、維他命、蛋白質及粗纖維含量越低，澱粉含量越高，口感越好。次粉是小麥磨粉的副產物，主要由帶有更多外皮碎片（與飼用小麥粉比）的胚乳粒組成，是介於麵粉與麩皮之間的黃（黑）麵粉。粗蛋白質含量為13.5%～15.0%，粗纖維4.9%，粗脂肪3.5%，澱粉35%～42%。小麥麩是小麥磨粉的副產物，主要由外皮碎片和一小部分麥粒組成，麥粒中的大部分胚乳已被脫去。細小麥麩與小麥麩相比，麥粒中的胚乳被脫去的程度要小一些。小麥、次粉與麩皮的營養價值比較見表2-8。

表2-8　小麥、次粉與麩皮的營養成分比較（%）

小麥產品	乾物質	粗蛋白	粗脂肪	澱粉	粗纖維	無氮浸出物	灰分	鈣	磷
小麥（2級）	88.0	13.4	1.7	54.6	1.9	69.1	1.9	0.17	0.41
次粉（1級）	88.0	15.4	2.2	37.8	1.5	67.1	1.5	0.08	0.48
次粉（2級）	87.0	13.6	2.1	36.7	2.8	66.7	1.8	0.08	0.48
小麥麩（1級）	87.0	15.7	3.9	22.6	6.5	56.0	4.9	0.11	0.92
小麥麩（2級）	87.0	14.3	4.0	19.8	6.8	57.1	4.8	0.10	0.93

注：引自《中國飼料原料數據庫》（第31版）。

3. 大麥　分為有皮大麥和裸大麥，裸大麥又稱為青稞。大麥是一種重要的能量飼料，總能可達16.09MJ/kg。粗蛋白含量約12%，離胺酸0.52%以上，可消化養分比燕麥高。有皮大麥的粗纖維含量5.5%左右，總營養價值低於玉米。無氮浸出物含量高，粗脂肪低於2%。菸鹼酸含量較玉米高2倍，鈣、磷含量也較玉米高，富含硫胺素，而胡蘿蔔素和維他命D不足，核黃素也較少。大麥飼用價值與玉米相近。裸大麥（青稞）去殼後可用於寵物食品搭配，而帶皮大麥適口性和利用率較差，不適於飼餵寵物（Twomey等，2003）。

4. 高粱　去殼高粱與玉米一樣，主要成分為澱粉，但其澱粉的糊化率較低，約為60%，澱粉粒細胞膜較硬，不易煮熟，消化率較低。粗蛋白質含量為8%～9%，單寧與蛋白質結合成一種不易被胃腸消化吸收的絡合物，使蛋白質的消化率大大降低，其消化率低於大米和麵粉；高粱蛋白質品質較差，限制性胺基酸為離胺酸，蘇胺酸含量也較低。含鈣較少，含磷較多。胡蘿蔔素及維他命D含量少，維他命B群含量與玉米相當，菸鹼酸含量高。脂肪及鐵比大米多（Alvarenga等，2018）。

高粱中含有單寧（鞣酸），味澀，適口性較差。單寧主要存在於皮殼，色深者含量高。在配製寵物食品時，色深者只能用到10%，色淺者可加到20%。若能除去單寧，則可加大用量。

5. 燕麥 營養價值高，總能可達17.01MJ/kg。蛋白質、油脂含量居小麥、水稻、玉米、大麥、蕎麥、高粱、穀子等幾大穀物之首，蛋白質含量達到15.6%，每100g燕麥中離胺酸含量高達680mg，是小麥粉、大米的6～10倍，含有多種必需胺基酸；油脂含量為8.8%，其中80%為不飽和脂肪酸，且亞油酸含量豐富，占不飽和脂肪酸的35%～52%；鈣、磷、鐵含量也居糧食作物之首；維他命E含量高於大米、小麥；可溶性纖維素達4%～6%，是小麥、稻米的7倍；另外，含有皂苷素及多酚類物質。

6. 稻穀 帶殼稻穀含粗纖維較高，有效能較低。稻穀脫去稻殼即糙米，糙米粗蛋白質含量約8%，澱粉約75.9%，粗纖維含量低，為0.5%左右，粗脂肪1.2%。碾去糙米皮層和胚（即細糠），基本只剩胚乳時即大米。大米總能可達14.76MJ/kg，其營養價值與加工精度有直接關係。和糙米相比，精白米中蛋白質、脂肪、纖維素分別降低8.4%、56%及57%；鈣、維他命B_1及維他命B_2、菸鹼酸分別降低43%、59%、29%和48%。不同穀物的營養組成如表2-9所示。

表2-9 大麥、玉米和小麥的營養價值分析（%）

穀類	乾物質	粗蛋白	粗脂肪	澱粉	粗纖維	無氮浸出物	粗灰分	鈣	磷
玉米（2級）	86.0	8.0	3.6	65.4	2.3	71.8	1.2	0.02	0.27
小麥（2級）	88.0	13.4	1.7	54.6	1.9	69.1	1.9	0.17	0.41
裸大麥（2級）	87.0	13.0	2.1	50.2	2.0	67.7	2.2	0.04	0.39
皮大麥（1級）	87.0	11.0	1.7	52.2	4.8	67.1	2.4	0.09	0.33
高粱	88.0	8.7	3.4	68.0	1.4	70.7	1.8	0.13	0.36
燕麥（裸麥）	91.8	14.7	10.7	56.4	2.2	7.2	1.7	0.08	0.38
稻穀（2級）	86.0	7.8	1.6	63.0	8.2	63.8	4.6	0.03	0.36

注：引自《中國飼料原料數據庫》（第31版）及《豬飼料成分表》（NRC，2012）。

穀類加工有製米和製粉兩種。由於穀粒結構的特點，其所含的營養物質分布不均衡。礦物質、維他命、蛋白質、脂肪分布在穀粒的周圍和胚芽中，粗纖維分布在穀粒的周圍，胚芽中含量也較多，向胚乳中心逐漸減少。因此。加工精度與穀粒的營養成分有著密切關係（表2-10）（王景芳和史東輝，2008；楊久仙和劉建勝，2007）。

表2-10　不同出米率大米和不同出粉率小麥的營養組成（%）

組分	大米出米率			小麥出粉率		
	92	94	96	72	80	85
水分	15.5	15.5	15.5	14.5	14.5	14.5
粗蛋白質	6.2	6.6	6.9	8～13	9～14	9～14
粗脂肪	0.8	1.1	1.5	0.5～1.5	1.0～1.6	1.5～2.0
糖	0.3	0.4	0.6	1.5～2.0	1.5～2.0	2.0～2.5
無機鹽	0.6	0.8	1.0	0.3～0.6	0.6～0.8	0.7～0.8
纖維素	0.3	0.4	0.6	微～0.2	0.2～0.4	0.4～0.9

（三）穀類加工對其營養價值的影響

小麥加工精度越高，糊粉層和胚芽所占比例越少。礦物質、維他命、蛋白質、脂肪、粗纖維含量越低，但澱粉含量高，感官性狀好且消化吸收率高。不同出粉率的麵粉中營養素含量比較見表2-11（楊久仙和劉建勝，2007）。

表2-11　不同出粉率的麵粉中營養素含量比較

營養素	出粉率（%）					
	50	72	75	80	85	95～100
蛋白質（%）	10	11	11.2	11.4	11.6	12
鐵（mg/kg）	9	10	11	18	22	27
鈣（%）	0.015	0.018	0.022	0.057	0.05	—
硫胺素（mg/kg）	0.8	1.1	1.5	2.6	3.1	4.0
核黃素（mg/kg）	0.3	0.35	0.4	0.5	0.7	1.2
菸鹼酸（mg/kg）	7	7.2	7.7	12	16	60
泛酸（mg/kg）	4	6	7.5	9	11	15
吡哆醇（mg/kg）	1	1.5	2	2.5	3	5

二　大豆

大豆蛋白質含量35%～40%，蛋白質生物學價值高，離胺酸含量較高，為2.2%，蛋胺酸相對不足，為0.55%。無氮浸出物含量較低，粗纖維含量為4%～5%，粗脂肪含量達18%以上，故有效能較高。脂肪酸中約85%為不飽和脂肪酸，亞油酸含量為53.1%，且含1.8%～3.2%的磷脂（卵磷脂、腦磷脂），具有乳化及抗氧化等生理作用。大豆中鈣、磷比例失調，鈣少磷多，磷多為植酸態磷，但鈣含量高於穀類。含鐵較高，約為111mg/kg。維他命組成優於穀類，維他命E及維他命B群豐富。

三 豆粕

1. 營養特點 豆粕是中國最常用的植物性蛋白質飼料原料，蛋白質含量40%～45%，蛋白消化率80%以上，代謝能為10.5MJ/kg以上。胺基酸組成較平衡，離胺酸含量2.5%～2.9%、蛋胺酸0.50%～0.70%、色胺酸0.60%～0.70%、蘇胺酸1.70%～1.90%，缺乏蛋胺酸。

2. 抗營養因子 生大豆餅粕含有抗營養因子，會對營養成分的利用甚至是動物健康產生不良影響。這些抗營養因子不耐熱，經過適當的熱處理（110℃，3min）即可被去活化，但長時間高溫處理會降低餅粕的營養價值，通常以脲酶活性衡量豆粕的加熱程度。

（1）蛋白酶抑制劑　能抑制胰蛋白酶、糜蛋白酶、胃蛋白酶等13種蛋白酶活性的物質統稱，其中以胰蛋白酶抑制劑最普遍，降低蛋白質的消化率，影響動物生長，也存在於棉籽、花生、油菜籽中。脲酶的抗熱能力較胰蛋白酶抑制劑強，且測定方法簡單，故常用脲酶活性來判斷大豆中胰蛋白酶抑制劑是否已被破壞。中國嬰兒配方代乳粉標準中明確規定，含有豆粉的嬰幼兒代乳食品，脲酶試驗必須為陰性。近年來，西方一些研究表明，蛋白酶抑制劑同時具有抑制腫瘤和抗氧化作用，因此，對其具體評價與應用尚需進一步深入研究與探討。

（2）豆腥味　大豆中的脂肪氧化酶是產生豆腥味及其他異味的主要酶類。95℃以上的溫度加熱10～15min或用乙醇處理後減壓蒸發可脫去部分腥味。

（3）脹氣因子　占大豆碳水化合物一半的水蘇糖和棉籽糖（大豆寡醣）在腸道微生物作用下可產氣，故稱為脹氣因子。人體缺乏水解水蘇糖和棉籽糖的酶，它們可不經消化吸收直接到達大腸，被雙歧桿菌利用並促進其生長繁殖。目前已利用大豆寡醣作為功能性食品基料，部分代替蔗糖用於清涼飲料、優酪乳、麵包等食品。

（4）皂苷和異黃酮　大豆皂苷分子是由寡醣與齊墩果烯三萜連接而成，為五環三萜類皂苷，在大豆中含量為0.1%～0.5%，對熱穩定，達到一定濃度時有苦澀味。有抗突變、抗癌、抗氧化、調節免疫、抗病毒、降血膽固醇和血脂作用。大豆異黃酮是一類具有弱雌性激素活性的化合物，具有苦味和收斂性。長期以來，被認為是大豆中的不良成分。近年的研究表明，大豆異黃酮對癌症、動脈硬化、骨質疏鬆症及更年期症候群具有預防甚至一定的治療作用，賦予大豆及其製品在食品中特別的意義（楊久仙和劉建勝，2007）。

四 肉類

（一）肉類化學組成及營養

各種肉類都含有水分、蛋白質、脂肪、碳水化合物、礦物質及維他命，其中碳水化合物含量極少，不含澱粉和粗纖維。各營養成分的含量依動物種類、性別、年齡、營養與健康狀況、部位等不同，具體見表2-12及表2-13。

表2-12　畜、禽肉的化學組成

名稱	水分（%）	蛋白質（%）	脂肪（%）	碳水化合物（%）	灰分（%）	熱量（kJ/kg）
牛肉	72.91	20.07	6.48	0.25	0.92	6.19
羊肉	75.17	16.35	7.98	0.31	1.99	5.89
肥豬肉	47.40	14.54	37.34	—	0.72	13.73
瘦豬肉	72.55	20.08	6.63	—	1.10	4.87
馬肉	75.90	20.10	2.20	1.88	0.95	4.31
兔肉	73.47	24.25	1.91	0.16	1.52	4.89
雞肉	71.80	19.50	7.80	0.42	0.96	6.35
鴨肉	71.24	23.73	2.65	2.33	1.19	5.10

表2-13　豬肉各部位的化學組成（%）

名稱	水分	蛋白質	脂肪	灰分
腿肉	74.02	20.52	4.46	1.00
背肉	73.39	22.38	3.20	1.03
里脊	75.28	18.72	5.07	0.93
肋骨肉	65.02	17.05	17.14	0.78
肩肉	61.50	17.47	20.15	0.88
腹肉	58.40	15.80	25.09	0.71

肉類蛋白質含量豐富，蛋白品質好，加工後適口、味美，是寵物食品搭配時提高營養價值、改善適口性的重要原料。

1. 蛋白質　畜肉蛋白質含量一般為15%～25%，主要為肌肉蛋白質、肌漿蛋白質和結締組織蛋白質。通常牛、羊肉的蛋白質含量高於豬肉，兔肉含量最高；蛋白質含量最高的部位是脊背的瘦肉，可達到22%，裡脊肉鮮嫩，水分含量較多；奶脯肉蛋白質含量最少，含脂肪較多。畜肉蛋白質為完全蛋白質，營養價值高，但結締組織中的膠原蛋白和彈性蛋白缺乏色胺酸和蛋胺酸等必需胺基酸。

禽肉一般含蛋白質17%～23%，屬優質蛋白質，但較畜肉有較多的結締組織，且均勻地分布在肌肉組織中，故禽肉較畜肉細嫩，易消化。

2. 脂肪　豬肉脂肪含量高於牛肉和羊肉，動物的肥瘦程度使肉的脂肪含量差異很大。脊背肉含脂肪較少，而豬肋和腹肉含脂肪較多。畜肉脂肪酸以飽和脂肪酸居多，磷脂和膽固醇是能量的來源之一，也是構成細胞膜的成分，對肉類製品的品質、顏色和氣味具有重要意義。

禽肉脂肪含量不一，一般為7%左右。雞肉脂肪含量較低，如雞胸脯肉脂肪含量僅為3%，而肥的鴨、鵝肉脂肪含量可達40%，如北京塡鴨肉脂肪含量41%。禽肉脂肪含豐富的亞油酸，約占脂肪總量的20%，禽肉脂肪的營養價值高於畜肉脂肪。

3. 礦物質　畜肉中礦物質約占1%，其中鈣含量為70～110mg/kg，磷為1 270～1 700mg/kg，鐵為62～250mg/kg。畜肉是鋅、銅、錳等多種微量元素的良好來源，寵物對肉中礦物元素的吸收率高於植物性食品，尤其對鐵的吸收率均高於其他食品。

禽肉中鈣、磷、鐵的含量高於畜肉，鋅也略高於畜肉，硒含量明顯高於畜肉。

4. 碳水化合物　肉類碳水化合物含量很低，一般為0.3%～0.9%，以糖原形式存在。動物被宰殺後保存過程中由於酶的分解作用，糖原含量下降，乳酸含量上升，pH逐漸下降，對畜肉的風味和儲存有利。

禽肉中含氮浸出物與年齡有關，同一品種的幼禽肉湯中含氮浸出物少於老禽，故老禽的肉湯比幼禽鮮美。禽肉中碳水化合物的含量也很低。

5. 維他命　畜肉肌肉組織中維他命A和維他命D含量少，維他命B群較高，豬肉中維他命B_1的含量較牛羊肉高，牛肉的葉酸含量比豬肉高。

禽肉含豐富的維他命，維他命B群含量與畜肉相近，其中菸鹼酸含量較高，為40～80mg/kg，維他命E為900～4 000μg/kg，禽內臟富含維他命A和核黃素。

（二）肉類副產品的營養價值

1. 新鮮副產品　包括頭、蹄、翅、爪、尾、內臟及骨架，營養價值差異較大。因此，使用畜禽副產品時要注意合理搭配，達到營養平衡和胺基酸互補。

(1) 肝　是寵物的優質食物，含豐富的蛋白質、維他命和微量元素，維他命A和維他命D含量較其他動物性食品高。肝對寵物的生長發育和繁殖有良好的作用，繁殖期日糧中添加5%的鮮肝，可以提高寵物的繁殖率；但餵量太多會引起排稀便。

（2）心和腎　富含蛋白質和維他命，尤其腎中維他命A含量高，但膽固醇含量也高。

（3）胃和腸　營養價值較低，且寄生蟲、微生物較多，不易清洗，最好熟餵。腸繫膜上脂肪含量高，應全部或部分除去後飼餵。禽腸乾粉含粗蛋白質約45%，粗脂肪16%，無氮浸出物26.5%。

（4）腦　含大量的磷脂和必需胺基酸，營養豐富，消化率高，能促進生殖器官的發育，常作為催情飼料。

（5）肺　蛋白質含量較低，結締組織較多，對胃有刺激作用，一般熟餵。

（6）血　水分含量高，含較多的蛋白質、維他命和礦物質，離胺酸極豐富。一般需熟餵，消化率較低，不易多餵食。

另外，骨架產量高，是寵物的優質飼料。含骨比例不同，可食部分及營養成分差異較大。各種畜禽副產品營養價值見表2–14。

表2-14　畜禽副產品營養成分含量

名稱	可食部分（%）	能量（kJ，每100g中）	水分（g，每100g中）	蛋白質（g，每100g中）	脂肪（g，每100g中）	灰分（g，每100g中）	視黃醇當量（μg，每100g中）	鈣（mg，每100g中）	磷（mg，每100g中）
牛心	100	444	77.2	15.4	3.5	0.8	17	4	178
羊肝	100	561	69.7	17.9	3.6	1.4	20 972	8	299
豬大腸	100	799	74.8	6.9	18.7	0.8	7	10	56
豬肚	96	460	78.2	15.2	5.1	1.8	3	11	124
豬肝	99	540	70.7	19.3	3.5	1.5	4 972	6	310
豬心	97	498	76.0	16.6	5.3	1.0	13	12	189
豬血	100	230	85.8	12.2	0.3	0.8	—	4	16
雞翅	69	817	65.4	17.4	11.8	0.8	68	8	161
雞肝	100	506	74.4	16.6	4.5	1	10 414	7	263
鴨翅	67	611	70.6	16.5	6.1	6.3	14	20	84
鴨肝	100	536	76.3	14.5	7.5	1.2	1 040	18	283

2. 乾燥副產品

（1）肉骨粉和肉粉　利用不能作為人食品的畜禽及各種廢棄物或畜禽屍體經高溫、高壓脫脂乾燥製成的產品。含骨量大於10%的稱為肉骨粉。肉骨粉及肉粉的品質與生產原料關係密切。一般含粗蛋白質25%～60%、水分5%～10%、粗脂肪3%～10%、鈣7%～20%、磷3.6%～9.5%。蛋白質中離胺酸含量較高，蛋胺酸及色胺酸偏低，維他命B群豐富，維他命B_{12}含量較高，但缺乏維他命A和維他命D。在中國，大部分動物副產品被作為人類食品，導致肉骨粉與肉粉原料不足，生產的肉骨粉和肉粉與進口產品相比，蛋白質含量低，而鈣、磷含量高。

肉骨粉作為飼料組分可替代部分或全部魚粉，但為平衡移去魚粉後缺乏的那部分養分，肉骨粉用量可略高於魚粉，並適量添加調味劑，以防動物出現厭食現象。

(2) 家禽副產物粉　家禽屠體廢棄部分，如頭、頸、腳、無精蛋及腸等，經乾法或溼法去油後加以粉碎。本品不可含有羽毛，灰分應在16%以下，鹽酸不溶物應在4%以下。其營養價值差異較大，高於羽毛粉，低於魚粉。

(3) 血粉　各種動物的血液經消毒、乾燥和粉碎或噴霧乾燥而成，一般為紅褐色至深褐色，粗蛋白質含量75%～85%、水分8%～11.5%、粗脂肪0.4%～2%、粗纖維0.5%～2%、粗灰分2%～6%、鈣0.1%～1.5%、磷0.1%～0.4%。胺基酸組成不平衡，離胺酸含量很高，而蛋胺酸、色胺酸和異白胺酸相對不足。血粉加工過程中的高溫使蛋白質變性，導致其消化率低。日糧中血粉使用量不宜過高，3%左右為宜。

(4) 羽毛粉　羽毛經蒸汽高壓水解後的產品，蛋白質含量為75%～85%，粗脂肪、粗纖維、粗灰分含量均為1%～3%。蛋白質品質較差，蛋胺酸、離胺酸與色胺酸含量較低，精胺酸與胱胺酸含量較高（楊久仙和劉建勝，2007；王景芳和史東輝，2008）。

肉類乾燥副產品的營養組成見表2-15。

表2-15　幾種常見肉類乾燥副產品的營養價值分析（%）

乾燥副產品	乾物質	粗蛋白	粗脂肪	粗纖維	無氮浸出物	粗灰分	鈣	磷
肉骨粉	93.0	50.0	8.5	2.8	—	31.7	9.20	4.7
肉粉	94.0	54.0	12.0	1.4	4.3	22.3	7.69	3.88
血粉	88.0	82.8	0.4	—	1.6	3.2	0.29	0.31
羽毛粉	88.0	77.9	2.2	0.7	1.4	5.8	0.20	0.68

注：引自《中國飼料原料數據庫》（第31版）。

五 魚類

(一) 魚類的營養

魚類可食部分富含蛋白質，並含有脂肪、多種維他命和礦物質，對強化補充寵物營養起重要作用。

1. 蛋白質　魚類蛋白質是營養價值很高的完全蛋白質，含量一般為8%～10%，可食部分蛋白質含量15%～20%，胺基酸組成與肉類相似，但色胺酸含量低。魚肉結締組織含量比畜肉少，肌纖維細短，間質蛋白少，含水量較高，肉質細嫩，易被寵物消化吸收，消化率達97%～99%。魚類所含的牛磺酸對寵物有重要意義。魚類結締組織和軟骨中的含氮浸出物主要為膠原蛋白和黏蛋白，是魚湯冷卻後形成凝膠的主要物質。

2. 脂肪　魚類一般含脂肪1%～3%。魚種類不同，脂肪含量差異很大，如鯤魚含脂肪10.4%，鱈魚僅含0.5%。脂肪主要分布在皮下和內臟周圍，多由不飽和脂肪酸組成（占80%），常溫下多為液態，消化吸收率達95%。魚類脂肪含長鏈多不飽和脂肪酸，如二十碳五烯酸（EPA）和二十二碳六烯酸（DHA），具有降低血脂、防止動脈粥樣硬化的作用。膽固醇含量一般為1.0g/kg，但魚子中含量高，約為魚肉的10倍。

3. 礦物質　魚類可食部分礦物質含量1%～2%，其中磷占灰分的40%。此外，鈣、鈉、氯、鎂含量豐富。海產魚類含碘豐富，其他微量元素含量也較豐富。

4. 維他命　魚類是維他命B_2的良好來源，海魚的肝臟富含維他命A和維他命D。一些生魚中含有硫胺素酶，在生魚存放或生吃時會破壞維他命B_1，加熱可破壞此酶（楊久仙和劉建勝，2007）。

（二）魚粉

魚粉由經濟價值較低的全魚或魚加工副產品製成，因原料和加工條件不同，其營養差異很大。由魚加工廢棄物（骨、頭、皮、內臟等）為原料生產的魚粉稱粗魚粉，粗蛋白含量較低而灰分較高，營養價值低於全魚製造的魚粉。

中國使用的魚粉是以全魚製成的不摻雜異物的純魚粉。中國魚粉蛋白質含量30%～55%，進口魚粉一般蛋白含量在60%以上，日本北洋魚粉和美國阿拉斯加魚粉蛋白質含量在70%左右。魚粉是高能食品，不含纖維素和木質素等難消化物質。脂肪含量1.3%～15.5%、灰分14.5%～45%、鈣0.8%～10.7%、磷1.2%～3.35%。富含維他命B群，尤其是維他命B_{12}、核黃素、菸鹼酸以及維他命A和維他命D；另外，還含未知生長因子（unknown growth factors，UGF），這種物質目前還未提純，但已肯定可促進動物生長。

魚粉加工有土法、乾法、溼法等。土法是漁民將原料晒乾並粉碎的方法，該法受天氣制约，魚粉品質較差。乾法是將原料蒸煮、乾燥，經壓榨或萃取魚油後粉碎，魚粉殘留油脂較多，呈深褐色，品質較差。溼法是將原料蒸煮、壓榨除去魚油和大部分水分後，乾燥並軋碎，壓榨液經離心去油後，濃縮混合於軋碎的榨餅中，一並乾燥而得魚粉。溼法生產較乾法生產耗能低，除臭徹底，魚粉得率高，品質好（韓丹丹和王景方，2007）。

魚粉中的食鹽易導致寵物中毒，一般優質魚粉含鹽量2%左右，劣質魚粉鹽含量不恆定，有的甚至高達30%。魚粉在儲存過程中應注意通風乾燥，防止魚粉發霉、蟲蛀及氧化。

要盡可能避免給貓餵食金槍魚、竹莢魚、魷魚、鮑魚、鰹魚等。金槍魚和竹莢魚富含不飽和脂肪，貓無法很好地對其代謝，殘留在體內後會大量消耗維他命E，並導致脂肪組織炎。魷魚含硫胺酶，會破壞維他命B_1，導致維他命B_1缺乏，引起神經障礙，出現眩暈等症狀。鮑魚內臟會引起一種稱為光線過敏症的皮膚炎，這種皮膚炎特別容易在貓的毛髮和皮膚較薄的耳部發病，惡化時可導致耳根部壞死，即俗話說的「貓吃鮑魚掉耳朵」。貓的皮膚特別敏感，一旦發炎或患皮膚病容易引發繼發病症。貓也喜食鰹魚，但鰹魚體內含大量的鎂，易引發尿路疾病。

六 蛋類

蛋類主要指雞、鴨、鵝、鵪鶉、火雞等禽蛋。各種禽蛋的結構和營養構成相似，都是由蛋殼、蛋清（蛋白）和蛋黃組成。

雞蛋的營養

雞蛋的使用最普遍，每隻雞蛋平均58g左右，蛋殼占11%，由96%碳酸鈣、2%碳酸鎂和2%蛋白質組成。蛋殼顏色因雞的品種而異，與營養價值無關。

蛋清和蛋黃分別占雞蛋可食部分的57%和32%。蛋類蛋白質含量約為12.8%。蛋清中的蛋白質為膠狀水溶液，由卵白蛋白、卵膠黏蛋白、卵球蛋白等組成，蛋清中水分較多；蛋黃中蛋白質主要是卵黃磷蛋白和卵黃球蛋白。雞蛋蛋白質含有寵物所需的各種胺基酸，且胺基酸的組成模式與合成寵物體組織蛋白所需模式相近，易消化吸收，生物學價值高達95%，是理想的優質蛋白質。

蛋類含糖很少，蛋清中主要含甘露糖和半乳糖；蛋黃中主要含葡萄糖，多以與蛋白質結合形式存在。

蛋類脂肪主要集中在蛋黃內，包括66%三酸甘油酯、28%磷脂、5%膽固醇和少量其他脂類。雞飼料中脂肪酸類型影響蛋黃脂類的脂肪酸構成，飼料中不飽和脂肪酸增多時，蛋黃中的亞油酸增多。

鐵、磷、鈣等礦物質和維他命A、維他命D、硫胺素及核黃素多集中在蛋黃內。禽蛋主要營養組成見表2-16。

對蛋類進行熱處理可以破壞蛋清中的抗胰蛋白酶和抗生物素蛋白等抗營養因子，並起到殺滅有害微生物的作用；蛋白質受熱變性後消化率提高，但加熱溫度太高、時間太長會加劇維他命的破壞，且蛋白質變性嚴重時消化率降低。短時高溫比長時低溫營養損失少一些，熱處理後迅速冷卻可降低損失。

表2-16 雞蛋主要營養組成

名稱	蛋白質 (%)	脂肪 (%)	碳水化合物 (%)	視黃醇當量 (mg/kg)	硫胺素 (mg/kg)	核黃素 (mg/kg)	鈣 (mg/kg)	鐵 (mg/kg)	膽固醇 (mg/kg)
全雞蛋	12.8	11.1	1.3	1.94	1.3	3.2	440	23	5 850
雞蛋白	11.6	6.1	1.9	—	0.4	3.1	90	16	—
雞蛋黃	15.2	28.2	3.5	4.38	3.3	2.9	1 120	65	15 100

七 乳類

奶類是一種營養齊全、組成比例適宜、易消化吸收、營養價值高的食品，適合母乳不足、生病和普通寵物的營養強化等。

(一) 乳的營養

奶類是由水、蛋白質、脂肪、乳糖、礦物質、維他命等組成的複雜乳膠體，除脂肪含量變動較大外，其他成分變動幅度很小。

1. **蛋白質** 中國荷斯坦牛乳中蛋白質含量2.5%左右，主要由79.6%酪蛋白、11.5%乳清蛋白和3.3%乳球蛋白組成。蛋白質消化吸收率為87%～89%，生物學價值為85%，屬優質蛋白。

2. **脂肪** 乳中脂肪含量3.0%～3.5%，以微粒狀脂肪球分散在乳漿中，消化吸收率97%左右。脂肪酸組成複雜，短鏈脂肪酸（如丁酸、己酸、辛酸）含量較高，是乳脂肪風味良好及易消化的原因。一般情況下，油酸占30%左右，亞油酸和亞麻酸分別占5.3%和2.1%，還有少量卵磷脂及膽固醇。乳脂肪含量和脂肪酸構成受奶牛飼料的影響較大。

3. **碳水化合物** 主要為乳糖，含量為4.6%左右，占乾物質的38%～39%，其甜度為蔗糖的1/6，具有調節胃酸，促進胃腸蠕動、消化液分泌、鈣吸收及乳酸桿菌繁殖的作用，並能抑制有害菌生長。

4. **礦物質** 含量為0.7%～0.75%，富含鈣、磷、鉀。100mL牛乳含鈣110mg，吸收率高，是鈣的良好來源。鐵含量低，在用乳飼餵幼年寵物時應注意補充鐵。

5. **維他命** 乳中含有寵物所需的各種維他命，其含量與奶牛的飼養方式和飼料組成有關。乳是寵物營養全面、易消化的食品，不同品種動物乳的營養構成略有差異。

(二) 乳製品的營養

乳製品包括巴氏殺菌乳（消毒牛乳）、奶粉、煉乳、優酪乳、奶油、乳清粉等。

1. 巴氏殺菌乳 是新鮮生牛乳經過濾、加熱殺菌後分裝出售的飲用乳。巴氏殺菌乳除維他命B_1和維他命C有一定損失外，營養價值與新鮮牛乳差別不大。

2. 奶粉

（1）全脂奶粉 是鮮奶消毒後除去70%～80%水分後，採用噴霧乾燥法將其製成霧狀顆粒。該法生產的奶粉溶解性好，對奶的性質、氣味及其他營養成分影響較小。

（2）脫脂奶粉 生產工藝同全脂奶粉，但原料奶經脫脂過程使脂肪含量大為減少，脂溶性維他命含量也大為減少。

（3）強化奶粉 是在奶粉中加入一些維他命、礦物質等營養成分，使其更符合動物某一生理階段的營養需求或特殊生理要求，又稱為調製奶粉。

3. 煉乳

（1）甜煉乳 是在牛乳中加入約16%的蔗糖，經減壓濃縮到原體積40%的一種乳製品。成品蔗糖含量為40%～45%。

（2）淡煉乳 為無糖煉乳，將牛乳濃縮到原體積1/3後裝罐密封，經加熱滅菌後製成。其與甜煉乳的差別在於：①不加糖；②為防止脂肪上浮，進行了均質處理；③密封裝罐後再經過一次滅菌消毒。淡煉乳經高溫處理後維他命有一定損失，但均質後脂肪的消化率提高。

4. 奶油 由牛乳中分離出的脂肪製成，脂肪含量一般為80%～83%，含水量低於16%。

5. 乳清粉 是利用製造乾酪或乾酪素的副產品乳清為原料乾燥製成的。蛋白質含量為7%～12%，乳糖為75%左右，含有較多的礦物質與水溶性維他命（楊久仙和劉建勝，2007）。

八 果蔬

（一）組成與營養

蔬菜、瓜果類主要包括葉菜類、根莖類、豆莢類、花芽類及瓜果類，主要為動物提供維他命C、胡蘿蔔素、礦物質及纖維素，還可提供有機酸、芳香物質及色素；果蔬類除少數含澱粉及糖分較多外，一般供能較少，基本不提供脂肪，蛋白質也較少。

1. 碳水化合物 包括可溶性糖、澱粉及食物纖維。可溶性糖主要有果糖、葡萄糖、蔗糖，其次為甘露糖和阿拉伯糖等。

大多數葉菜、嫩莖、瓜果、茄果等蔬菜的碳水化合物含量為3%～5%，鮮毛豆、四季豆、豇豆等為5%～7%，豌豆、刀豆約為12%。根莖類蔬菜通常含碳水化合物略高，如白蘿蔔、大頭菜、胡蘿蔔等含7%～8%，而馬鈴薯、芋頭、山藥等含

14% ～ 25%，大多數鮮果碳水化合物含量為8% ～ 12%。

果蔬富含纖維素、半纖維素、果膠等食物纖維。蔬菜中粗纖維含量為0.3%～2.8%，瓜果中粗纖維含量0.2% ～ 0.41%。食物纖維含量少的果蔬，肉質柔軟，反之肉質粗、皮厚多筋。

2. 維他命 果蔬富含維他命C和胡蘿蔔素，是供給維他命C的重要來源。綠色的葉、莖類蔬菜維他命C含量200 ～ 400mg/kg；茄果類富含維他命C的有甜椒和青辣椒，含量為1 250 ～ 1 600mg/kg，其次為番茄；瓜類中維他命C含量相對較少，其中苦瓜維他命C含量高，為600 ～ 800mg/kg。

胡蘿蔔素含量與蔬菜顏色有關，綠葉菜和橙黃色菜都有較多的胡蘿蔔素，如油菜、莧菜、萵苣葉等胡蘿蔔素含量超過20mg/kg。

果蔬中富含維他命B群，但不含維他命B_{12}，維他命B_2的含量也較少。

3. 礦物質 果蔬富含鉀、鈣、鈉、鎂及鐵、銅、錳、硒等礦物元素，其中以鉀最多，鈣、鎂含量也較豐富，各種微量元素的含量雖比其他食品少，但錳的含量高於肉類食品。某些綠葉蔬菜中鈣、鎂、鐵等元素雖含量豐富，但由於同時含有較多的草酸，因此吸收利用率低於動物性食品。

4. 蛋白質 蔬菜中蛋白質僅為1% ～ 3%，品質不如動物蛋白質，離胺酸、蛋胺酸不足，但比穀類好。

5. 其他

(1) 果蔬中的天然色素，如葉綠素、類胡蘿蔔素、花青素等，能夠帶給寵物食品不同的色澤。

(2) 許多蔬菜具有特殊的保健作用，如大蒜中的二烯丙基硫有助於降低肺癌發病率；黃瓜中的丙醇二酸有抑制糖類轉化為脂肪的作用；南瓜中豐富的微量元素鈷能促進胰島素的分泌；蘿蔔所含的酶和芥子油有促進胃腸蠕動、增進食慾、幫助消化的功效（楊久仙和劉建勝，2007；Hussaina等，2022）。

(二) 加工處理對營養價值的影響

1. 前處理的影響 果蔬加工前必須進行清理、修整和漂洗處理，如清洗、去皮、切短、浸泡等。在蔬菜前處理中，營養素大量流失，特別是水溶性維他命和無機鹽流失率分別達到60%和35%。蔬菜去除外葉，會損失維他命和礦物質，如萵苣外部青葉比內部嫩葉含有更多的鈣、鐵和胡蘿蔔素；甘藍外部的綠葉比內部的白色葉子胡蘿蔔素高20倍，鐵高2倍，維他命C高50%。一些果蔬切片或切碎後在空氣中放置，維他命C損失嚴重，如黃瓜切片放置1h，維他命C損失33% ～ 35%。

2. 熱處理的影響 加熱可破壞蔬菜中的酶、殺滅微生物，使營養物質免遭氧化分解和損失；可破壞蔬菜中的天然有毒蛋白質、抗胰蛋白酶、植物血球凝結素和其他有害物質；改善風味，提高適口性。浸在熱水中熱燙果蔬，對維他命特別是水溶性維他命破壞嚴重；而蒸汽熱燙能減少水溶性物質的損失，如菠菜用蒸汽熱燙2.5min，維他命C的損失率僅為3%。

3. 生物加工的影響　黃豆和綠豆發芽後蛋白質營養基本不變，但棉籽糖和鼠李糖等不被人體吸收使腹部脹氣的寡醣消失，植物凝結素和植酸鹽分解，磷、鋅等礦物質分解釋放出來。黃豆發芽到長度1.5～6.5cm時，綠豆發芽到4～6cm時，維他命C可高達156mg/kg和95mg/kg（豆芽很短時維他命C不高），高寒地區冬季可把豆芽作為維他命C的良好來源。黃豆發芽後，胡蘿蔔素可增加2倍，維他命B_2增加3倍、菸鹼酸增加2倍，維他命B_{12}則高達10倍。

4. 儲藏過程中的變化　食品保藏方法很多，有物理、化學和生物保藏法，目前，最常用的保藏方法有常溫保藏、冷凍保藏、脫水乾燥保藏、高溫殺菌保藏等。

（1）常溫保藏　果蔬在常溫儲存期損失最多的是維他命，綠色蔬菜在室溫下放置數天維他命喪失殆盡，在0℃則可保存一半；剛收獲的馬鈴薯維他命C含量為3 000mg/kg，3個月後降至2 000mg/kg，7個月後降為1 000mg/kg。

（2）冷凍保藏　大多數食品在冷凍狀態下儲存可降低營養素的損失。

（3）脫水乾燥保藏　利用陽光或自然風使果蔬乾燥脫水，由於長時間與空氣接觸，某些容易氧化的維他命損失率比人工脫水大得多（楊久仙和劉建勝，2007）。

第三節　寵物的營養需求

寵物的營養需求是指每隻寵物每天對能量、蛋白質、礦物質和維他命等的需求量。不同品種、年齡、性別、體重及生理階段的寵物，營養需求有所差別。根據其營養需求，制定飼養標準，合理配合日糧，使寵物既能充分攝取所需要的營養物質，發揮其最大生長潛力，又能做到經濟地利用飼料（楊久仙和劉建勝，2007）。

一　犬的營養需求

（一）維持需要

維持需要是指犬既不生長發育又不繁殖和工作，體重沒有任何成長，在保持正常狀態下所需要的營養物質，用以維持正常的體溫，並保持呼吸、循環、消化等器官的正常機能，以及供給起臥、行走等必要行動的熱能。維持需要簡稱「維持」，是最低限度的需要，若不能滿足，犬就會消瘦。

維持需要一般是理論上的提法，實際上很少有犬處於絕對的維持狀態。對維持營養來說，動物體重越小，其單位活動所需的維持營養越高。因此，維持需要是按代謝體重來計算的，為便於研究比較，犬在不同情況下的營養需求，總是從維持需要開始，再進一步研究其他情況的營養需求。維持狀態下各種營養物質的需要如下：

1. 能量需要

(1) 維持消化能（digestible energy，DE）需求量計算公式：

$$DE=70W^{0.75}\text{kcal}=292.89W^{0.75}\text{kJ}$$

式中：W為體重（kg）。

(2) 維持代謝能（metabolizable energy，ME）需求量計算公式：

$$ME=141W^{0.734}\text{kcal}=589.97W^{0.734}\text{kJ 或 ME}=132W^{0.75}\text{kcal}=589.97W^{0.75}\text{kJ}$$

式中：W為體重（kg）。

2. 蛋白質需要　一般情況下，成犬每公斤體重需要蛋白質4.8g。

3. 礦物質及維他命的需要　犬對礦物質及維他命的需求量見表2-17。

表2-17　犬在維持狀態下每天每公斤體重對礦物質及維他命的需求量

礦物質種類	需求量	維他命種類	需求量
鈣（mg）	242	維他命A（IU）	110
磷（mg）	198	維他命D（IU）	11
鉀（mg）	132	維他命E（IU）	1.1
氯化鈉（mg）	242	硫胺素（μg）	22
鎂（mg）	8.8	核黃素（μg）	48
鐵（mg）	1.32	泛酸（μg）	220
銅（mg）	0.16	菸鹼酸（μg）	250
錳（mg）	0.11	維他命B_6（μg）	22
鋅（mg）	1.1	葉酸（μg）	4.0
碘（mg）	0.034	生物素（μg）	2.2
硒（μg）	2.42	維他命B_{12}（μg）	0.5
		膽鹼（mg）	26

（二）不同時期犬的營養需求

犬的幼年期和成年期劃分見表2-18。

1. 幼犬生長的營養需求　生長期是指動物從出生到性成熟這段時間，動物的代謝十分旺盛，同化作用大於異化作用。提供適宜的營養是促進幼年動物生長發育的重要條件之一。

表2-18 犬的幼年期和成年期劃分

成年時體重（kg）	幼年期（月齡）	成年期（月齡）
≤10	＜10	≥10
11～25	＜12	≥12
26～44	＜15	≥15
≥45	＜18	≥18

（1）生長的概念　生長是指動物透過機體的同化作用進行物質積累，細胞數量增多和組織器官體積增大，使動物的整體體積及重量增加的過程，包括生長與發育。生長實質上是動物體重量和體積的增加，它是以細胞增大和分裂為基礎的量變過程；發育則是動物體組織內在特性上的變化，它是以細胞分化為基礎的質變過程。生長是發育的物質基礎，沒有生長就不可能有發育；而發育又促進了生長，並可影響生長的方向。因此，生長是動物發揮潛在生產性能的基礎，幼年時期生長發育不良的動物將會直接影響其生產性能的充分發揮。

（2）生長的規律

①寵物在生長過程中，前期生長速度較快，隨著年齡的成長，生長速度逐漸轉緩，該點稱為生長轉緩點。在餵養實踐中應充分利用動物達到生長轉緩點前生長速度快的特點，加強餵養促進其生長發育。其次，應根據公、母動物生長率不同的特點，在飼養上自幼年時期開始即區別對待。

②體組織、骨骼、肌肉和脂肪的成長與沉積具有一定的規律性，即生長初期以骨骼生長為主，其後肌肉生長加快，接近成熟時脂肪沉積增多乃至生長後期以沉積脂肪為主。三個生長階段並無明確的界限，只是在不同生長階段其生長重點不同。根據這一規律，在生長早期保證供給幼年動物生長骨骼所需要的礦物質；生長中期則滿足生長肌肉所需要的蛋白質；生長後期須供給沉積脂肪所需的碳水化合物。

③動物在生長期間，各部位的生長速度並不一致，例如：頭、腿屬於早熟部位，年齡越小所占比重越大，且結束發育的時期也越早，所以，初生動物表現為頭大、腿高。胸、臀部位快速生長的時期開始較晚，而腰部更晚。

④動物內臟器官的生長發育也具有一定規律，幼年動物的各種內臟器官生長發育速度不盡相同。

（3）生長犬的營養需求

①能量需要：根據飼養試驗測定能量需要的方法是在整個生長階段分組餵給不同能量水準的日糧，測定出能得到正常生長的能量水準，進而確定生長階段適宜的能量需求量。經試驗表明，生長犬的代謝能需求量是維持能量的1.5～2倍，即：$ME=$

（1.5 ～ 2）×141$W^{0.734}$（kcal/d）=（1.5 ～ 2）×589.97$W^{0.734}$（kJ/d）。

3 ～ 4週齡的犬，每天需要代謝能為：$ME = 274W^{0.75}$（kcal/d）= 1 146.47$W^{0.75}$（kJ/d）

生長中期的犬，每公斤代謝體重為200kcal或836.84kJ。用公式表示其每天需要的代謝能為：$ME = 200W^{0.75}$（kcal/d）= 836.84$W^{0.75}$（kJ/d）。

為生長幼犬提供的能量要適當，過少則犬生長發育受阻，身體瘦弱；過多可導致犬肥胖。

②蛋白質需要：犬生長階段增加的體重，除水分外，主要是蛋白質。理論上，蛋白質的最低需求量就是體內蛋白質的實際儲積量。由於飼料蛋白質在消化代謝過程中有損失，所以實際上蛋白質的需求量遠超過這個數字。

生長犬需要的蛋白質，不僅數量上要足夠，而且品質要好。因為蛋白質品質對於幼犬生長的影響比成犬更大。如果日糧中缺乏必需胺基酸，其生長發育將受到嚴重影響。

表示蛋白質需求量的方法有兩種：一種是以風乾日糧中所含的百分比表示，另一種是以絕對量表示，後者較為合理。犬生長期蛋白質的需求量應包括維持需要在內，維持部分隨體重的增加而增加；而構成單位重量新組織的需求量，則隨年齡和體重的增加而減少。雖然蛋白質總的需求量隨年齡和體重增加而增加（至少早期如此），但單位體重的蛋白質需求量卻減少了。

生長犬每公斤體重每天約需蛋白質9.6g，用公式表示：

$$蛋白質需求量 = 9.6W^{0.75}\text{(kcal/d)} = 40.17W^{0.75}\text{(kJ/d)}。$$

能量和蛋白質之間存在一個比例關係，稱為蛋白能量比（簡稱蛋能比），其含義為每兆焦代謝能所含粗蛋白質的質量（克）。

生長犬最適蛋能比：在斷乳後3週為11.8%，3 ～ 4週為9.6%，生長中期為7.6%。

③礦物質和維他命需要：犬在生長階段，骨骼成長很快，骨鹽沉積較多，故生長期鈣、磷的需求量很大，維他命D與鈣、磷的吸收和利用有關，也是生長期造骨所必需的。犬每天對礦物質和維他命的需求量見表2-19。

2. 妊娠犬的營養需求　妊娠犬的營養需求特點是妊娠後期比前期需要多，妊娠的最後1/4階段是最重要時期；妊娠母犬的基礎代謝率高於空懷母犬，在妊娠後期提高20% ～ 30%。

（1）能量需要　在妊娠前5週，採用略高於維持時的代謝能即可，到第6、7和8週，需求量在維持的基礎上分別增加10%、20%和30%；妊娠後期代謝能量需要約為每公斤代謝體重786.6kJ，即786.6$W^{0.75}$（kJ/d）。

（2）蛋白質需要　妊娠期的蛋白質需要高於維持需要，但低於泌乳期需要。妊娠後期，每公斤代謝體重需要可代謝蛋白質5 ～ 7g。在確定母犬妊娠期蛋白質需要時，須注意蛋白質與能量的需要是平行發展的，在正常情況下妊娠母犬利用蛋白質效率高於空懷母犬，對蛋白質的需要在妊娠最後1/3期急劇成長，要求為其提供足夠的碳水化合物作能源利用，防止蛋白質的不足和浪費。

表2-19 生長期犬對礦物質和維他命的需求量

礦物質	需求量	維他命	需求量
鈣（mg）	484	維他命A（IU）	220
磷（mg）	396	維他命D（IU）	22
鉀（mg）	264	維他命E（IU）	2.2
氯化鈉（mg）	484	硫胺素（μg）	44
鎂（mg）	17.6	核黃素（μg）	96
鐵（mg）	2.64	泛酸（μg）	440
銅（mg）	0.32	菸鹼酸（μg）	500
錳（mg）	0.22	維他命B_6（μg）	44
鋅（mg）	2.2	葉酸（μg）	8.0
碘（mg）	0.068	生物素（μg）	4.4
硒（μg）	4.48	維他命B_{12}（μg）	1.0
		膽鹼（mg）	52

（3）礦物質和維他命需要　妊娠期母犬日糧中，鈣應占1.2%、磷占1.2%（乾物質基礎），鈣、磷比約為2：1；其他礦物質元素和維他命略高於維持需求量，低於哺乳期的需求量。

3. 種公犬的營養需求　種公犬應保持良好的種用體況及較強的配種能力，日糧中各營養物質的含量，無論對幼年公犬的培育或成年公犬的配種能力都有重要作用。

（1）能量需要　能量供給不足，對幼年公犬的育成或成年公犬的配種性能均會產生不良影響；反之，能量供應過多會造成種公犬過肥，危害性更大。通常，種公犬的能量需要大致在維持需求量的基礎上增加20%。公犬代謝旺盛，活動量較大，所以種公犬與同體重的母犬維持需要相比，需要較多的能量。

（2）蛋白質需要　蛋白質不足會使公犬的射精量、總精子數量下降。因此，配種旺季，可在維持的基礎上增加50%。

（3）礦物質和維他命需要　日糧含鈣1.1%、磷0.9%可滿足種公犬的需要；維他命A與種公犬的性成熟和配種能力密切相關，每天每公斤體重約需110IU；長期缺乏維他命E可導致睪丸退化，每公斤乾飼料中含維他命E 50IU可滿足需要。

4. 哺乳母犬的營養需求

（1）能量需要　泌乳犬在哺乳期第1週，代謝能需求量為維持時的1.5倍（$1.5\times 141W^{0.734}$）；在第2週增加100%；在第3週達到最大，代謝能需求量是維持狀態的3倍。之後，逐漸下降。哺乳母犬每公斤代謝體重（$W^{0.75}$）需要代謝能1 966.58kJ。

(2) 蛋白質需要　哺乳期母犬每天每公斤代謝體重（$W^{0.75}$）代謝蛋白質需求量為12.4g。

(3) 礦物質和維他命需要　哺乳母犬的礦物質和維他命營養是維持時需求量的2～3倍。每天每公斤體重的攝取量等於或超過生長犬的攝取量。

5. 工作犬的營養需求　主要指軍犬、警犬（包括訓練期）的營養需求。

(1) 能量需要　已成年的工作犬每天每公斤體重所需代謝能為在維持基礎上增加100%。生長發育的未成年犬在緊張訓練時，代謝能為在維持基礎上增加200%。

(2) 蛋白質需要　成年工作犬蛋白質需要為在維持的基礎上增加50%～80%。未成年訓練犬則在維持基礎上增加150%～180%。

(3) 礦物質和維他命需要　成年工作犬對於礦物質和維他命營養需求無特殊要求。未成年訓練犬對礦物質和維他命的營養需求與生長犬的需要一致。

二 貓的營養需求

(一) 維持需要

1. 能量　貓透過攝取的食物產生能量，以維持新陳代謝和體溫。所需能量可根據貓的體重和年齡計算。年齡、生理狀況和環境溫度不同，貓對能量的需要也不一樣（表2-20）。

表2-20　貓每天需要的能量和最多食品量

年齡	體重 (kg)	每公斤體重需要ME (MJ)	總ME (MJ)	最多食品量 (g)
出生至1週齡	0.12	1.60	0.19	30～60
1～5週齡	0.15	1.05	0.53	85
5～10週齡	1.00	0.84	0.84	140～145
10～20週齡	2.00	0.55	1.10	175～185
20～30週齡	3.00	0.42	1.26	200～210
成年公貓	4.50	0.34～0.35	1.53	240～250
妊娠母貓	3.50	0.40～0.42	1.47	245～260
泌乳母貓	2.50	1.05	2.63	415～425
去勢公貓	4.00	0.34	1.36	200～210
去勢母貓	2.50	0.34	0.85	140～150
老年貓	—	0.80	—	150

由表2-20可以看出，處於生長發育階段的幼貓，每天的代謝能需求量隨年齡的成長而迅速下降；成貓的能量需求量減少更多。去勢貓如不注意控制食量很容易發胖。母貓妊娠時需增加維持能量，哺乳母貓需要能量更多，哺乳高峰時，每天每公斤體重可超過1.05MJ代謝能，此時即使飼餵不限量的合理配方飼料，母貓體重也會下降。

2. 蛋白質 對維持貓的健康、修補和更替破損或衰老的組織，保證繁殖和促進生長發育十分重要，是其他物質無法代替的營養成分。貓需要高蛋白飼糧，動物性蛋白質通常比植物性蛋白質更適合貓的需要。

AAFCO規定，成貓飼糧中粗蛋白含量不低於26%；生長、繁殖期貓飼糧中粗蛋白含量不低於30%。貓乳的營養組成為蛋白質4.5%、脂肪4.8%、乳糖4.9%、灰分0.8%、水分80%。

3. 礦物質 貓需要的礦物質主要有鈣、磷、鉀、鈉、氯、銅、鐵、鈷、錳、碘、鎂、鋅等，成貓每天對礦物質的需求量見表2-21。

表2-21 成貓每天對礦物質的需求量

礦物質	鈉（mg）	鉀（mg）	鈣（mg）	磷（mg）	鎂（mg）	鐵（mg）	銅（mg）	碘（μg）	錳（μg）	鋅（μg）	鈷（μg）
需求量	20～30	80～200	200～400	150～400	80～110	5	0.2	100～400	200	250～300	100～200

4. 維他命 貓需要的維他命主要有維他命A、維他命D、維他命E、維他命K、維他命C和維他命B群，存在於普通飼糧中。成貓每天對維他命的需求量見表2-22。

表2-22 成貓每天對維他命的需求量

維他命	維他命A（mg或IU）	維他命D（IU）	維他命E（mg）	維他命B_1（mg）	維他命B_2（mg）	菸鹼酸（mg）
需求量	500～700（1 500～2 100）	50～100	0.4～4.0	0.2～1.0	0.15～0.20	2.6～4.0

維他命	維他命B_5（mg）	泛酸（mg）	生物素（mg）	膽鹼（mg）	肌醇（mg）	維他命B_{12}（mg）	葉酸（mg）	維他命C（mg）
需求量	0.2～0.3	0.25～1.00	0.1	100	10	0.02	1.00	少量

注：①貓不能利用胡蘿蔔素；維他命E有調節多餘不飽和脂肪酸成分的作用。②在泌乳或高燒時，維他命B_1、維他命B_2和菸鹼酸供應需增加；肌醇是貓必需的；餵脂肪食物時需增加維他命B_2。③維他命B_{12}在腸道中可以合成。

（二）不同時期貓的營養需求

1. 幼貓的營養需求　幼貓（通常指0～6月齡）生命的前幾週完全依靠母乳，理想生長率為每週增重100g。由於營養、品種及母貓體重的影響，不同個體間存在很大差異。母乳供給不足時，應為其提供乳代用品。

從3～4週齡起，幼貓開始對母貓的食物感興趣。可給幼貓一些細碎的軟食物或經奶、水泡過的乾食品。幼貓開始吃固體食物即開始了斷奶過程，幼貓逐漸吃越來越多的固體食物，7～8週齡時則完全斷奶。幼貓斷奶期間可以用羊乳粉代替母乳，其原因是羊乳中的蛋白質分子及脂肪球顆粒均明顯小於牛乳，有利於幼貓的消化吸收；此外，羊乳中的蛋白質、脂肪、維他命及鈣等含量也均高於牛乳（Grant等，2005）。

貓完全斷奶前攝取固體食物中的能量調查顯示，4週齡時，每天每隻幼貓吃大約10g（相當於每公斤體重10～40kJ能量）食物，其餘大部分仍由母乳供給。5週齡時，每天每隻幼貓吃15～45g食物（相當於每公斤體重250～350kJ能量，取決於日糧的能量水準）。幼貓自固體食物中攝取能量是從哺乳2、3週時的零增加到8週齡時的每公斤體重超過800kJ。這說明在哺乳末期幼貓攝取的食物占母貓和幼貓總耗能的相當大比例。在母貓和幼貓的總攝取量中，幼貓攝取的比例從哺乳4週的5%增加到6、7週的20%和30%。

幼貓一旦斷奶則不再需要乳汁，隨著幼貓消化道的發育，對乳糖的消化能力逐漸減弱，成貓則不能消化乳糖。

幼貓的生理功能尚未健全，需供給高能食物，多次餵食；與幼犬不同，幼貓不喜過飽，應自由採食；幼貓斷奶時體重為600～1 000g，公貓重於母貓；能量需求的高峰約在10週齡，需求量為每公斤體重840kJ，以後逐漸降低，但在前6個月由於生長快速，仍保持相對較高的需求。

幼貓食物還應提高某些營養，如幼貓日糧中蛋白質含量比成貓高2%～10%，鈣和磷含量要嚴格保持在適宜水準，過高或不足均會導致骨骼發育不正常；還要重點強調的是向均衡日糧中加入鈣添加劑與餵給不平衡日糧一樣會引起許多問題。牛磺酸在生殖和生長發育中具有重要作用，生長期幼貓食物中應添加這種胺基酸。

6月齡時大多數幼貓體重已達最大體重的75%，此後體重的增加並非骨骼發育所致，因此，6月齡後的小貓適宜餵給成貓的食物。成年公貓明顯重於母貓，而且發育時間也較長。因為在6～12月齡，公、母貓都在緩慢生長，所以自由採食將持續一段時間，但6月齡以後餵食次數可以減少，到1週歲時發育達到穩定狀態。

2. 妊娠貓的營養需求　母貓一旦交配其採食量幾乎立即增加，同時體重也幾乎從妊娠的第一天開始逐漸發生變化，這一點在哺乳動物中貓是獨具特色的。妊娠時總平均增重（不考慮窩仔數）是配種前體重的39%，然而，增重是隨窩仔數而變化的。

貓體重增加是妊娠早期子宮外組織沉積的結果，妊娠後期的增重則主要是胎兒增重所致；而窩產仔數、胎次等因素也都影響妊娠期；然而每一個體的不同胎次及個體之間，其妊娠期的變化很大。

維持增重需要，妊娠期間母貓對食物和能量的攝取均增加，攝取能量的增加隨體重的增加而變化；以體重為基礎，就能量攝取來說，從成年的維持需求量為每公斤體重250～290kJ增加到妊娠期的每公斤體重370kJ。從實踐看，貓很少過食，故可自由採食，母貓能準確地攝取所需要的能量，給母貓比未妊娠時稍多的能量即可；妊娠動物對營養缺乏或過剩更敏感，此時的日糧應精心調節，如鈣、磷比例需嚴格控制，因為仔貓骨骼發育的最早期在子宮內就開始了，同時蛋白質的需求量也稍高。

3. 種公貓的營養需求　種公貓在非配種季節按一般成年種貓的維持營養需求飼養即可，但在配種期間，為保持旺盛的性慾和高品質的精液，須加強飼養管理，保證全面的營養供給，這對提高母貓的受胎率、產仔數和仔貓成活率影響極大；特別應保證食物體積較小，品質高，適口性好，易消化，富含蛋白質、維他命A、維他命D、維他命E和礦物質，如鮮瘦肉、肝、奶等。貓的配種時間一般安排在18:00—20:00，每次配種後1h餵食。同時還應保證每天有適當的運動，以促進食慾和營養的消化、吸收，增強精子活力。

4. 哺乳母貓的營養需求　泌乳期母貓不但自身需要營養，還需為仔貓提供乳汁。幼貓初生體重85～120g，每窩1～8隻。仔貓出生後前4週靠乳汁生活，此時母貓的能量需求遠遠大於妊娠期，同時幼貓生長也較快，儘管從4週齡起幼貓開始吃固體食物，但母貓的營養需求仍在提高，直到完全斷奶（7～8週齡），因為母貓還在餵奶（儘管有一定程度減少），而且母貓也在重建自身的儲備；分娩時母貓只減輕體重的40%，分娩後及在8週的泌乳期內，母貓體重逐漸減輕到配種前的水準。

泌乳母貓的能量需要取決於仔貓的數量和年齡，這兩個因素影響母貓的產奶量。乳汁的能量水準是每100g含能量444kJ，比牛乳的每100g含能量272kJ高；母貓的能量需要幾乎是維持期的3～4倍，因此要提供適口性好、易消化和能量高的食物；貓需要少量多次地吃食，所以自由採食很可取，母貓也能有效地控制自己的能量攝取；由於母貓在泌乳時會損失大量水分，故應供給充足的新鮮飲水；對於妊娠的母貓來說，食物的營養水準更應嚴格控制，為此，泌乳母貓應餵給專門設計的食物，如某些維他命、礦物質及蛋白質的水準要更嚴格地控制，還要增加食物的能量水準；如果餵的是平衡食品，則無需再添加營養成分，否則會引起養分失衡。

第四節 寵物食品加工工藝

寵物食品是經工業化加工、製作的用以飼餵寵物的食品，包括全價寵物食品和補充性寵物食品；根據水分含量又分為乾（性）寵物食品、半溼（性）寵物食品和溼（性）寵物食品。

全價寵物食品指除水分以外，所含營養成分和能量能夠滿足寵物每日營養需求的寵物食品。補充性寵物食品是由兩種或兩種以上寵物食品原料混合而成的寵物食品，但由於其營養不全面，需和其他寵物食品配合使用才能滿足寵物每日營養需求。

寵物成品日糧是指目前市場上出售的各種犬貓商品性食物，一般都是根據犬貓的營養需求，經科學配比、工業合成的能滿足不同生長發育階段犬貓對蛋白質、脂肪、碳水化合物、礦物質和維他命等營養物質需要的全價食品，具體營養需求見表2-23。

表2-23　不同生長發育階段犬貓的營養需求（以乾物質計，%）

營養	幼犬糧、妊娠期犬糧、哺乳期犬糧	成犬糧	幼貓糧、妊娠期貓糧、哺乳期貓糧	成貓糧
粗蛋白質	≥22.0	≥18.0	≥28.0	≥25.0
粗脂肪	≥8.0	≥5.0	≥9.0	≥9.0
粗灰分	≤10.0	≤10.0	≤10.0	≤10.0
粗纖維	≤9.0	≤9.0	≤9.0	≤9.0
鈣	≥1.0	≥0.6	≥1.0	≥0.6
總磷	≥0.8	≥0.5	≥0.8	≥0.5
水溶性氯化物（以Cl^-計）	≥0.45	≥0.09	≥0.3	≥0.3
離胺酸	≥0.77	≥0.63		
牛磺酸			≥0.1 ≥0.2（溼糧）	≥0.1 ≥0.2（溼糧）

一　寵物食品種類

（一）乾性寵物食品

乾性寵物食品也稱乾燥型或乾膨化寵物食品，此類產品銷售量較大，是寵物食品的主導產品。

乾性寵物食品通常水分含量8%～12%、碳水化合物65%，由各種穀物及其副產品、豆科籽實、動物性產品、乳製品、油脂、礦物質、維他命及添加劑加工而成。犬乾性食品一般含代謝能14.64～17.57MJ/kg。以乾物質為基礎，乾性犬貓食品的粗蛋白質含量一般分別為18%～30%和30%～36%、粗脂肪分別為5%～12.5%和8%～12%，添加較多的脂肪可改善產品的適口性。

市場上常見的乾性犬食品有粉料、顆粒料、碎粒料或膨化產品，而乾性貓食品通常是經擠壓熟化加工而成的產品。大多數乾性犬食品的可消化性為65%～75%。

乾性寵物食品經過防腐處理，常溫可保存較長時間，營養全面，使用方便，可供應不同體重、生長階段及各年齡層寵物的需要。此類食品可以乾餵，即將它放在食盤中讓犬貓自由採食，也可以加水調溼再餵。另外，飼餵乾性寵物食品時，必須經常供給新鮮飲水。長期保存時要防止發霉和蟲害。

（二）半溼性寵物食品

較常見的是貓糧，質地比乾性食品柔軟，更易被動物接受，適口性提高。

這類食品是營養全價、平衡，經擠壓熟化的產品，一般水分含量為30%～35%，碳水化合物為54%，常製成餅狀、條狀或粗顆粒狀。其原料與乾性食品基本相同，主要含有穀物、動物性產品、水產品、大豆產品、脂肪或油類、礦物質和維他命添加劑，同時，須加入防腐劑和抗氧化劑。以乾物質為基礎，半溼性寵物食品粗蛋白質含量34%～40%，粗脂肪含量10%～15%。多以密封袋、真空包裝，不需冷藏，能在常溫下保存一段時間，但保存期不宜過長。每包的量是以一隻貓一餐的食量為標準；打開後應及時飼餵，盡快餵完，以免腐敗變質，尤其在炎熱的夏季。一般半溼性犬食品的可消化性為80%～85%。

半溼性貓食品有時還會被當作「點心」或是獎賞餵給貓，而半溼性犬食品由於通常含有高比例碳水化合物或糖分，不宜餵患糖尿病的犬。

一般情況下，由於半溼食品的氣味比罐裝食品小，獨立包裝也更加方便，因此，受到一些寵物主人的青睞。以乾物質為基礎進行比較時，通常半溼性寵物食品的價格介於乾性食品和溼性食品之間。

（三）溼性寵物食品

產品形式多為罐頭，所以也稱為罐裝寵物食品或犬（貓）罐頭，目前袋裝溼性寵物食品的產量也在逐漸增大。溼性寵物食品的含水量與新鮮肉類相近，一般為75%～80%，主要原料有動物性產品、水產品、穀類或其副產品、豆製品、脂肪或油類、礦物質及維他命等。由於含水量較高，犬溼性食品代謝能僅為4.18MJ/kg。以乾物質為基礎，溼性寵物食品粗蛋白質含量為35%～41%，粗脂肪為9%～18%。溼性食品營養齊全，適口性好，如溼性犬食品的可消化性為75%～85%。

溼性食品分為兩類：一類是營養全價的溼性食品，含各種原料如穀類及其副產品、精肉、禽類或魚的副產品、豆製品、脂肪或油類、礦物質及維他命等；也有只含1～2種精肉或動物副產品，並加入足量的維他命和礦物質添加劑的罐裝食品。另一類是作為飼糧的補充，或以罐裝肉、肉類副產品的形式用於醫療方面的食品，通常是以某一類飼料為主的單一型罐頭食品，以罐裝肉產品較為常見，如肉罐頭、魚罐頭、肝罐頭等，即全肉型，此類食品不含維他命或礦物質添加劑，只是用作飼糧的補充或用於醫療方面，以保證寵物日糧的全價與均衡。

可根據犬（或貓）的口味及營養需求，選擇和搭配罐裝食品的種類。罐裝食品在烹調過程已經殺死了所有細菌，且罐裝密封可以防止汙染，通常不必特別防腐保存。此類食品不含防腐劑，開封後如未馬上用完，需冷藏保存。

罐裝食品加工成本較高，因而價格也較高。

不同類型寵物商品性食品中乾物質和水分含量見表2-24；犬的乾性食品與罐頭食品營養成分比較見表2-25（楊久仙和劉建勝，2007）。

表2-24　不同類型寵物食品乾物質和水分含量（%）

產品類型	水分	乾物質
乾性食品	8～12（規定：水分＜14）	88～92
半乾性食品	30～60（規定：14≦水分≦60）	40～70
罐頭食品	75～80	15～25
新鮮肉類	50～75	25～50

表2-25　犬乾性食品和罐頭食品的營養成分（%）

營養成分	乾性食品	罐頭食品
水分	10.0	80.0
蛋白質	25.0	8.5
脂肪	12.0	4.0
天然纖維	3.0	0.5
灰分	8.0	2.5

二 寵物食品加工原料處理

肉類是寵物食品的主要原料之一，寵物對畜肉和禽肉的利用無明顯差別。儘管寵物可以採食生肉，但為了保證食品衛生和安全，最好進行適當的加工，尤其是血液、骨骼、內臟等。對於寵物貓來說，可適當餵些經過檢疫的無病生肉，以滿足貓對某些維他命的需要。例如，在貓的發育階段、妊娠期和哺乳期，需要大量的菸鹼酸，而貓不能自身合成，只能從肉類中獲得，但菸鹼酸遇熱會很快分解。

使用凍結肉時應採用正確的解凍方法，避免微生物大量繁殖；按照國家和地區標準對肉進行分割，並去掉碎骨、軟骨、淋巴結、膿包等。

冷凍水產品解凍的最佳方法是在低溫下短時間進行。在進行大量快速處理時，常採用流水解凍，水溫控制在15～20℃，水流速度一般在1m/min以上，在水槽中充氣可加速解凍。解凍程度以中心部位有冷硬感的半解凍狀態為好。

魚肉營養豐富，但飼餵魚肉也有不利影響，如魚肉的適口性稍差；犬一般較難接受魚的氣味和外觀；魚肉有時會有寄生蟲；魚肉中含有硫胺酶，會降解硫胺素。不能餵貓過多的魚肉，否則會消耗貓體內的維他命E。

動物骨骼是一種很好的鈣源食品，飼餵骨骼要慎重，防止卡住食道或刺傷消化道，可以將骨頭加工成骨粉後使用。

大多數犬喜食乳製品，且消化利用率較高；鮮乳最好加熱消毒後飼餵。

蛋類營養豐富，利用率高，但生食可能會引起部分寵物腹瀉，且熟食利於蛋白質的消化。

穀類及其副產品是寵物主要的能量來源。一般來說，經過加工的穀類產品比穀粒或粗粉更易被寵物利用。

脂肪和植物油也是很好的能量來源，消化利用率較高，但反覆多次加工後的脂肪和植物油可能對寵物產生危害（王景芳和史東輝，2008）。

三 寵物食品加工工藝

寵物食品加工工藝是飼料生產工藝和食品生產工藝的結合。

（一）全價配合飼料生產

全價配合飼料生產一般分為先粉碎後配料加工工藝和先配料後粉碎加工工藝兩類。

1. 先粉碎後配料加工工藝　將不同原料分別粉碎後儲入不同配料倉，按配方比例秤量，充分混勻後為粉狀全價配合飼料，可進一步製成顆粒料或膨化料。其工藝流程為：

原料→清理除雜→原料倉→粉碎→配料倉→配料秤量→混合→計量包裝

該工藝可按需要將不同原料粉碎成不同粒度，粉碎機運轉效率高，維修保養不影響正常生產；配料較準確；但原料倉和配料倉分開布置，增加了建設規模和投資；不適合穀物原料含量少、原料品種多的配方生產。

2. 先配料後粉碎加工工藝　將各種需要粉碎的原料按配方比例秤量，混合後一起粉碎，然後加入不需粉碎的原料，再次混合均勻後為粉狀全價配合飼料，可進一步製成顆粒料或膨化料。其工藝流程為：

原料→清理除雜→配料倉→配料秤量→粉碎→混合→計量包裝

此工藝中的原料倉也是配料倉，可減少投資；不需要更多料倉，可適應物料品種的變化；粉碎機工作情況會直接影響全廠工作。

選擇哪種工藝主要取決於所用原料的性質。海內外正在開發集先粉碎後配料和先配料後粉碎為一體的綜合工藝，已取得一定的進展。

（二）添加劑預混合飼料加工

添加劑預混料是全價配合飼料的重要組成部分，是將寵物需要的微量成分如維他命和微量元素以及抗氧化劑、防腐劑、生長促進劑等，分別或一起與一定量的載體或稀釋劑均勻混合。

添加劑一般都在生產廠進行過預處理，對達不到預混料生產要求的，預混料生產廠要進行預處理。

1. 載體和稀釋劑的預處理　載體是接受和承載活性微量組分的非活性物質。載體與活性微量組分混合後，微量組分能夠被吸附或鑲嵌在載體上面，同時改變微量成分的混合特性和外觀形狀。稀釋劑是用來稀釋微量組分，但不改變其混合特性的可飼物質。載體與稀釋劑的預處理主要是烘乾和粉碎。

（1）烘乾　載體和稀釋劑的水分含量越低越好，水分超過10%就需烘乾去水。

（2）粉碎與分級　載體和稀釋劑粒度分別為30目（590μm）～80目（170μm）和30目～200目（74μm）較理想，稀釋劑粒度為稀釋成分的2倍較好。載體和稀釋劑的粒度要集中、均勻，粒度不均勻的須過篩分級，粒度大的需再次粉碎。

2. 微量元素添加劑原料的預處理　微量元素添加劑多為氧化物及鹽類，以硫酸鹽居多，易吸溼返潮，影響後序加工、設備壽命和維他命等的穩定性。常用的處理方法有：

（1）烘乾　去除全部游離水及部分結晶水。

（2）添加防結劑　在易吸溼結塊的礦物原料中添加少量吸水性差、流動性好且對寵物無害的防結劑，如氧化矽、矽酸鋁鈣、硬脂酸鎂等，用量不超過2%。

（3）塗層包被　如將礦物油按0.06%的比例添加在混合機內與微量元素混合，達到包被保護的目的；也可使用石蠟，主要是蜂蠟和巴西棕櫚蠟。

（4）絡合或螯合　使用多醣複合物或礦物質蛋白鹽類，目前使用單一的胺基酸螯合物，如蛋胺酸鋅、蛋胺酸鐵等。

（5）粉碎　將上述處理後的微量元素添加劑原料進行粉碎。礦物元素的添加比例差異較大，比例越小，要求粒度越小。一般的微量元素要達到0.1mm，而碘、硒、鈷等極微量元素則要粉碎至0.03mm，或按重量比1：（15～20）溶解於水，均勻噴灑在10倍量的載體上，快速烘乾後粉碎。

3. 添加劑預混合飼料生產工藝　生產工藝流程見圖2-8。

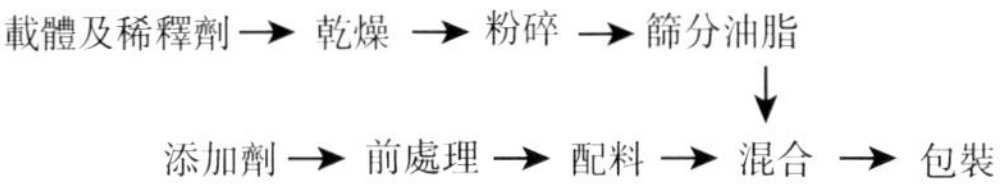

圖2-8　預混合飼料加工工藝

預混合飼料原料種類繁多，用量差異較大。對於微量組分，先按一定配比稀釋混合後再拌入主配料。混合機的進料順序為先加80%的載體或稀釋劑和油脂混勻，再加微量組分和剩餘20%的載體或稀釋劑進行充分混合（王景芳和史東輝，2008；楊久仙和劉建勝，2007）。

（三）顆粒寵物食品加工

透過機械作用將單一原料或配合料壓實並擠壓出模孔形成顆粒狀飼料的過程稱為製粒。可以將細碎、易揚塵、適口性差和難裝運的飼料，利用加工過程中的熱、水分和壓力作用製成顆粒料。顆粒寵物食品加工主要包括原料準備、製粒成型、後處理三個階段，具體流程如圖2-9。

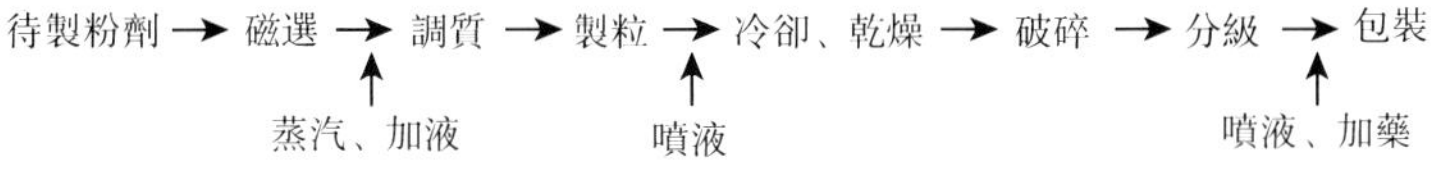

圖2-9　顆粒寵物食品加工工藝

製粒工藝有一次調質、二次調質、二次製粒、膨脹製粒等多種組合方式。

一次調質工藝是粉料進入待製倉、調質器後，經製粒、冷卻、破碎、分級後噴塗油脂和其他液體，製得成品。

二次調質工藝是原料經調質後進入熟化器，再次調質後製粒、冷卻，後續工藝與一次調質工藝相同。此工藝生產的顆粒產粉化率低，能提高液體原料的添加量，但能源消耗增加。

二次製粒工藝是原料經調質後第一次製粒，壓模孔徑比第二次製粒大50%，第二次製粒，後序工藝與上述基本相同。顆粒品質高，但能源消耗比一次製粒高20%。

膨脹製粒工藝是物料預先高溫膨脹後製粒，此工藝可增加油脂等液體添加量、澱粉糊化、滅菌、提高生產率等，但能源消耗比二次製粒高20%。

影響顆粒飼料品質的因素主要有配方、調質、製粒、冷卻等。不同原料的黏合性差別顯著，因而應控制穀物等黏合性差的原料比例。原料粉碎粒度應均勻細緻，利於提高成品品質。調質過程是製粒的關鍵步驟，溫度一般控制在85～98℃，蒸汽的供給既要保證對水蒸氣溫度和量的要求又不能使水分過高。製粒機的環模規格和速度要與配方相適應，否則影響製粒的品質和效率。乾燥和冷卻要均勻徹底，否則會導致顆粒鬆散和發霉（韓丹丹和王景方，2007；韋良開等，2022；楊強，2020）。

1. 製粒的特點

（1）提高飼料消化率　製粒過程中水分、溫度和壓力的綜合作用，使澱粉糊化，酶活增強等。與粉料相比，全價顆粒料餵養寵物的轉化率可提高10%～12%。

（2）避免動物挑食和減少損失　透過製粒能夠使各種粉料成為一體；另外，顆粒飼料在儲運和飼餵過程中可減少8%～10%的損失。

（3）儲存運輸更經濟　製粒後，粉料的散裝密度增加40%～100%。

（4）避免飼料成分的自動分級，且顆粒不易起塵　在飼餵過程中對空氣和水質的汙染較小。

（5）殺滅沙門氏菌　採用蒸汽高溫調質再製粒的方法能殺滅飼料原料中的沙門氏菌，減少病原的傳播。

顆粒飼料也存在一些不足，如電耗高、所用設備多、需要蒸汽、機器易損壞、消耗大等。在加熱、擠壓過程中，不穩定的營養成分會受到破壞。綜合經濟技術指標優於粉狀飼料，所以製粒是現代飼料加工中必備的加工工藝。顆粒飼料的產量及產品品質在不斷提高。

2. 顆粒產品分類

（1）硬顆粒　調質後的粉料經壓模和壓輥的擠壓透過模孔成型，產品多為圓柱形，水分一般低於13%，相對密度為1.2～1.3，顆粒較硬，適用於多種動物，是目前產量最大的顆粒飼料。

（2）軟顆粒　含水量大於20%，多為圓柱形，一般即做即用，也可風乾使用。

（3）膨化顆粒　粉料經調質後，在高溫高壓下擠出模孔，驟然降壓後形成膨鬆多孔的顆粒飼料。膨化顆粒飼料形狀多樣，適用於多種動物。

3. 硬顆粒飼料的技術要求　在顆粒飼料中，硬顆粒飼料占相當大的比重，故僅介紹其品質要求。

（1）感官指標　大小均勻，表面有光澤，無裂紋，結構緊密，手感較硬。

（2）物理指標

①顆粒直徑：直徑或厚度為1～20mm，根據飼餵動物種類而不同。

②顆粒長度：通常其長度為直徑的1.5～2倍。

③顆粒水分：中國南方的顆粒飼料水分應≤12.5%，北方地區可≤13.5%。

④顆粒密度：顆粒結構越緊，密度越大，越能承受包裝運輸過程中的衝擊而不破碎，產生的粉末越少，其商品價值越有保證，但過硬會使製粒機產量下降，動力消耗增加，動物咀嚼費力。通常顆粒密度以1.2～1.3g/cm³為宜，能承受90～2 000kPa的壓強，體積容量為0.60～0.75t/m³。

4. 調質

（1）調質的意義

①提高製粒機的製粒能力：透過添加蒸汽使物料軟化，利於擠壓成型，並減少對製粒機（環模和壓輾）的磨損。調質條件適宜時，產量較不調質提高1倍左右，且能提高顆粒密度，降低粉化率，提高產品品質。

②提高飼料消化率：在熱和水分共同作用下，粉料吸水膨脹直至破裂，澱粉變成黏性很大的糊化物，顆粒內部黏結；物料中的蛋白質變性，分子呈纖維狀，肽鍵伸展，分子錶面積增大，黏度增加，利於顆粒成型。據報導，此時澱粉糊化率達到35%～45%，而無調質時的澱粉糊化度小於15%。

③改善產品品質：適當的蒸汽調質可提高顆粒飼料密度、強度和水中穩定性。

④殺滅有害病菌：調質過程的高溫作用可殺滅原料中的有害微生物，提高產品的儲存性能，利於畜禽健康。

⑤利於液體添加：調質技術可提高顆粒飼料液體添加量，滿足不同動物需要。

（2）調質的要求

①物料粒度：原料粉碎得太細或太粗對製粒效率或顆粒品質都有不良影響。

②對蒸汽要求：在製粒過程中雖可適當加水，但經驗證明，利用蒸汽的效果更好。蒸汽由鍋爐產生，需保持管路中蒸汽壓力的穩定，進入製粒機的蒸汽應是高溫、少水的過飽和蒸汽。蒸汽壓力為0.2～0.4MPa，蒸汽溫度130～150℃。

③調質溫度和水分：穀物澱粉糊化溫度一般為70～80℃。調質溫度主要靠蒸汽獲得，一般按製粒機最大生產率的4%～6%計算蒸汽添加量。蒸汽量小，粉料糊化度低，產量低，壓模、壓輥磨損加劇，產品表面粗糙，粉化率高、電耗大；反之，易堵塞模孔，影響顆粒飼料品質。使用飽和蒸汽，物料每吸收1%水分溫升大約11℃。

④調質時間：調質時間越長效果越好，一般為10～45s。

5. 影響製粒的因素

（1）原料

①原料粒度和容重：粒度大的粉料吸水能力低，調質效果差。據經驗，壓製直徑8.0mm的顆粒，粉料粒徑應不大於2.0mm；壓製4.0mm的顆粒，粉料粒徑不大於1.5mm；壓製2.4mm的顆粒，粉料粒徑不大於1.0mm。通常用1.5～2.0mm孔徑的粉碎機篩片粉碎物料。一般顆粒料容重為750kg/m^{3}左右，粉料容重為500kg/m^{3}左右，製成同樣的顆粒，容重大的物料製粒產量高、功率消耗小。

②原料組成：

澱粉質：生澱粉微粒表面粗糙，對製粒的阻力大，含量高時製粒產量低、壓模磨損嚴重；與其他組分結合能力差，產品鬆散。熟澱粉即糊化澱粉經調質吸水後呈凝膠狀，有利於物料透過模孔，製粒產量高；凝膠乾燥冷卻後能黏結其他組分，顆粒產品品質較好。調質過程中澱粉顆粒受到蒸汽的蒸煮，壓輾後部分破損及糊化產生黏性，製得的顆粒緻密、品質好。糊化程度除受溫度、水分及作用時間的影響外，還與澱粉種類、粉料細度有關，如大麥、小麥澱粉的黏著力比玉米、高粱好，以玉米、高粱為主要原料時應注意粉碎粒度（Jeong等，2021）。

蛋白質：經加熱變性增強了黏結力。對於含天然蛋白質較高（25%～45%）的魚蝦等特種飼料，可製得高品質顆粒；因體積質量大，製粒產量也高，但顆粒質地鬆散。

油脂：原料原有的油脂對製粒影響不大，但外加油脂對顆粒產量和品質有明顯影響。物料中添加1%油脂會使顆粒變軟，製粒產量明顯提高，降低對壓模、壓輥的磨損。含油量高會導致顆粒鬆散，其添加量應控制在3%內。

糖蜜：添加量通常小於10%，作為黏結劑能增強顆粒硬度。

纖維質：本身沒有黏結力，與其他有黏結力的組分配合使用。但纖維質太多，阻力過大，產量減少，壓模磨損。粗纖維含量高的物料內部鬆散多孔，應控制入模水分，如製備葉粉顆粒，水分12%～13%，溫度55～60℃為宜。如果水分過高，溫度也高，則顆粒出模後會迅速膨脹而易於開裂。

熱敏性原料：某些維他命、調味料等遇熱易受破壞，應適當降低製粒溫度，並超量添加以保證這些成分在成品中的有效含量。

③黏結劑：某些飼料含澱粉、蛋白質或其他具有黏結作用的成分不多時難以製粒，需添加黏結劑使顆粒達到一定的結實程度，添加時需考慮成本及營養價值等。常用的黏結劑有以下幾種：

α-澱粉：又稱預糊化澱粉，是將澱粉漿加熱處理後迅速脫水製得，價格較貴，主要用於特種飼料。

海藻酸鈉：海帶經浸泡、鹼消化、過濾、中和、烘乾等加工而得。將一定量的海帶下腳料配入飼料，也可得到較好的顆粒。

膨潤土：具有較高的吸水性，吸水後膨脹，增加潤滑作用，可用作不加藥飼料的黏結劑與防結劑，用量不超過成品的2%。膨潤土需粉碎得很細，90%～95%及以上的粉粒透過200目（75μm）篩孔。

木質素：黏結性能較好，能提高顆粒硬度，降低電耗，添加量一般為1%～3%。

（2）環模幾何參數

①模孔的有效長度：是指物料擠壓成形的模孔長度，有效長度越長，物料在模孔內的擠壓時間越長，製得的顆粒就越堅硬，強度越好。

②模孔的粗糙度：粗糙度低，物料在模孔內易於擠壓成形，生產率高，成形後的顆粒表面光滑，不易開裂，顆粒品質好。

③模孔孔徑：孔徑越大，則模孔長度與孔徑之比越小，物料易於擠出成形。

④模孔形狀：主要有直形孔、階梯孔、外錐形孔和內錐形孔4種。以直形孔為主；階梯孔減小了模孔的有效長度，縮短了物料在模孔中的阻力；外錐形孔和內錐形孔主要用於纖維含量高、難成形的物料（王昊等，2017）。

（3）操作因素

①餵料量：依據主電機的電流值調節餵料量，一般每種功率的主電機都有標定的額定電流。餵料量增加，主電機電流就大，生產能力也高。餵料量要根據原料成分、調質效果和顆粒直徑等進行調節。

②蒸汽：蒸汽品質及進汽量對顆粒品質影響較大。調質後物料升溫，澱粉糊化、蛋白質及糖塑化，並增加了水分，利於製粒及提高顆粒品質。蒸汽應是不帶冷凝水的乾飽和蒸汽，壓力為0.2～0.4MPa，溫度130～150℃。蒸汽壓力越大則溫度越高，調質後物料溫度一般為65～85℃，最佳水分14%～18%，便於顆粒成形和提高顆粒品質。蒸汽量過多會導致顆粒變形，料溫過高會破壞部分營養成分，甚至會在擠壓過程產生焦化現象，堵塞環模。生產中應正確控制蒸汽量。

③環模線速度：主要受環模內徑、模孔直徑和深度、碾軋數及其直徑，以及物料的物理機械特性、模輥摩擦係數、物料容重等影響。當顆粒料粒徑小於6mm時，環模的線速度以4～8m/s為佳。

④模輥間隙：間隙過大，產量低，有時還會不出粒；間隙過小，機械磨損嚴重。合適的模輥間隙是0.05～0.3mm，目測壓模與壓輥剛好接觸。

⑤切刀：切刀不鋒利時，從模孔出來的柱狀料是被撞斷而非切斷的，此時顆粒呈弧形且兩端面較粗糙，顆粒含粉率增大，品質降低。刀片鋒利時，顆粒兩端面平整，含粉率低，顆粒品質好。切刀位置會影響顆粒長度，但切刀與環模的最小距離不小於3mm，

以免切刀碰撞環模（王景芳和史東輝，2008）。

（四）膨化寵物食品加工

膨化技術在寵物食品生產中應用十分廣泛，分為乾法膨化和溼法膨化。乾法膨化是利用摩擦產生的熱量使物料升溫，在擠壓螺旋的作用下強迫物料透過模孔，壓力驟降，水分蒸發，物料內部形成多孔結構，體積增大，達到膨化目的（Vens-Cappell，1984）。溼法膨化的原理與乾法膨化大體相同，但溼法膨化物料的水分常高於20%甚至達到30%以上，而乾法膨化物料的水分一般為15%～20%。膨化寵物食品是犬貓食品市場的典型產品，分為乾膨化食品、半溼食品、軟膨化食品，製備方法見圖2-10。

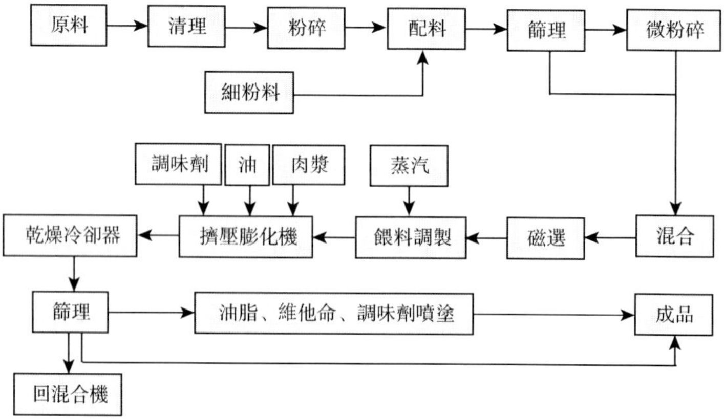

圖2-10　膨化寵物食品加工工藝

1. 乾膨化寵物食品加工

(1) 乾膨化技術工藝

①原料混合、粉碎：一般選用穀物及副產品、大豆產品、動物產品、油脂、礦物質及維他命預混料等多種原料，將原料混合、粉碎，透過16目（1.18mm）篩孔後進入擠壓膨化機，最終被加工成所需大小和形狀的產品。

②熟化：當物料透過擠壓系統時，加入蒸汽和水，物料受到摩擦、剪切、溫度及螺筒內壓力的綜合作用而發生糊化。當物料黏團從擠壓膨化機螺筒模孔被擠出時，由於壓力的急劇下降而使物料迅速膨脹，膨化產品的形狀與大小因模孔的不同而異。最後由旋轉著的刀片將其切割成所需長度。透過高溫、高壓、成形使膨脹、糊化的效果達到最佳，最終實現熟化目的。

③乾燥：將膨化後的產品進行乾燥、冷卻和打包。一般採用帶有獨立冷卻器的連續乾燥機或乾燥-冷卻機組去除產品中的蒸汽和水分，最終水分降到8%～10%時才能進

行包裝和儲存。

④噴塗：在乾燥、冷卻和篩分後，將產品送入正在旋轉的圓筒，向產品噴灑霧化的液體脂肪或粉狀的調味劑，增加產品的適口性。

（2）膨化設備　擠壓膨化機是目前使用最多的膨化設備，有單螺桿和雙螺桿兩種類型，單螺桿結構簡單，價格較低；雙螺桿對物料的作用力強且均勻，但結構複雜，投資高。生產一般食品選用單螺桿擠壓機即可滿足要求，一些難以膨化的品種需用雙螺桿擠壓機。

（3）乾膨化食品的特點

①適口性好，易消化，成品體積大，糞便中無穀物顆粒殘留。玉米、高粱加工後澱粉的消化率可達70%～100%。

②製品是乾燥的膨脹顆粒料，可直接給寵物食用，也可用水浸泡溼餵。

③利用不同形狀的篩孔可生產出適用於不同寵物的製品。

④改變原料中的添水量，可製成不同比重的半溼性飼料。

⑤加工過程中，蒸汽加溫及摩擦生熱可達到消毒作用（楊久仙和劉建勝，2007；韓丹丹和王景方，2007）。

2. 半溼性寵物食品加工

（1）加工要求　主要原料是新鮮或冷凍的動物組織、穀物、脂肪和單醣，其質地比乾性食品柔軟，更易被動物接受，適口性較好。

①蒸煮：同乾性食品一樣，大多數半溼性食品在加工過程中也要經過擠壓處理。根據原料組成不同，可以在擠壓前先將食物進行蒸煮。

②添加其他成分：半溼食品含水量較高，須添加防止產品變質的成分，如為了固定產品中的水分使其不被細菌利用，需添加食糖、玉米糖漿和鹽。許多半溼性寵物食品中含有大量的單醣，有助於提高其適口性和消化率。防腐劑山梨酸鉀可以防止酵母菌和黴菌的生長。少量的有機酸可降低產品的pH，也具有防止細菌生長的作用。

（2）加工特點　這類產品也是典型的擠壓熟化產品，加工工藝與乾膨化產品相似。然而，由於配方不同，這兩類產品在加工上存在明顯差異，具體如下。

①原料：基礎原料大多相同，但半溼產品除使用乾穀物混合物外，在擠壓前要加入肉類或其副產品的漿液與乾原料混合，乾、溼原料的比例為1：(1～4)。

②混合：溼料在擠壓前加入混合機，當乾料明顯多於溼料時（4：1），可將兩種原料分批混合，然後輸送到擠壓裝置進行熟化。當乾、溼料比例達到3：2至1：1時，須採用連續法混合原料，即在位於擠壓機之前的連續混合裝置中進行混合。一般先加入乾料，同時以適當的比例泵入溼料混合。另外，還可注入蒸汽和水，以便形成混合均勻的物料，再將物料送入擠壓熟化機的螺筒內進行最後的加工。

③擠壓、熟化：與乾膨化產品不同的是，半溼產品物料透過擠壓機壓模的目的不是為了「膨化」，而是為了能形成與模孔相似的料束或形狀，同時透過擠壓使物料盡可能充分地熟化。通常，由於肉類原料的加入而使混合物料的油脂含量較高，不可能使產品高度膨化，但若擠壓機螺筒的形狀適當，則可以使混合物料得到充分熟化。

④水分處理：半溼產品與乾膨化產品的另一個主要區別在於擠壓時物料的水分含量以及加工後對這些水分的處理。半溼產品擠壓時適宜的水分含量為30%～35%，擠壓後不去除水分，其原因一是為了保證儲存穩定性而在原料中添加了某種防腐劑，二是為了使成品保持與肉類相似的柔軟性。

⑤容重：乾膨化產品在乾燥前後的容重分別為352～400kg/m^{3}與320～352kg/m^3，半溼產品擠壓時的容重為480～560kg/m^3，包裝時容重也大致如此。生產半溼產品的主要目的是在保證產品品質的同時，盡可能使產品含較多水分。

(3) 半溼寵物食品加工設備要求　除需軟膨化寵物食品的生產設備外，需增加漿液罐、接受罐（供選）、凍肉絞碎機及計量泵用來將肉漿液泵送到擠壓機的預調質圓筒中。半溼寵物食品在擠壓後僅需冷卻便可進行包裝（楊久仙和劉建勝，2007）。

3. 軟膨化寵物食品加工

(1) 加工要求　軟膨化寵物食品是寵物食品市場的新型產品之一，在某些方面與半溼食品極相似，都含有較多的肉類或其副產品，因而油脂含量一般都高於乾膨化食品。

寵物軟膨化食品加工中必須使用絞肉機（模板孔徑Ø 3mm）對原料進行初步加工，減小粒度。將物料在蒸汽夾套容器中加熱到50～60°C，既可消除溫度差異，又可殺滅沙門氏菌和其他微生物，還可分離出部分油脂，降低物料黏度，減少運輸阻力。主要工藝流程見圖2-11。

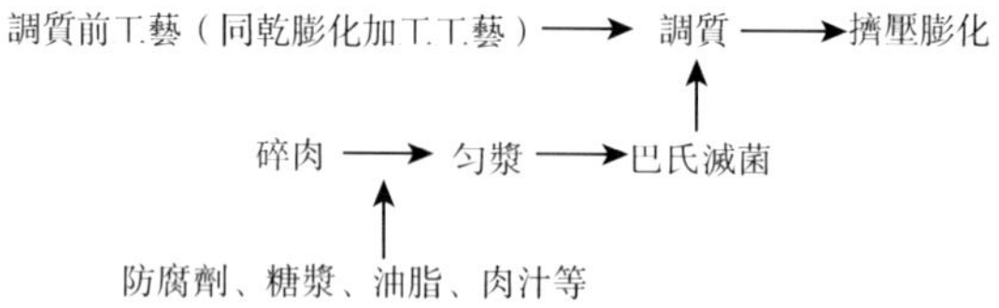

圖2-11　軟膨化寵物食品加工工藝

軟膨化食品的基本擠壓過程與乾膨化食品相似，在擠壓前都要用蒸汽和水進行調質，且成品經過壓模都得到膨化。然而，軟膨化食品的原料組成特性與半溼食品相似，成品雖經過膨化，但仍具有軟而柔韌的特性。

軟膨化食品經過膨化，其容重小於半溼食品，但仍保持著較高的水分含量，這一特點是與半溼食品相似的。典型的軟膨化食品的水分含量為27%～32%，終產品容重為417～480kg/m^3。與生產半溼食品一樣，軟膨化食品也不進行乾燥處理，因而應在原料中加入防腐劑。此外，擠壓後的產品在包裝前需要冷卻。

（2）影響軟膨化工藝效果的因素　主要有配方、調質、擠壓工藝參數等。原料的粉碎粒度控制在原料篩網孔徑的1/3以下，即粒徑≤1.5mm。脂肪含量≤12%，對產品品質無影響；脂肪為12%～17%（不含12%和17%）時，每增加1%，產品體積質量增大16kg/m^3；脂肪含量≥17%時，產品就不再膨脹。由於抗氧化劑、抗菌劑、增味劑等受到熱量的損害會降低效果，因而在添加方式上常採用噴塗的方式。擠壓膨化的加工溫度一般為95～120℃，含水量25%～35%，澱粉糊化度較製粒工藝高很多。

（3）加工設備特殊要求　軟膨化寵物食品的生產除了需要乾膨化寵物食品的生產設備之外，還需增加液態添加劑罐與泵、集塵器和冷卻器，可使用增設的接受罐與計量泵將動物脂肪與防腐劑（如丙二醇、山梨酸鉀及酸類）泵吸到擠壓機的調質圓筒內。與乾膨化寵物食品相比，軟膨化寵物食品生產所需的乾燥機的乾燥量要小得多。在某些情況下，可不用乾燥機而用冷卻機（楊久仙和劉建勝，2007；王景芳和史東輝，2008）。

（五）實罐罐頭及軟罐頭生產工藝

寵物食品罐頭生產工藝與人類食品罐頭的生產工藝基本一致，其工藝流程見圖2-12。

洗罐→裝罐→預封→排氣→密封→殺菌→冷卻→檢測→包裝

圖2-12　寵物食品罐頭生產工藝

實罐罐頭的排氣方法主要有熱力排氣法、真空封罐排氣法和蒸汽噴射法。

軟罐頭食品是指用高壓殺菌鍋經100℃以上的溼熱滅菌，用塑膠薄膜與鋁箔複合的薄膜密封包裝的食品。其包裝材料主要有普通蒸煮袋（耐100～121℃）、高溫蒸煮袋（耐121～135℃）、超高溫殺菌蒸煮袋（耐135～150℃）。蒸煮袋的材質主要有聚乙烯薄膜、聚丙烯薄膜、聚酯薄膜、尼龍薄膜、聚偏二氯乙烯薄膜、鋁箔等。軟罐頭生產工藝流程見圖2-13。

製袋（預製袋開袋口）→固體食品充填→流體食品充填→排氣→袋口密封→殺菌→檢驗→包裝

圖2-13　寵物食品軟罐頭生產工藝

軟罐頭的排氣方法主要有蒸汽噴射法、真空排氣法、抽氣管法、反壓排氣法等。軟罐頭具有重量輕、體積小、殺菌時間短、不受金屬離子汙染等優點，但其容量限制在50～500g，蒸煮袋價格高，且不適於帶骨食品（王景芳和史東輝，2008）。

第五節 寵物食品配方

全價犬糧和貓糧是寵物食品中的主流，設計配方的時候，既要考慮各營養素（能量、蛋白質、維他命和礦物質）的含量，還要考慮各營養素間的全價與平衡，如能量與蛋白間的平衡、維他命與礦物質間的平衡、胺基酸和胺基酸間的平衡等。當能量水準偏低時，寵物會分解部分體內的蛋白質用於供能，造成不必要的營養浪費和能蛋比失衡；同時要考慮營養素之間的拮抗。製作犬貓糧配方時，還要考慮不同犬貓品種，不同生理階段的營養需求量，根據不同原料特點和當地資源優勢，在滿足營養配比的同時，做到配方成本最佳，同時兼顧衛生和安全。

一 寵物食品配方設計原則

寵物的營養狀況關係著寵物的健康及壽命，也關係著主人在照顧寵物時所花費的精力及財力。因此，在飼養寵物時應給予優質的配合日糧來改善寵物的營養，提高寵物的健康水準與生產性能。寵物日糧應根據科學原則、經濟原則和衛生原則進行配製。

（一）科學原則

飼料配方設計是一個綜合性很強的複雜過程，要體現它的科學性必須解決好以下幾個問題。

1. 配合日糧的營養性和全面性　配合日糧不是各種原料的簡單組合，而是一種有比例、複雜的營養配合，這種配合越接近飼養對象的營養需求，越能發揮其綜合效益。因此，設計配方時不僅要考慮各營養物質（如能量、蛋白質、維他命、礦物質等）的含量，還需考慮各營養物質的全價性與綜合平衡性，即營養物質的含量應符合飼養標準，且營養物質要齊全。營養素的平衡不僅是各營養物質之間如能量與蛋白質、胺基酸與維他命、胺基酸與礦物質等的平衡，各營養素內部如胺基酸與胺基酸、維他命與維他命等也應平衡。若多個營養物質達不到平衡，就會影響飼料產品品質，如飼料中能量水準偏低，犬貓就會將部分蛋白質降解為能量使用，造成不必要的營養浪費等（Sgorlon 等，2022；Wehrmaker 等，2022）。

（1）明確原料的營養組成　飼料的營養成分與含量是進行配方設計的依據。因此，在設計配方前要清楚各原料的營養成分及含量，理想方法是將各種原料按規定進行分析測定，得到準確的數據。在實際生產中，大多是參照常用飼料營養成分與營養價值表，結合產地取其具有代表性的平均數值。對於營養組成不明確的原料，需要送有關部門進行檢測。

(2) 飼料的組成　實踐表明，透過飼料原料的合理配合可以發揮各原料間的營養互補作用。因此，目前提倡多種飼料原料配合後加工成寵物日糧，保證日糧營養全面。同時，為了使配方營養素達到全價和平衡，還應根據需要採用各類添加物以補充礦物質、微量元素、維他命等寵物健康生長必不可少的成分。

2. 根據飼養標準進行配製　寵物飼養標準規定了不同寵物品種、遺傳特性、生理條件下，寵物對各種營養物質的需求量。寵物只有攝取均衡的營養才能保證其個體正常發育、增強免疫力和抵抗外界惡劣環境的能力，因此，配方設計應考慮寵物的營養需求。寵物的飼養標準是配製寵物配合飼料的重要依據，但目前國家對有關寵物的飼養標準不夠完善，甚至有些寵物的飼養標準尚未制定，因此，在選用西方飼養標準或有關資料的基礎上，可根據飼養實踐中寵物的健康、生長或生產性能等加以修正與靈活應用。一般可按寵物的膘情或季節等條件的變化，對飼養標準作10%左右的調整。

3. 配合日糧須適合寵物的生理特性　不同品種的寵物其生理特性不同，因此在設計寵物配合日糧時應根據其生理特性選擇飼料原料。幼犬對粗纖維的消化能力很弱，日糧中不宜採用含粗纖維較高的原料；另外，粗纖維具有降低日糧能量濃度的作用，實踐中應予以重視，對成犬可適當提高日糧粗纖維含量。

4. 配合日糧須注意適口性　各種寵物均有不同的嗜好，因此須重視日糧的適口性。雖然日糧中含有極豐富的各種營養物質，但如果適口性很差，寵物也不願攝食。惡臭或黴腐的原料要禁止使用，該原料不但適口性不好，而且會嚴重損害寵物的健康。

所謂適口性，是指日糧的色、香、味對寵物各類感覺器官的刺激所引起的一種反應。如果該反應屬於興奮性的，則日糧的適口性好；如果屬於抑制性的，則日糧的適口性差。因此，適口性表示寵物對某種食物或日糧的喜好程度。只有適口性好的食物，才能達到營養需求的採食量。設計日糧配方時，應選擇適口性好、無異味的原料，有些原料營養價值雖高，但適口性差，則應限制其用量。特別是在為幼年寵物和妊娠寵物設計日糧配方時更應注意。也可以與其他食物適當搭配或添加風味劑，以提高其適口性，促使寵物增加採食量。除此之外，食物要多樣化，避免長期飼餵一種營養配方日糧，否則會引起寵物厭食。

5. 配合日糧須注意可食性　配合日糧的可食性在於保證飼養對象既吃得下，又吃得飽，還能滿足營養需求。由於不同種類寵物的消化器官結構差異很大，日糧類型必須要適合飼餵對象消化器官的特點。犬是雜食性動物，消化道短，但消化腺發達，易消化蛋白質，不易消化粗纖維。因此，配製犬糧時，配方中纖維素的比例不能過高。

為了確保寵物能夠吃進每天所需要的營養物質，須考慮寵物的採食量與日糧中乾物質含量間的關係。日糧的體積要合適：若體積過大，能量濃度低，不僅會造成消化道負擔過重而影響寵物對食物的消化，而且不能滿足寵物的營養需求；反之，食物的體積過小，雖然能滿足其營養需求，但寵物常達不到飽感而處於不安狀態，影響其生長發育及生產性能。

6. 配合日糧須注意其消化性　飼料易消化才利於各種營養物質的吸收與利用。然而，吃進體內的食物並不能全部被消化吸收與利用，如乾型飼糧消化率為65%～75%，其中25%～35%是不能被利用的。因此，設計配方時應注意寵物對各種原料中養分的消化率，如能應用飼料中可消化養分的數據，則更具科學性。在配製寵物配合日糧時，日糧中的各種營養物質含量一般應高於寵物的營養需求。

7. 配合日糧須注意熱量配比　飼料熱量過高會導致寵物發胖，體形不勻，食慾不振或偏食。應注意的是，人有人的營養需求，寵物有寵物的營養標準。如果經濟條件允許，最好購買市場上出售的寵物不同生長階段、營養全價、安全衛生的寵物食品，並按說明書進行飼餵。

（二）經濟原則

日糧配方的設計應同時兼顧飼養效果和飼養成本，在確保寵物健康生長的前提下，提高日糧配方的經濟性。應盡量使用本地資源充足、價格低廉而營養豐富的原料，盡量減少糧食比重，增加農副產品以及優質青、粗飼料的比重，如動物內臟或屠宰場及罐頭廠的下腳料（肺、脾、碎肉、腸等）、加工副產品（血粉、羽毛粉、肉骨粉、貝殼粉）等；應用寵物營養學原理，採用現代新技術，優化飼料配方，降低飼養成本。

（三）衛生原則

目前，在各花鳥寵物市場基本都存在賣散裝犬糧的現象。由於一般犬糧中蛋白質和脂肪含量都比較高，而且蛋白質和脂肪中尤以動物性蛋白和動物油脂用量居多，所以散裝犬糧如果保存條件不當，極易發生變質；家庭寵物自配的日糧除部分乾型日糧可在適宜溫度下保存1～3d外，其他配製的日糧應現餵現配製，保證飼料原料新鮮、清潔，易於消化，不發霉變質（王景芳和史東輝，2008）。

二　寵物食品配方設計的其他注意事項

（一）配方中油脂含量與膨化度

一般情況下，配方中的動物性原料如肉粉為20%左右，當增加肉粉比例時，也同時增加了脂肪含量，此時需要考慮到膨化機的膨化能力。因為油脂包裹在物料表面會阻止蒸汽的滲透，油脂還會降低物料與鋼模間的摩擦力，隨之降低了澱粉的糊化率。通常雙螺桿膨化機可以透過調整蒸汽壓力和膨化機的參數來實現高肉粉配方日糧的膨化度，但是當採用單螺桿膨化機時，就會出現膨化度不夠的問題。有經驗的配方師在製作高肉粉和高脂肪日糧時，會選用一些澱粉含量高的原料來達到理想的膨化度。因此在設計配方時，要考慮到膨化機性能和日糧中的澱粉含量。通常配方中油脂含量在7%以下時，對膨化度影響不大；在7%～12%時，油脂每增加1%，產品容重增加16g/L；超過12%時，膨化度很低或不膨化，顆粒不成形，易粉化。

（二）配方中澱粉與膨化度

澱粉對寵物食品的膨化起重要作用，澱粉的來源和種類對膨化度也有影響。通常配方中支鏈澱粉比直鏈澱粉含量高時，顆粒膨化度也高。已有研究表明，澱粉源對膨化度具有一定的影響，如樹薯作為唯一澱粉源配方的顆粒膨化度（99.3%）和澱粉糊化度（99.2%）最高，而採用玉米澱粉的顆粒膨化度（56.3%）和澱粉糊化度（92.9%）最低。配方中支鏈澱粉的含量與糊化度和膨脹度呈正相關。因此在設計配方時，要注意澱粉的來源與含量。通常在生產鮮肉糧時，要增加澱粉的含量，尤其是選用支鏈澱粉含量高的原料時，同時要配合一定比例的麵粉，因為麵粉對顆粒的黏結性高於玉米（王金全，2018）。

三 寵物食品配方實例

犬為雜食性動物，其日糧配方中穀類比例較高，而貓為肉食性動物，對蛋白尤其是動物性蛋白要求較高，但不同生長階段的寵物，其日糧配方不同。犬貓常見配方見表2-26至表2-29（王金全，2018）。

表2-26　幼犬日糧配方（%）

原料	配方1	配方2	原料	配方1	配方2
玉米	36	40	魚粉	5	4
次粉	4	5	肉粉	15	12
碎米	8	5	肉骨粉	5	5
麩皮	2	3	蛋粉	1.5	0.5
豆粕	15	17	添加劑	1	1
甜菜顆粒	1	2	食鹽	0.5	0.5
油脂	6	5	合計	100	100

注：幼犬日糧配方要選用消化率高的優質動物蛋白原料，如魚粉、全蛋粉等，同時配比一定的粗纖維。

表2-27　成犬日糧配方（%）

原料	配方1	配方2	原料	配方1	配方2
玉米	40	62	甜菜渣	2	3
碎米	20		肉粉	5	5
花生餅	12	7	肉骨粉	4	4
麩皮	4	9	添加劑	1	1
菜籽餅	4. 5	2. 5	食鹽	0. 5	0. 5
油脂	7	6	合計	100	100

注：成犬日糧配方可使用一些常規的蛋白原料，如肉骨粉、普通肉粉、豆粕等，為保持糞便成型適當增加纖維比例。

表2-28　幼貓日糧配方（%）

原料	配方1	配方2	原料	配方1	配方2
玉米	25	26	肉粉	13	15
小麥麵	20	22	雞肝	5	3
玉米蛋白粉	10	2	多維礦物質	4	3
豆粕	9	10	魚浸膏	3	3
魚粉	5	10	食鹽	0. 3	0. 3
油脂	6	6	合計	100	100

注：幼貓日糧配方要注意優質蛋白原料魚粉、魚浸膏的使用，同時應該選擇蛋白含量在65%以上的優質雞肉粉，並注意牛磺酸的添加。

表2-29　成貓日糧配方（%）

原料	配方1	配方2	原料	配方1	配方2
玉米	36	30	肉粉	10	12
小麥麵	18	24	雞肝	3	1
玉米蛋白粉	5	10	多維礦物質	3	2
豆粕	12	8	魚浸膏	2	2
魚粉	4	4	食鹽	0. 3	0. 3
油脂	7	7	合計	100	100

注：成貓日糧配方可使用一些常規原料，但也應偏重魚類等優質蛋白原料，要注意牛磺酸的添加，日糧中添加必要的纖維以促進毛球吐出。

參考文獻

付弘贇，李呂木，2006．礦物質對動物營養與免疫的影響［J］．飼料工業（18）：49-51.

韓丹丹，王景方，2007．寵物營養與食品［M］．哈爾濱：東北林業大學出版社.

賈紅敏，韓冰，劉向陽，等，2020．賴氨酸及其在雞、豬營養上的研究進展［J］．動物營養學報，32（3）：989-997.

馬馨，馮國亮，鄭建婷，2014．寵物犬脂溶性維生素營養研究進展［J］．山西農業科學，42（6）：650-652.

瀋坤銀，2000．礦物質對動物的營養作用［J］．四川畜牧獸醫（12）：35.

田穎，時明慧，2014．賴氨酸生理功能的研究進展［J］．美食研究，31（3）：60-64.

王昊，于紀賓，于治芹，等，2017．環模模孔參數對顆粒飼料加工質量及肉雞生長性能的影響［J］．動物營養學報，29（9）：3352-3358.

王金全，2018．寵物營養與食品［M］．北京：中國農業科學技術出版社.

王秋梅，唐曉玲，2021．動物營養與飼料［M］．北京：化學工業出版社.

韋良開，鄭斌，蘭志鵬，等，2022．飼料配方及加工工藝對飼料品質的影響［J］．飼料研究，45（4）：149-153.

吳任許，謝國懷，盧本基，2005．維生素及其對動物生理的影響［J］．畜牧獸醫科技信息（7）：67-68.

吳艷波，李仰銳，2009．影響寵物犬蛋白質需要的因素［J］．畜牧獸醫科技信息（10）：83-84.

楊久仙，劉建勝，2007．寵物營養與食品［M］．北京：中國農業出版社.

楊強，2020．不同加工技術對硬顆粒飼料加工質量的影響研究［D］．鄭州：河南工業大學.

張冬梅，陳鈞輝，2021．普通生物化學［M］．6版．北京：高等教育出版社.

張益凡，徐穎，胡良宇，2022．動物機體精氨酸和賴氨酸功能互作效應與機制的研究進展［J］．畜牧與動物醫學，58（6）：105-110，116.

AAFCO, 2018．Official Publication．Atlanta (GA) : Association of American Feed Control Officials.

Alvarenga I, Qu Z, Thiele S, et al., 2018．Effects of milling sorghum into fractions on yield, nutrient composition, and their performance in extrusion of dog food［J］. Journal of Cereal Science, 82: 121-128.

Barnett K, Burger I, 1980．Taurine deficiency retinopathy in the cat［J］. Journal of Small Animal Practice, 21: 521-534.

Cecchetti M, Crowley S, Goodwin C, et al., 2021．Provision of high meat content food and object play reduce predation of wild animals by domestic cats *Felis catus*［J］. Current Biology, 31 (5) : 1107-1111.

Chandler M, 2008．Pet food safety: Sodium in pet foods［J］. Topics in Companion Animal Medicine, 23: 148-153.

Coltherd J, Staunton R, Colyer A, et al., 2019．Not all forms of dietary phosphorus are equal: an evaluation of postprandial phosphorus concentrations in the plasma of the cat［J］. British Journal of Nutrition, 121: 270-284.

Dobenecker B, Webel A, Reese S, et al., 2018．Effect of a high phosphorus diet on indicators of renal health in cats[J] . Journal of Feline Medicine and Surgery, 20: 339–343.

Donfrancesco B, Koppel K, Aldrich C, 2018 · Pet and owner acceptance of dry dog foods manufactured with sorghum and sorghum fractions[J] . Journal of Cereal Science, 83: 42–48.

Gordon D, Rudinsky A, Guillaumin J, et al., 2020 · Vitamin C in health and disease: A companion animal focus[J] . Topics in Companion Animal Medicine, 39: 100432.

Grant C, Rotherham B, SHARPE S, et al., 2005 · Randomized, double-blind comparison of growth in infants receiving goat milk formula versus cow milk infant formula[J] . Journal of Paediatrics and Child Health, 41 (11) : 564–568.

Gubler C, Lahey M, Cartright G, et al., 1953 · Studies on copper metabolism · IX · The transportation of copper in blood[J] . Journal of Clinical Investigation, 32: 405–414.

Hussaina A, Kausar T, Sehar S, et al., 2022 · A Comprehensive review of functional ingredients, especially bioactive compounds present in pumpkin peel, flesh and seeds, and their health benefits[J] . Food Chemistry Advances, 1: 100067.

Jeong S, Khosravi S, Lee S, et al., 2021 · Evaluation of the three different sources of dietary starch in an extruded feed for juvenile olive flounder, *Paralichthys olivaceus*[J] . Aquaculture, 533: 736242.

Li P, Yin YL, Li D, et al., 2007 · Amino acids and immune function[J] . British Journal of Nutrition, 98: 237–252.

Mccluney K, 2017 · Implications of animal water balance for terrestrial food webs[J] . Current Opinion in Insect Science, 23: 13–21.

Monti M, Gibson M, Loureiro B, et al., 2016 · Influence of dietary fiber on macrostructure and processing traits of extruded dog foods[J] . Animal Feed Science and Technology, 220: 93–102.

Nuttall W, 1986 · Iodine deficiency in working dogs[J] . New Zealand Veterinary Journal, 34: 72.

Pion P, Kittleson M, Thomas W, et al., 1992 · Clinical findings in cats with dilated cardiomyopathy and relationship of findings to taurine deficiency[J] . Journal of the American Veterinary Medical Association, 201: 267–284.

Raditic D, 2021 · Insights into commercial pet foods[J] . Veterinary Clinics of North America: Small Animal Practice, 51: 551–62.

Schweigert F, Raila J, Wichert B, et al ·2002 ·Cats absorb β-carotene, but it is not converted to vitamin A[J]. The Journal of Nutrition · 132 (6) : 1610S–1612S.

Sgorlon S, Sandri M, Stefanon B, et al., 2022 · Elemental composition in commercial dry extruded and moist canned dog foods [J] . Animal Feed Science and Technology, 287: 115287.

Sinclair L, Howden A, Brenes A, et al., 2019 ·Antigen receptor control of methionine metabolism in T cells[J]. Elife Sciences, 8: e44210.

Singh M, Thompson M, Sullivan N, et al., 2005 · Thiamine deficiency in dogs due to the feeding of sulphite preserved meat[J] . Australian Veterinary Journal · 83 (7) : 412–417.

Stockman J, Villaverde C, Corbee R, 2021 · Calcium, phosphorus, and vitamin D in dogs and cats beyond the bones[J] . Veterinary Clinics of North America: Small Animal Practice, 51 (3) : 623–634.

Sturman J, Gargano A, Messing J, et al., 1986 · Feline maternal taurine deficiency: Effect on mother and offspring[J] . Journal of Nutrition, 116: 655667.

Thompson T, Hutt L, 1979 · Iodine-deficiency goitre in a bitch [J] . New Zealand Veterinary Journal, 27: 113.

Twomey L, Pluskea J, Roweb J, et al., 2003 · The replacement value of sorghum and maize with or without supplemental enzymes for rice in extruded dog foods [J] . Animal Feed Science and Technology, 108 (1-4) : 61-69.

Van-Vleet J, 1975 · Experimentally-induced vitamin E-selenium deficiency in the growing dog [J] . Journal of the American Veterinary Medical Association, 166: 769-774.

Vens-Capperll B, 1984 · The effects of extrusion and pelleting of feed for trout on the digestibility of protein, amino acids and energy and on feed conversion [J] . Aquacultural Engineering, 3 (1) : 71-89.

Wehrmaker A, Draijer N, Bosch G, et al., 2022 · Evaluation of plant-based recipes meeting nutritional requirements for dog food: The effect of fractionation and ingredient constraints [J] . Animal Feed Science and Technology, 290: 115345.

第三章

寵物零食

隨著全球經濟的快速發展，人們的養寵觀念逐漸改變，寵物飼養的環境條件也越來越好。越來越多的寵物主人將寵物看作是自己的「孩子」或者「親人」，因此寵物主人在各方面都願意為寵物提供更高品質的服務與消費。寵物不僅需要主食為其提供最基礎的生命保證和生長發育所需的營養物質，還需要各種零食提高其幸福指數和健康指數。

寵物零食是專門為寵物製作的、介於人類食品與傳統畜禽飼料之間的高檔動物食品，可用於促進主人與寵物之間的情感交流。寵物零食種類繁多，不同的零食有著不同的作用，可適合寵物的各種不同需求。在挑選寵物零食時，寵物主人對食物的營養成分和功能非常重視，希望愛寵不僅要吃出幸福，還要吃得健康。因此，健康的寵物零食一方面需要具有營養全面、配方科學、消化吸收率高、品質標準、飼餵使用方便等優點；另一方面，隨著寵物擬人化經濟的崛起，寵物零食的功能作用也備受關注，如磨牙潔齒、去除口臭、增強食慾、調理腸胃、訓練行為和消磨時光等（李欣南等，2021；Cerbo等，2017）。

寵物零食的營養功能與其原料選擇、營養搭配和加工工藝密切相關，深入研究不同原料的營養價值、功能成分的物質基礎及不同零食的生產工藝與方法是寵物零食製作的重要內容，對營養又健康的功能性寵物零食的開發利用具有重要價值。

第一節 寵物零食行業現狀與發展前景

隨著科學技術的不斷進步以及消費觀念的轉型升級，寵物零食不僅在寵物行業細分領域中滲透率極高，而且在整個寵物食品消費中增速最快，寵物零食市場正逐漸發展成為較大規模的獨立市場。口味單一、形式單一的寵物零食已經不能滿足寵物的需求。為了順應寵物擬人化消費傾向，提高寵物的幸福指數，寵物零食行業需要不斷推出功能多樣、品類多樣、場景多樣的新品。

一 寵物零食行業現狀分析

寵物主糧出現時間較長，已成為寵物飼養的必需品，目前占據寵物食品市場的主要份額。近年來，隨著科學養寵意識的崛起，寵物的地位迅速上升，寵物零食市場也因此開始興起，在寵物食品中寵物零食消費成長最為顯著。2021年中國寵物消費趨勢白皮書顯示，寵物零食的購買頻次高於主糧，一個月購買2～3次的比例為35%，高於主糧對應比例27%；寵物零食的消費滲透率為75%，與寵物主糧的83%最為接近（圖3-1、圖3-2）。可見，寵物零食市場具有較大的市場潛力與進入空間，有望逐漸發展成為較大規模的獨立市場。

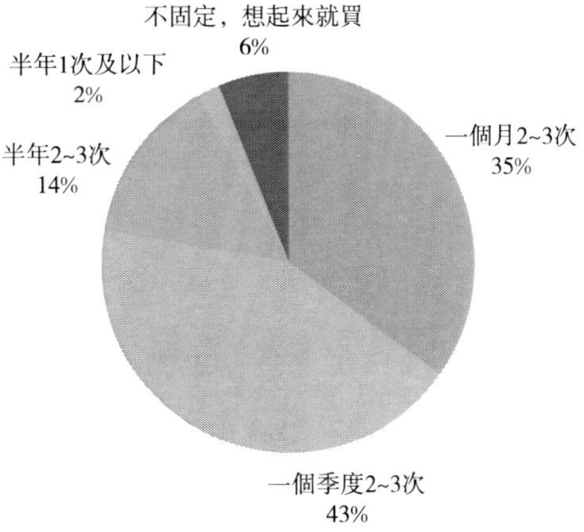

圖3-1　2021年寵物零食購買頻次分布

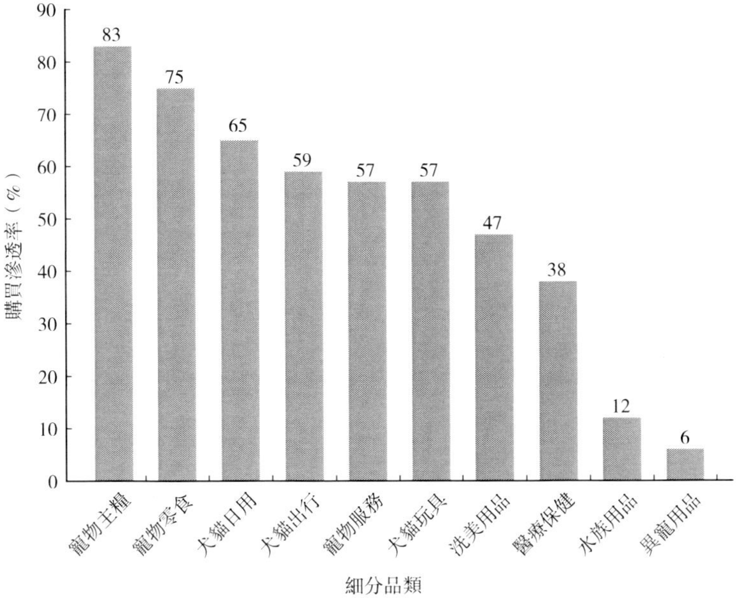

圖3-2　2021年寵物行業主要細分品類購買滲透率

目前全球最大的寵物食品加工企業是美國的瑪氏公司，也是較早進入中國市場的寵物食品製造商。21世紀初，中國寵物食品和寵物零食加工業開始發展，越來越多的寵物主人傾向於給予愛寵擬人化的美食享受，使寵物零食的增速領跑寵物食品。近年來，中國寵物零食加工企業開始拉近與西方寵物零食之間的距離，在寵物零食品質方面嚴控，並且從包裝以及行銷手段上越來越具有時尚國際化的特色。

從寵物零食市場格局來看，2021年中國寵物零食市場在寵物食品中所占比例為32.6%，中國企業乖寶、中寵等份額領先，市場份額占比均為10%左右，其他品牌市場份額占比均在5%以下，尚未形成壟斷格局，行業內的其他公司均有機會追趕。由於寵物零食領域進入壁壘較低，本土企業起步時以此為切入點，與外資企業形成錯位競爭，目前中國頭部企業在寵物零食領域已具有一定的優勢，未來擁有做大做強的機會，並推動寵物零食格局走向集中。

二 寵物零食發展方向與前景

近年來，中國的寵物零食行業已經取得了很大的進步，在原料選擇和營養搭配等方面都有較高的品質控制標準，但是單純的品質已經不能滿足人們對寵物零食的需求。隨著全球經濟的快速發展和寵物擬人化經濟的崛起，寵物零食開始邁向健康化、功能化、多元化，並逐漸向較大規模的細分品類獨立市場發展（馬峰等，2022）。

1. 健康化的寵物零食　越來越多的寵物主人以為其購買零食來表達自己對寵物的熱愛，寵物零食的主食化趨勢愈加明顯。寵物主人希望寵物們吃出幸福的同時，也吃得健康，所以他們希望零食的營養更豐富、配比更科學。近年來，消費者越來越關注以「天然」為主題的寵物零食，包括原料天然新鮮、高蛋白和肉含量、自然加工、無添加劑等。寵物零食的營養設計製造需要由寵物營養學專業人士指導，寵物零食中的各類營養物質都要有著嚴格的比例搭配。營養均衡、製作科學的高品質寵物零食不僅能夠給寵物提供生命保證、生長發育和健康所需的營養物質，還要具有消化吸收率高、品質標準、飼餵使用方便等優點。

寵物主人在為寵物購買和使用零食時，應該根據寵物自身的生理特點和生長階段選擇，並進行合理搭配與飼餵。不同寵物的喜好可能完全不同，例如家庭飼養的寵物犬和寵物貓，牠們對水分、脂肪、粗纖維、蛋白質的需求量都有區別。貓咪的腸胃比較脆弱，消化功能有限，適合吃富含蛋白質產品，不適合吃脂肪含量高的產品。不同年齡段寵物的營養需求、食量以及消化功能都有所不同。例如寵物犬出生的前幾週，牠們都會從犬媽媽那裡吸取乳汁來獲取營養；斷奶之後，年幼的寵物犬可能無法消化牛乳中的乳糖，這時要避免餵食牛乳類零食，防止犬腸胃不適而腹瀉。

2. 功能化的寵物零食 隨著寵物在家庭中地位的不斷提升，寵物主人願意花費更多精力和金錢採用科學餵養寵物標準，確保寵物健康快樂成長。科學餵養要求寵物零食在滿足寵物營養需求的同時具有多元化功能，如磨牙、潔齒、增強食慾、調理腸胃和增強免疫力等。

寵物零食的功能研究可以從以下幾個方面加大力度。①口腔護理：寵物飲食不當或腸胃不適，容易出現牙結石、牙周炎、牙齦紅腫以及口臭等多種口腔問題，嚴重影響寵物的健康狀態。可在零食中添加有效成分如膳食纖維、寡醣、茶多酚等，使寵物在咀嚼過程中既能清除有害物質，又能保持口氣清新（田維鵬等，2021）。②增強食慾：食物若是氣味不佳，會顯著影響寵物的採食量。寵物零食中添加鹹味劑、鮮味劑、酸味劑、甜味劑等誘食劑有助於改善零食的適口性，達到增強食慾的效果（劉策等，2019；Donfrancesco等，2018）。③調理腸胃：寵物餵養不當、營養不良或是年老體弱時，腸道菌群會失調，表現出食慾不佳、腹脹、便祕等不適反應。零食中益生菌、益生元、植物活性物質的添加有助於抑制腸道腐生菌的生長，調節改善腸道細菌的組成（孫青雲等，2021；Swanson等，2002；Sabchuk等，2017）。④美毛亮毛：寵物的毛既具有保護作用，又具有觀賞特徵，蛋白質、維他命、礦物質、脂肪等營養物質均影響皮毛的生長，尤其是蛋白質和胺基酸的攝取量影響最為顯著（Gordon等，2020；付弘贇和李呂木，2006）。在寵物零食中添加蛋胺酸可增加毛纖維強度，促進毛纖維生長。⑤增強免疫力：免疫力對寵物的健康狀態具有重要影響。食物中添加益生菌、核苷酸、精胺酸、不飽和脂肪酸可刺激寵物的特異性和非特異性免疫，達到促進淋巴細胞產生抗體的作用（Chew等，2011；夏青等，2021；江移山，2021）。

3. 多元化的寵物零食 隨著經濟的發展，目前市場上存在的口味單一、形式單一的寵物零食已經不能滿足寵物的需求。為了順應寵物擬人化消費傾向，提高寵物的幸福指數，寵物零食行業需要不斷推出品類多樣、場景多樣的新品。只要人類可以享受的快樂，寵物主人們也希望寵物一起享受，那麼勢必需要越來越多的擬人化零食來符合不同場景需求，比如消磨時光、慶祝生日、過節和訓練等。

寵物和人類一樣，既有採食的積極性，又有好玩的天性，若將零食和玩具有效結合起來，則更容易被寵物接受。寵物主人白天需要工作，在家裡陪伴寵物的時間很少，寵物往往會感到很寂寞，容易引發焦慮，如果有玩具和零食陪伴，讓寵物有吃中玩的樂趣，寵物的幸福指數將會大大提升。寵物犬喜歡吃骨頭，則可以將犬零食做成骨頭形狀；寵物貓喜歡玩球，則可以將貓咪零食做成球形。例如，市場上的一種漏食球，就是為寵物量身打造的益智健身玩具，它能讓寵物在玩耍中獲得零食補給：一方面可以做到邊吃邊玩，緩解寵物的情緒，有助於消磨時光；另一方面還可以讓寵物在零食的誘導下，加強鍛煉，提升關注力。

與一般傳統寵物食品不同的是，寵物零食需要秉承食材天然、營養均衡、功能定製等為基礎的核心價值，其產品不僅綠色、環保、健康，而且具有高適口性。由於不同的寵物處於不同的生長階段時，其喜好可能完全不同，為了推進寵物主人科學省心的養寵生活，針對養寵人士遇到的困擾，根據寵物的不同品種、不同時期、不同生理階段提供針對性的寵物零食配比方案可能是未來的發展趨勢。總之，寵物零食不僅要承接人類情感的投射，還要滿足寵物自身的需求，最後能夠眞正在寵物市場站穩腳跟的品牌及產品必定是建立在寵物與人共同快樂的基礎之上。

第二節 寵物零食的分類與選擇

寵物零食種類繁多，富含多種營養物質，適合寵物的各種營養需求，如肉乾類、咬膠類和大骨頭類等可有效補充蛋白質、鈣等。不同的零食有著不同的作用，常見的有磨牙、潔齒、除口臭、增進食慾和調節腸道功能等。同時，寵物零食也是寵物和主人之間的情感紐帶，可作為與寵物交流、培養感情的輔助食品。寵物零食多種多樣，用處也各不相同，可以從原料組成、生理功能、飼餵場景和加工工藝等方面進行分類。

一 寵物零食的分類

(一) 根據原料組成分類

寵物零食種類繁多，根據其原料組成可以分為肉乾類、混合肉類、乳製品類、澱粉類、骨頭類、咬膠類和果蔬類。

1. 肉乾類零食　是由新鮮的牛肉、雞肉和魚肉等經過脫水烤乾之後的零食，是比較常見的一種零食，由於口感較好，所以是寵物最喜歡的零食之一。肉乾類零食蛋白質含量高，水分含量低，可保證單位重量的產品蘊含更多的營養物質，同時還韌爽耐嚼，是優質的寵物零食。常見的雞肉、鮭魚和牛肉的凍乾肉主要營養成分見表3-1。肉乾類零食不但營養豐富，還具有一定的潔齒作用，當寵物享受這些肉乾美味時，牠的牙齒會完全進入肉乾中並與之密合，再透過多次咀嚼達到清潔牙齒的功效，其功能就好像牙線清潔牙齒一樣，而且肉乾的美味及韌爽的口感使寵物願意花更多時間咀嚼，從而使其清潔動作的時間也更長，保證能有較好的潔牙效果，減少牙斑及牙結石的蓄積，讓寵物的口氣清新，靠近時不容易有難聞的口臭。

表3-1 不同凍乾肉主要成分含量

項目	主要成分含量（%）		
	鮮肉凍乾雞肉	鮮肉凍乾鮭魚	鮮肉凍乾牛肉
粗蛋白	≥86.0	≥86.0	≥75.0
粗脂肪	≤7.0	≤6.0	≤14.0
粗纖維	≤1.0	≤1.0	≤1.0
水分	≤3.0	≤3.0	≤3.0
粗灰分	≤6.0	≤6.0	≤6.0

2. 混合肉類零食 特點就是用肉類和其他食物搭配製作，如肉泥，它利用新鮮質好的豬、牛或雞的瘦肉，加適量的脫脂乳粉、糧穀粉製成；還有犬吃的三明治，把肉乾捲在麵粉做的餅乾或是奶酪條上，利用肉乾的香味誘惑寵物吃一些其他的營養物質。為了達到更長的儲存期，這類零食幾乎都是獨立包裝的，所以價格偏高。

3. 乳製品類零食 指以牛乳和羊乳等為原料製作的零食，常見的有優酪乳、奶片和奶酪條等，乳製品對於調節寵物的腸胃有好處。但是有的寵物腸胃對牛乳敏感，不適合餵食乳製品類零食，以免引起腹瀉。

4. 澱粉類零食 主要指餅乾類，它以澱粉為主要原料，與少量乳粉和糖混合製備而成，主要作用是提供熱量。澱粉類零食甜味很淡，相對於肉類零食來說，更容易被寵物消化。肉乾類的零食，寵物如果不充分咀嚼會引起消化不良的問題，而澱粉類零食就不容易出現這些問題。

5. 骨頭類零食 一般是豬、牛、羊身上的大骨，通常是用來給寵物犬啃咬、磨牙的。骨頭含有磷酸鈣等礦物質營養成分，這些營養成分可以為寵物的生長發育提供充足的支持，促進其骨骼系統的成長和再生。此外，除了骨質本身，骨髓和骨脂也是優秀的能量和營養物質的來源。

6. 咬膠類零食 主要由牛皮、豬皮和其他成分等經過特殊加工製造而成的一種供寵物食用的高蛋白肉食營養品，適用於寵物磨牙和消磨時間。咬膠的形狀不僅適合寵物玩耍的特點，還具有清潔口腔、減慢牙菌斑和牙垢形成的作用。

7. 果蔬類零食 是素食類的寵物零食，富含維他命和礦物質，在價格上會比肉類寵物零食略低。水果蔬菜中含有大量纖維素，其中不溶性膳食纖維可刺激腸道蠕動幫助排便，可溶性膳食纖維可以增加腸道益生菌的數量。

（二）根據生理功能分類

寵物零食不僅是用來給寵物們補充營養和消磨時光的，還具有許多重要的生理功能，如磨牙、潔齒、除口臭、增進食慾和調理腸胃等。因此，市場上銷售的許多寵物零食常以此進行分類。

1. 補充營養類零食　寵物零食為介於人類食品與傳統畜禽飼料之間的高檔動物食品，通常具有很高的營養價值，可以輔助主食均衡營養，讓寵物的營養結構更加完善。例如，利用雞肉、牛肉、鮭魚、鱈魚、豬肉等新鮮肉類製作的零食含有豐富的蛋白質、維他命和微量元素，利用牛乳發酵製得的零食奶酪含有多種維他命、蛋白質、脂肪、鈣、磷等營養，這些對於寵物營養補充和促進鈣質吸收、幫助腸胃消化等有很好的作用。

2. 磨牙類零食　犬貓在換牙期可能會有疼痛、發癢等表現，從而產生亂啃和撕咬的習慣，餵食磨牙類零食可以舒緩這些不適感。磨牙類零食一般以食用膠、牛皮/豬皮、骨頭、麵粉、少量誘食劑和其他食品添加劑製作而成，質地堅硬，乾燥。常見的磨牙類零食有磨牙棒、磨牙骨和咬膠等。高品質的磨牙棒中含有的骨頭和肉成分能額外補充鈣元素、牛磺酸等營養物質，有的磨牙棒還具有清潔口腔異味、減少牙結石的作用，更有助於寵物的健康。磨牙骨是由羊骨、牛骨等經過洗淨、煮熟和風乾等過程製作而成。磨牙類零食還有娛樂的作用，是能食用的玩具，有利於寵物和主人建立良好關係。

3. 潔齒類零食　寵物在進食的時候，唾液混合食物會形成沉積物，這些沉積物柔軟、黏性強，覆蓋在牙齦周圍容易滋生細菌，導致牙菌斑和牙結石的產生。潔齒類零食，例如適合寵物貓用的潔齒棒和寵物犬用的潔齒骨，不但可以滿足牠們的「饞蟲」，還可以有效預防牙菌斑、牙結石。這類零食由肉乾和潔牙成分如褐藻提取物組成，具有天然健康的特點，並且是多孔結構，可以物理摩擦牙齒去除牙齒軟垢，所以潔齒類零食也具有磨牙的作用。

4. 除口臭類零食　寵物如果常吃溼糧、罐頭，其口腔內部的食物殘渣易滋生大量細菌，還會有口腔疾病或消化不良等問題，這些都會導致寵物產生嚴重的口臭。乾燥的除臭類零食能有效清潔寵物口腔，保護牙齒及清除口腔異味，使寵物的排泄物及身體上的異味明顯改善，直至消失。除臭餅乾是常見的除口臭類零食，它能讓寵物的牙齒更清潔，牙齦更健康，口氣更清新。這類餅乾以麵粉、奶油和白砂糖等為主要原料，添加消臭成分如金銀花等，使寵物攝取的營養更均衡，發育更完善。同時還能理氣消食，增加食慾和提高機體免疫力。

5. 增進食慾類零食　當寵物身體狀態不佳或是天氣炎熱時，容易表現為食慾不振，經常吃不下東西。許多寵物零食肉香濃郁、鮮味誘人，對無肉不歡的寵物貓和寵物犬來說，是最有誘惑力的美味佳餚，可以輕鬆打開寵物胃口、刺激寵物食慾，還可以摻拌主糧食用，解決寵物們不愛吃飯的問題。

6. 調理腸胃類零食 寵物如果長時間吃一些不容易消化的食物，容易出現胃酸、胃疼、胃脹等消化不良問題。調理腸胃類零食不僅適口性好，還會添加一些具有調理腸胃、促進消化和改善食慾的有效成分，例如在食物中添加乳酸菌素來調理腸胃，以達到增進食慾和調理腸胃的作用（Garcia-mazcoro等，2017）。

（三）根據飼餵場景分類

寵物零食不僅含有豐富的營養物質和一定的生理功能，還有助於主人和寵物交流、培養感情，是連接寵物和寵物主人的情感紐帶，根據飼餵場景可將其分為互動交流類、輔助訓練類和調節情緒類。

1. 互動交流類 人類和寵物之間無法用語言進行交流，零食有助於促進人類與寵物的情感交流。寵物也有情感，也會難過、孤獨或沮喪，牠們很難主動地告訴我們，寵物主人可以透過投餵零食來與寵物互動交流。主人用零食和寵物互動的過程中，還充分掌握了主導權力，有助於樹立主人的權威地位，讓寵物更加依賴主人。營養高、適口性好的寵物零食均可用於促進主人和寵物之間的互動交流。

2. 輔助訓練類 對於寵物而言，主人的耐心和鼓勵很重要。在牠正確的時候及時給牠獎勵，得到積極的回饋會讓牠更快地領悟到主人的意圖，久而久之就會養成很多好習慣。在枯燥的訓練過程中，零食可以大大提高寵物的興奮指數，讓牠更樂意接受主人的指令，讓寵物形成條件反射，進而達成訓練的目的。行為訓練獎勵類零食多為規格相對較小或手持方便的樣式，如凍乾、肉粒、肉條、香腸、餅乾等。

3. 調節情緒類 寵物的情緒和心理健康也在逐步被寵物主人所關注。長時間的分離有可能引發寵物的分離焦慮症。當寵物獨處時，使用一些激發寵物玩耍/捕獵行為的耐咬零食，能很好地轉移寵物的注意力，緩解牠們的分離焦慮症。磨牙類食品硬度高，消耗慢，可以幫助寵物消磨時間。

（四）根據加工工藝分類

目前市場上寵物零食根據食品加工的工藝流程可分為熱風乾燥類、高溫殺菌類、冷凍乾燥類、擠出成型類、烘焙加工類、酶解反應類、保鮮儲存類、冷凍儲存類。

1. 熱風乾燥類 指採用在烘箱或烘乾室內吹入熱風使空氣流動加快的乾燥方法製造而成的零食，如肉乾、肉條、肉纏繞類等。其工藝流程為：原料解凍→選雜→調味醃製→成型擺網→熱風乾燥→下網→挑選→計量→金屬探測→封口→裝箱→入庫。

2. 高溫殺菌類　指以經過121℃或以上高溫殺菌工藝為主而製成的零食，如軟包罐頭、馬口鐵罐頭、鋁盒罐頭、高溫腸等。其工藝流程為：原料解凍→選雜→調味醃製→灌裝成型→高溫殺菌→恆溫觀察→挑選→入庫。

3. 冷凍乾燥類　指利用真空昇華的原理使物料脫水乾燥而製成的零食，如凍乾禽肉、魚肉、水果、蔬菜等。其工藝流程為：原料解凍→選雜→調味醃製→冷凍→切型→真空冷凍乾燥→挑選→計量裝袋→金屬探測→封口裝箱→入庫。

4. 擠出成型類　指以擠出成型加工工藝為主而製成的零食，如咬膠類、肉類、潔齒骨類等。其工藝流程為：原料解凍→選雜→調味醃製→擠出成型→熱風乾燥→挑選→計量裝袋→金屬探測→封口裝箱→入庫。

5. 烘焙加工類　指以烘焙工藝為主而製成的零食，如餅乾、麵包、月餅等。其工藝流程為：和麵→醒發→成型→烘焙→冷卻→挑選→計量裝袋→金屬探測→封口裝箱→入庫。

6. 酶解反應類　以酶解反應工藝為主而製成的零食，如營養膏、舔食等。其工藝流程為：動、植物原料→加水混合→酶解→酶解液（或噴霧乾燥）→計量裝袋→金屬探測封口裝箱→入庫。

7. 保鮮儲存類　指以保鮮儲存工藝為主，採用保鮮處理措施而製成的保鮮食品，如冷鮮肉類、冷鮮肉類與蔬果混合食品等。其工藝流程為：原料解凍→選雜→調味醃製→計量灌裝→巴氏殺菌→金屬探測→裝箱→入保鮮庫。

8. 冷凍儲存類　指以冷凍儲存工藝為主、採取冷凍處理措施（-18℃以下）而製成的零食，如冷凍肉類、冷凍肉類與蔬果混合類等。其工藝流程為：原料解凍→選雜→調味醃製→計量包裝→金屬探測→裝箱→入冷凍庫。

二 寵物零食的選擇

調查顯示，超過70%的寵物主人用零食促進與寵物的情感交流，接近50%的寵物主人用零食來給寵物補充營養、增強食慾、訓練行為、清潔和鍛煉牙齒等。科學配比、製作的寵物零食不僅具有消化吸收率高、配方科學、品質標準、飼餵方便等優點，還具有多種生理功能和作用（劉新達等，2021）。市場上寵物零食種類豐富，形式多樣，為了確保零食不攪亂寵物的營養需求，同時又能達到維護和促進寵物健康的目的，科學選擇寵物零食十分重要。

（一）根據生理需要選擇零食

不同寵物在不同的成長期和年齡階段，對零食的功能需求也不相同。例如，5月齡左右的寵物犬正處於換牙期，會有疼痛等不適的感覺，為了讓牠們健康度過磨牙期，避免其在家裡撕咬家具等，則可以透過磨牙棒等零食來幫助牠們減輕換牙產生的不適，同時還能幫助新牙齒順利穿出牙齦；還有長毛類的寵物在春夏交際會發生掉毛現象，除了選擇一些低鹽健康的主食外，還可以製作蛋黃含量較高的零食，減少寵物脫毛現象；老年和幼小寵物的牙齒和牙床不如年輕時那麼堅固，要避免選擇硬質零食，否則會損傷牙齒。因此，根據寵物自身的生理特點、生長階段選擇零食十分重要。

(二) 選擇食材天然健康的零食

寵物主人在挑選和購買零食時，注意選擇食材新鮮、天然、無添加、安全、健康的零食，盡量避免太香、顏色太亮眼、形狀不自然和保存期限過長的零食，這類零食可能過多添加對寵物有害的化學物質，如色素、香精、防腐劑等，長期食用會影響寵物的健康。所以，購買時應該注意仔細查看成分標示及內容物，選擇有完整的廠商資料及來源介紹的產品。

(三) 選擇適合寵物消化吸收的零食

一款零食是否適合自己的寵物，還要看消化情況，可以透過觀察寵物的大便是否有較大的顆粒來確定其消化程度，如果消化不徹底，說明不適合寵物食用。還有很多人類的食物不適合寵物食用，不適合寵物犬的食物有牛油果、堅果、洋蔥、葡萄乾、巧克力、生肉、生雞蛋、酒精飲料等，不適合寵物貓吃的有巧克力、葡萄乾、海苔、各類骨頭、咖啡和酒精飲料等。這些食物有的攝取一點點就可能引起寵物中毒，嚴重時會危及寵物的生命。

(四) 按標準投餵零食

零食的營養成分不能完全取代主食，給寵物零食時要注意控制總量，有規律地投餵，不能影響正餐，否則會造成營養不均衡。不同體型的寵物，每天能吃的零食量有限，像貓咪、小型犬，一天能吃的肉乾量要小於大型犬的量。只有按時、按量、按標準餵寵物零食，才能給寵物一個良好健康的體魄。

第三節 寵物零食的營養

寵物和人類一樣，在成長過程中需要補充各種營養物質才能夠保證健康成長。寵物零食是專門為寵物製作的零食，它雖然不如寵物主食營養全面、配方科學，但是寵物零食也具有很高的營養價值，可以輔助主食均衡營養，讓寵物的營養結構更加完善，是寵物日常飲食中不可缺少的一部分。寵物零食的原料主要包括肉類、魚類、奶類、穀類和果蔬類，不同原料製作的零食，其營養成分和功能各不相同（Viana等，2020）。

一 肉類零食的營養

肉類零食是用新鮮的豬、牛、羊、雞和鴨等動物的肉組織及其內臟加工而成，新鮮肉類含水量較高，零食製作多數將其加工成含水量低的肉乾。肉類零食營養豐富，其主要化學組成成分包括蛋白質、脂肪、碳水化合物、礦物質和維他命等（楊九仙，2007）。

（一）蛋白質

肉類蛋白質的化學組成與寵物體的蛋白質組成很接近，所以吸收率較高。肉類蛋白質多數為完全蛋白質，含有的必需胺基酸種類齊全，含量充足，相互比例適當，營養價值超過絕大多數植物性食物，在寵物的生命活動中具有重要的營養作用。肌肉組織蛋白富含離胺酸和蛋胺酸，這兩種胺基酸剛好是穀類和豆類最缺乏的，所以肉類與穀類或豆類搭配食用，可充分發揮蛋白質互補作用。結締組織中含有的膠原蛋白和彈性蛋白缺乏蛋胺酸和色胺酸等必需胺基酸，營養價值相對較低，但其生理功能不可忽視。肉類蛋白質是犬貓生命階段必不可少的營養素之一，在維持寵物健康、促進生長發育、保證組織修復等方面起著十分重要的作用（劉公言等，2021）。

（二）脂肪

肉類通常含有較多脂肪，它不僅使肉具有較好的口感，還可以補充寵物身體所需的脂肪酸，使皮、毛保持健康美觀。肥肉部分脂肪含量可高達80%，瘦肉的脂肪含量低至8%。脂肪的組成主要是各種脂肪酸和三酸甘油酯，還有少量卵磷脂、膽固醇、游離脂肪酸及脂溶性色素。畜肉類如豬肉、牛肉、羊肉中的脂肪多由高飽和脂肪酸組成，飽和脂肪酸含量占總量的40%～60%，主要為棕櫚酸和硬脂酸，熔點較高，常溫下多呈現固態，性質穩定，較難消化吸收。畜肉脂肪的不飽和脂肪酸含量較低，因此肉類的必需脂肪酸含量極少，所以其營養價值相對較低。禽肉的飽和脂肪酸和膽固醇含量一般較畜肉低，亞油酸含量較高，占脂肪總量的20%左右，熔點低，易於消化，禽肉脂肪營養價值略高於畜肉脂肪。脂肪對犬貓中的能量濃度起到關鍵作用，包括提供必需脂肪酸、合成激素、組成神經系統、構成細胞膜等，是皮膚和激素正常運作的重要元素。脂肪除了作為能量的來源外，還有重要的功能，如作為脂溶性維他命的載體，以及幫助脂溶性維他命A、維他命D、維他命E和維他命K的吸收。

（三）碳水化合物

碳水化合物是動物不可缺少的營養物質，是動物獲取能量最主要的來源，也是構成機體組織的重要物質（金磊等，2018；Jha R和Leterme，2012）。肉類中碳水化合物的含量都很低，在各種肉類中主要是以糖原的形式存在於肌肉和肝臟，其含量與動物的種類、營養及健壯情況有關。瘦豬肉的碳水化合物含量為1%～2%，瘦牛肉為2%～6%，羊肉為0.5%～0.8%，兔肉為0.2%左右。各種禽肉碳水化合物的含量都不足1%，雞肉中0.9%，鴨肉中0.2%。動物被宰殺後保存過程中由於酶的分解作用，糖原含量逐漸下降，乳酸含量上升，pH逐漸下降，對肉的風味和保存有利。

（四）礦物質

肉類普遍含有豐富的礦物質，尤其是微量元素鐵、鋅、銅、硒的含量較高。肉類的礦物質含量約1%，瘦肉中的含量高於肥肉，特別是內臟肉中含量很豐富。鐵的含量以鴨肝和豬肝最為豐富，每100g肝含鐵約25mg。肉類中的鐵，有一部分是以血紅素鐵的形式存在，所以是膳食鐵的良好來源。牛腎和豬腎中硒的含量較高，是其他一般食物的數十倍。禽肉中鈣、磷、鐵等的含量均高於畜肉，微量元素鋅和硒的含量也較高。各種禽肉和豬肉、牛肉、羊肉的礦物質元素含量見表3-2（鄧宏玉等，2017）。礦物質元素在維持寵物身體健康和生長發育的過程中具有重要的意義，是機體組織的重要構成物質，參與機體的各項生命活動（任向楠，2020）。

表3-2　肉類礦物質元素含量（mg，每100g中）

礦物質元素	豬肉	牛肉	羊肉	老母雞肉	鵪鶉肉	鷓鴣肉
鈣	58.41	3.39	7.03	9.25	22.94	185.73
鉀	328.56	281.49	191.71	238.19	238.29	203.32
鈉	54.10	43.34	43.53	69.54	77.37	58.46
鎂	24.65	21.27	14.16	21.16	20.12	25.58
鐵	0.40	2.51	0.90	0.94	2.49	0.87
鋅	1.35	4.81	1.82	1.69	0.95	1.15
銅	0.046	0.106	0.063	0.075	0.099	0.069
錳	0.000	0.012	0.010	0.021	0.021	0.139
碘	3.69	4.76	4.62	6.75	6.64	8.00
硒	9.99	18.11	10.99	28.15	33.94	26.42
鉬	0.000	3.085	0.000	2.27	5.68	4.34

（五）維他命

肉類含有豐富的維他命B群，如維他命B_1、維他命B_2、菸鹼酸等，維他命A和維他命D的含量較低。豬肉中維他命B群的含量比牛羊肉高，而牛肉中的葉酸含量比豬肉高。豬肉平均每100g含維他命B_1 0.53mg、維他命B_2 0.12mg、菸鹼酸4.2mg。內臟的維他命含量更高，尤其是肝臟：每100g豬肝約含維他命B_2 2.11mg，比肌肉中多15～20倍；菸鹼酸含量為16.2mg，比肌肉多4～5倍。維他命既不是動物能量的來源，也不是動物新陳代謝的必需物質，它主要作為生物活性物質，在代謝中起調節和控制作用（任桂菊等，2004）。

二 魚蝦類零食的營養

魚蝦（水產品）含有豐富的營養，蛋白質含量高，維他命與畜禽肉類相比相當或略高，礦物質含量則明顯高於畜禽肉類（吳曼鈴等，2020）。魚蝦類零食是營養價值很高的食品，對寵物強化補充營養物質起著重要作用。魚蝦的化學組成因魚類的種類、性別、年齡、營養狀況和捕獲季節等不同而有較大的差異。

（一）蛋白質

魚蝦肉蛋白質主要由肌原纖維蛋白和肌漿蛋白組成，結締組織含量較少，肌纖維較細短，所以組織柔軟，易被消化吸收。魚蝦肉的蛋白質是優質蛋白質，其胺基酸組成類似肉類，生物學價值高。魚肉蛋白質中離胺酸和白胺酸含量豐富，而甘胺酸相對不足；甲殼類肌肉蛋白質中的纈胺酸和離胺酸含量低於魚肉；貝類的蛋胺酸、苯丙胺酸、組胺酸含量較魚類和甲殼類低，但精胺酸和胱胺酸含量卻遠比其他水產動物高。魚肉中含有的牛磺酸對寵物具有重要的作用，牛磺酸能維持犬貓細胞膜的電位平衡，幫助電解質如鈉、鉀、鈣等離子進出細胞，可以加速神經元的增生和延長，從而加強寵物腦部神經機能，還可以調節視網膜功能。

（二）脂肪

與畜禽肉類相比，魚蝦類最大優勢在於脂肪方面。不同種類魚，脂肪含量差異很大，如鱈魚脂肪含量只有0.5%，而鯷魚的脂肪含量達到10.4%。魚類脂肪主要分布在皮下和內臟周圍，其組成以多不飽和脂肪酸為主，且富含必需脂肪酸花生四烯酸。在海魚的脂肪中，不飽和脂肪酸含量高達70%～80%，其中還含有兩種特殊的多不飽和脂肪酸——二十二碳六烯酸（DHA）和二十碳五烯酸（EPA），其含量可達10%～37%，這兩種脂肪酸具有降血脂、防止動脈粥樣硬化等作用。幾種水產動物脂肪中的EPA和DHA含量見表3-3。由於不飽和脂肪酸含量高，魚脂通常呈液態，消化吸收率高，是必需脂肪酸的重要來源（鍾耀廣，2020）。

表3-3 幾種水產動物脂肪中的EPA和DHA含量

來源	EPA含量（%）	DHA含量（%）	來源	EPA含量（%）	DHA含量（%）
沙丁魚	8.5	16.0	海條蝦	11.8	15.6
鮐魚	7.4	22.8	梭子蟹	15.6	12.2
馬鮫	8.4	31.1	草魚	2.1	10.4
帶魚	5.8	14.4	鯉魚	1.8	4.7
海鰻	4.1	16.5	鯽魚	3.9	7.1
鯊	5.1	22.5	鯽魚卵	3.9	12.2
小黃魚	5.3	16.3	鱔魚	10.8	19.5
白姑魚	4.6	13.4	魷	11.7	33.7
銀魚	11.3	13.0	烏賊	14.0	32.7

（三）碳水化合物

魚肉中的碳水化合物含量也較低，約1.5%左右。魚捕獲後，由於糖酵解作用強，魚類肌肉中的糖原幾乎全部變為乳酸。乳酸的產生，使得肌肉中pH下降到5.6～5.8。軟體動物的貝類含糖原達1%～8%。此外，魚類肌肉中還含有琥珀酸，尤其在貝類肌肉中含量更為豐富。

（四）礦物質

魚肉中礦物質含量為1%～2%，高於畜肉，磷含量最高，鈣、鈉次之。此外，魚肉中鉀、鎂、鐵、鋅、硒等都較豐富，其中鈣、硒含量明顯高於畜禽肉類。蝦、蟹及貝類都富含多種礦物元素，如牡蠣是含鋅、銅最高的海產品，其中銅含量高達每100g中30mg。

（五）維他命

魚類是寵物所需維他命的良好來源。魚肉中維他命種類很豐富，海魚肝臟富含維他命A、維他命E。魚肉中的維他命B群含量也較豐富。螃蟹及鱔魚體內含有較多的核黃素和菸鹼酸，如每100g鱔魚中核黃素的含量為1～2mg，是豬肉中核黃素含量的10倍。

三 乳製品類零食的營養

乳製品類零食是指用牛乳、羊乳等製作而成的零食，如奶片、奶酪條之類的零食。不同來源奶類的營養成分類似，主要由水分、蛋白質、脂肪、乳糖、礦物質、微生物以及酶、生物活性物質等組成，但是營養成分的含量和比例略有差異（表3-4）（范琳琳等，2021）。

表3-4　幾種乳營養成分比較

乳類	乾物質（%）	蛋白質（%）	脂肪（%）	乳糖（%）	礦物質（%）
人乳	12.42	2.01	3.74	6.37	0.30
牛乳	12.75	3.39	3.68	4.94	0.72
山羊乳	12.97	3.53	4.21	4.36	0.84
綿羊乳	18.40	5.70	7.20	4.60	0.90

（一）蛋白質

牛乳中蛋白質的含量比較多，每100g牛乳含有2.5～4g蛋白質。羊乳比牛乳酪蛋白含量低、乳清蛋白含量高，酪蛋白在胃酸的作用下可形成較大凝固物，其含量越高蛋白質消化越低，所以羊乳蛋白質的消化率比牛乳高。

（二）脂肪

牛乳中的脂類主要以三酸甘油酯為主，並含有少量磷脂和膽固醇。乳脂肪中脂肪酸組成複雜，短鏈脂肪酸（如丁酸、己酸、辛酸）含量較高，是乳脂肪具有良好風味及易於消化的原因。羊乳中的脂肪球只有牛乳的1/3，而且顆粒均勻，較易消化吸收。

（三）碳水化合物

純乳中的主要碳水化合物是乳糖，它具有調節胃酸、促進腸蠕動和促進消化腺分泌的作用。純羊乳和純牛乳中的碳水化合物含量相差不大。

（四）礦物質

牛乳中含有大量的礦物質，例如鈣、磷、鉀、鎂、鐵、鋅、硒、銅、錳，其中以鈣和鉀含量最為豐富。牛乳鈣容易吸收，因為它與乳清蛋白和酪蛋白形成易於吸收的絡合物，從而避免牛乳中的鈣和鐵在小腸中沉澱。羊乳礦物質含量比牛乳高0.14%。羊乳比牛乳含量高的元素主要是鈣、磷、鉀、鎂、氯和錳等。

（五）維他命

牛乳中的維他命包括維他命A、維他命B_1、維他命B_2、維他命C、維他命E以及菸鹼酸等，牛乳中維他命的含量因奶牛的飼養條件、季節和加工方式不同而有所差異。一般來說每100g牛乳中含大約24μg維他命A、0.03μg維他命B_1、0.14μg維他命B_2、1μg維他命C、0.21μg維他命E及0.1μg菸鹼酸等。羊乳中12種維他命的含量比牛乳的高，特別是維他命B和菸鹼酸含量要高1倍。

四 穀物類零食的營養

穀物類零食是指由大麥、小麥、玉米、大米、小米和燕麥等為原料製作的零食。穀物類來源廣泛，價格低廉，含有較多的纖維素。犬類對粗纖維不易消化，但是纖維素對犬的正常生理代謝具有重要作用，它可刺激胃腸蠕動、減少腹瀉和便祕的發生。粗纖維含量高的零食還可以幫助貓類吐出毛球、清潔牙齒（王景芳和史東輝，2008）。

（一）蛋白質

穀物類的粗蛋白含量較低，為7%～13%，其胺基酸組成不平衡，離胺酸含量少，苯丙胺酸、色胺酸和蛋胺酸等含量也比較低，所以穀物蛋白的營養品質相對較低。

（二）脂肪

穀物類脂肪含量低，大米、小麥為1%～2%，玉米和小米可達4%。穀類中的脂肪多為不飽和脂肪酸，亞油酸和亞麻酸的含量比較高。

（三）碳水化合物

穀物類的碳水化合物主要為澱粉，含量在70%以上，易消化，故穀類食品的有效能值高。粗纖維也是碳水化合物，含量一般在5%之內，帶穎殼的大麥、燕麥等粗纖維可達10%左右。碳水化合物是生命細胞結構的主要成分及主要供能物質，並且有調節細胞活動的重要功能，此外還有調節脂肪代謝、提供膳食纖維、節約蛋白質和增強腸道功能的作用。

（四）礦物質

穀物類的礦物質含量為1.5%～3%，其中主要是磷和鈣，磷含量相對較高，由於多以植酸鹽形式存在，所以犬貓等寵物對其利用率很低。

（五）維他命

穀物類含有豐富的維他命B群，如硫胺素、核黃素、泛酸和吡哆醇。穀類維他命主要分布在糊粉層和穀胚中，因此，穀類加工越細，維他命損失就越多。

五 蔬菜瓜果類零食的營養

蔬菜瓜果類零食由蔬菜和瓜果類加工而成，以脫水形成果蔬乾最為常見。新鮮的蔬菜、瓜果含水量在90%以上，少數品種含有澱粉和糖，蛋白質和脂肪的含量很低，但是可以為寵物提供維他命、胡蘿蔔素、礦物質等，在寵物食品中具有重要意義。寵物常用蔬菜瓜果的營養價值見表3-5（王景芳和史東輝，2008）。

表3-5　寵物常用蔬菜瓜果的營養價值（%）

營養物質	苜蓿草粉	胡蘿蔔	馬鈴薯	菠菜	大白菜	小白菜	莧菜	西洋菜	甘藍	冬瓜	南瓜	橘	蘋果	葡萄	香蕉
乾物質	87.0	8.6	19.8	6.5	4.6	4.7	7.6	5.5	7.1	3.1	10.3	11.9	13.3	7.8	25.8
粗蛋白質	19.1	0.8	2.6	2.1	1.1	1.6	1.8	2.9	1.3	0.3	1.3	1.0	0.3	0.7	1.3
粗脂肪	2.3	0.1		0.4	0.1	0.3	0.1	0.5	0.2	0.1	0.1	0.2	0.1	0.2	0.2
粗纖維	22.7	1.2	0.6	2.3	1.1	1.0	1.1	1.2	1.0	0.7	0.7	0.4	0.9	0.6	0.6
無氮浸出物	35.3	5.7	15.8	0.4	1.8	1.0	3.4	0.3	4.1	1.7	7.6	9.9	11.9	6.1	23.1
粗灰分	8.3	0.8	0.8	1.3	0.5	0.8	1.2	0.6	0.5	0.3	0.6	0.4	0.1	0.2	0.6
鈣	1.40	0.03	0.01	0.10	0.02	0.07	0.2	0.03	0.03	0.02	0.01	0.03	0.01	0.01	0.01
磷	0.51	0.03	0.04	0.03	0.03	0.03	0.05	0.03	0.04	0.01	0.04	0.01	0.01	0.01	0.03
離胺酸	0.82	0.05	0.12	0.13	0.05	0.08	0.08	0.15	0.07	0.01	0.04	0.04	0.01	0.01	0.07
蛋胺酸	0.21	0.01	0.02	0.01	0.01	0.01	0.01	0.02	0.02	0.00	0.01	0.01	0.00	0.00	0.04
胱胺酸	0.22	0.02	0.02	0.02	0.01	0.03	0.01	0.04	0.02	0.00	0.01	0.01	0.01	0.01	0.01

（續）

營養物質	苜蓿草粉	胡蘿蔔	馬鈴薯	菠菜	大白菜	小白菜	莧菜	西洋菜	甘藍	冬瓜	南瓜	橘	蘋果	葡萄	香蕉
色胺酸	0.37	0.01	0.04	0.03	0.01	0.02	0.02	0.00	0.02	0.00	0.02	0.00	0.00	0.01	0.01
蘇胺酸	0.74	0.02	0.09	0.09	0.04	0.04	0.05	0.10	0.06	0.01	0.02	0.03	0.01	0.01	0.06
異白胺酸	0.68	0.04	0.08	0.09	0.03	0.04	0.08	0.09	0.05	0.01	0.03	0.02	0.01	0.01	0.04
組胺酸	0.39	0.01	0.05	0.04	0.02	0.02	0.05	0.15	0.04	0.00	0.02	0.01	0.01	0.01	0.09
纈胺酸	0.91	0.05	0.12	0.14	0.04	0.07	0.13	0.12	0.05	0.02	0.04	0.03	0.02	0.02	0.07
白胺酸	1.2	0.05	0.12	0.18	0.04	0.08	0.14	0.17	0.07	0.01	0.03	0.04	0.02	0.02	0.08
精胺酸	0.78	0.04	0.13	0.14	0.04	0.07	0.09	0.21	0.11	0.01	0.04	0.10	0.01	0.06	0.07
苯丙胺酸	0.82	0.03	0.07	0.10	0.03	0.05	0.08	0.12	0.04	0.02	0.02	0.03	0.02	0.02	0.06
酪胺酸	0.58	0.02	0.07	0.05	0.02	0.04	0.08	0.08	0.03	0.01	0.03	0.03	0.01	0.01	0.03

（一）碳水化合物

蔬菜瓜果類所含的碳水化合物主要有澱粉、纖維素、果糖、蔗糖和葡萄糖等。馬鈴薯、山藥等的碳水化合物含量相對較高，為14%～25%，主要為澱粉；多數新鮮水果如蘋果、西瓜等的碳水化合物含量8%～12%，含有較多的雙醣和單醣。蔬菜和水果中含有豐富的纖維素、半纖維素和果膠等，雖然犬貓不能消化這些碳水化合物，但是它們有助於促進胃腸蠕動，吸附有毒有害物質，使之排出體外。纖維素還可以被結腸中的微生物發酵分解，生成短鏈脂肪酸，如乙酸、丁酸等，可以保護結腸黏膜的健康，所以具有其他營養成分不可替代的作用。

（二）礦物質

蔬菜瓜果類含有豐富的礦物質，如鈣、磷、鉀、鐵、鎂、銅、硒等，綠葉蔬菜中的鈣、鐵、鎂等元素含量較多，水果中的相對較少。

（三）維他命

蔬菜瓜果類是維他命的重要來源。蔬菜中含有豐富的維他命C，綠葉蔬菜含量為200～400mg/kg，青椒的維他命C含量高達1 600mg/kg。各種綠色、黃色和紅色蔬菜中還含有較多胡蘿蔔素。

第四節 功能性寵物零食的物質基礎與配方

功能性寵物食品是一類預防疾病、調節生理功能、促進康復的食品。它不以治療為目的，不能取代藥物對寵物的治療作用，但是能改善並提升寵物某方面的機能，以達到寵物保持健康免受疾病侵害的目的。隨著消費升級以及寵物擬人化經濟的崛起，寵物的消費模式逐漸由生存型消費向享受型消費發展，功能性寵物零食的需求也從純粹追求口感向多元化方向發展，個性化消費需求層出不窮，市場細分化成為顯著趨勢。在充分了解寵物新陳代謝的基礎上，優化牠們的營養和健康狀況，是寵物零食功能開發的關鍵所在。

一 補充營養的功能零食

寵物在生長和維持各種生命活動過程中需要不斷從環境中攝取營養物質，如蛋白質、脂肪、礦物質、碳水化合物和維他命等，營養需求是指寵物為達到期望生長性能時，每天對各種營養物質的需求量。不同種類、性別、年齡和生理階段的寵物有不同的營養需求。雖然寵物主糧可為寵物提供最基礎的生命保證、生長發育和健康所需的營養物質，但是受各種因素的影響，如活動量、氣候、健康、壓力等，寵物對營養的需求量不是絕對不變的。一般來說，寵物在站立比睡臥時多消耗9%的能量，行走和跑步時消耗的能量更多，冬天比夏天的營養需求多，寵物健康狀況不良時需要更多的營養，更換飼料及主人等壓力過程也要增加營養需求。以上幾種情況均可以透過寵物零食補充更多的營養。

(一) 具有營養補充功能的物質

1. 補充蛋白質的物質　蛋白質對寵物的生長發育具有非常重要的作用，它不僅可以為寵物提供能量，還是機體組織和激素、抗體及各種酶的形成所必需的原料。食品蛋白質對構成寵物體蛋白和機體組織損壞的修復及維持酸鹼平衡起著重要作用。如果日糧中蛋白質不足或者缺乏某些必需胺基酸，就會引起寵物體內胺基酸缺乏，寵物體內蛋白質的合成就會停止，從而影響到寵物正常生長，導致寵物出現生長緩慢、抵抗力下降、容易生病的現象。當日糧中蛋白質含量滿足需要時，過多的蛋白質將轉化為脂肪儲存於體內，目前沒有數據表明過量的蛋白質攝取會影響犬貓的健康或是引起犬貓的肝腎功能紊亂。蛋白質的供給原料物質包括動物性蛋白、植物性蛋白和微生物蛋白，不同的蛋白質其生物學利用率不同，雞蛋是生物學價值最高的蛋白質，其效價可以定為100，魚肉是90以上，小麥是48，其他不同類型蛋白質的生物學價值見圖3-3（王金全，2018）。

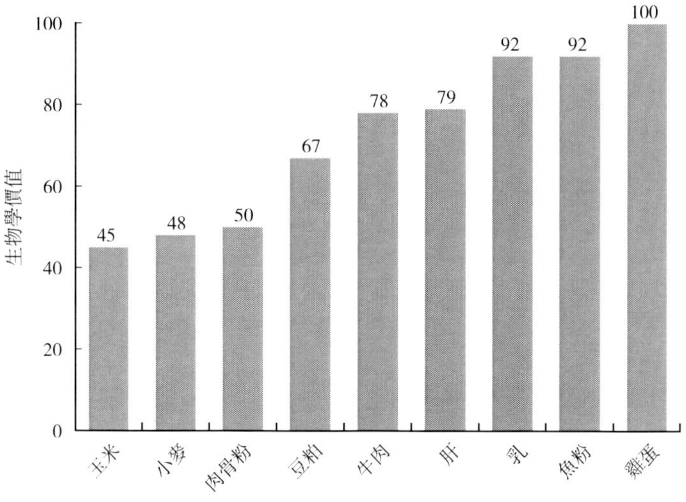

圖3-3　不同來源蛋白質的生物學價值

動物性蛋白原料包括雞肉、豬肉、魚肉、牛肉、動物內臟、蛋類以及牛乳等。這類物質的蛋白質含量高，一般為40%～85%，胺基酸組成較為平衡，蛋白質品質好，並且含有促動物生長因子；碳水化合物含量低，一般不含粗纖維；鈣、磷含量高，比例合理，利用率高；維他命含量豐富。缺點為脂肪含量高，容易氧化酸敗，不宜長期保存。

植物性蛋白原料主要包括大豆、豌豆、大豆粕、花生粕、玉米蛋白粉等，其蛋白質含量為20%～50%。餅粕類的蛋白質含量雖然高，但是其適口性差，有的還會對犬貓有不良影響，如腸道過敏而導致腹瀉，因此，需要與其他飼料搭配，使用量必須嚴格控制，一般不超過15%。

微生物蛋白，又稱單細胞蛋白質，是透過細菌、酵母、絲狀眞菌或小球藻等單細胞生物的發酵生產而得到蛋白質。酵母含粗蛋白質40%～50%，生物學價值介於動物蛋白質與植物蛋白質之間，離胺酸含量高。微生物蛋白添加到零食中時，需要考慮毒性、必需胺基酸含量、核酸含量、口味和加工條件等因素。

2. 補充脂肪的物質　脂肪既是細胞增殖、更新、修補的原料，也是參與細胞內某些代謝調節物質合成的重要物質。在寵物零食製作過程中，脂肪還具有提高食品風味、改善顆粒外觀、提高寵物食品能量濃度和適口性的作用。若脂肪攝取不足，會造成寵物皮毛枯澀、暗淡無光，而且加速蛋白質的消耗，長期缺乏會出現消瘦、生長緩慢。當寵物攝取體內的能量超過實際需要的量時，多餘的能量主要以脂肪的形式儲存在體內，而且脂肪能以較小的體積儲存較大的能量，是寵物儲存能量的最好形式。當然，過量的脂肪也會引起肥胖，產生一些負面影響。

脂肪的來源有動物油和植物油，動物油包括雞油、牛油、豬油、魚油、蝦油等，植物油包括豆油、亞麻油、植物籽實油、棕櫚油等。不同油脂，其脂肪酸的組成和含量不同（表3-6），植物油中亞油酸含量高於動物油，動物油中的飽和脂肪酸含量較高。這些油脂不僅是必需脂肪酸的良好來源，噴塗或包裹於零食的表面還可提高寵物食品的適口性，同時有利於脂溶性維他命的運輸和吸收利用。油脂容易氧化酸敗，寵物用油脂必須符合品質才能添加於零食中，其相關標準見表3-7（王金全，2018）。

表3-6　幾種食用油脂的主要脂肪酸組成、熔點和碘值*

油脂	熔點（℃）	碘值	脂肪酸組成（g，每100g總脂肪酸中）			
			棕櫚酸	硬脂酸	油酸	亞油酸
奶油	28～33	26～45	23～26	10～13	30～40	4～5
牛油	40～50	31～47	24～32	14～32	35～48	2～4
羊油	42～48	32～50	25	31	36	4.3
豬油	28～48	46～68	25～28	12～18	43～52	7～9
大豆油	20～30	122～134	7～10	2～5	22～30	50～60
花生油	0～3	88～98	6～10	3～6	40～64	18～38
麥籽油	-10	94～103	3～10	3～10	14～29	12～24
葵花籽油	-16～18	129～136	10～13	10～13	21～39	51～68
玉米油	-15～-10	111～128	8～13	1～4	24～50	34～61
芝麻油	-5	106～117	8～9	4～6	35～49	38～48

* 碘值：每100g油吸取碘的質量，g。

3. 補充碳水化合物的物質　寵物的正常生命活動都需要以能量為支撐，如維持體溫的恆定和各個組織器官的正常活動、機體的運動等均需要消耗大量能量。寵物所需能量中約80%由碳水化合物提供。碳水化合物是自然界存在的一大類具有生物功能的有機化合物，它廣泛存在於植物性飼料中。穀物類來源廣泛，價格低廉，為寵物所需碳水化合物的主要原料，包括玉米、小麥、大米、燕麥等，其中主要碳水化合物是澱粉，不同穀物類乾物質中的澱粉含量見表3-8。

表3-7　飼料級混合油品質標準

標準類別	項　目	指標
品質標準	碘值	50～90
	皂化值（皂化1g油脂所需要的氫氧化鉀的質量，mg）	≥190
	水分及揮發物（%）	≤1
	不溶性雜質（%）	≤0.5
	非皂化值（%）	≤1
衛生標準	酸價（中和1g油脂樣品中游離脂肪酸所需要的氫氧化鉀的質量）（mg）	≤20
	過氧化值（樣品中活性氧的物質的量）（mmol/kg）	≤15
	羰基價（mmol/kg）	≤50
	極性組分（%）	≤27
	游離棉酚（%）	≤0.02
	黃麴毒素（μg/kg）	≤10
	苯並（α）芘（μg/kg）	≤10
	砷（以As計）（mg/kg）	≤7

表3-8　常見穀物類乾物質中的澱粉含量

穀物	澱粉（%）
玉米	73
冬小麥	65
高粱	71
大麥	60
燕麥	45
糙米	75

4. 補充礦物質的物質　礦物質對寵物骨骼形成、新陳代謝、神經信號傳導、肌肉合成和免疫機能有重要作用，所有礦物質都能影響其他礦物質的消化和代謝，因此在確保礦物質足量的同時還要保持礦物質的平衡。動物體內礦物質的組成見圖3-4。鈣、磷、鉀、硫、鈉、鎂、氯等是寵物的常量礦物元素，其中鈣、磷是含量較多的元素，寵物鈣缺乏會引發食慾減退、毛髮粗糙、口臭、關節變形等多種問題，磷缺乏會引發精神錯亂、厭食和關節僵硬等現象。常見食品中鈣磷的含量見表3-9（鍾耀廣，2020；王金全，2018）。

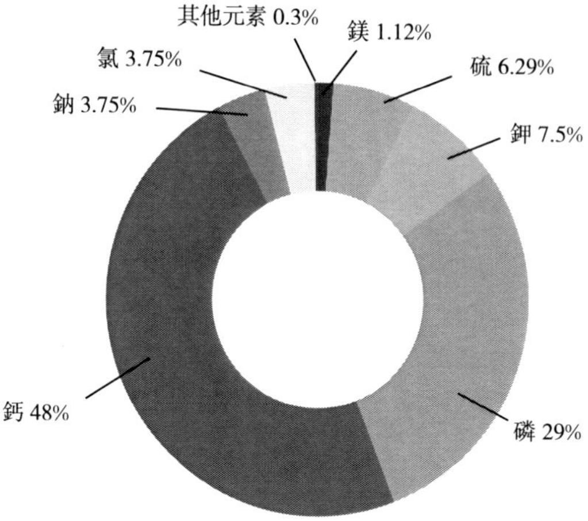

圖 3-4　動物體內礦物質組成

表3-9　食品中鈣、磷含量（mg，每100g食物中）及比值

品名	鈣	磷	鈣磷比	品名	鈣	磷	鈣磷比
人乳	34	15	2.3/1	海帶	1 177	216	5.4/1
牛乳	120	93	1.3/1	髮菜	767	45	17/1
乳酪	590	393	1.5/1	大白菜	61	37	1.6/1
雞蛋	55	210	1/3.8	小白菜	93	50	1.8/1
雞蛋黃	134	532	1/4	標準粉	38	268	1/7.1
蝦皮	2 000	1 005	2/1	標準米	8	164	1/20.5
黃豆	367	571	1/1.6	瘦豬肉	11	177	1/16.1
豆腐（南）	240	64	3.8/1	瘦牛肉	16	168	1/10.5
豆腐（北）	277	57	4.9/1	瘦羊肉	15	233	1/15.5
豆腐絲	284	291	1/1	雞（肉及皮）	11	190	1/17.3
芝麻醬	870	530	1.6/1	鯉魚	25	175	1/7
豌豆	84	400	1/4.8	鯽魚	54	203	1/3.8
蠶豆	61	560	1/9.2	帶魚	24	160	1/6.7
花生仁（炒）	67	378	1/5.6	大黃魚	33	135	1/4.1
西瓜子	237	751	1/3.2	青魚	25	171	1/6.8
核桃仁（炒）	93	386	1/4.2				

5. 補充維他命的物質　維他命雖然含量很少，但卻是寵物生長不可缺少的營養物質，每種維他命都有其重要的生理功能，如維他命A與視覺、生長和抗病力有關，維他命C可促進鐵、鈣、葉酸的吸收利用。蔬菜和水果是維他命補充的良好原料，常作為寵物零食添加的原料有胡蘿蔔、番茄、馬鈴薯、甘薯、南瓜、蘋果、葡萄、西瓜等。這類物質水分含量高達70%～90%，粗纖維含量低，是維他命C和胡蘿蔔素的重要來源。肉類食物中也還有豐富的維他命，不同的維他命功能不同，一些重要維他命的生理功能及來源見表3-10（朱聖庚，2017）。

表3-10　一些重要維他命的生理功能及來源

名稱	主要生理功能	來源
維他命A（抗乾眼病維他命、視黃醇）	構成視紫紅質； 維持上皮組織結構健全與完整； 參與糖蛋白合成； 促進生長發育，增強機體免疫力	肝、蛋黃、魚肝油、奶汁、綠葉蔬菜、胡蘿蔔、玉米等
維他命D（抗佝僂病維他命、鈣化醇）	調節鈣磷代謝，促進鈣磷吸收； 促進成骨作用	魚肝油、肝、蛋黃、日光照射皮膚可製造維他命D_3
維他命E（抗不育維他命、生育酚）	抗氧化作用，保護生物膜； 與動物生殖功能有關； 促進血紅素合成	植物油、萵苣、豆類及蔬菜
維他命K（凝血維他命）	與肝合成凝血因子Ⅱ、Ⅶ、Ⅸ和X有關	肝、魚、肉、苜蓿、菠菜等，腸道菌可以合成
維他命B_1（硫胺素、抗腳氣病維他命）	α-酮酸氧化脫羧酶及轉酮酶的輔酶； 抑制膽鹼酯酶活性	酵母、豆、瘦肉、穀類外皮及胚芽
維他命PP（菸鹼酸、菸鹼醯胺、抗糙皮病維他命）	構成脫氫酶輔酶成分，參與生物氧化體系	肉、酵母、穀類及花生等，人體可自合成一部分色胺酸
維他命B_2（核黃素）	構成黃酶的輔基成分，參與生物氧化體系	酵母、蛋黃、綠葉蔬菜等
泛酸（遍多酸）	構成CoA的成分，參與體內醯基轉移作用	動植物細胞中均含有
維他命B_6（吡哆醇、吡哆醛、吡哆胺）	參與胺基酸的轉胺作用，脫羧作用； 胺基酸消旋作用； β-和γ-消除作用	米糠、大豆、蛋黃、肉、魚、酵母等，腸道菌可合成

（二）補充營養類零食的配方

營養類功能零食的配方設計既要考慮營養素的含量，還要考慮零食的適口性，當然還有一個重要的因素便是安全性。為了生產高品質的寵物零食，需要保證高品質原料供應，原料的選擇對營養性、適口性和安全性有很大的影響，注意避免使用細菌、黴菌汙染的原料。適口性還可以透過使用寵物食品風味劑來進行調節，風味劑是一種專門為寵物食品、零食、營養補充劑提供更好口味的複合成分體系，它和寵物零食的配方一樣重要，都是核心成分。如果寵物不喜歡吃一種食品，不管它的配方搭配多健康，都會造成寵物營養缺乏，從而造成一系列嚴重的後果。因此，寵物行業的龍頭企業在研發上都是不惜重金，確保能準確測試寵物零食的適口性。

以犬用零食薄切肉脯為例，該零食原料肉的來源包括牛肉、雞肉和鴨肉，配合馬鈴薯澱粉和複合調味料，並添加了一定量的維他命，讓寵物垂涎三尺。薄切牛肉脯的配方為凍牛肉（30%）、鮮鴨肉、鮮雞肉、馬鈴薯澱粉、牛皮、寵物飼料複合調味料、三聚磷酸鈉（0.03%）、丙三醇、山梨糖醇、維他命E。該零食含有豐富的優質蛋白質，適合給寵物補充蛋白質和維他命。小型犬每天飼餵2～3片，中型犬每天飼餵3～5片，大型犬每天飼餵5～10片。

市場上補充營養的貓咪零食也有很多，如貓條，其原料組成為金槍魚（60%）、葵花籽油、牛磺酸（0.1%）、羥丙基澱粉、刺槐豆膠維他命E、紅麴紅。該零食的產品成分分析顯示，粗蛋白質≥5%，粗脂肪≥1.5%，粗纖維≤1%，粗灰質≤1.9%，水分≤86%。該產品具有較好的補充蛋白質、牛磺酸和維他命的作用。還有一些犬貓通用的雞肉凍乾，其蛋白質含量高達80%以上，凍乾肉中還富含維他命A，有助於改善視力低下、腹瀉和免疫力低等問題。

二 磨牙潔齒的功能零食

多數寵物在換牙期時因牙齒痛癢而啃咬家具，有些犬類還會因為消化不好，積食在胃中反覆蠕動而刺激腸胃神經和中樞神經，引起磨牙。磨牙類零食不僅可以舒緩以上症狀，還可以鍛煉寵物的咀嚼能力。另外，寵物口腔中的細菌、菜屑、食物殘渣及唾液等成分容易殘留在牙齒和牙齦之間，並形成一層白色軟膜，最終成為牙菌斑或牙結石，從而引起口臭等口腔問題，所以寵物潔齒十分必要（蔡皓璠，2021）。市場上潔齒棒均具有一定的磨牙作用，而且許多磨牙棒也具有潔齒的功能，磨牙和潔齒的界限越來越不明顯。

(一) 磨牙潔齒的功能物質基礎

對於磨牙和潔齒類零食，有的是以零食為主，磨牙潔齒功能為次；有的主要以磨牙潔齒為主，零食的功效為輔。目前市售的相關產品包括狗咬膠、潔齒骨、貓餅乾和口腔處方糧等。它們大多遵循機械摩擦去除牙菌斑和牙結石、螯合鈣離子減少牙結石、改善口腔微生物菌群組成、抑制細菌生長的原理（Bellows等，2019；Giboin等2012；張環等，2021）。

1. 物理摩擦　磨牙零食的基本原理是透過牙齒與質地較硬的物體之間的摩擦來緩解痛癢並幫助乳牙生長。物理摩擦最為常見，它透過咀嚼與摩擦去掉牙齒上的結石，破壞牙菌斑生物膜的形成從而達到抑制牙菌斑的作用。磨牙潔齒零食要求食物硬度適中，太堅硬寵物會咬不動，而質地較軟的磨牙食物雖能起到一些磨牙的作用，但吃下太多不容易消化，容易影響主糧的食用。常見的咬膠、磨牙棒、餅乾和骨頭等牙科零食就是透過這種機械作用起到保護牙齒的作用。能否起到機械摩擦作用，與食物的質地、形狀、大小等均有關係。

2. 化學抑菌　是指透過加入化學物質或是抗生素等抑制口腔細菌和牙結石的生長。乳酸在食品中常常用於防腐和調節酸度，寵物零食中的乳酸有助於抑制沙門氏菌、螢光假單胞菌和小腸結腸炎耶爾森菌等微生物的生長，防止牙菌斑的生成。具有抗菌抗炎的天然物質也被廣泛用於抑制口腔微生物，清新口氣，如蜂膠含有高良薑素、咖啡酸和白楊素等抑菌活性成分，對口腔微生物具有較好的抗菌活性，且對牙齦成纖維細胞無細胞毒性。

3. 鈣螯合劑　可以透過螯合唾液中的鈣，減少牙菌斑礦化成牙結石。如三聚磷酸鈉和六偏磷酸鈉對鈣離子具有較強的螯合作用，可有效降低牙菌斑礦化生成牙結石的速度。

4. 生物分解　是依靠生物酶分解食物殘渣，切斷有害細菌生存來源，且滲入生物膜，軟化和分解已經產生的牙垢。該類生物酶有蛋白酶、纖維素酶等。

5. 調節口腔菌群　透過引入益生菌來調節口腔菌群從而改善口腔健康是一個新的辦法。常見的細菌屬益生菌包括乳桿菌屬、雙歧桿菌屬、腸球菌屬、鏈球菌屬、片球菌屬、明串珠菌屬、芽孢桿菌屬和大腸桿菌屬。益生菌的作用包括產生具有抗菌活性的有機酸和細菌素，與病原菌競爭黏性附著到牙齒表面，調節氧化還原電位，分化和增強宿主細胞和體液免疫系統等。

(二) 磨牙潔齒類功能零食的配方

磨牙骨和潔齒骨為寵物犬的天然磨牙潔齒零食，由羊骨、牛骨等經過洗淨、煮熟和風乾等過程製作而成，沒有添加劑，還具有補鈣功能。

為了達到更好的磨牙潔齒效果，市場上有的產品聚物理摩擦、化學抑菌和生物酶解於一體，如適合寵物犬的複合酶潔齒零食，其配方組成為紅薯粉、豌豆粉、雞肉、啤酒酵母粉、綠花椰粉、纖維素、乾薄荷、丙三醇、輕質碳酸鈣、三聚磷酸鈉、六偏磷酸鈉、迷迭香提取物、茶多酚、蛋白酶、纖維素酶。該零食形狀為牙刷狀，有助於增大與牙齒的接觸面積；添加了三聚磷酸鈉、蛋白酶、纖維素酶等化學與生物潔齒成分，能夠減緩牙垢沉積、抑制牙菌斑滋生。產品大小型號根據寵物犬的體重選擇，寵物早晚餐後餵食潔齒效果較好。

市場可供貓咪使用的具有潔牙功效的寵物零食也比較多，如貓咪潔齒棒，它的配方含有潔牙成分如褐藻提取物等，天然健康，並且是多孔結構，可以透過物理摩擦牙齒去除牙齒軟垢，其具體配方組成為凍鮮鱈魚、凍鮮雞胸肉、褐藻粉、犛牛骨粉、薄荷精油、溶菌酶、半乳岩藻聚醣、蘆薈多醣、焦磷酸鈉、硫酸鋅、維他命B_6、維他命B_{12}、甘油磷酸鈣。該產品建議貓咪每天餵食3根。

三 去除口臭的功能零食

口腔健康對寵物的健康至關重要，良好的口腔護理可以延長寵物20%的壽命，而嚴重的口腔問題可能會造成系統性疾病，如心內膜炎、腎小球腎炎、肝炎等（Yachida等，2019；Kitamoto等，2020）。口臭是寵物健康的一個信號，引起口臭的原因較多，主要包括以下幾個方面：①寵物在進食時，如果食物塞在牙齒裡沒有及時清理，細菌大量滋生，時間長了就會發出惡臭味；②當寵物因細菌感染患牙周病或口腔潰瘍，也會表現為口臭；③如果寵物腸胃系統不好、消化不良，除了會出現腹脹、腹瀉、嘔吐等症狀，也會引發口臭（Harvey，2022）。所以，治療口臭需要對症下藥。

（一）去除口臭的功能物質

寵物在吃較甜或柔軟的食物時，口腔及牙齒之間容易產生食物殘渣，並滋生大量細菌，引起嚴重口臭問題。此時，可以給寵物選擇堅硬的零食，延長咀嚼和摩擦時間，有助於去除口腔食物殘渣，並去除口臭。如果長時間給寵物吃一些不容易消化的食物，食物酸敗產生的胃氣到口腔後會散發出口臭，這種情況就要吃容易消化的食物，並在食物中補充乳酸菌素和益生元等來調節腸道，具體見調節腸胃的功能零食。對於由於細菌滋生和感染引起的口臭問題，可以透過在零食中加入以下物質進行改善。

1. 多元醇糖　寵物食品中碳水化合物（蔗糖、葡萄糖等）是導致口腔疾病的根源，這些糖類會促進口腔細菌微生物的滋生而侵蝕牙齒。木糖醇、山梨糖醇等多元醇糖不能提供口腔微生物利用的碳水化合物來源，從而可以保護口腔健康。木糖醇等功能性糖具有取代葡萄糖、蔗糖，促進寵物牙齒健康，降低血糖和保護肝臟的作用（Utami等，2018）。

2. 纖維類物質　是寵物天然的「牙刷」。寵物咀嚼高纖維物質，包括蔬菜、水果等，可以有效清除附著在牙齒表面的微生物，因此適量的纖維類食品可以作為寵物口腔的護理素（Monti等，2016）。

3. 植物提取物　植物中的有效成分也具有保護牙齒的作用，天然植物提取物迷迭香、綠茶多酚、金銀花、黃芩等是目前使用比較廣泛的一類提取物，它們具有抑制微生物生長、保持口氣清新的作用（Chen等，2016；Rizzo等，2021）。

（二）去除口臭功能零食的配方

基於去除口臭的功能物質基礎，可製作犬用除臭餅乾，其原料主要組成為小麥粉、白砂糖、植物油、澱粉、全脂乳粉、卵磷脂、麥芽寡醣、碳酸鈣、明膠、碳酸氫銨、綠茶提取物、紅麴紅、葉綠素銅鈉鹽。其中，綠茶提取物不僅可以使寵物犬口氣清新，還有助於消除犬排泄物異味；寡醣可改善寵物腸胃系統消化功能。該零食適合3月齡以上的寵物犬食用，小型犬建議每天4～6塊，中型犬建議每天7～10塊，大型犬建議每天11～16塊。

還有貓咪用的潔齒粒也具有較好的脫臭功能，其主要成分為馬鈴薯澱粉、纖維素、魚粉、啤酒酵母粉、酪蛋白、魚油、椰子油、薄荷、褐藻。該產品為咀嚼質，有助於透過咀嚼動作清除牙齒上的殘留食物，其中薄荷和褐藻具有較好的清爽口腔和趕走口氣的作用，膳食纖維可幫助腸胃消化。建議貓咪每天食用該零食10～30g，具體用量取決於貓的大小和體重。

四 調理腸胃的功能零食

在長期的進化過程中，寵物與其體內寄生的微生物之間形成了相互依存、相互制約的最佳生理狀態，雙方保持著物質、能量和資訊的流轉，因而機體攜帶的微生物與其自身的生理、營養、消化、吸收、免疫及生物拮抗等具有密切關係。健康寵物的胃腸道內寄居著大量不同種類的微生物，這些微生物稱為腸道菌群，它們可抑制病原生長，還具有活化胃腸免疫系統、防腹瀉與便祕以及調節血脂等作用。當寵物餵養不當、營養不良或年老體弱時，腸道菌群會失調，從而產生消化吸收功能與食慾不佳、腹脹、便祕等不適反應。合理的膳食結構有利於益生菌的增殖並可有效抑制腐敗菌與致病菌的生長。

（一）具有調節腸胃功能的物質

1. **益生菌**　是對寵物腸道有益的活性微生物，具有很好的寵物保健和治療作用，在自然環境下寵物可以透過攝取零食來補充益生菌。常見的寵物益生菌有動物雙歧桿菌、植物乳桿菌、嗜酸乳桿菌、嗜熱鏈球菌、乾酪乳桿菌、枯草芽孢桿菌等，它們能夠抑制腸道腐生菌的生長，減少腐生菌代謝產生的有毒物質數量及其對機體組織的毒害，調節改善腸道細菌的組成、分布及功能（Wang等，2019；Xu等，2019）。

2. **益生元**　指一些不被宿主消化吸收卻能夠選擇性地促進體內有益菌的代謝和增殖的有機物質，它可以有效改善宿主的健康。近年來，各國對益生元的研究和開發主要集中於一些寡醣，如菊粉、半乳寡醣、乳果糖、果寡醣等。這些寡醣能被雙歧桿菌、乳桿菌等吸收利用，但是不能被寵物消化吸收（Wang等，2022；李桂伶，2011；王君岩和黃健，2018；Poolsawat等，2021）。

3. **膳食纖維**　是不能被哺乳動物消化系統內源消化酶水解的植物性結構碳水化合物和木質素的總和，主要包括纖維素、半纖維素、木質素、抗性澱粉等。膳食纖維雖然不能被寵物消化和吸收，但是它可促進腸道蠕動，使食物能快速地透過腸道，從而促進排便。膳食纖維還可以在體內發酵，促進腸道內益生菌生長，維持腸道屏障的正常功能（Sabchuk等，2017；楊娜等，2021）。

4. **脂肪酶**　是飼用酶製劑的一種。幼年寵物分泌的內源酶較少，成年動物處於病理、壓力狀態時，內源酶也會發生分泌障礙或分泌減少。零食中添加該酶能釋放出脂肪酸，提高油脂類食材原料的能量利用率，增加和改進寵物零食的香味和風味，改進犬貓的食慾，並對局部炎症有一定的治療功效。

5. **天然植物及其提取物**　作為一類新型飼料添加劑，具有改善寵物腸道菌群、維持腸道健康的保健功能。研究表明，寵物食品中添加茶多酚對動物腸道黏膜屏障有著積極的調控作用，食用香菇、黃粉蟲對寵物腸道有益菌群有明顯的促進作用（劉苗等，2021；童彥尊等，2019）。

（二）調理腸胃功能零食的配方

腸胃功能不佳的寵物經常表現為食慾不振，吃不下東西。調理腸胃的功能零食不僅需要添加功能成分促進腸道益生菌的生長，還需要有較好的適口性（朱厚信等，2021）。對寵物來說，肉類零食香氣濃郁、鮮味誘人，對無肉不歡的寵物貓和寵物犬來說，是最有誘惑力的美味佳餚之一，可以輕鬆打開寵物胃口、刺激寵物食慾，因此，零食以肉類為原料，添加益生菌及其增殖促進劑，可達到改善食慾和調理腸胃的作用。

以犬貓通用的凍乾優酪乳塊為例，其配方組成為全脂牛乳87%、凍雞肉12%、果寡醣、德氏乳桿菌保加利亞亞種、嗜熱鏈球菌。該配方蛋白質含量高達18%；德氏乳桿菌保加利亞亞種和嗜熱鏈球菌可分解糖產生乳酸，刺激腸胃蠕動，幫助寵物對食物的消化，促進對牛乳中蛋白質、鈣和鎂的吸收；加入的雞肉可提高食物的適口性。

具有調理腸胃功能的貓條配方組成可以為鮮雞肉70%、鱈魚籽10%、雙歧桿菌、凝結芽孢菌、果寡醣（益生元）、牛磺酸。產品中的雙歧桿菌可增強免疫力，改善腸道功能；果寡醣（益生元）可促益生菌的生長，優化腸道微生物的平衡。

第五節 寵物零食的生產工藝

根據寵物食品原料的分類，寵物零食主要分為咬膠、肉乾零食、混合肉類、餅乾、乳製品、果蔬乾等，本節將根據以上分類對常見寵物零食的生產方法與工藝進行介紹。

一 咬膠類零食的生產方法與工藝

在寵物零食中，狗咬膠是養犬家庭不可或缺的一類產品。寵物透過日常啃咬狗咬膠產品可以使牙齒受到摩擦從而去除牙垢，保持口腔健康（劉小楠等，2013）。目前市場上很大一部分是由豬皮或牛皮等製作的皮製咬膠，主流的咬膠產品一般由擠壓成型或壓鑄成型工藝加工而成，在此基礎上還有一些夾肉或纏肉咬膠等其他種類可供消費者選擇（牛付閣等，2018）。

（一）皮製咬膠

皮製咬膠是最早出現並且使用最廣泛的咬膠類寵物零食產品。皮製咬膠是以豬或牛的二層皮為原料，經一系列工序製成的不同形狀大小、滿足各種犬需要的產品。起到磨牙和適當補充動物蛋白的功能，目前占據中國市場的主導地位。

皮製咬膠的製作工藝：豬皮/牛皮的二層皮→去灰→清洗→脫脂→消毒殺菌→切割/切塊→扭結/多層壓合→成品

在後期加工過程中需要繼續乾燥以延長保存期限，通常採用煙燻入味上色的工藝，做法是在加熱容器中放置混合的米糠和糖，加熱容器的屜架上放置咬膠並加蓋，加熱容器下生火使米糠和糖經烘烤釋放煙霧，燻製後的咬膠呈紅棕色，色澤光亮並帶有煙燻風味。

（二）擠出成型咬膠棒

近年來，擠出成型咬膠棒逐漸受到寵物零食市場的歡迎，該類產品主要是將畜皮顆粒、植物顆粒等混合明膠等產品進行捏合，或者以澱粉、植物蛋白粉、動物蛋白粉為主要原料，適當添加軟骨素、不飽和脂肪酸等功能性成分，透過螺桿擠出機將混合好的原料擠出，利用澱粉遇熱糊化的特點成型。透過更換模具可以生產出不同形狀的咬膠棒，如麻花樣式、夾心咬膠軟糖、夾心棒等各種樣式形狀。該類產品價格實惠，營養豐富，占據一定的市場份額。

1. 擠出成型咬膠棒製作的工藝流程　原料配製→拌料→輸送→擠壓成型→冷卻輸送→切斷→輸送→乾燥→成品→包裝。

2. 製作步驟

(1) 原料配製及拌料　將原料添加一定比例的水分使用拌粉機混合均勻。

(2) 輸送　以電機為動力進行螺旋式輸送，將拌好的原料輸送到擠壓機的餵料斗，確保上料方便快捷。

(3) 擠壓成型　在高溫高壓環境螺桿的擠壓下將原料熟化並擠壓成連續長條狀，長條狀的粗細與形狀可以透過更換模具調整。如果要做夾心咬膠，需要兩臺擠壓機。

(4) 冷卻輸送　擠出的原料在牽引機的動力下冷卻輸送。

(5) 切斷　根據所需產品尺寸將連續長條狀咬膠切斷。

(6) 輸送　將切割好的咬膠輸送至烤箱乾燥。

(7) 乾燥　對物料進行乾燥處理，減少物料水分，促進熟化率，延長保存期限。

（三）壓鑄成型咬膠棒

壓鑄成型咬膠棒是透過擠出機先把原料熟化壓製成小顆粒，再透過壓鑄機，配合不同形狀的模具配置，生產出的骨頭形狀、牙刷狀的咬膠棒產品。

1. 壓鑄成型咬膠棒的工藝流程　原料配製→拌料→輸送→擠壓→冷卻輸送→壓鑄成型→輸送→乾燥→包裝。

2. 具體步驟

(1) 原料配製及拌料　將原料添加一定比例的水分使用拌粉機混合均勻。

(2) 輸送　以電機為動力進行螺旋式輸送，將拌好的原料輸送到擠壓機的餵料斗，確保上料方便快捷。

(3) 擠壓　在高溫高壓環境和螺桿的擠壓下將原料熟化並擠壓成小顆粒。

(4) 冷卻輸送　擠出的原料在牽引機的動力下冷卻輸送。

(5) 壓鑄成型　利用壓鑄機將咬膠根據要求壓製成不同形狀。

(6) 輸送　將壓鑄好的咬膠輸送至烤箱乾燥。

(7) 乾燥　對物料進行乾燥處理，減少飼料顆粒水分，促進熟化率，延長保存期限。

狗咬膠設備的選型需要根據物料配方選擇合適的生產配置，在混合或拌料時，可選用低速混合機和高速混合機；上料機可選用皮帶上料機和螺旋式上料機；生粉添加量較高時可以選用二次連續壓製，做出的產品韌性更好，熟化率及可塑性更高。

擠出機又稱捏合機，是咬膠類零食加工的關鍵設備，物料在擠出機內經歷升溫軟化、恆溫膠化、高溫殺菌、降溫穩定四個不同的溫度階段，擠出機可以配備不同的加熱方式，如電加熱、蒸汽加熱、循環熱油加熱等。目前市場上擠出機品種較為全面，有眞空型、螺桿擠出型、膠型擠出機等，能夠滿足使用者多種需求。

(四) 眞骨潔齒骨

眞骨潔齒骨一般以牛羊骨為主，也有部分用鹿角、牛角、鹿筋為原料，經過低溫熱風烘製而成，質地堅硬，呈現肉褐色或骨白色。風乾工藝可以保留筋骨的營養和風味，另外也可以增加煙燻工藝，提高適口性和色澤。因為骨頭耐咬，中型犬和大型犬會比較喜歡。小型犬可以選擇牛膝蓋骨或用骨粉壓製而成的小塊潔齒骨等。眞骨潔齒骨由於本身較硬，最好不要長期讓犬啃咬，否則不僅不潔牙反而會導致牙齒折斷，碎骨也可能會卡住犬喉嚨、牙縫，眞骨潔齒能力一般，更適合作消遣打發時間用。

(五) 夾肉咬膠

夾肉咬膠是在傳統咬膠的製作基礎上，在外皮或內芯中塗抹或夾入肉片、肉泥而製作出的能明顯看到動物肉的咬膠產品。夾肉的工藝可提高產品外觀的美感，刺激購買慾望，提高營養含量，蛋白質含量遠超普通狗咬膠80%以上。夾肉咬膠產品在製作過程中經過75～80℃烘乾、30min殺菌處理，提高了產品的安全衛生性和保存期；加入動物肉，提高營養性，同時增加了寵物犬的食慾和咀嚼興趣，以及狗咬膠的使用率。

夾肉咬膠的生產工藝：傳統咬膠→夾入肉片/塗抹肉泥→烘乾→殺菌→成品→包裝。

二 肉類零食的生產方法與工藝

肉類零食主要分為烘乾肉零食、鮮肉罐頭、凍乾以及其他肉類零食（見表3-11）。

烘乾肉類零食包括的種類很多，只要是適合寵物食用的肉類都能製作成烘乾肉零食，如烘乾雞肉乾、烘乾牛髓骨、烘乾鴨肉乾、烘乾鹿肉條等。烘乾肉零食製作工藝簡單，營養豐富，符合寵物原始食肉特徵，在市場上受到消費者的歡迎。

表3-11　烘乾肉零食的種類和功能

種類	功　能
烘乾羔羊小排	羔羊肋排骨中含有大量的軟骨素，軟骨素可以重建關節軟骨並有利於關節靈活性，使犬腿骨骨力加強，更健康
烘乾牛腱肉	經過工藝加工醃製，口感對偏食厭食的犬很有吸引力
烘乾牛肉粒	牛肉中含內毒鹼、鉀和蛋白質，產生支鏈胺基酸，是對犬成長肌肉起重要作用的一種胺基酸
烘乾羊肺粒	羊肺含有豐富的蛋白質、鐵、硒等營養元素，犬長期吃羊肺可以增強肺功能，緩解犬脫毛和皮膚病的問題
烘乾牛髓骨	骨質酥脆易咬碎，是犬類磨牙和補鈣的很好選擇，骨頭可促進犬腸道消化和乳牙生長發育，補充鈣質；骨頭也是天然的潔齒棒

（一）烘乾雞肉條

烘乾雞肉條可以用來滿足寵物日常生長所需的營養，也可以在訓練寵物做出動作或養成某一習慣時作為獎勵，需求量較高。下面以烘乾雞胸肉為例介紹其生產工藝（陳立新，2013）。

1. 烘乾雞肉條的生產工藝　原料解凍→原料挑選→絞製→秤重混合→秤重→擺盒→烘乾→冷卻→切絲→裝袋殺菌→金屬探測→包裝成品。

2. 具體製作步驟

（1）原料解凍　雞小胸肉必須是經衛生檢驗檢疫合格的肉，自然解凍，解凍溫度≤15℃，解凍後肉溫控制在0～5℃。

（2）原料挑選　觀察外包裝是否完整，有無破損，如有則需要檢測包裝袋碎片是否殘留在小胸肉上，剔除風乾點、淤血點、碎骨等一切外來可見雜質。

（3）絞製　小胸肉用8mm的孔板攪碎，小胸肉溫度不超過10℃。

（4）秤重混合　將稱好的按照一定配比的原料和輔料倒入攪拌機內攪拌，使原料和輔料混合均勻。

（5）秤重擺盒　將原料肉擺在特質的不鏽鋼小盒內，每盒250g，盒內用塑膠薄膜墊底防止倒扣時黏連。放入原料肉後鋪平，用不鏽鋼蓋下壓，使產品表面光滑平整，厚度基本一致，之後將原料肉倒扣在簾上。

（6）烘乾　要求溫度控制在60～65℃，水分16%～18%，時間24h左右。烘乾時尤其要注意溫度的控制，溫度過高會使產品易變色，烘乾時間長會使水分過低，產品出品率低，顏色也不符合要求，因此在烘乾過程中要時刻注意水分變化情況。

（7）冷卻　產品出爐後，必須冷卻到常溫才可以落料，否則會造成產品狀態不良。落料過程中如發現有未烘乾的產品要揀出，進行二次烘乾。

（8）切絲　按照成品要求，調整切絲機，將產品切成所需的寬度。

（9）裝袋殺菌　裝塡物料於塑膠白袋內，放入吸氧劑一袋，封口後進行殺菌。

（10）金屬探測　將產品均勻撒在金屬探測器的傳送帶上，防止產品中混入金屬雜質。

（11）包裝成品　要求封口平整、緊密、牢固。再將包好的產品放入外包裝袋中，再次封口，打上製造日期，裝箱，入成品庫。

（二）貓罐頭和妙鮮包

貓罐頭和妙鮮包都是肉類的溼糧產品，區別在於包裝類型不同。由於貓主糧的含水量很低，通常在8%以下，而貓的天然食物如老鼠和小鳥，其水分含量高達80%，因此貓需要經常飲水補充水分，可是貓的渴覺並不發達，牠們可能在已經很缺水的情況下才喝水。妙鮮包和貓罐頭中水分含量通常在80%以上，與天然食物接近，並且富含蛋白質，可以同時補充營養和水分，因此近年來很受歡迎。該類產品是以雞肉、魚肉、植物蛋白粉、澱粉等為主要原料，加水蒸煮後罐裝，經高溫滅菌後進行銷售。此類產品具有寵物適口性好、價格適中的特點，在各類肉製品中屬於高檔寵物零食。

1. 貓罐頭和妙鮮包的生產工藝　原料配方→粉碎→絞肉→混合→乳化→成型→蒸煮→切割→灌裝→冷卻貼標→檢驗。

2. 製作步驟

（1）原料配方　以動物肉或其副產品為主，包括動物肝、腎、肺及其他副產品。副產品以新鮮或冷凍狀態到達工廠。

（2）粉碎　冷凍肉解凍後倒入粉碎機粉碎成顆粒狀。

（3）絞肉　較大顆粒的肉經過緩衝進入絞肉機，研磨呈較細的肉泥。

（4）混合　與其他原料，如油脂、維他命、礦物質、穀物、麵粉、蔬菜等混合。

（5）乳化　將混合好的物料乳化成更為細膩的肉泥。

（6）成型　將肉泥透過管道擠出形成條狀肉泥，並排進入蒸箱。

（7）蒸煮切割　條狀的物料進行蒸煮後切割成一定厚度的肉片。在蒸煮過程中需要把控好溫度和時間，以防產品在保存期限內變質。

（8）灌裝　將肉片加入湯汁裝入罐頭或耐熱袋中密封後進行高溫滅菌。

（9）冷卻貼標　產品自然冷卻後貼標籤或包裝。

（10）檢驗　透過金屬毛髮探測儀逐個檢測產品，確保無異物。

（三）凍乾雞肉條

凍乾技術在寵物食品領域應用廣泛，常見的有凍乾鵪鶉、凍乾雞肉、凍乾鴨肉、凍乾魚、凍乾蛋黃、凍乾牛肉等寵物零食。凍乾零食具有適口性高、營養保留全面、複水性好等優點，深受飼主和寵物的喜愛。下面以凍乾雞胸肉為例介紹其生產工藝。

1. 凍乾雞肉條的生產工藝　原料挑選→清洗→瀝乾→切塊→眞空冷凍乾燥→包裝。

2. 製作步驟

（1）原料挑選　選用新鮮食材，以雞胸肉最佳。

（2）清洗　清洗機進行清洗。

（3）瀝乾　清洗後採用吹風瀝乾機瀝乾雞肉表面水分。

（4）切塊　用切塊機將雞胸肉根據產品需求進行分切整形，一般切割為1～2cm小塊。

（5）擺盤　將切好的雞胸肉平整擺放到凍乾機的物料托盤內。

（6）眞空冷凍乾燥　將裝有雞肉的托盤放入凍乾機的凍乾艙內，關閉艙門，開啟冷凍程式，進行眞空冷凍乾燥。

（7）包裝　凍乾結束後打開艙門取出乾雞肉，用秤重包裝機密封包裝保存。

凍乾後的產品一定要密封保存，可以用密封罐或抽眞空袋，因為凍乾食品本身不添加防腐劑且容易吸水，一旦吸水就容易滋生細菌黴菌，腐敗變質。

三　餅乾類零食的生產方法與工藝

（一）消除口臭類韌性餅乾

消除口臭類韌性餅乾主要利用餅乾與牙齒間的摩擦作用清除寵物口腔內的牙垢，從而達到清潔牙齒、去除口臭的目的。韌性餅乾的特點是先加油後加粉，因此製作出的餅乾孔隙分明、斷面清晰、口感好、不黏牙（付小琴等，2022）。目前市場上採用全自動餅乾生產線，能夠實現從進料、成型、烘烤到噴油、冷卻的全自動化作業，配備的餅乾成型機使用變頻聯控，便於操作更換餅乾形狀。在烘烤階段利用低溫烘焙技術能夠同時達到滅菌、熟化的作用，避免餅乾成品因多次高溫作業出現焦煳現象。

1. 韌性餅乾的工藝流程　原料預處理→麵糰調質→輥軋→成型→烘烤→冷卻→過篩→包裝→成品。

2. 製作步驟

（1）麵糰調製　低筋麵粉、玉米澱粉、蔬菜粉、食糖、維他命礦物質等混合均勻，加入玉米油、水、蛋揉成麵糰。

(2) 輥軋、成型　將麵糰輥軋成所需形狀，再裝入不黏烤盤中烘烤。

(3) 烘烤、冷卻　設定烤箱上下火溫度在150℃左右，烘烤20min，取出冷卻至室溫，過篩秤量後包裝。

烘焙好的產品可以進一步塗上風味物質以增強其適口性。餅乾主要成分包括麵粉、植物/動物油、澱粉、食糖等物質，為達到不同目的可加入各種營養補充劑，如茶多酚、寡醣、木糖醇、小麥胚芽、奶酪、維他命、礦物質、乳酸菌等。消除口臭的同時達到營養增強的目的。

(二) 營養膨化類酥性餅乾

傳統的烘焙餅乾的加工特點決定了其中穀物含量須高於50%，因而限制了肉類的添加量。採用擠壓膨化工藝可生產高脂肪及肉含量的餅乾，並且產品外形更加精密。

1. 酥性餅乾的製備工藝流程　原料預處理→粉碎過篩→混合→麵糰調質→擠壓膨化→切割成型→乾燥冷卻→噴塗→包裝→成品。

2. 製作步驟

(1) 粉碎過篩　粗原料經粉碎機粉碎後過20目（0.85mm）篩後備用。

(2) 混合　按照所需配方將原料在攪拌機中勻速攪拌混合均勻。

(3) 調質　在攪拌機中攪拌使水分與原料混合均勻，靜置使水分完全被物料吸收。

(4) 擠壓膨化　將調製完全的物料加入餵料機中按照一定的參數進行擠壓膨化。

(5) 切割成型　擠壓膨化後在模具處以適當的速度將擠出物切割成型。

(6) 乾燥冷卻　膨化後的物料鬆軟易吸水，需將其輸送至烘乾機烘乾去除多餘水分。烘乾溫度過高產品會過脆，易破碎。冷卻的目的是使物料內外水分平衡，包裝後不易滋生細菌和黴菌。一般設定乾燥溫度70℃，在恆溫乾燥箱乾燥至水分含量為8%～10%。

(7) 噴塗　烘乾後物料進入間歇式噴塗機，可噴塗油脂、肉漿、味劑等。在餅乾表面噴塗油脂和味劑，可提高其適口性以及改善餅乾的營養、外觀和風味。

四 乳製品類零食的生產方法與工藝

(一) 奶酪棒

奶酪不同於牛乳，寵物不建議餵食牛乳主要是由於牛乳中含有較高的乳糖成分，容易導致寵物發生乳糖不耐受，但寵物可以食用奶酪，因為奶酪在生產過程中，大多數乳糖隨乳清排出，剩下的乳糖透過發酵作用變成乳酸，奶酪中乳糖含量很低。作為零食可以給寵物餵食奶酪，寵物喜歡其特殊風味，並且奶酪富含鈣、蛋白質及多種維他命、乳酸菌等，且脂肪含量低，對心血管健康有益。

1. 奶酪的工藝流程　原料乳驗收→篩選→殺菌→發酵劑→凝乳→成型→切段→加熱攪拌→加鹽→成熟→包裝→入庫→檢驗合格→出廠。

2. 製作步驟

(1) 原料乳驗收　嚴格選用不含抗生素的鮮牛乳。

(2) 殺菌條件　採用巴氏殺菌60～65℃，1～1.5h。

(3) 發酵劑　發酵劑決定凝乳的風味、質構特徵及酸度。可採用乳酸菌發酵劑或混合菌發酵劑。

(4) 加熱攪拌、排乳清、堆積、壓榨　加熱可以促進凝塊粒的進一步收縮，增加奶酪的硬度和強度，通常加熱溫度應緩慢上升，上升越快，奶酪硬度越大。加熱時間一般為1～2h。

(5) 加鹽　不同種類的奶酪加鹽方式不同，主要有拌鹽和鹽漬兩種。拌鹽法主要是預防鹽中的雜質帶入的危害；鹽漬法除了要預防雜質外，鹽水的衛生狀況直接影響到奶酪的成熟和成品的安全性，另外鹽漬的時間根據奶酪的種類需要一般為幾十分鐘至幾小時不等。

(6) 成熟　奶酪在成熟的過程中會發生一系列物理、化學、生物學變化，其組織結構、風味和營養價值大大提高。成熟過程中需要保持一定的溫度、溼度，注意控制成熟期間微生物發霉情況。

(二) 凍乾優酪乳塊

優酪乳由於乳酸菌的發酵，營養成分得到改善，其中的益生菌調節腸胃的效果更好，但由於乳酸菌活性要求高，需要在2～8℃保鮮保存，且保存期短，因此不太方便儲存和攜帶。將優酪乳凍乾成優酪乳塊，可以在保有原營養成分的同時更加便於攜帶，且可密封常溫保存，食用方便，受到消費者的喜愛。

凍乾優酪乳塊的生產工藝：鮮奶→標準化→調配→殺菌均質→發酵→冷卻→灌裝→預凍→眞空冷凍乾燥→冷卻脫模→金屬探測→檢驗、包裝。

(三) 凍乾羊奶肉棒

凍乾羊奶肉棒為一款專門為斷奶後小奶貓準備的產品，以解決貓咪抵抗力不足、快速發育營養需求大、消化系統不完善等問題。

1. 凍乾羊奶肉棒的生產工藝　鮮奶→標準化→調配→殺菌均質→鮮雞胸肉→乳化→混合→灌裝→預凍→眞空冷凍乾燥→冷卻脫模→金屬探測→檢驗、包裝。

2. 具體實例　以70%全脂羊乳搭配30%微米級乳化鮮雞肉，經混合後-36℃急速冷凍，形成多孔洞結構，酥脆易啃咬，可順利讓小奶貓從母乳向肉食過渡。

五 果蔬乾類零食的生產方法與工藝

寵物日常需要從水果蔬菜中攝取多種維他命和纖維素。果蔬乾是一種很好的選擇，果蔬乾的製作主要分為烘乾和凍乾兩種製作工藝。

（一）烘乾果蔬乾

1. 烘乾果蔬乾工藝流程　原料選擇→清洗切片→護色、硬化燙漂→烘乾→冷卻→包裝。

2. 製作步驟

（1）原料選擇、洗滌　去除霉爛、蟲害的原料，使用清水洗滌，分揀和清洗過程注意不要弄傷原料。

（2）去皮、去核、切分　根據原料種類做預處理，如將胡蘿蔔、地瓜、紫薯等去皮，蘋果、梨等去核，切小塊或薄片。

（3）熱燙（殺青）處理　將果蔬原料放在熱水或熱蒸汽中進行短時間的加熱處理，然後立即冷卻。熱燙可以破壞果蔬的氧化酶系統，防止酶的氧化褐變。熱燙也可以使細胞內原生質凝固，失水而質壁分離，增加細胞壁的滲透性，有利於組織的水分蒸發，加速烘乾速度。熱燙時間一般控制在2～8min。

（4）烘乾　烘乾過程可分為一階段或多階段烘乾，一般以55～75℃烘乾15～20h效果最好，直至果蔬乾含水量為10%～15%。

（二）真空冷凍乾燥果蔬乾

1. 凍乾果蔬乾工藝流程　分揀→去皮→去核→切片/切粒→護色清洗→瀝乾→裝盤→預凍→真空冷凍乾燥→後處理→秤重裝袋→密封包裝→成品入庫。

2. 製作步驟

（1）預凍　把經前處理後的原料進行冷凍處理，是凍乾的重要工序。由於果蔬在冷凍過程中會發生一系列複雜的生物化學及物理化學變化，因此預凍的效果將直接影響到凍乾果蔬的品質。

（2）真空冷凍乾燥　重點考慮被凍結物料的凍結速率對其品質和乾燥時間的影響。

（3）後處理　包括卸料、半成品選別、包裝等工序。凍乾結束後，往乾燥室內注入氮氣或乾燥空氣破除真空，然後立即移出物料至相對溼度50%以下、溫度22～25℃、塵埃少的密閉環境中卸料，並在相同環境中進行半成品的選別及包裝。因為凍乾後的物料具有龐大的表面積，吸溼性非常強，因此需要在一個較為乾燥的環境下完成這些工序的操作。

(4) 包裝與儲存　常用PE袋及複合鋁鉑袋，PE袋常用於大包裝，複合鋁鉑袋常用於小包裝。外包裝選用牛皮瓦楞紙板箱。

乾料需要達到酥脆不硬、外形平整不塌陷、不變色、不破壞營養成分、複水性好的標準。

六 寵物零食的家庭製作方法

除購買市售的零食外，飼主也可以選擇自己在家中自製寵物零食。自製寵物零食可以保證食材的新鮮健康，無食品添加劑，也可以根據寵物的喜好、生理狀態隨時調整，另外在價格上也更加經濟划算，促進主人和寵物之間的感情。下面介紹幾款簡單的家庭自製寵物零食供讀者參考。

(一) 牛骨磨牙棒

將骨頭洗淨，晾乾水分，放入烤箱上下火150℃，烤0.5h，等牛油烤出來（避免發臭）直至烤乾，拿出來晾涼，用吸油紙控油即可。

(二) 雞肉脆骨條

牛脆骨切成條，雞肉切成薄片，牛脆骨冷水下鍋焯水，撈出後再次清洗；將雞胸肉纏繞在牛脆骨上；放入烘乾機中70℃，烘烤9h即可。烘乾後硬度較大，可以滿足犬平時磨牙用。

(三) 蛋黃溶豆

準備7個鮮雞蛋敲碎，收集蛋黃，放入無水容器內；用打蛋器充分打發蛋黃，直到蛋黃液畫「8」字短時間不消失的狀態為宜；每克蛋黃加入0.25～0.35g寵物專用羊乳粉，用切拌或翻拌的手法快速攪拌均勻；攪拌好的蛋液裝入裱花袋中，在烘焙油紙上間隔擠出一個個溶豆，直徑1～2cm；放入烤箱80℃烘乾2h即可。

(四) 蔬菜雞肉餅乾

將雞胸肉、馬鈴薯、紫薯、綠花椰、胡蘿蔔、南瓜洗淨去皮切厚片，雞蛋煮熟；分別將雞胸肉和綠花椰過水煮熟，紫薯、馬鈴薯、胡蘿蔔、南瓜蒸約15min；將雞胸肉加蛋黃用料理機攪碎，可分多次攪碎均勻，呈鬆散狀；綠花椰攪碎，馬鈴薯、紫薯、胡蘿萄、南瓜壓碎成泥狀；將食材按照自己的喜好搭配，如雞胸肉搭配馬鈴薯、雞胸肉搭配紫薯等，混合後放入骨頭形狀模具定型。沒有模具的話可以手工捏製成1～2cm厚度的圓片，放入烤箱設定上下溫度為180°C烤40min，可依據厚度調節溫度和時間；也可使用風乾機風乾，風乾時設定溫度為70°C，風乾12h左右。

烤箱製成的小骨頭餅乾外焦裡嫩，風乾機制成的餅乾香脆可口，營養搭配健康，放入自封袋中常溫可保存1週，冰箱冷凍可保存1個月。

參考文獻

蔡皓璠，2021．一例貴賓犬拔牙與潔牙的診治報告［J］．畜牧獸醫科技信息（11）：162-163.

陳立新，2013．寵物食品雞肉條的加工工藝［J］．肉類工業（10）：23-24.

鄧宏玉，劉芳芳，張秦蕾，等，2017．5種禽肉中礦物質含量測定及營養評價［J］．食品研究與開發，38（6）：21-23，103.

范琳琳，李慧穎，姚倩倩，等，2021．牛奶中活性蛋白和活性脂肪酸生物活性研究進展［J］．中國畜牧獸醫（1）：395-405.

付弘贇，李呂木，2006．礦物質對動物營養與免疫的影響［J］．飼料工業（18）：49-51.

付小琴，劉慶慶，向達兵，等，2022．竹蓀餅乾產品研發及加工工藝［J］．食品工業，43（2）：1-4.

江移山，2021．寵物食品行業存在的問題和對策探討［J］．行業綜述（7）：54-56.

金磊，王立志，王之盛，等，2018．腸道微生物與碳水化合物及代謝產物關係研究進展［J］．飼料工業，39（22）：55-59.

李桂伶，2011．半乳甘露寡糖對犬營養消化率和腸道主要菌群的影響［J］．飼料廣角（16）：30-32.

李欣南，阮景欣，韓鐫竹，等，2021．寵物食品的研究熱點及發展方向［J］．中國飼料（19）：54-59.

劉策，林振國，陳雪梅，等，2019．寵物食品添加劑及其研究進展［J］．山東農業科學，51（8）：155-159.

劉公言，劉策，白莉雅，等，2021．飼糧中營養物質對寵物腸道健康影響的研究進展［J］．山東畜牧獸醫，42（11）：66-71.

劉苗，張龍林，宋澤和，等，2021．茶多酚對腸黏膜屏障功能的調控作用研究進展［J］．中國畜牧雜誌，57（6）：47-52.

劉小楠，鍾芳，李玥，等，2013．寵物狗咬膠配方及工藝的優化［J］．食品工業科技，34（4）：239-242，248.

劉新達，劉耀慶，陳金發，等，2021．寵物零食測試方法的探討［J］．養殖與飼料（12）：136-137.

馬峰，周啟升，劉守梅，等，2022．功能性寵物食品發展概述［J］．中國畜牧業（10）：123-124.

牛付閣，李萌雅，潘偉春，等，2018．碎牛皮生產狗咬膠的兩種成型工藝比較［J］．食品工業科技，39（17）：139-144，151.

任桂菊，李士舉，任岩峰，等，2004．維生素和微量元素對動物免疫的影響［J］．河北畜牧獸醫（8）：50-51.

任向楠，2020．礦物元素有多大功勞［J］．飲食科學（15）：20-21.

孫青雲，趙敏孟，呂鑫，等，2021．功能性寡糖調控動物腸道健康機理的研究進展［J］．飼料工業，42（3）：8-12.
田維鵬，陳金發，劉耀慶，等，2021．犬常見潔齒類產品的分類［J］．中國動物保健（10）：100-104.
童彥尊，2019．不同蛋白源製備犬糧誘食劑的研究與應用［D］．上海：上海應用技術大學.
王金全，2018．寵物營養與食品［M］．北京：中國農業科學技術出版社.
王景芳，史東輝，2008．寵物營養與食品［M］．北京：中國農業科學技術出版社.
王君岩，黃健，2018．功能性低聚糖在犬飼料中應用研究進展［J］．家畜生態學報，39（6）：74-78，96.
吳曼鈴，時瑞，胡錦鵬，等，2020．提高魚蛋白溶解性的改性技術研究進展［J］．食品科技（11）：138-142.
夏青，梁馨元，張琳依，等，2021．功能性寡糖調控腸道健康的研究進展［J］．食品工業科技，42（21）：428-434.
楊九仙，劉建勝，2007．寵物營養與食品［M］．北京：中國農業出版社.
楊娜，王金榮，王朋，等，2021．抗性澱粉對動物生長性能和腸道健康的影響［J］．飼料研究，44（20）：114-117.
張環，尹利娟，陸瑜，等，2021．益生菌在口腔中的應用研究［J］．口腔護理用品工業，31（2）：18-20.
鍾耀廣，2020．功能性食品（第2版）［M］．北京：北京化學工業出版社.
朱厚信，王芳，李守樂，2021．寵物食品添加劑及其研究進展［J］．食品安全導刊（8）：28.
朱聖庚，2017．生物化學［M］．4版．北京：高等教育出版社.
Bellows J, Berg M L, Dennis S, et al, 2019．AAHA dental care guidelines for dogs and cats［J］. Journal of the American Animal Hospital Association, 55 (2) : 49-69.
Cerbo AD, Morales-Medina JC, Palmieri B, et al, 2017．Functional foods in pet nutrition: Focus on dogs and cats［J］. Research in Veterinary Science, 112: 161-166.
Chen M, Chen X, Cheng W, et al, 2016．Quantitative optimization and assessments of supplemented tea olyphenols in dry dog food considering palatability, levels of serum oxidative stress biomarkers and fecal pathogenic bacteria［J］. RSC Advances, 6 (20) : 16802-16807.
Chew BP, Mathison BD, Hayek MG, et al, 2011．Dietary astaxanthin enhances immune response in dogs［J］. Veterinary Immunology and Immunopathology, 140: 199-206.
Donfrancesco B, Koppel K, Aldrich CG, 2018．Pet and owner acceptance of dry dog foods manufactured with sorghum and sorghum fractions［J］. Journal of Cereal Science, 83: 42-48.
Garcia-mazcoro J F, Barcenas-Walls J R, Suchodolski J S, et al, 2017．Molecular assessment of the fecal microbiota in healthy cats and dogs before and during supplementation with fructo-oligosaccharides (FOS) and inulin using high-throughput 454-pyrosequencing［J］. PeerJ, 5: 3184-3210.
Giboin H, Becskei C, Civil J, et al, 2012．Safety and efficacy of cefovecin (Convenia) as an adjunctive treatment of periodontal disease in dogs［J］. Open Journal of Veterinary Medicine, 2 (3) : 89-97.
Gordon DS, Rudinsky AJ, Guillaumin J, et al, 2020．Vitamin C in health and disease: A companion animal focus［J］. Topics in Companion Animal Medicine, 39: 100432.
Harvey C, 2022．The relationship between periodontal infection and systemic and distant organ disease in dogs［J］. Veterinary Clinics of North America: Small Animal Practice, 52 (1) : 121-137.

Jha R, Leterme P, 2012 · Feed ingredients differing in fermentable fibre and indigestible protein content affect fermentation metabolites and faecal nitrogen excretion in growing pigs [J] . Animal, 6 (4) : 603-611.

Kitamoto S, Nagao-Kitamoto H, Hein R, et al, 2020 · The bacterial connection between the oral cavity and the gut diseases [J] . Journal of Dental Research, 99 (9) : 1021-1029.

Monti M, Gibson M, Loureiro B, et al, 2016 · Influence of dietary fiber on macrostructure and processing traits of extruded dog foods [J] . Animal Feed Science and Technology, 220: 93-102.

Poolsawat L, Li X, Xu X, et al, 2021 · Dietary xylooligosaccharide improved growth, nutrient utilization, gut microbiota and disease resistance of tilapia (Oreochromis niloticus x O · aureus) [J] . Animal Feed Science and Technology, 275, 114872.

Rizzo V, Ferlazzo N, CurròM, et al, 2021 · Baicalin-induced autophagy preserved LPS-stimulated intestinal cells from inflammation and alterations of paracellular permeability [J] . International Journal of Molecular Sciences, 22 (5) : 2315-2326.

Sabchuk TT, Lowndes FG, Scheraiber M, et al, 2017 · Effect of soyahulls on diet digestibility, palatability, and intestinal gas production in dogs [J] . Animal Feed Science and Technology, 225: 134-142.

Swanson KS, Grieshop GM, Flickinger EA, et al, 2002 · Supplemental fructooligosaccharides and mannanoligosaccharides influence immune function ileal and total tract nutrient digestibilities, microbial popula tions and concentrations of protein catabolites in the large bowel of dogs [J] . The Journal of Nutrition, 132 (5) : 980-989.

Utami KC, Hayati H, Allenidekania, 2018 · Chewing gum is more effective than saline-solution gargling for reducing oral mucositis [J] . Enfermeri a Clinica, 28 (Supplement) : 5-8.

Viana LM, Mothé CG, Mothé MG, 2020 · Natural food for domestic animals: A national and international technological review [J] . Research in Veterinary Science, 130: 11-18.

Wang G, Huang S, Wang Y, et al, 2019 · Bridging intestinal immunityand gut microbiota by metab-olites [J] . Cellular and Molecular Life Sciences, 76 (20) : 3917-3937.

Wang Q, Wang X F, Xing T, et al, 2022 · The combined impact of xylo-oligosaccharides and gamma-irradiated astragalus polysaccharides on the immune response, antioxidant capacity, and intestinal microbiota composition of broilers [J] . Poultry Science, 100 (3) : 100909.

Xu H, Huang W, Hou Q, et al, 2019 · Oral administration of compound probiotics improved canine feed intake, weight gain, immunityand intestinal microbiota [J] . Frontiers in Immunology, 10: 666-669.

Yachida S, Mizutani S, Shiroma H, et al, 2019 · Metagenomic and metabolomic analyses reveal distinct stage-specific phenotypes of the gut microbiota in colorectal cancer [J] . Natural Medcine, 25 (6) : 968-976.

第四章

寵物保健食品

寵物保健食品是指根據寵物的生理和健康狀況開發的營養健康食品，此類食品主要用於調節寵物生理機能，有利於其健康發育和成長，同時具有預防或減緩疾病的發生，但不以治療疾病為目的，對寵物不產生任何急性、亞急性或慢性危害的食品。寵物保健食品是寵物食品的一個類型。

伴隨著「精緻養寵」的趨勢，當代寵物主人在養寵觀念上完成了由「生存」到「生活」的轉變，餵養則由「吃飽」向「吃好」轉變。健康已經是養寵家庭最關心的問題。從世界寵物食品的發展趨勢看，天然健康的保健食品將帶來新消費要求的提升和發展，寵物保健食品必將走進千家萬戶的養寵家庭（Alexander等，2021）。雖然寵物的保健食品不能促使寵物基本蛋白質、能量等營養需求得到充分滿足，但是其對於寵物健康，如增強免疫力、調節胃腸道功能、維持骨及關節健康、抗氧化、減肥、口腔護理、毛皮護理等方面卻有著諸多裨益（Cerboa等，2017）。所以選擇品質上乘、保健成分明確、營養價值高、口味好的保健食品餵養寵物，可以預防寵物諸多不良性狀、反應及其疾病的發生，起到「治未病、保健康」的目的（Churchill和Eirmann，2021）。所以，寵物食品品牌只有專註寵物健康生活，精準捕捉養寵家庭對於健康餵養的核心需求，並持續研發更加關注和重視寵物飲食健康的產品，才有可能從白熱化的市場競爭中脫穎而出。

第一節　寵物保健食品的分類

寵物保健食品根據產品含水量、配方、形態、功能等的不同，有不同的分類方法。寵物保健品可分為營養補充類、骨關節健康類、腸胃健康類、皮毛健康類、替代母乳類、口腔健康類等。犬貓的營養和生理需要不同，其保健品也會有差異，例如貓對牛磺酸有特殊需要，而補鈣對於幼犬尤為重要。寵物保健品的種類還會根據年齡階段進行劃分，對於幼年和老年犬貓而言，常見的有乳粉、補鈣產品、腸胃調理產品等；對於成年犬貓，常見的有微量元素補充劑、胺基酸補充劑、護膚美毛產品等。

一 按水分含量分類

根據寵物保健食品含水量的不同，可分為固體、半固體和液體三種類型產品，其中固體寵物保健食品占比最大。

（一）固體寵物保健食品

水分含量小於14%的產品為固體寵物保健食品，如片劑、粉劑、顆粒劑。

（二）半固體寵物保健食品

水分含量為14%～60%的產品為半固體寵物保健食品，如營養膏、顆粒營養補充劑。

（三）液體寵物保健食品

水分含量大於60%的產品為液體寵物保健食品，如營養膏等。

二 按配方組成及作用分類

根據寵物保健食品配方及作用不同，可分為四代產品。

（一）第一代產品

以維他命為主，屬於營養補充類，如多種維他命的複合粉末、片劑、膠囊、丸劑等。

（二）第二代產品

以補充蛋白質、微量元素等為主，屬營養補充類，如補鈣的鈣粉、鈣片等，再比如針對幼犬、幼貓脫離母乳以後替代母乳餵養的羊乳粉、牛乳粉等。

（三）第三代產品

以營養功能性成分為主，屬於營養加強類，如促進皮膚健康的卵磷脂，呵護皮膚和關節的深海魚油（ω-3）或海藻粉等單品。

（四）第四代產品

以藥食同源成分為主，屬於保健調理類，如黃芪、黨參、山楂、蓮子、山藥、迷迭香、紫蘇等的提取物，根據不同犬貓的需求針對性調理，不同的配方起不同的作用，有的同時具備輔助治療、促進恢復、預防疾病的功效。此類保健食品需要專業的中醫藥養生保健理論和寵物保健食品開發經驗。

三 按產品形態分類

按照寵物保健食品的產品形態（劑型）不同，分為片劑、粉劑、膏劑、顆粒劑、液體製劑、膠囊等。

（一）片劑

片劑是採用粉末製片、顆粒壓片工藝生產製成的圓形或異形的片狀寵物保健食品，如營養補充劑，鈣片、微量元素片等。片劑是寵物保健食品中常見的劑型，它是將對犬貓有效的營養性物質或功效成分與輔料混勻後壓製而成，最大優點是劑量準確、理化性質穩定、儲存期較長、價格低廉。但片劑寵物營養補充劑適口性會較差，一般會在片劑中加一些乳粉或者其他的風味劑來增加對寵物的吸引力，建議消費者整片飼餵寵物，不要掰開，以免破碎的片劑損傷寵物的食道。

（二）粉劑

粉劑是採用粉碎、混合工藝生產製成的乾燥粉末狀或均勻顆粒狀的寵物保健食品，如鈣磷粉、維他命粉、益生菌粉和乳粉等。透過粉碎、過篩、混合、分劑量、品質檢查和包裝等程序，粉狀保健產品即製作完成。粉劑製作工藝比較簡單，使用方便，一般直接拌入糧食或者用水沖調服用。粉劑對適口性要求更高，口感上更為細膩，寵物的喜好程度更高。

（三）膏劑

膏劑是採用均質乳化工藝生產製成的半固態軟膏狀寵物保健補充劑，如營養補充膏、美毛膏等。膏劑通常是採用分次加料均質乳化的工藝來製備。膏狀寵物保健補充劑穩定性好，便於服用。膏狀製劑對於犬貓來說均適用，但在成本上稍高於片狀製劑，保存條件更為嚴苛。由於貓喜歡舔食，膏劑相對來說更適合貓的採食習慣，方便消費者日常使用，所以在貓保健品上應用得比較多。

（四）顆粒劑

顆粒劑是採用粉碎、均勻混合或擠出等工藝生產製成的乾燥均勻的固態柱狀顆粒的寵物保健補充劑，如卵磷脂顆粒、海藻顆粒等。

（五）液體製劑

液體製劑是採用殺菌灌裝工藝生產製成的液態寵物保健補充劑，如液態鈣、維他命E膠囊等。液體狀的保健食品主要涉及飲品、奶飲品及其果蔬飲品，以奶飲品居多。

（六）膠囊

膠囊狀的保健品在市場上比較少見，通常需要融入水中食用。主要是針對補充深海魚油和脂溶性維他命的產品。

四 按功能聲稱分類

根據寵物的生理和健康狀況，在寵物食品中添加某種營養素或者功能成分，起到維持和增強寵物生長、發育、生理功能或者機體健康的作用，或者對非疾病性問題具有預防性作用，並標示適用寵物種類和生命階段。適用寵物種類可以具體至犬貓品種或者體型，如不標示則默認為適用於所有品種和體型；生命階段包括幼年期、成長期、成年期、老年期、妊娠期、哺乳期等，如不標示則默認為適用於所有生命階段。

寵物添加劑預混合飼料本身就是功能性調味料，裡邊添加了各種營養素或者功能因子，因此大部分寵物添加劑預混合飼料都應該屬於功能性寵物食品。寵物的健康與人類具有相似之處，又有別於人類。但迄今寵物保健食品功能劃分尚不如人類保健食品精細明確，大體歸納有9類：增強免疫力、抗氧化、調節胃腸道功能（腸道微生態）、促進骨發育和維持骨健康、口腔健康、護膚美毛、與代謝有關的降脂減肥、降糖、泌尿系統功能（Cerboa等，2017）。以「寵物食品」為主題詞搜索專利共用3 747項，再以「免疫」為「篇關摘」搜索獲得相關專利29項；以「抗氧化」和「延緩衰老」為「篇關摘」搜索獲得相關專利28項；以「腸道」為「篇關摘」搜索獲得相關專利63項，肥胖（有助於降脂減肥）17項，骨160項，口腔64，皮毛29項，毛球6項（圖4-7）。按標示出的具體功能聲稱可分為以下類型。

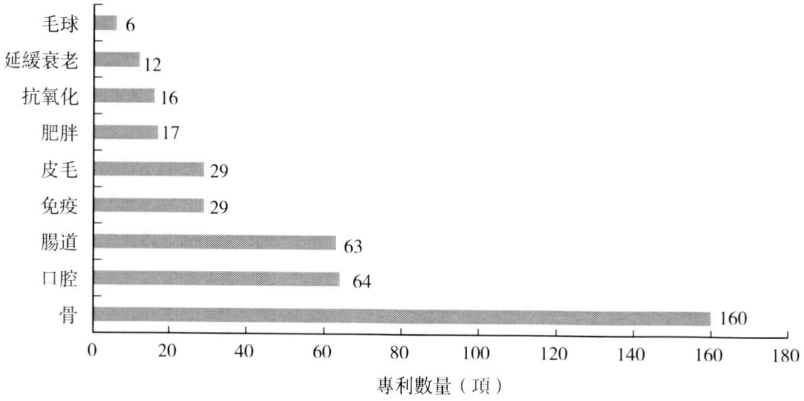

圖4-7　各功能聲稱專利數量

(一) 有助於增強免疫力

免疫力是機體自身的防禦機制，是機體辨識和抵抗生物、理化、環境等外來因素侵入的能力，也是機體對抗疾病的能力（Farber等，2016）。生物因素主要包括細菌和病毒以及自身機體衰老、損傷、死亡、變性、突變的細胞等；理化因素包括各種物理因素（如電場、磁場、輻射等）和化學因素（各種對機體有毒害的化學物質）；環境因素主要指淋雨、受風、著涼、炎熱等。寵物健康的免疫系統才能為其提供強大的免疫力。具有足夠強的免疫力，才能有效抵抗各種外來因素對機體的侵害（Sun 等，2022）。寵物犬貓因品種、性別、年齡、飲食等的不同，其免疫系統強弱各不相同，預防或抵抗感染、過敏、炎症等的能力也存在差異。隨著現代醫學、細胞生物學及分子生物學的快速發展，人們對免疫系統的認識越來越深入。若機體免疫系統紊亂引起免疫功能低下，則很容易遭受各種外來因素的侵入，導致衰老和多種疾病的發生等終生健康問題。因此，提高寵物的免疫力對維持寵物生命健康具有重要意義。目前，具有調節寵物免疫力的保健食品成分主要包括胺基酸及其鹽類、蛋白及其水解肽類、維他命及其類維他命類、礦物元素及其絡合物、益生類（益生元、益生菌、合生元）、著色色素類（蝦青素、β-胡蘿蔔素、番茄紅素等）。常用的飼料原料提取物中具有調節機體免疫能力的活性成分，如活性多醣類、黃酮類、多酚類等。

(二) 有助於抗氧化

寵物體內存在兩類抗氧化系統，一類是酶抗氧化系統，包括超氧化物歧化酶（SOD）、過氧化氫酶（CAT）、麩胱甘肽過氧化物酶（GSH-Px）等；另一類是非酶抗氧化系統，包括維他命C、維他命E、麩胱甘肽、褪黑素、微量元素銅、鋅、硒等（張德華等，2015)。正常情況下，寵物體內的抗氧化和氧化處於動態平衡，但當寵物長期受到物理、化學、生物以及不良飲食刺激後，會產生氧化壓力反應，刺激大量活性氧/氮自由基（ROS/RNS）的生成，使體內抗氧化與氧化作用失衡，導致中性粒細胞炎性浸潤，蛋白酶分泌增加，產生大量氧化中間產物，並被認為是誘發機體衰老和疾病發生的重要因素（Churchill and Eirmann，2021）。因此，及時補充抗氧化物質，保持體內抗氧化與氧化的動態平衡關係，是預防因氧化壓力誘發的衰老和多種疾病發生的有效策略之一，對於維持寵物健康水準具有重要的意義。

依據飼料添加劑目錄，現有用於寵物犬貓食品的抗氧化劑主要有迷迭香提取物、甘草抗氧化物、硫代二丙酸二月桂酯、D-異抗壞血酸、D-異抗壞血酸鈉、植酸（肌醇六磷酸）。此外，還有具有抗氧化活性的其他植物提取物，如多酚類物質（包括黃酮類、酚酸類）、活性多醣、多不飽和脂肪酸類、甾醇類、抗氧化肽類、抗氧化色素（如蝦青素、薑黃素、胡蘿蔔素類）等。但目前市場上專門用於寵物抗氧化活性和延緩衰老保健食品種類相當稀缺。

（三）調節腸道微生態（有助於調節腸道菌群、消化、潤腸通便）

作為寵物體內最大的微生態體系，腸道微生態平衡也具有生理性、動態性、系統性的特點，因寵物的不同品種、年齡、生存環境、分娩方式、餵養方式等均具有一定的差異，呈現明顯的群體個性化特徵。寵物微生態與機體代謝有著密切關係，透過影響神經、內分泌、免疫或血液系統等影響著機體的新陳代謝。微生態平衡可透過調節、抑菌、保護、免疫、平衡、營養等多維度維持寵物健康（Masuoka等，2017)。調節寵物腸道微生態類保健食品功效物質主要包括以下幾種。

1. 益生菌　透過改善宿主腸道微生物菌群的平衡而發揮作用的活性微生物，能夠產生確切健康功效從而改善宿主的微生態平衡、發揮有益作用（黃磊和陳君石，2017)。維持腸道菌群正常狀態，可抑制腸道內有害菌株和過路菌株的繁殖，維持正常菌群平衡；維持正常腸蠕動，改善糞便成分及腸道運輸功能，縮短糞便在遠端結腸直腸內的滯留時間，從而緩解便祕；建立生物和化學屏障，減少腸內毒素生成，限制腸道病原微生物及毒素與腸道黏膜上皮接觸；合成維他命；增強機體免疫功能；保護肝臟，減少內毒素和肝損傷，減少分解尿素的細菌數量，降低血氨水準；活化機體細胞內超氧化物歧化酶、過氧化氫酶和麩胱甘肽過氧化物酶，從而減輕自由基對機體的傷害；促進有毒藥物降解和排泄（馬嫄等，2011)。此外，部分益生菌的代謝產物被稱為「後生素」，可糾正腸道菌群紊亂。用於寵物的主要益生菌有嗜酸乳桿菌、枯草芽孢桿菌、地衣芽孢桿菌、乳鏈球菌、糞腸球菌、釀酒酵母（布拉迪酵母菌、紅酒酵母菌、啤酒酵母菌等）等30餘種（董忠泉，2022)，益生菌均可直接添加到寵物食品中作為胃腸調節劑和免疫力增強劑使用。

2. 益生元　是一種膳食補充劑，以未經消化的形式進入胃腸道內，給益生菌提供食物，被腸道內的有益細菌分解、吸收，透過降低腸道酸性來促進雙歧桿菌等有益菌生長，調節菌群，有益於益生細菌的生長與繁殖，從而促進有益菌進一步發揮作用，而且能夠為胃腸道內有益菌的定殖提供能量供應，有助於改善胃腸道便祕、腹瀉、脹氣或消化不良等不適症狀（毛愛鵬等，2022）。雙歧因子其實就是促進腸內雙歧桿菌生長的益生元。常見的益生元主要有木寡醣、半乳寡醣、果寡醣、殼寡醣、甘露寡醣、β-1,3-葡聚醣（來自釀酒酵母）、菊粉等（張麗，2016），其具有穩定性好、熱量低、服用量小等特點。此外，部分研究證明益生元還具有排毒素、調節免疫、抗皮膚炎、降低血脂、促進脂類物質排出、促進礦物質元素吸收等作用。

3. 合生元　是益生菌和益生元的組合，是由能被宿主微生物選擇利用的物質與微生物群組成，且對機體健康有益的混合物。既能為腸道補充有益菌群，又能促進腸道固有菌群增殖，起到雙重益生作用（毛愛鵬等，2022）。其產品主要是益生菌和益生元的不同配比組成添加到食品中，發揮調節腸道健康的作用。

4. 膳食纖維　寵物日糧中的纖維主要包括纖維素、半纖維素、木質素、果膠、樹膠和植物黏液，部分益生元也屬於膳食纖維範疇（徐燕等，2021）。膳食纖維類在腸道發酵產物的數量受纖維在腸道中的停留時間、日糧的組成和纖維的類型影響。例如，纖維素、刺梧桐樹膠和黃原膠在犬貓的腸道中幾乎不可被發酵，果膠和瓜爾豆膠在犬貓的結腸中會被結腸微生物快速發酵，甜菜粕和米糠的發酵程度較為適中。發酵程度適中的纖維包括甜菜粕、菊粉、米糠和阿拉伯樹膠。

5. 蒙脫石　對犬貓消化道內的毒素、病毒、細菌及其產生的毒素、氣體等有極強的固定、抑制作用，使其失去致病作用。此外，對消化道黏膜還具有很強的覆蓋保護能力，修復、提高黏膜屏障對攻擊因子的防禦功能，具有平衡正常菌群和局部止痛的作用。

飼料原料目錄中允許使用具有調節腸道微生態活性的原料及其加工產品，該類產品能透過調節腸道pH、水分、短鏈脂肪酸以及微生物菌群結構等多角度維持腸道健康，如絲蘭粉、杜仲葉提取物、苜蓿提取物、紫蘇籽提取物等。

（四）維持骨及關節健康

骨骼是機體重要的結構組成部分，為犬貓的正常活動提供支持。關節在骨骼之間起到減震器作用，能保護骨骼表面，讓骨骼之間有彈性和一定的活動範圍。隨著年齡的增加，骨健康會受到不同程度的威脅，如寵物犬3個月後運動量逐漸增加，關節壓力大；成年期日積月累行動造成關節磨損；7歲以上老年期關節退化等（曹峻嶺，2012）。特定犬種都有一些常見的關節問題，如泰迪犬、比熊犬髕骨脫位，柯基犬、法鬥犬腰椎間盤突出，金毛犬、拉布拉多犬髖關節發育不良等，這些都是因為遺傳、骨發育不良或後天養護不當等導致的骨健康問題。目前允許使用的對骨健康有益的飼料添加劑有葡萄糖胺鹽酸鹽、軟骨素或硫酸軟骨素、透明質酸及其鹽、膠原蛋白及其肽類，以及其他可允許使用的飼料原料加工物質，如薑黃等（劉茵等，2013）。

（五）有助於控制體內脂肪

一般在貓咪體重超過理想體重的15%（或超過10%～20%）為超重，超過30%（或超過20%～30%）為肥胖（German，2006）。造成肥胖原因諸多，如品種、遺傳、情緒、缺乏運動、閹割、疾病、衰老、代謝變差等。①品種原因造成的肥胖：如小型犬中吉娃娃犬、短毛臘腸犬、鬥牛犬等。②遺傳因素造成的肥胖：如拉布拉多尋回犬、比格犬、短腿臘腸犬（Basset）；後天易胖型如凱恩獵犬（cairnterriers）、小型牧羊犬等。③飲食造成的肥胖：主要是由於能量代謝不平衡，能量攝取超過能量消耗，如食物中含有大量碳水化合物和脂肪。④負面情緒造成的肥胖：如情緒不穩、苦悶、無聊、壓力，都會使寵物過量進食。⑤運動不足造成的肥胖：如果運動量不足，轉化不足，攝取的過多養分就會轉化為脂肪。⑥閹割造成的肥胖：很多人以為閹割手術直接導致寵物肥胖，實際上是閹割之後活動意慾降低，身體不需要太多能量，但如果仍然照閹割前的分量進食，則會致肥胖。⑦疾病造成的肥胖：患上甲狀腺分泌失調的寵物，垂體腺和腦下丘會出現異常，寵物會經常因飢餓而大量進食，最終導致肥胖。⑧年齡大的寵物容易發胖：因為高齡寵物體內的新陳代謝變慢、不愛運動等原因都會造成肥胖。寵物體重過重非常容易引起心血管疾病、糖尿病、骨關節等重大疾病，最終對寵物生命造成嚴重威脅。

幫助寵物犬貓降低體重的主要方式是更換能量較低的減肥用商品糧，遵循高蛋白（≥40%）、低脂肪（10%～20%）、低碳水三大原則。另外，要避免減肥的同時貓咪肌肉過度流失，導致基礎代謝率降低。減肥用商品糧一般含有能量較低的營養物質或具有降脂減肥的功能成分。具有降脂減肥的功能成分主要包括富含混合膳食纖維、多酚類物質、生物鹼類、蘋果酸、檸檬酸等有機酸等的飼料原料或者添加劑（Bartges等，2017）。

嗜黏蛋白阿克曼菌，是存在於動物腸道中、參與宿主肥胖調節的常見菌，服用該菌可以明顯降低肽分泌機體內毒素和腸道內炎症水準，增強腸道屏障和促進腸肽分泌，有效改善寵物肥胖。脂肪含量高的食物會直接對寵物腸道環境產生較大的負面影響，適當補充益生菌可以緩解腸道炎症，調節寵物體內的血脂和膽固醇，有效改善寵物肥胖問題。

（六）維持健康血糖水準，預防糖尿病

犬類血糖正常值範圍為3.3～6.7，不同品種的犬標準血糖值是不同的，需要具體分析。貓血糖正常值範圍為4.4～6.1。貓血糖值超過7.0，就要將其帶到寵物醫院進一步檢查，查看是否為糖尿病（周其琛，2018）。

糖尿病是由於多種原因引起寵物的胰島素相對缺乏和程度不同的胰島素抵抗，從而導致碳水化合物代謝異常的疾病（Mcknight等，2015）。引起寵物糖尿病的主要因素有以下五點。①胰島β細胞損傷：糖尿病是由胰島β細胞分泌機能降低引起的一種症候群。有很多因素可導致寵物糖尿病，其中最主要的原因就是胰島β細胞損傷，而使其損傷的原因最常見的則是胰腺炎、手術外傷、腫瘤等使胰島素分泌減少。②遺傳因素（品種因素）：由遺傳因素導致的寵物糖尿病，在臨床上並不常見。但針對犬糖尿病流行病學研究發現，除某些品種犬，如德國牧羊犬、京巴、可卡犬、柯利犬、拳師犬、雪納瑞犬、比熊犬等家族性糖尿病少見外，凱恩獵犬、小鹿犬都有可能患有家族性糖尿病。③營養過量、肥胖導致：如果餵寵物過多的零食、主糧或保健品，導致寵物營養過剩，那麼寵物很有可能因為肥胖導致可逆性胰島素分泌減少。④年齡因素：相比較而言，中年或老年的犬患上糖尿病的情況會更加常見。⑤性別因素：母犬患糖尿病的風險較高，且隨著年齡的成長，風險會更高。

當糖代謝紊亂時，糖在血液中堆積，血糖增高，而起著激素調節作用的胰島β細胞受到破壞，功能缺陷，導致胰島素分泌減少，血糖不能被利用，胰島素受體抵抗不足，糖尿病逐漸形成。在維持血糖穩定的過程中，血糖、胰島素、胰島素受體等發揮著重要作用（Adolphe等，2015）。一旦得了糖尿病，則將伴隨終生，但是可以透過健康飲食或藥物控制來穩定病情。健康、均衡的飲食對血糖異常或者糖尿病的寵物非常重要。

可以選擇給寵物攝取一些營養物質來改善體質，起到輔助調節血糖的作用，如維他命B_6、維他命C、維他命E、α-硫辛酸、ω-3脂肪酸、精胺酸、甘胺酸等；一些植物提取物，如食用菌多醣、藍莓提取物、花青素、原花青素等，這些營養成分都可以修復胰島β細胞，增強胰島素的敏感性，起到控制血糖、提高胰島素活力的作用。除此之外，適當的運動量、控制患寵的體重在正常健康範圍也是必要的。目前涉及預防寵物血糖異常和糖尿病的保健食品甚少。

（七）改善泌尿系統功能

寵物的泌尿系統包括腎、輸尿管、膀胱、尿道。在泌尿系統產生的結石統稱為泌尿系統結石，也稱為尿結石（伯伊德，2007）。結石主要是指動物尿路中無機鹽或有機鹽類結晶的凝集物，刺激尿路黏膜而引起泌尿道出血、炎症、阻塞的一種泌尿系統疾病，

凝聚物結石、積石或多量結晶。根據結石停留部位不同，可將泌尿系統結石分為腎結石、輸尿管結石、膀胱結石和尿道結石（Ferenbach和Bonventre，2016）。

根據結石的化學成分，可將結石分為以下幾類。①磷酸鹽結石：呈白或灰白色，生成迅速，可形成鹿角狀結石，常發生於鹼性尿液中，多為磷酸銨鎂結石，又稱鳥糞石。②草酸鹽結石：呈棕褐色，表面粗糙有刺，質堅硬，易於損傷尿路而引起血尿，發生於酸性尿液內，有單純的草酸鈣結石、草酸鈣和磷酸鈣混合性結石，容易損傷尿路黏膜引起血尿。③碳酸鹽結石：呈白色，質地鬆脆，發生於鹼性尿液中，在酸性溶液中易溶解。④尿酸鹽結石：呈淺黃色，表面光滑，質堅硬，常發生酸性尿液中，可為單純性尿酸結石或與草酸鈣、磷酸鈣等形成混合結石。⑤胱胺酸鹽結石：表面光滑，能透過X射線，不易顯影，又稱為「透光性結石」，發生於酸性尿液中，但不是所有胱胺酸鹽尿的犬貓都會形成胱胺酸結石或結晶（徐林楚和馮富強，2020），見圖4-8。

磷酸銨鎂結石　磷酸鈣結石　草酸鈣結石　尿酸鹽結石　胱胺酸鹽結石

圖4-8　泌尿系統結石類型

在臨床犬貓80%以上的結石由鳥糞石或草酸鈣組成，其中鳥糞石結石是最常見的、占43.8%，草酸鹽結石位居第二、占41.5%，尿酸鹽結石占4.8%，磷酸鈣結石占2.2%，矽酸型結石占0.9%，胱胺酸鹽型結石占0.4%，黃嘌呤型結石占0.05%。寵物結石形成的具體原因尚未完全闡明，但多數學者認為尿結石與食物單調或礦物質含量過高、飲水不足、礦物質代謝紊亂、尿液pH改變、尿路感染以及病變等有關（陳沛林，2014）。在正常尿液中含有多種溶解狀態的晶體鹽類（磷酸鹽、尿酸鹽、草酸鹽、胱胺酸鹽等）和一定量的膠體物質（黏蛋白、核酸、黏多醣、胱胺酸等），它們之間保持著相對的平衡狀態，此平衡一旦失調，即晶體超過正常的飽和濃度時，或膠體物質不斷地喪失分子間的穩定性結構時，尿液中即會發生鹽類析出和膠體沉著，進而凝結成為結石。此外，機體代謝紊亂，如甲狀旁腺機能亢進、甲狀旁腺激素分泌過多等，使體內礦物質代謝紊亂，也可引起尿鈣過高現象。機內雌性激素水準過高也可引起結石的形成。臨床上，結石症是一種典型的成年動物疾病，而且復發率高。大多數貓在2～6歲時首次確診，4歲以下的貓更易患鳥糞石結石，7歲以上的貓患草酸鈣結石的風險更高。在犬中診斷結石症時的平均年齡在6～7歲。較年輕的成年犬貓多發鳥糞石結石、尿酸鹽結石和胱胺酸鹽結石，老年犬貓多發草酸鈣結石（陳沛林，2014；Buffington等，1990）。

科學的飲食及餵養方式可以有效預防寵物泌尿系統結石。為了預防和改善泌尿系統結石，營養干預的目標包括降低尿液中的鎂、胺、磷酸鹽、鈣和草酸濃度，維持尿液

pH為6.3～6.9，多飲水，增加排尿次數和量。含有高脂肪、低蛋白質、低鉀和增加潛在酸化尿液能力的飲食，可能減少貓鳥糞石的形成。結合飼料原料和添加劑目錄以及市場出售用於預防泌尿系統結石的添加劑成分或原料包括維他命C、維他命E、檸檬酸鉀、D-甘露糖、N-乙醯胺基葡萄糖、L-茶胺酸(綠茶提取物)、木槿花（芙蓉花）提取物，以及車前子、茯苓、蔓越橘（酸果蔓）、青口貝等（Buffington等，1990）。

（八）口腔護理

寵物犬貓健康的口腔和牙齒，對於其機體健康有著至關重要作用，如防止牙齒脫落、口臭、口腔疼痛、器官損傷、牙科疾病惡化等（孫姝等，2014）。寵物犬貓引發口炎口臭的原因可能是口腔留有食物殘渣、腸胃消化能力弱、異食癖、乳牙無法脫落、牙菌斑、飲食不當、牙齒汙垢細菌多、異物刺激、缺乏微量元素、病毒性疾病引發的並發症狀等。因此，寵物口腔護理具有重要的意義。目前寵物的口腔護理主要是刷牙，使用潔齒粉、噴劑，清除牙菌斑，以及用磨牙棒零食等起到清新口氣和預防口腔疾病的作用（Harris等，2016；張怡和逯茂洋，2018）。

口腔護理類的保健品除清除牙菌斑外，其他幾種產品均可食用。透過拌糧的方式飼餵的有效成分一般為綠茶提取物（茶多酚類）、薄荷提取物（薄荷黃酮類）、絲蘭抗氧化物、蘑菇提取物、甘草提取物、維他命C、多肽類（酪蛋白磷酸酯肽等）、天然沸石、鋅、金屬螯合劑（多聚磷酸鹽等）、口腔益生菌類等物質（田維鵬等，2021）。將這些功效成分添加到各類口腔護理類產品中可聯合發揮作用，達到清潔牙齒、抗菌殺菌、清洗口氣、減少牙石、緩解炎症的功效。

（九）毛皮護理

貓的皮膚與毛髮總量占其總體重的12%，而犬的皮毛在生長過程中需要消耗營養素中30%的比例。因此，在寵物食品當中添加促進寵物皮毛健康與生長的添加劑極為必要（杜鵬，2018）。毛皮護理類的保健食品功能成分主要包括蛋白質、胺基酸（含硫胺基酸、精胺酸、色胺酸等非含硫胺基酸）、脂肪（魚油、卵磷脂、ω-3脂肪酸、花生油酸等）、礦物質（鋅）、維他命等物質，這些物質對於寵物皮毛生長有著直接影響。日糧中添加含硫胺基酸能夠有效促進水貂、獺兔、絨毛用羊等動物皮毛產量。同時，精胺酸、色胺酸等非含硫胺基酸物質對於寵物皮毛與新陳代謝也有著一定促進作用。故而，在皮毛寵物日糧中添加此類物質能夠有效促進其毛纖維生長，增加強度和被毛密度（劉公言等，2021）。

去毛球產品類包括化毛膏（天然高品質動物油脂、植物油）、粗纖維成分、車前子和絲蘭粉成分、啤酒酵母粉、苜蓿粉、貓草（大麥苗、小麥苗、犬尾巴草等）等多種。

五 按功能因子結構分類

人類保健食品中功能因子是指能透過活化酶的活性或其他途徑調節機能的物質。顯然功能因子是在寵物保健食品中真正起生理作用的成分，是生產寵物保健食品的關鍵。迄今按照功能因子類型不同大體分為蛋白質和胺基酸、維他命、礦物元素、酶製劑、微生態製劑、抗氧化劑、多醣和寡醣，以及其他植物源和動物源的提取物等類別。

（一）胺基酸

胺基酸是動物體合成蛋白質的主要成分。添加胺基酸是提高日糧蛋白質利用率的有效手段，是寵物保健食品配方中用量最大的一類功能因子。添加胺基酸的主要作用是彌補胺基酸不足，使其他胺基酸得到充分利用。寵物常用的胺基酸為蛋胺酸、精胺酸、離胺酸、色胺酸、苯丙胺酸、牛磺酸、蘇胺酸、組胺酸、白胺酸、異白胺酸等。

（二）蛋白質

蛋白質既可作為營養補充劑，也可作為功效成分添加到寵物保健食品中，是寵物保健食品中必不可少的重要組成成分。寵物保健食品中常使用的蛋白質來源主要有植物性蛋白質、動物性蛋白質、單細胞蛋白質和非蛋白氮四種。植物性蛋白質包括豆類籽實及其加工副產品、油料籽實及其加工副產品，以及某些穀類籽實的加工副產品等。動物性蛋白質來自動物機體及其副產品，包括畜禽肉、內臟、血粉、肉粉（肉骨粉）、魚肉、魚粉、蛋、奶類等。動物性蛋白質原料含蛋白質較高，必需胺基酸含量多，組成比例合理，生物學價值高，是優質蛋白質原料（廖品鳳等，2020）。新興的蛋白資源有以下幾種。①昆蟲蛋白：如黑水虻幼蟲、粉蟲幼蟲以及蟋蟀等，由於在可持續性、飼料轉化效率、市場定位和免疫性等方面具有優勢，所以昆蟲蛋白正在得到推廣。②單細胞蛋白：通常產生於釀酒酵母菌、念珠菌或球擬酵母菌，以及因其能夠將選定生物質轉化為特定化合物而選擇的其他菌屬。③微藻：脫脂微藻包含的有益胺基酸蛋白質可達到20%～45%。④豆類蛋白：最常見的是豌豆濃縮蛋白和分離蛋白。豆類蛋白能充分補充蛋白質，而且消化率高，但蛋胺酸含量有限，需要人為補充（符華林，2006）。

（三）維他命

維他命類是最常用也是最重要的添加劑之一。在各種維他命添加劑中，氯化膽鹼、維他命A、維他命E及菸鹼酸的使用量所占比例最大。維他命添加劑種類很多，按照其溶解性可分為脂溶性和水溶性兩類，通常需要添加維他命A、維他命D_3、維他命E、維他命K、維他命B_2、菸鹼酸、泛酸、氯化膽鹼及維他命B_{12}等。

（四）礦物元素

寵物需要的微量元素主要有鐵、銅、鋅、錳、碘和硒。這些微量元素除了為動物提供必需的養分之外，還能活化或抑制某些維他命、激素和酶，對保證寵物的正常生理機能和物質代謝有極其重要的作用，具有調節機體新陳代謝、促進生長發育、增強抗病能力等功能。常用的微量元素添加劑有氯化鉀、硫酸鐵、硫酸銅、硫酸鋅、碘化鉀、亞硒酸鈉等。

（五）酶製劑

酶製劑是指一種或者多種利用生物技術生產的酶與載體和稀釋劑採用一定生產工藝製成的一種添加劑，可以提高寵物消化能力，提高消化率和養分利用率，轉化和消除飼料中的抗營養因子，並充分利用新的資源。酶製劑包括蛋白酶、澱粉酶、脂肪酶、纖維素酶、木聚醣酶、β-葡聚醣酶、甘露聚醣酶、植酸酶。寵物食品中常見的酶製劑有蛋白酶、脂肪酶和澱粉酶。

（六）微生態製劑

寵物常用微生態製劑主要用於調節消化系統微生態環境，改善胃腸功能，提高營養物質的消化和吸收能力，從而促進或維持寵物健康。微生態製劑主要包括益生菌、益生元和合生元。

（七）藥食同源食物原料提取物

藥食同源食物原料提取物的作用主要表現在防病保健、提高寵物生產性能、改善寵物食品產品品質等方面。同時這些提取物含有許多具有生理調節作用的物質，可以促進寵物的生長和提高免疫功能、調節胃腸功能、降脂減肥、預防關節疾病、抑菌、抗氧化等諸多功能。部分提取物可以改善和提高寵物食品的適口性，促進寵物胃腸腺體分泌，有利於消化吸收，提高食品轉化率，增強機體抗病能力，促進生長，改善組織沉積等（劉吉忠，2016）。

1. 生物活性肽　是一類由20種天然胺基酸以不同的組成和排列方式構成的從二肽到複雜的線性、環形結構的不同肽類的總稱，是源於蛋白質的多功能化合物。活性肽按原料劃分主要有乳肽、大豆肽、玉米肽、豌豆肽、畜產肽、水產肽、絲蛋白肽和複合肽等。這些多肽除了可以為寵物提供營養素外，還具有：①提高寵物生產性能。對寵物的消化機能、蛋白質代謝、脂類代謝、免疫機能等均有生理活性作用。飼糧中添加少量肽類可以顯著提高生產性能和飼料利用率。②提高機體免疫力。免疫活性肽能夠增強機體免疫力，刺激淋巴細胞的增殖。增強巨噬細胞的吞噬功能，提高機體抵禦外界病原體感染的能力，降低發病率。③提高寵物食品的風味及誘食作用。某些生物活性肽可改善風味，提高適口性。具有不同胺基酸序列的活性肽可產生多種不同風味，如酸、甜、苦、鹹。因此，可有選擇地添加調味肽，根據需要調節風味。④提高礦物質元素的利用率。促進骨骼生長，這類肽主要來源於酪蛋白。⑤替代抗生素。一些環狀肽、糖肽和脂肽具有抗生素和抗病毒樣作用，可作為健康促進劑取代抗生素。另外，抗菌肽的熱穩定性一般較高，這一特性使其成為寵物食品中理想的防腐劑替代品。⑥抗氧化、降血壓、抑菌及調味作用。一些蛋白酶解物具有清除自由基和抗氧化活性，抑制血管緊張素轉移酶活性發揮降血壓活性，抑制寵物有害致病菌活性，保護動物腸道形態和功能，提高動物的免疫力，改善動物健康狀況等功能（Picariello等，2013）。

2. 活性多醣 是指具有某種特殊生理活性的多醣類化合物。隨著多醣化學和多醣生物學研究的不斷深入，活性多醣具有免疫調節、抗腫瘤、抗氧化、降血糖、降血脂、抗輻射、抗菌、抗病毒、延緩衰老等多種生物學功能，已廣泛用於保健食品、醫藥品及日用化學品等各領域（董琛琳等，2021）。植物活性多醣提高機體免疫功能是其最重要的活性之一。其對免疫系統的調節作用，主要表現為免疫增強或免疫刺激，能活化巨噬細胞、自然殺傷細胞等固有性免疫細胞；促進T、B淋巴細胞的增殖、抗體的生成；促進細胞因子的分泌，如白血球介素-1和白血球介素-2和腫瘤壞死因子-α、干擾素-γ等。這些細胞因子透過結合細胞表面的相應受體，經不同途徑活化補體系統或經典的免疫途徑發揮其抗細菌、抗病毒作用，調節適應性免疫反應等生物學活性。在寵物保健食品中應用最多的是食用菌類多醣和植物多醣，如黃芪多醣、雲芝多醣、靈芝多醣、茯苓多醣、銀耳多醣、香菇多醣、黑木耳多醣、蟲草多醣、海帶多醣、姬松茸多醣、螺旋藻多醣、杜仲多醣、松花粉多醣等。上述多醣同時還具有預防寵物糖尿病、心血管疾病、抗氧化和延緩衰老、改善胃腸功能等（Maity等，2021）。此外，酵母多醣在寵物保健食品中有較多應用。

3. 脂肪酸 脂肪酸中的多不飽和脂肪酸是寵物食品功能性脂肪酸研究和開發的主體與核心，根據其結構又分為ω-3和ω-6兩大主要系列（吳洪號等，2021）。在寵物生理中起著極為重要的代謝作用，與寵物諸多疾病病的發生與調控息息相關。目前認為ω-3/ω-6脂肪酸功能的突出重要性，是寵物身體內不可缺少但又不能自己產生的必需脂肪酸，可改善機體的新陳代謝速度，所以寵物在服用ω-3/ω-6脂肪酸後，皮膚、毛質、體質會有極其明顯的改善及提高；亞油酸是n-6長鏈多不飽和脂肪酸，作為功能性多不飽和脂肪酸中被最早認識的一種，具有降低血清膽固醇水準的作用，可預防高血壓等心血管疾病；花生四烯酸的代謝產物對中樞神經系統有重要影響，包括神經元跨膜信號的調整、神經傳遞物的釋放以及葡萄糖的攝取，花生四烯酸在體外能顯著殺滅腫瘤細胞；γ-亞麻酸具有降血脂、預防心血管疾病、預防肥胖等作用；α-亞麻酸是ω-3系列多不飽和脂肪酸的母體，在體內代謝可生成DHA和EPA，具有降低血清中總膽固醇和LDL-膽固醇水準、提高HDL-膽固醇/LDL-膽固醇比值、預防心血管疾病、增強機體免疫效應等作用；DHA和EPA可維持和改善視力，提高記憶、學習等能力。此外，DHA和EPA對寵物皮毛、發質的改善有顯著功效（Gill等，1997；高宗穎等，2011）。

4. 多酚類物質　是指廣泛存在於植物內的具有多個羥基酚的一大類酚類物質的總稱，是植物體內重要的刺激代謝產物，具有多元酚結構，主要透過莽草酸和丙二酸途徑合成。多酚類物質主要存在於植物的皮、根、殼、葉和果中，包括：簡單的酚類化合物，如酚酸類、苯丙烷類、酚酮類（黃酮類等）；多聚體類化合物，如木酚素類、黑色素類、單寧類。寵物保健食品中常用的植物多酚類物質有茶多酚、花色苷類物質、蘋果多酚、葡萄多酚、大豆黃酮等（Leri等，2020），其中茶多酚應用最多。這些植物多酚類物質在寵物保健食品中發揮維護消化系統健康（口腔衛生健康和腸道健康）、降低寵物糞便臭味及體味、保護寵物皮膚被毛、抗氧化和延緩寵物衰老、有助於寵物減肥等功效。此外，多酚類物質具有天然高效的抗氧化和抑菌功能，被廣泛用作寵物食品的保鮮劑和抗氧化劑，以延長商品的貨架期（Wang等，2020），如茶多酚。

5. 植物甾醇　是以環戊全氫菲為骨架的3-羥基化合物，是結構與膽固醇相似的一類活性物質。植物甾醇以游離態、酯化態及醣苷的形式存在於植物細胞膜上。植物甾醇具有降低膽固醇、抗氧化、促生長、免疫調節、預防心血管疾病、類激素等重要的生理功能，植物甾醇被科學家們稱為「生命的鑰匙」。人們對植物甾醇的研究已有上百年的歷史，早期已被證實其具有降低膽固醇、預防心血管疾病等生理功能。目前科技迅猛發展，這類生命活性成分的重要生理作用也逐漸被深入認識。此外，植物甾醇的安全性也得到了世界上多個地方的認同。目前用於寵物保健食品中常用的植物甾醇類主要包括源於大豆油/菜籽油的β-穀固醇、菜油甾醇、豆甾醇（張沙等，2022）。

第二節　寵物保健食品功能因子開發的基礎研究

功能因子的原料篩選、提取、分離、結構、功能活性及其構效關係等一系列基礎資訊的闡明，是寵物保健食品開發及其功能發揮的關鍵理論基礎。因此，加大理論研究仍是寵物保健食品產品開發迫切需要解決的問題。

一　功能因子原料及其新資源發掘

功能因子的原料主要來源於植物、動物、藻類，此外，還有微生物。目前在中國專利數據庫以「寵物食品」為主題詞，再以「植物」、「動物」、「藻類」為「篇關摘」搜索，獲得專利數量見圖4-9。寵物保健食品強化不同功能因子專利數共計623項。其中，添加維他命強化營養的專利最多，達271項，占總數的43.5%；其次是強化蛋白質和鈣的食品，分別為占26.5%和21.0%（圖4-10）。動物源肉類及其下腳料專利共計397項，具體分布見圖4-11。不同來源的肉主要是為了強化寵物食品中的蛋白質，其中，雞肉來源最多，為172項，占總數的43.3%；其次是牛肉和魚肉，分別占20.4%和16.9%。

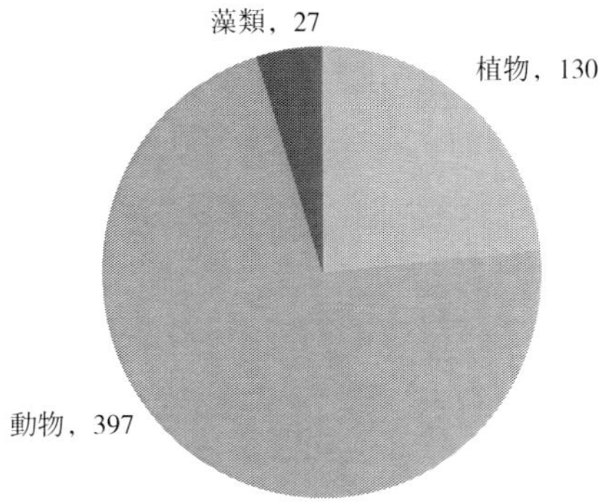

圖4-9　寵物保健食品原料來源專利數量分布

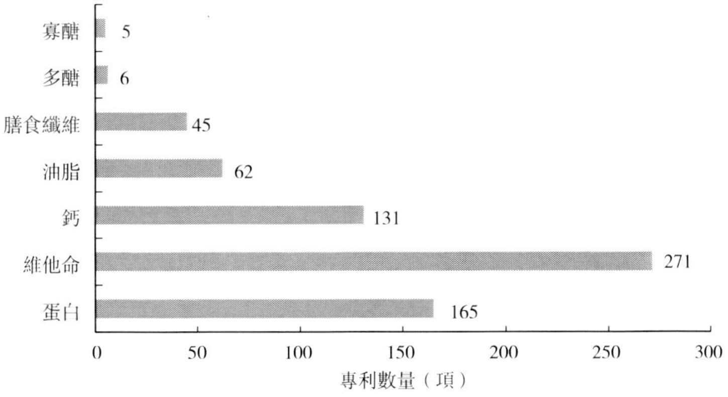

圖4-10　寵物保健食品不同功能因子專利數量

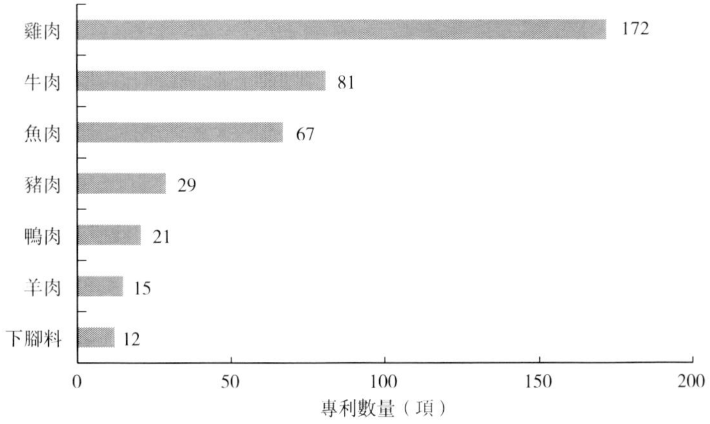

圖4-11　強化寵物食品中蛋白質的肉類來源專利數量

(一) 穀物及其加工產品

全穀物的主要來源是小麥、玉米、燕麥、大麥和黑麥等11種，富含膳食纖維、微量礦物質、維他命B群和維他命E、生物活性物質（生育三烯酚、木脂素和多酚、膽鹼、蛋胺酸、甜菜鹼、肌醇和葉酸等），具體來源如表4-3。穀物主要用於動物飼料，其總膳食纖維占營養成分的21% ～ 27%、粗蛋白質的12% ～ 16%、粗脂肪的18% ～ 22%。玉米是另一種有價值的纖維來源，因為它不僅對適口性和養分消化率沒有不利影響，還會調節成犬的血糖水準。雖然玉米纖維含有酚類化合物，具有已知的抗氧化、抗突變和降低膽固醇的作用，可以降低人類結腸癌的發病率，但這些作用尚未在犬和貓身上進行研究。米糠富含含硫胺基酸、微量營養素（如鎂、錳和維他命B群）、生物活性分子（如生育酚、生育三烯、多酚類物質、植物甾醇、γ-穀維素和類胡蘿蔔素（如胡蘿蔔素、番茄紅素、葉黃素和玉米黃質），因此米糠是必需胺基酸的極好來源，在心血管疾病、2型糖尿病、肥胖症等慢性疾病的管理和預防中，這些成分具有較強的抗氧化、抗炎和化學預防特性（Ryan，2011）。此外，米糠油含有良好的脂肪酸組成，主要包括單不飽和脂肪酸和多不飽和脂肪酸［油酸（38.4%）、亞油酸（34.4%）和α-亞麻酸（2.2%）］，以及約1.5%的γ-穀維素。正如在嚙齒動物、兔子、非人靈長類動物和人類中觀察到的那樣，所有這些脂肪酸都具有很強的抗氧化能力。

表4-3　可用於寵物保健食品的穀物及其加工產品原料

原料名稱	特徵描述	強制性標識要求
大麥及其加工產品	大麥包括皮大麥（*Hordeum vulgare* L.）和裸大麥（青稞）（*Hordeum vulgare* var. *nudum*）籽實	澱粉、粗蛋白質、粗纖維、水分、澱粉糊化度
	大麥次粉，以大麥為原料經製粉工藝產生的副產品之一，由糊粉層、胚乳及少量細麩組成	澱粉、粗蛋白質、粗纖維
	大麥蛋白粉，大麥分離出麩皮和澱粉後以蛋白質為主要成分的副產品	粗蛋白質
	大麥粉，大麥經製粉工藝加工形成的以大麥粉為主、含有少量細麥麩和胚的粉狀產品	澱粉、粗蛋白質
	大麥粉漿粉，大麥經溼法加工提取蛋白、澱粉後的液態副產物經濃縮、乾燥形成的產品	粗蛋白質

（續）

原料名稱	特徵描述	強制性標識要求
大麥及其加工產品	大麥麩，以大麥為原料碾磨製粉過程中所分離的麥皮層	粗纖維
	大麥殼，大麥經脫殼工藝除去的外殼	粗纖維
	大麥糖渣，大麥生產澱粉糖的副產品	粗蛋白質、水分
	大麥纖維，從大麥籽實中提取的纖維，或者生產大麥澱粉過程中提取的纖維類產物	粗纖維
	大麥纖維渣（大麥皮），大麥澱粉加工的副產品，主要成分為纖維素，含有少部分胚乳	粗纖維
	大麥芽，大麥發芽後的產品	粗蛋白質、粗纖維
	大麥芽粉，大麥芽經乾燥、碾磨獲得的產品	粗蛋白質、粗纖維
	大麥芽根，發芽大麥或大麥芽清理過程中的副產品，主要由麥芽根、大麥細粉、外皮和碎麥芽組成	粗蛋白質、粗纖維
	烘烤大麥，大麥經適度烘烤形成的產品	澱粉、粗蛋白質
	噴漿大麥皮，大麥生產澱粉及胚芽的副產品噴上大麥浸泡液乾燥後獲得的產品	粗蛋白質、粗纖維
	膨化大麥，大麥在一定溫度和壓力條件下經膨化處理獲得的產品	澱粉、澱粉糊化度
	全大麥粉，不去除任何皮層的完整大麥籽粒經碾磨獲得的產品	澱粉、粗蛋白質
	壓片大麥，去殼大麥經汽蒸、碾壓後的產品，其中可含有少部分大麥殼，可經瘤胃保護	澱粉、粗蛋白質
	大麥苗粉，大麥的幼苗經乾燥、粉碎後獲得的產品	粗蛋白質、粗纖維、水分
稻穀及其加工產品	稻穀，禾本科草本植物栽培稻（*Oryza sativa* L.）的籽實	
	糙米，稻穀脫去穎殼後的產品，由皮層、胚乳和胚組成	澱粉、粗纖維
	糙米粉，糙米經碾磨獲得的產品	澱粉、粗蛋白質、粗纖維
	米，稻穀經脫殼並碾去皮層所獲得的產品。產品名稱可標稱大米，可根據類別標明秈米、粳米、糯米，可根據特殊品種標明黑米、紅米等	澱粉、粗蛋白質
	大米次粉，由大米加工米粉和澱粉（包含乾法和溼法碾磨、過篩）的副產品之一	澱粉、粗蛋白質、粗纖維
	大米蛋白粉，生產大米澱粉後以蛋白質為主的副產物，由大米經溼法碾磨、篩分、分離、濃縮和乾燥獲得	粗蛋白質
	大米粉，大米經碾磨獲得的產品	澱粉、粗蛋白質

（續）

原料名稱	特徵描述	強制性標識要求
稻穀及其加工產品	大米酶解蛋白，大米蛋白粉經酶水解、乾燥後獲得的產品	酸溶蛋白（三氯乙酸可溶蛋白）、粗蛋白質、粗灰分、鈣含量
	大米拋光次粉，去除米糠的大米在拋光過程中產生的粉狀副產品	粗蛋白質、粗纖維
	大米糖渣，大米生產澱粉糖的副產品	粗蛋白質、水分
	稻殼粉（礱糠粉），稻穀在礱穀過程中脫去的穎殼經粉碎獲得的產品	粗纖維
	稻米油（米糠油），米糠經壓榨或浸提製取的油	酸價、過氧化值
	米糠，糙米在碾米過程中分離出的皮層，含有少量胚和胚乳	粗脂肪、酸價、粗纖維
	米糠餅，米糠經壓榨取油後的副產品	粗蛋白質、粗脂肪、粗纖維
	米糠粕（脫脂米糠），米糠或米糠餅經浸提取油後的副產品	粗蛋白質、粗纖維
	膨化大米（粉），大米或碎米在一定溫度和壓力條件下，經膨化處理獲得的產品	澱粉、澱粉糊化度
	碎米，稻穀加工過程中產生的破碎米粒（含米粞）	澱粉、粗蛋白質
	統糠，稻穀加工過程中自然產生的含有稻殼的米糠，除不可避免的混雜外，不得人為加入稻殼粉	粗脂肪、粗纖維、酸價
	穩定化米糠，透過擠壓、膨化、微波等穩定化方式滅酶處理過的米糠	粗脂肪、粗纖維、酸價
	壓片大米，預糊化大米經壓片獲得的產品	澱粉、澱粉糊化度
	預糊化大米，大米或碎米經溼熱、壓力等預糊化工藝處理後形成的產品	澱粉、澱粉糊化度
	蒸穀米次粉，經蒸穀處理的去殼糙米粗加工的副產品。主要由種皮、糊粉層、胚乳和胚芽組成，並經碳酸鈣處理	粗蛋白質、粗纖維、碳酸鈣
	大米胚芽，大米加工過程中提取的主要含胚芽的產品	粗蛋白質、粗脂肪
	大米胚芽粕，大米胚芽經壓榨取油後的副產品	粗蛋白質、粗脂肪、粗纖維
高粱及其加工產品	高粱〔*Sorghum bicolor* (L.) Moench.〕籽實	
	高粱次粉，以高粱為原料經製粉工藝產生的副產品之一，由糊粉層、胚乳及少量細麩組成	澱粉、粗纖維
	高粱粉漿粉，高粱採用溼法提取蛋白、澱粉後的液態副產物經濃縮、乾燥形成的產品	粗蛋白質、水分
	高粱糠，加工高粱米時脫下的皮層、胚和少量胚乳的混合物	粗脂肪、粗纖維

（續）

原料名稱	特徵描述	強制性標識要求
高粱及其加工產品	高粱米，高粱籽粒經脫皮工藝去除皮層後的產品	澱粉、粗蛋白質
	去皮高粱粉，高粱籽粒去除種皮、胚芽後，將胚乳部分研磨成適當細度獲得的粉狀產品	澱粉、粗蛋白質
	全高粱粉，不去除任何皮層的完整高粱籽粒經碾磨獲得的產品	澱粉、粗蛋白質
黑麥及其加工產品	黑麥，黑麥（*Secale cereale* L.）籽實	
	黑麥次粉，以黑麥為原料經製粉工藝形成的副產品之一，由糊粉層、胚乳及少量細麩組成	澱粉、粗纖維
	黑麥粉，黑麥經製粉工藝製成的以黑麥粉為主、含有少量細麥麩和胚的粉狀產品	澱粉、粗蛋白質
	黑麥麩，以黑麥為原料碾磨製粉過程中所分出的麥皮層	澱粉、粗纖維
	全黑麥粉，不去除任何皮層的完整黑麥籽粒經碾磨獲得的產品	澱粉、粗蛋白質
酒糟類	乾白酒糟，白酒生產中，以一種或幾種穀物或者薯類為原料，以稻殼等為填充輔料，經固態發酵、蒸餾提取白酒後的殘渣，再經烘乾粉碎的產品	粗蛋白質、粗灰分、粗纖維
	乾黃酒糟，黃酒生產過程中，原料發酵後過濾獲得的濾渣經乾燥獲得的產品	粗蛋白質、粗脂肪、粗纖維
	乾酒精糟（DDG）：①大麥；②大米；③玉米；④高粱；⑤小麥；⑥黑麥；⑦穀物；⑧薯類。穀物籽實或薯類經酵母發酵、蒸餾除去乙醇後，對剩餘的釜溜物過濾獲得的濾渣進行濃縮、乾燥製成的產品。產品名稱應標明具體的穀物來源。根據穀物種類不同，可分為大麥乾酒精糟、大米乾酒精糟、玉米乾酒精糟、高粱乾酒精糟、小麥乾酒精糟、黑麥乾酒精糟。以兩種及兩種以上穀物籽實獲得的產品標稱為穀物乾酒精糟。可經瘤胃保護	粗蛋白質、粗脂肪、粗纖維、水分
	乾酒精糟可溶物（DDS）：①大麥；②大米；③玉米；④高粱；⑤小麥；⑥黑麥；⑦穀物；⑧薯類。穀物籽實或薯類經酵母發酵、蒸餾除去乙醇後，對剩餘的釜溜物過濾獲得的濾液進行濃縮、乾燥製成的產品。產品名稱應標明具體的穀物來源。根據穀物種類不同，可分為大麥乾酒精糟可溶物、大米乾酒精糟可溶物、玉米乾酒精糟可溶物、高粱乾酒精糟可溶物、小麥乾酒精糟可溶物、黑麥乾酒精糟可溶物。以兩種及兩種以上穀物籽實獲得的產品標稱為穀物乾酒精糟可溶物。可經瘤胃保護	粗蛋白質、粗脂肪、水分
	乾啤酒糟，以大麥為主要原料生產啤酒的過程中，經糖化工藝後過濾獲得的殘渣，再經乾燥獲得的產品	粗蛋白質、粗脂肪、粗纖維

（續）

原料名稱	特徵描述	強制性標識要求
酒糟類	含可溶物的___乾酒精糟［___乾全酒精糟］（DDGS）：①大麥；②大米；③玉米；④高粱；⑤小麥；⑥黑麥；⑦穀物；⑧薯類。穀物籽實或薯類經酵母發酵、蒸餾除去乙醇後，對剩餘的全釜溜物（酒糟全液，至少含四分之三固體成分）進行濃縮、乾燥製成的產品。產品名稱應標明具體的穀物來源。根據穀物種類不同，可分為含可溶物的大麥乾酒精糟、含可溶物的大米乾酒精糟、含可溶物的玉米乾酒精糟、含可溶物的高粱乾酒精糟、含可溶物的小麥乾酒精糟、含可溶物的黑麥乾酒精糟。以兩種及兩種以上穀物籽實獲得的產品標稱為含可溶物的乾穀物酒精糟。可經瘤胃保護	粗蛋白質、粗脂肪、粗纖維、水分
	___溼酒精糟（DWG）：①大麥；②大米；③玉米；④高粱；⑤小麥；⑥黑麥；⑦穀物；⑧薯類。穀物籽實或薯類經酵母發酵、蒸餾除去乙醇後，剩餘的釜溜物經過濾後獲得的濾渣。產品名稱應標明具體的穀物來源。根據穀物種類不同，可分為大麥溼酒精糟、大米溼酒精糟、玉米溼酒精糟、高粱溼酒精糟、小麥溼酒精糟、黑麥溼精酒糟。以兩種及兩種以上穀物籽實獲得的產品標稱為穀物溼酒精糟	粗蛋白質、粗脂肪、粗纖維、水分
	___溼酒精糟可溶物（DWS）：①大麥；②大米；③玉米；④高粱；⑤小麥；⑥黑麥；⑦穀物；⑧薯類。穀物籽實或薯類經酵母發酵、蒸餾除去乙醇後，剩餘的釜溜物經過濾後獲得的濾液。產品名稱應標明具體的穀物來源。根據穀物種類不同，可分為大麥溼酒精糟可溶物、大米溼酒精糟可溶物、玉米溼酒精糟可溶物、高粱溼酒精糟可溶物、小麥溼酒精糟可溶物、黑麥溼酒精糟可溶物。以兩種及兩種以上穀物籽實獲得的產品標稱為穀物溼酒精糟可溶物	
	穀物酒糟糖漿，釀酒生產中穀物發酵蒸餾後的酒糟醪液經蒸發濃縮獲得的產品	粗蛋白質、水分
蕎麥及其加工產品	蕎麥，蓼科一年生草本植物栽培蕎麥（*Fagopyrum esculentum* Moench.）的瘦果	
	蕎麥次粉，以蕎麥為原料經製粉工藝形成的副產品之一，由糊粉層、胚乳及少量細麩組成	澱粉、粗纖維
	蕎麥麩，蕎麥經製粉工藝所分離出的麥皮層	澱粉、粗纖維
	全蕎麥粉，以不去除任何皮層的完整蕎麥經碾磨獲得的產品	澱粉、粗蛋白質
	篩餘物：①大麥；②大米；③玉米；④高粱；⑤小麥；⑥黑麥；⑦蕎麥；⑧黍；⑨粟；⑩小黑麥；⑪燕麥，穀物籽實清理過程中篩選出的癟的或破碎的籽實、種皮和外殼。因穀物種類不同，可分為大麥篩餘物、大米篩餘物、玉米篩餘物、高粱篩餘物、小麥篩餘物、黑麥篩餘物、蕎麥篩餘物、黍篩餘物、粟篩餘物、小黑麥篩餘物、燕麥篩餘物	粗纖維、粗灰分

（續）

原料名稱	特徵描述	強制性標識要求
黍及其加工產品	黍（黃米），禾本科草本植物栽培黍（*Panicum miliaceum* L.）的籽實	
	黍米粉，黍米（脫皮或不脫皮）經製粉工藝加工而成的粉狀產品	澱粉、粗蛋白質
	黍米糠，黍糙米在碾米過程中分離出的皮層，含有少量胚和胚乳	粗脂肪、粗纖維、酸價
粟及其加工產品	粟（穀子）〔*Setaria italica*（L.）var.*germanica*（Mill.）Schred〕的籽實	
	小米，粟經脫皮工藝除去皮層後的部分。按粒質不同分為粳性小米和糯性小米	澱粉、粗脂肪
	小米粉，小米經碾磨獲得的粉狀產品	澱粉、粗蛋白質
	小米糠，碾米機碾下的糙小米的皮層	粗脂肪、粗纖維
小黑麥及其加工產品	小黑麥（*Triticum*×*Secale cereale*）籽實，小麥與黑麥透過雜交和雜種染色體加倍而形成的新果實	澱粉糊化度
	全小黑麥粉，以完整小黑麥籽實不去除任何皮層經碾磨獲得的產品	澱粉、粗蛋白質
	小黑麥次粉，以小黑麥為原料經製粉工藝形成的副產品之一。由糊粉層、胚乳及少量細麩組成	澱粉、粗纖維
	小黑麥粉，小黑麥經製粉工藝製成的以小黑麥粉為主、含有少量細麥麩和胚的粉狀產品	澱粉、粗蛋白質
	小黑麥麩，以小黑麥為原料碾磨製粉過程中所分出的麥皮層	澱粉、粗纖維
小麥及其加工產品	小麥（*Triticum aestivum* L.）的籽實。可經瘤胃保護	
	發芽小麥（芽麥），發芽的小麥	粗蛋白質、粗纖維
	穀朊粉（活性小麥麵筋粉、小麥蛋白粉），以小麥或小麥粉為原料，去除澱粉和其他碳水化合物等非蛋白質成分後獲得的小麥蛋白產品。由於水合後具有高度黏彈性，又稱活性小麥麵筋粉	粗蛋白質、吸水率
	噴漿小麥麩，將小麥浸泡液噴到小麥麩皮上並經乾燥獲得的產品	粗蛋白質、粗纖維
	膨化小麥，小麥在一定溫度和壓力條件下，經膨化處理獲得的產品	澱粉、粗蛋白質、澱粉糊化度
	全小麥粉，不去除任何皮層的完整小麥籽粒經碾磨獲得的產品	澱粉、粗蛋白質、麵筋量
	小麥次粉，以小麥為原料經製粉工藝生產麵粉的副產品之一，由糊粉層、胚乳及少量細麩組成	澱粉、粗纖維
	小麥粉，小麥經製粉工藝製成的以麵粉為主、含有少量細麥麩和胚的粉狀產品	澱粉、粗蛋白質、麵筋量

（續）

原料名稱	特徵描述	強制性標識要求
小麥及其加工產品	小麥粉漿粉，小麥提取澱粉、穀朊粉後的液態副產物經濃縮、乾燥獲得的產品	粗蛋白質、水分
	小麥麩，小麥在加工過程中所分出的麥皮層	粗纖維
	小麥胚，小麥加工時提取的胚及混有少量麥皮和胚乳的副產品	粗蛋白質、粗脂肪
	小麥胚芽餅，小麥胚經壓榨取油後的副產品	粗蛋白質、粗脂肪
	小麥胚芽粕，小麥胚經浸提取油後的副產品	粗蛋白質
	小麥胚芽油，小麥胚經壓榨或浸提製取的油脂。產品須由有資質的食品生產企業提供	酸價、過氧化值
	小麥水解蛋白，穀朊粉經部分水解後獲得的產品	粗蛋白質
	小麥糖渣，小麥生產澱粉糖的副產品	粗蛋白質、水分
	小麥纖維，從小麥籽實中提取的纖維，或者生產小麥澱粉過程中提取的纖維類產物	粗纖維
	小麥纖維渣（小麥皮），小麥澱粉加工副產品。主要成分為纖維素，含有少部分胚乳	粗纖維、水分
	壓片小麥，去殼小麥經汽蒸、碾壓後的產品。其中可含有少量小麥殼。可經瘤胃保護	澱粉、粗蛋白質
	預糊化小麥，將粉碎或破碎小麥經溼熱、壓力等預糊化工藝處理後獲得的產品	澱粉、粗蛋白質、澱粉糊化度
	小麥苗粉，小麥的幼苗經乾燥、粉碎後獲得的產品	粗蛋白質、粗纖維、水分
燕麥及其加工產品	燕麥，燕麥（*Avena sativa* L.）的籽實	
	膨化燕麥，碾磨或破碎燕麥在一定溫度和壓力條件下，經膨化處理獲得的產品	澱粉、澱粉糊化度
	全燕麥粉，不去除任何皮層的完整燕麥籽粒經碾磨獲得的產品	澱粉、粗蛋白質
	脫殼燕麥，燕麥的去殼籽實，可經蒸汽處理	澱粉
	燕麥次粉，以燕麥為原料經製粉工藝形成的副產品之一，由糊粉層、胚乳及少量細麩組成	澱粉、粗纖維
	燕麥粉，燕麥經製粉工藝製成的以燕麥粉為主、含有少量細麥麩和胚的粉狀產品	澱粉、粗蛋白質
	燕麥麩，以燕麥為原料碾磨製粉過程中所分離出的麥皮層	粗纖維
	燕麥殼，燕麥經脫皮工藝後脫下的外殼	粗纖維
	燕麥片，燕麥經汽蒸、碾壓後的產品。可包括少部分的燕麥殼	澱粉、粗蛋白質
	燕麥苗粉，燕麥的幼苗經乾燥、粉碎後獲得的產品	粗蛋白質、粗纖維、水分

（續）

原料名稱	特徵描述	強制性標識要求
玉米及其加工產品	玉米，玉米（*Zea mays* L.）籽實。可經瘤胃保護	
	噴漿玉米皮，將玉米浸泡液噴到玉米皮上並經乾燥獲得的產品	粗蛋白質、粗纖維
	膨化玉米，玉米在一定溫度和壓力條件下，經膨化處理獲得的產品	澱粉、澱粉糊化度
	去皮玉米，玉米籽實脫去種皮後的產品	澱粉、粗蛋白質
	壓片玉米，去皮玉米經汽蒸、碾壓後的產品。其中可含有少部分種皮	澱粉、澱粉糊化度
	玉米次粉，生產玉米粉、玉米碴過程中的副產品之一。主要由玉米皮和部分玉米碎粒組成	澱粉、粗纖維
	玉米蛋白粉，玉米經脫胚、粉碎、去渣、提取澱粉後的黃漿水，再經脫水製成的富含蛋白質的產品，粗蛋白質含量不低於50%（以乾基計）	粗蛋白質
	玉米澱粉渣，生產檸檬酸等玉米深加工產品過程中，玉米經粉碎、液化、過濾獲得的濾渣，再經乾燥獲得的產品	澱粉、粗蛋白質、粗脂肪、水分
	玉米粉，玉米經除雜、脫胚（或不脫胚）、碾磨獲得的粉狀產品	澱粉、粗蛋白質
	玉米漿乾粉，玉米浸泡液經過濾、濃縮、低溫噴霧乾燥後獲得的產品	粗蛋白、二氧化硫
	玉米酶解蛋白，玉米蛋白粉經酶水解、乾燥後獲得的產品	酸溶蛋白（三氯乙酸可溶蛋白）、粗蛋白質、粗灰分、鈣含量
	玉米胚，玉米籽實加工時所提取的胚及混有少量玉米皮和胚乳的副產品	粗蛋白質、粗脂肪
	玉米胚芽餅，玉米胚經壓榨取油後的副產品	粗蛋白質、粗脂肪、粗纖維
	玉米胚芽粕，玉米胚經浸提取油後的副產品	粗蛋白質、粗纖維
	玉米皮，玉米加工過程中分離出來的皮層	粗纖維
	玉米糝（玉米碴），玉米經除雜、脫胚、碾磨和篩分等系列工序加工而成的顆粒狀產品	澱粉、粗蛋白質
	玉米糖渣，玉米生產澱粉糖的副產品	澱粉、粗蛋白質、粗脂肪、水分
	玉米芯粉，玉米的中心穗軸經研磨獲得的粉狀產品	粗纖維
	玉米油（玉米胚芽油），由玉米胚經壓榨或浸提製取的油。產品須由有資質的食品生產企業提供	粗脂肪、酸價、過氧化值
	玉米糠，加工玉米時脫下的皮層、少量胚和胚乳的混合物	粗脂肪、粗纖維

（續）

原料名稱	特徵描述	強制性標識要求
其他	藜麥，藜麥（*Chenopodium quinoa* Willd.）的籽實。種子外皮含有的皂素已去除	
	薏米（薏苡仁、苡仁），禾本科植物薏苡（*Coix chinensis* Tod.）的種仁	澱粉、粗蛋白質

（二）油料籽實及其加工產品原料

油料籽實及其加工產品原料主要有菜籽、大豆、花生、葵花籽、亞麻籽、芝麻、亞麻籽、葡萄籽、番茄籽、紅花籽、花椒籽等21種油料籽實及其加工產品原料（表4-4）。這些油料籽實中富含蛋白質、胺基酸、多不飽和脂肪酸、粗纖維、礦物元素和維他命等諸多營養素，以及多酚、黃酮、色素、多醣、甾醇和揮發油等諸多調節生理活性的功能因子。同時，油料籽實具有特殊的風味，對保健食品的風味和適口性具有較好的調節作用。這些原料既可以作為寵物保健食品的原材料，也可以作為提取功能因子的原料，可根據其營養成分、功效成分含量和功效來選擇。

表4-4　可用於寵物保健食品的油料籽實及其加工產品原料

原料名稱	特徵描述	強制性標識要求
扁桃（杏）及其加工產品	扁桃（*Amygdalus Communis* L.）仁或杏（*Armeniaca vulgaris* Lam.）仁製油或經壓榨取油後的副產品	粗蛋白質、粗脂肪、粗纖維
	扁桃（杏）仁粕，扁桃仁或杏仁餅經浸提取油後的副產品	粗蛋白質、粗纖維
	扁桃（杏）仁油，扁桃仁或杏仁經壓榨或浸提製取的油脂。產品須由有資質的食品生產企業提供	酸值、過氧化值
菜籽及其加工產品	菜籽（油菜籽），十字花科栽培油菜（*Brassica napus* L.），包括甘藍型、白菜型、芥菜型油菜的小顆粒球形種子。可經瘤胃保護	
	菜籽餅（菜餅），菜籽經壓榨取油後的副產品。可經瘤胃保護	粗蛋白質、粗脂肪
	菜籽蛋白，利用菜籽或菜籽粕生產的蛋白質含量不低於50%（以乾基計）的產品	粗蛋白質
	菜籽皮，油菜籽經脫皮工藝脫下的種皮	粗脂肪、粗纖維
	菜籽粕（菜粕），油菜籽經預壓浸提或直接溶劑浸提取油後獲得的副產品，或由菜籽餅浸提取油後獲得的副產品。可經瘤胃保護	粗蛋白質、粗纖維
	菜籽油（菜油），菜籽經壓榨或浸提製取的油。產品須由有資質的食品生產企業提供	酸價、過氧化值

（續）

原料名稱	特徵描述	強制性標識要求
菜籽及其加工產品	膨化菜籽，菜籽在一定溫度和壓力條件下，經膨化處理獲得的產品。可經瘤胃保護	粗蛋白質、粗脂肪
	雙低菜籽，油菜籽中油的脂肪酸中芥酸含量不高於5.0%，餅粕中硫苷含量不高於45.0μmol/g的油菜籽品種。可經瘤胃保護	芥酸、硫苷
	雙低菜籽粕（雙低菜粕），雙低菜籽預壓浸提或直接溶劑浸提取油後獲得的副產品，或由雙低菜籽餅浸提取油後獲得的副產品。可經瘤胃保護	粗蛋白、粗纖維、硫苷
大豆及其加工產品	大豆，豆科草本植物栽培大豆（*Glycine max*.L.Merr.）的種子	
	大豆分離蛋白，以低溫大豆粕為原料，利用鹼溶酸析原理，將蛋白質和其他可溶性成分萃取出來，再在等電點下析出蛋白質，蛋白質含量不低於90%（以乾基計）的產品	粗蛋白質
	大豆磷脂油，在大豆原油脫膠過程中分離出的、經真空脫水獲得的含油磷脂	丙酮不溶物、粗脂肪、酸價、水分
	大豆酶解蛋白，大豆或大豆加工產品（脫皮豆粕/大豆濃縮蛋白）經酶水解、乾燥後獲得的產品	酸溶蛋白（三氯乙酸可溶蛋白）、粗蛋白質、粗灰分、鈣
	大豆濃縮蛋白，低溫大豆粕除去其中的非蛋白成分後獲得的蛋白質含量不低於65%（以乾基計）的產品	粗蛋白質
	大豆胚芽粕（大豆胚芽粉），大豆胚芽脫油後的產品	粗蛋白質、粗纖維
	大豆胚芽油，大豆胚芽經壓榨或浸提製取的油。產品須由有資質的食品生產企業提供	酸價、過氧化值
	大豆皮，大豆經脫皮工藝脫下的種皮	粗蛋白質、粗纖維
	大豆篩餘物，大豆籽實清理過程中篩選出的癟的或破碎的籽實、種皮和外殼	粗纖維、粗灰分
	大豆糖蜜，醇法大豆濃縮蛋白生產中，萃取液經濃縮獲得的總醣不低於55%、粗蛋白質不低於8%的黏稠物（以乾基計）	總醣、蔗糖、粗蛋白質、水分
	大豆纖維，從大豆中提取的纖維物質	粗纖維
	大豆油（豆油），大豆經壓榨或浸提製取的油。產品須由有資質的食品生產企業提供	酸價、過氧化值
	豆餅，大豆籽粒經壓榨取油後的副產品。可經瘤胃保護	粗蛋白質、粗脂肪
	豆粕，大豆經預壓浸提或直接溶劑浸提取油後獲得的副產品，或由大豆餅浸提取油後獲得的副產品。可經瘤胃保護	粗蛋白質、粗纖維
	豆渣，大豆經浸泡、碾磨、加工成豆製品或提取蛋白後的副產品	粗蛋白質、粗纖維
	烘烤大豆（粉），烘烤的大豆或將其粉碎後的產品。可經瘤胃保護	

（續）

原料名稱	特徵描述	強制性標識要求
大豆及其加工產品	膨化大豆（膨化大豆粉），全脂大豆經清理、破碎（磨碎）、膨化處理獲得的產品	粗蛋白質、粗脂肪
	膨化大豆蛋白（大豆組織蛋白），大豆分離蛋白、大豆濃縮蛋白在一定溫度和壓力條件下，經膨化處理獲得的產品	粗蛋白質
	膨化豆粕，豆粕經膨化處理後獲得的產品	粗蛋白質、粗纖維
番茄籽及其加工產品	番茄（*Lycopersicon esculentum* Mill.）籽經壓榨或浸提取油後的副產品	粗蛋白質、粗纖維
	番茄籽油，番茄籽經壓榨或浸提製取的油。產品須由有資質的食品生產企業提供	酸價、過氧化值
橄欖及其加工產品	橄欖餅（油橄欖餅），木樨科常綠喬木油樹的橢圓形或卵形黑果油橄欖（*Olea europaea* L.）果實經壓榨取油後的副產品	粗蛋白質、粗脂肪、粗纖維
	橄欖粕（油橄欖粕），油橄欖餅經浸提取油後獲得的副產品	粗蛋白質、粗纖維
	橄欖油，橄欖經壓榨或浸提製取的油。產品須由有資質的食品生產企業提供	酸價、過氧化值
核桃及其加工產品	核桃仁餅，脫殼或部分脫殼（含殼率≤30%）的核桃（*Juglans regia* L.）經壓榨取油後的副產品	粗蛋白質、粗脂肪、粗纖維
	核桃仁粕，核桃仁經預壓浸提或直接溶劑浸提取油後獲得的副產品，或由核桃仁餅浸提取油後獲得的副產品	粗蛋白質、粗纖維
	核桃仁油，核桃仁經壓榨或浸提製取的油。產品須由有資質的食品生產企業提供	酸價、過氧化值
紅花籽及其加工產品	紅花籽，菊科植物紅花（*Carthamus tinctorius* L.）的種子	
	紅花籽餅，紅花籽（仁）經壓榨取油後的副產品	粗蛋白質、粗脂肪、粗纖維
	紅花籽殼，紅花籽脫殼取仁後的產品	粗纖維
	紅花籽粕，紅花籽（仁）經浸提取油後的副產品	粗蛋白質、粗纖維
	紅花籽油，紅花籽（仁）經壓榨或浸提製取的油。產品須由有資質的食品生產企業提供	酸價、過氧化值
花椒籽及其加工產品	花椒籽，蕓香科花椒屬植物青花椒（*Zanthoxylun schinifolium* Sieb. et Zucc.）或花椒（*Zanthoxylum bungeanum* Maxim.var.*bungeanum*）的乾燥成熟果實中的籽	
	花椒籽餅（花椒餅），花椒籽經壓榨取油後的副產品	粗蛋白質、粗脂肪、粗纖維
	花椒籽粕（花椒粕），花椒籽經預壓浸提或直接溶劑浸提取油後獲得的副產品，或由花椒餅浸提取油獲得的副產品	粗蛋白質、粗纖維
	花椒籽油花椒籽經壓榨或浸提製取的油。產品須，由有資質的食品生產企業提供	酸價、過氧化值

（續）

原料名稱	特徵描述	強制性標識要求
花生及其加工產品	花生，豆科草本植物栽培花生（*Arachis hypogaea* L.）莢果的種子，橢圓形，種皮有黑、白、紫紅等色	
	花生餅（花生仁餅），脫殼或部分脫殼（含殼率≤ 30%）的花生經壓榨取油後的副產品	粗蛋白質、粗脂肪、粗纖維
	花生蛋白，由花生及花生粕生產的蛋白質含量不低於65%（以乾基計）的產品	粗蛋白質、粗纖維
	花生紅衣，花生仁外衣，含有豐富單寧和硫胺	粗纖維
	花生殼，花生的外殼	粗纖維
	花生粕（花生仁粕），花生經預壓浸提或直接溶劑浸提取油後獲得的副產品，或由花生餅浸提取油獲得的副產品	粗蛋白質、粗脂肪、粗纖維
	花生油，花生（仁）經壓榨或浸提製取的油。產品須由有資質的食品生產企業提供	酸價、過氧化值
可可及其加工產品	可可餅（粉），脫殼後的可可（*Theobroma cacao* L.）豆經壓榨取油後的副產品，可經粉碎	粗蛋白質、粗脂肪、粗纖維
	可可油（可可脂），可可豆經壓榨或浸提製取的油。產品須由有資質的食品生產企業提供	酸價、過氧化值
葵花籽及其加工產品	葵花籽（向日葵籽），菊科草本植物栽培向日葵（*Helianthus annuus* L.）短卵形瘦果的種子。可經瘤胃保護	
	葵花頭粉（向日葵盤粉），葵花盤去除葵花籽後剩餘物粉碎烘乾的產品	粗纖維、粗灰分
	葵花籽殼（向日葵殼），向日葵籽的外殼	粗纖維
	葵花籽仁餅（向日葵籽仁餅），部分脫殼的向日葵籽經壓榨取油後的副產品	粗蛋白質、粗脂肪、粗纖維
	葵花籽仁粕（向日葵籽仁粕），部分脫殼的向日葵籽菜籽經預壓浸提或直接溶劑浸提取油後獲得的副產品。可經瘤胃保護	粗蛋白質、粗纖維
	葵花籽油（向日葵籽油），向日葵籽經壓榨或浸提製取的油。產品須由有資質的食品生產企業提供	酸價、過氧化值
棉籽及其加工產品	棉籽，錦葵科草木或多年生灌木棉花（*Gossypium* spp.）蒴果的種子。不得用於水產飼料。可經瘤胃保護	
	棉仁餅，按脫殼程度，含殼量低的棉籽餅稱為棉仁、餅	粗蛋白質、粗脂肪、粗纖維
	棉籽餅（棉餅），棉籽經脫絨、脫殼和壓榨取油後的副產品	粗蛋白質、粗脂肪、粗纖維
	棉籽蛋白，由棉籽或棉籽粕生產的粗蛋白質含量在50%以上的產品	粗蛋白質、游離棉酚

（續）

原料名稱	特徵描述	強制性標識要求
棉籽及其加工產品	棉籽殼，棉籽剝殼，以及仁殼分離後以殼為主的產品	粗纖維
	棉籽酶解蛋白，棉籽或棉籽蛋白粉經酶水解、乾燥後獲得的產品	酸溶蛋白（三氯乙酸可溶蛋白）、粗蛋白質、粗灰分、游離棉酚、鈣
	棉籽粕（棉粕），棉籽經脫絨、脫殼、仁殼分離後，經預壓浸提或直接溶劑浸提取油後獲得的副產品，或由棉籽餅浸提取油獲得的副產品。可經瘤胃保護	粗蛋白質、粗纖維
	棉籽油（棉油），棉籽經壓榨或浸提製取的油。產品須由有資質的食品生產企業提供	酸價、過氧化值
	脫酚棉籽蛋白（脫毒棉籽蛋白），以棉籽為原料，在低溫條件下，經軟化、軋胚、浸出提油後並將棉酚以游離狀態萃取去除後得到的粗蛋白含量不低於50%、游離棉酚含量不高於400mg/kg、胺基酸占粗蛋白比例不低於87%的產品	粗蛋白質、粗纖維、游離棉酚、胺基酸占粗蛋白比例
木棉籽及其加工產品	木棉籽餅，木棉（*Bombax malabaricum* DC.）籽經壓榨取油後的副產品	粗蛋白質、粗脂肪、粗纖維
	木棉籽粕，木棉籽經預壓浸提或直接溶劑浸提取油後獲得的副產品，或由木棉籽餅浸提取油獲得的副產品	粗蛋白質、粗纖維
	木棉籽油，木棉籽經壓榨或浸提製取的油。產品須由有資質的食品生產企業提供	酸價、過氧化值
葡萄籽及其加工產品	葡萄籽粕（*Vitis vinifera* L.）籽經浸提取油後的副產品	粗蛋白質、粗纖維
	葡萄籽油，葡萄籽經浸提製取的油。產品須由有資質的食品生產企業提供	酸價、過氧化值
沙棘籽及其加工產品	沙棘籽餅，沙棘（*Hippophae rhamnoides* L.）籽經壓榨取油後的副產品	粗蛋白質、粗脂肪、粗纖維
	沙棘籽粕，沙棘籽經浸提或超臨界萃取取油後的副產品	粗蛋白質、粗纖維
	沙棘籽油，沙棘籽經壓榨或浸提製取的油。產品須由有資質的食品生產企業提供	酸價、過氧化值
酸棗及其加工產品	酸棗粕，酸棗〔*Ziziphus jujube* Mill. var. *spinosa*（Bunge）Hu ex H. F. Chou〕果仁經浸提取油後的副產品	粗蛋白質、粗纖維
	酸棗油，酸棗果仁經浸提製取的油。產品須由有資質的食品生產企業提供	酸價、過氧化值
文冠果加工產品	文冠果粕，文冠果（*Xanthoceras sorbifolia* Bunge.）種子經壓榨取油後的副產品	粗蛋白質、粗纖維
	文冠果油，文冠果種子經壓榨製取的油。產品須由有資質的食品生產企業提供	酸價、過氧化值

（續）

原料名稱	特徵描述	強制性標識要求
亞麻籽及其加工產品	亞麻籽，亞麻（*Linum usitatissimum* L.）的種子。可經瘤胃保護	
	亞麻餅（亞麻籽餅，亞麻仁餅，胡麻餅），亞麻籽經壓榨取油後的副產品	粗蛋白質、粗脂肪、粗纖維
	亞麻粕（亞麻籽粕，亞麻仁粕，胡麻粕），亞麻籽經浸提取油後的副產品	粗蛋白質、粗纖維
	亞麻籽油，亞麻籽經壓榨或浸提製取的油。產品須由有資質的食品生產企業提供	酸價、過氧化值
	亞麻籽粉，亞麻籽經製粉工藝獲得的粉狀產品	粗蛋白質、粗脂肪、粗纖維
椰子及其加工產品	椰子餅，以乾燥的椰子（*Cocos nucifera* L.）胚乳（即椰肉）為原料，經壓榨取油後的副產品	粗蛋白質、粗脂肪、粗纖維
	椰子粕，以乾燥的椰子胚乳（即椰肉）為原料，經預榨以及溶劑浸提取油後的副產品	粗蛋白質、粗纖維
	椰子油，椰子胚乳（即椰肉）經壓榨或浸提製取的油。產品須由有資質的食品生產企業提供	酸價、過氧化值
油棕櫚及其加工產品	棕櫚果，棕櫚（*Trachycarpus fortunei* Hook.）果穗上的含油未加工脫脂和未分離果核的果（肉）實	粗蛋白質、粗脂肪、粗纖維
	棕櫚餅（棕櫚仁餅），棕櫚仁經壓榨取油後的副產品	粗蛋白質、粗脂肪、粗纖維
	棕櫚餅（棕櫚仁餅），棕櫚仁經壓榨取油後的副產品	粗蛋白質、粗脂肪、粗纖維
	棕櫚仁，油棕櫚果實脫殼後的果仁	
	棕櫚仁油，棕櫚仁經壓榨或浸提製取的油。產品須由有資質的食品生產企業提供	酸價、過氧化值
	棕櫚油，棕櫚果肉經壓榨或浸提製取的油。產品須由有資質的食品生產企業提供	酸價、過氧化值
	棕櫚脂肪粉，棕櫚油經加熱、噴霧、冷卻獲得的顆粒狀粉末。產品不得添加任何載體，粗脂肪≥99.5%。產品須由有資質的食品生產企業提供	酸價、過氧化值
	棕櫚脂肪酸粉，棕櫚油經精煉、水解、氫化、蒸餾、噴霧、冷卻製取的顆粒狀棕櫚脂肪酸粉。產品中總脂肪酸（包括棕櫚酸、油酸和其他脂肪酸）含量不低於99.5%，其中棕櫚酸（C16：0）含量大於60.0%，油酸（C18：1）含量小於25.0%。棕櫚油須由有資質的食品生產企業提供	酸價、過氧化值、碘價 總脂肪酸、棕櫚酸

（續）

原料名稱	特徵描述	強制性標識要求
月見草籽及其加工產品	月見草籽，月見草（*Oenothera biennis* L.）籽實	
	月見草籽粕，月見草籽經冷榨、浸提取油後的副產品	粗蛋白質、粗纖維
	月見草籽油，月見草籽經冷榨、浸提製取的油。產品須由有資質的食品生產企業提供	酸價、過氧化值
芝麻及其加工產品	芝麻籽，芝麻（*Sesamum indicum* L.）種子	
	芝麻餅（油麻餅），芝麻籽經壓榨取油後的副產品	粗蛋白質、粗脂肪、粗纖維
	芝麻粕，芝麻籽經預壓浸提或直接溶劑浸提取油後的副產品，或芝麻籽餅浸提取油後的副產品	粗蛋白質、粗纖維
	芝麻油、芝麻籽經壓榨或浸提製取的油。產品須由有資質的食品生產企業提供	酸價、過氧化值
紫蘇及其加工產品	紫蘇籽，紫蘇（*Perilla frutescens* L.）的籽實	粗蛋白質、粗脂肪、粗纖維、酸價、過氧化值
	紫蘇餅（紫蘇籽餅），紫蘇籽經壓榨取油後的副產品	粗蛋白質、粗脂肪、粗纖維
	紫蘇粕（紫蘇籽粕），紫蘇籽或紫蘇籽餅經浸提取油後的副產品	粗蛋白質、粗纖維
	紫蘇油，紫蘇籽經壓榨或浸提製取的油。產品須由有資質的食品生產企業提供	酸價、過氧化值
其他	氫化脂肪，植物油脂經氫化反應獲得的產品。產品須由有資質的食品生產企業提供	酸價、過氧化值
	琉璃苣籽油，琉璃苣（*Borago officinalis* L.）籽經壓榨或浸提製取的油	酸價、過氧化值

（三）豆科作物籽實及其加工產品原料

豆科作物籽實主要包括扁豆、菜豆、蠶豆、瓜爾豆、紅豆、綠豆、大豆（在油料作為籽實中介紹）等10餘種豆類及其加工產品（表4-5）。豆科作物籽實原料粗蛋白質含量高（20%～40%），無氮浸出物較禾本科籽實低（28%～62%），蛋白質品質好，離胺酸較多，而蛋胺酸等含硫胺基酸相對不足，必需胺基酸（除蛋胺酸外）近似動物性蛋白質。無氮浸出物明顯低於能量飼料，豆類的有機物消化率為85%以上，含脂肪豐富。大豆和花生的粗脂肪含量超過15%，因此能量含量較高，可兼作蛋白質和能量飼料使用。豆科籽實的礦物質和維他命含量與穀實類飼料相似或略高，鈣含量稍高，但磷含量較低，維他命B_1與菸鹼酸含量豐富，維他命B_2、胡蘿蔔素與維他命D缺乏。豆科籽實含有一些抗營養因子，如胰蛋白酶抑制因子、糜蛋白酶抑制因子、血凝集素、皂素等，影響飼料的適口性、消化率及動物的一些生理過程。但適當的熱處理，可使其失去活性，提高其利用率。這些籽實加工的產品是提取保健食品功能因子的較好原料，可從中提取蛋白質、活性肽和胺基酸、黃酮類物質、多醣、果膠、粗纖維等營養素或功能因子。

表4-5　可用於寵物保健食品的油料籽實及其加工產品原料

原料名稱	特徵描述	強制性標識要求
扁豆及其加工產品	扁豆，豆科蝶形花亞科扁豆屬扁豆（*Lablab purpureus* L.）的籽實	
	去皮扁豆，扁豆籽實去皮後的產品	粗蛋白質、粗纖維
菜豆及其加工產品	菜豆（芸豆），豆科菜豆屬菜豆（*Phaseolus vulgaris* L.）的籽實	
蠶豆及其加工產品	蠶豆，豆科野豌豆屬蠶豆（*Vicia faba* L.）的籽實	
	蠶豆粉漿蛋白粉，用蠶豆生產澱粉時，從其粉漿中分離出澱粉後經乾燥獲得的粉狀副產品	粗蛋白質
	蠶豆皮，蠶豆籽實經去皮工藝脫下的種皮	粗纖維、粗灰分
	去皮蠶豆，蠶豆籽實去皮後的產品	粗蛋白質、粗纖維
	壓片蠶豆，去皮蠶豆經汽蒸、碾壓處理獲得的產品	粗蛋白質
瓜爾豆及其加工產品	瓜爾豆，豆科瓜爾豆屬瓜爾豆（*Cyamopsis tetragonoloba* L.）籽實	
紅豆及其加工產品	紅豆（赤豆、紅小豆），豆科豇豆屬紅豆［*Vigna angulari*（Willd.）Ohwi et H. Ohashi］的籽實	
	紅豆皮，紅豆籽實經脫皮工藝脫下的種皮	粗纖維、粗灰分
	紅豆渣，紅豆經溼法提取澱粉和蛋白後所得的副產品	粗纖維、粗灰分、水分
角豆及其加工產品	角豆粉，豆科長角豆屬長角豆（*Ceratonia siliqua* L.）的籽實和豆莢一起粉碎後獲得的產品	粗蛋白質、粗纖維、總醣
綠豆及其加工產品	綠豆，豆科豇豆屬綠豆（*Vigna radiata* L.）的籽實	
	綠豆粉漿蛋白粉，用綠豆生產澱粉時，從其粉漿中分離出澱粉後經乾燥獲得的粉狀副產品	粗蛋白質
	綠豆皮，綠豆籽實經去皮工藝脫下的種皮	粗纖維、粗灰分
	綠豆渣，綠豆經溼法提取澱粉和蛋白後所得的副產品	粗纖維、粗灰分、水分
豌豆及其加工產品	豌豆，豆科豌豆屬豌豆（*Pisum sativum* L.）的籽實。可經瘤胃保護	
	去皮豌豆，豌豆籽實去皮後的產品	粗蛋白質、粗纖維
	豌豆次粉，豌豆製粉過程中獲得的副產品，主要由胚乳和少量豆皮組成	粗蛋白質、粗纖維

（續）

原料名稱	特徵描述	強制性標識要求
豌豆及其加工產品	豌豆粉，豌豆經粉碎所得的產品	粗蛋白質、粗纖維
	豌豆粉漿蛋白粉，用豌豆生產澱粉時，從其粉漿中分離出澱粉後經乾燥獲得的粉狀副產品	粗蛋白質
	豌豆粉漿粉，豌豆經溼法提取澱粉和蛋白後所得的液態副產物，經濃縮、乾燥獲得的粉狀產品。主要由可溶性蛋白和碳水化合物組成	粗蛋白質 水分
	豌豆皮，豌豆籽實經去皮工藝脫下的種皮	粗纖維、粗灰分
	豌豆纖維，從豌豆中提取的纖維物質	粗纖維
	豌豆渣，豌豆經溼法提取澱粉和蛋白後所得的副產品	粗纖維、粗灰分、水分
	壓片豌豆，去皮豌豆經汽蒸、碾壓獲得的產品	粗蛋白質
鷹嘴豆及其加工產品	鷹嘴豆，豆科鷹嘴豆屬鷹嘴豆（*Cicer arietinum* L.）的籽實	
羽扇豆及其加工產品	羽扇豆，苦味物質含量低的豆科羽扇豆屬多葉羽扇豆（*Lupinus polyphyllus* Lindl.）的籽實	
	去皮羽扇豆，羽扇豆籽實經去皮後的產品	粗蛋白質、粗纖維
	羽扇豆皮，羽扇豆籽實經去皮工藝脫下的種皮	粗纖維、粗灰分
	羽扇豆渣，羽扇豆提取蛋白或寡醣組分後獲得的副產品	粗纖維、粗灰分、水分
其他	___豆莢，本目錄所列豆科植物籽實的豆莢，產品名稱應標明原料的來源，如豌豆莢	粗纖維
	___豆莢粉，本目錄所列豆科植物籽實的豆莢經粉碎獲得的產品，產品名稱應標明原料的來源，如角豆莢粉	粗纖維
	烘烤___豆，豆科菜豆屬（*Phaseolus* L.）或豇豆屬（*Vigna Savi*）植物的籽實經適當烘烤後的產品。產品名稱應標明原料的來源，如烘烤菜豆。可經瘤胃保護	粗蛋白質
兵豆及其加工產品	兵豆（小扁豆），豆科兵豆屬兵豆（*Lens culinaris*）的籽實	

（四）塊莖、塊根及其加工產品原料

塊莖、塊根類保健食品原料主要包括甘薯、馬鈴薯、蘿蔔、菊苣、樹薯、蒟蒻、甜菜、甘藍、菊芋及南瓜等10種以上（表4-6）。從營養成分看，這類原料水分含量達到70%～90%，乾物質中主要是無氮浸出物，且多為易消化的澱粉或糖分，能值也較高，而粗蛋白質、粗脂肪、粗纖維、粗灰分等較少。這類原料具有很好或較好的適口性，新鮮飼餵時宜切塊，避免引起食管梗阻。在西方，這類原料有不少被乾製成粉後用作寵物食品（保健）原料。

表4-6 可用於寵物保健食品的塊莖、塊根及其加工產品原料

原料名稱	特徵描述	強制性標識要求
白蘿蔔及其加工產品	蘿蔔（*Raphanus sativus* L.）經切塊、乾燥、粉碎工藝獲得的不同形態的產品。產品名稱應註明產品形態，如白蘿蔔乾	水分
大蒜及其加工產品	大蒜粉（片），百合科蔥屬蒜（*Allium sativum* L.）經粉碎或切片獲得的白色至黃色粉末或片狀物	
	大蒜渣，大蒜取油後的副產品	粗纖維、水分
甘薯及其加工產品	甘薯（紅薯、白薯、番薯、山芋、地瓜、紅苕）乾（片、塊、粉、顆粒），旋花科番薯屬甘薯（*Ipomoea batatas* L.）植物的塊根，經切塊、乾燥、粉碎工藝獲得的不同形態的產品。產品名稱應註明產品形態，如甘薯乾	水分
	甘薯渣，甘薯提取澱粉後的副產品	粗纖維、粗灰分、水分
	紫薯乾（片、塊、粉、顆粒），旋花科番薯屬紫薯［*Ipomoea batatas*（L.）Lam］的塊根，經切塊、乾燥、粉碎工藝獲得的不同形態的產品。產品名稱應註明產品形態，如紫薯乾	水分
胡蘿蔔及其加工產品	胡蘿蔔（*Daucus carota* L.）乾（片、塊、粉、顆粒），胡蘿蔔經切塊、乾燥、粉碎工藝獲得的不同形態的產品。產品名稱應註明產品形態，如胡蘿蔔乾	水分
	胡蘿蔔渣，胡蘿蔔經榨汁或提取胡蘿蔔素後獲得的副產品	粗纖維、粗灰分、水分
菊苣及其加工產品	菊苣根乾（片、塊、粉、顆粒），菊科菊苣屬菊苣（*Cichorium intybus* L.）的塊根，經乾燥、粉碎工藝獲得的不同形態的產品。產品名稱應註明產品形態，如菊苣根粉	水分、總醣
	菊苣渣，菊苣製取菊糖或香料後的副產品，由浸提或壓榨後的菊苣片組成	粗纖維、粗灰分、水分
菊芋及其加工產品	菊糖，菊科向日葵屬菊芋（*Helianthus tuberosus* L.）的塊根中提取的果聚醣。產品須由有資質的食品生產企業提供	菊糖
	菊芋渣，菊芋提取菊糖後的副產物	粗纖維、粗灰分、水分
馬鈴薯及其加工產品	馬鈴薯（土豆、洋芋、山藥蛋）乾（片、塊、粉、顆粒），馬鈴薯（*Solanum tuberosum* L.）經切塊、切片、乾燥、粉碎等工藝獲得的不同形態的產品。產品名稱應註明產品形態，如馬鈴薯乾	水分
	馬鈴薯蛋白粉，馬鈴薯提取澱粉後經乾燥獲得的粉狀產品。主要成分為蛋白質	粗蛋白質
	馬鈴薯渣，馬鈴薯經提取澱粉和蛋白後的副產物	粗纖維、粗灰分、水分

（續）

原料名稱	特徵描述	強制性標識要求
蒟蒻及其加工產品	蒟蒻乾（片、塊、粉、顆粒），天南星科魔芋屬蒟蒻（*Amorphophalms konjac*）的塊根經切塊、切片、乾燥、粉碎等工藝，獲得的不同形態的產品。產品名稱應註明產品形態，如蒟蒻乾	水分
樹薯及其加工產品	樹薯乾（片、塊、粉、顆粒），樹薯（*Manihot esculenta* Crantz.）經切塊、切片、乾燥、粉碎等工藝獲得的不同形態的產品。產品名稱應註明產品形態，如樹薯乾	水分
	樹薯渣，樹薯提取澱粉後的副產物	粗纖維、粗灰分、水分
藕及其加工產品	藕（蓮藕）乾（片、塊、粉、顆粒），蓮藕經切塊、切片、乾燥、粉碎等工藝獲得的不同形態的產品。產品名稱應註明產品形態，如蓮藕乾	水分
甜菜及其加工產品	甜菜粕（渣），藜科甜菜屬甜菜（*Beta vulgaris* L.）的塊根製糖後的副產品，由浸提或壓榨後的甜菜片組成	粗纖維、粗灰分、水分
	甜菜粕顆粒，以甜菜粕為原料，添加廢糖蜜等輔料經製粒形成的產品	粗纖維、粗灰分、水分
	甜菜糖蜜，從甜菜中提糖後獲得的液體副產品	總醣、粗灰分、水分
蔗糖	見表4-14	
食用瓜類及其加工產品	___瓜，可食用瓜類或其去除瓜籽後的產品。可鮮用或對其進行乾燥加工處理，產品名稱應標明使用原料的來源，如南瓜	水分
	___瓜籽，可食用瓜類的籽實經乾燥等工藝加工獲得的產品，產品名稱應標明使用原料的來源，如南瓜籽	粗蛋白

（五）其他籽實、果實類產品及其加工產品原料

該類原料主要包括辣椒、水果或堅果、棗及其加工產品（表4-7）。辣椒及其加工產品主要是從辣椒中提取辣椒紅色素，作為寵物保健食品中功能色素。酪梨經切片、切塊、乾燥、粉碎等工藝獲得的不同形態的產品，主要是補充水果中含有的營養素，包括蛋白質、粗纖維、糖分等；可食用的堅果仁或水果仁，除了含有基本營養素外，還有一定的美毛功能。棗及其加工產品除了為寵物提供基本營養功能外，還有提高免疫力，預防或調節代謝性相關疾病的發生，如減少結石、促進消化、增進食慾等功效。

表4-7　可用於寵物保健食品的塊莖、塊根及其加工產品原料

原料名稱	特徵描述	強制性標識要求
辣椒及其加工產品	辣椒粉，辣椒（*Capsicum annuum* L.）經乾燥、粉碎後所得的產品	粗蛋白質、粗灰分

（續）

原料名稱	特徵描述	強制性標識要求
辣椒及其加工產品	辣椒渣，辣椒皮提取紅色素後的副產品	粗蛋白質、粗灰分
	辣椒籽粕，辣椒籽取油後的副產品	
	辣椒籽油，辣椒籽經壓榨或浸提製取的油。產品須由有資質的食品生產企業提供	酸價、過氧化值
水果或堅果及其加工產品	酪梨乾（片、塊、粉），酪梨（*Persea americana* Mill.）經切片、切塊、乾燥、粉碎等工藝獲得的不同形態的產品。產品名稱應註明產品形態，如酪梨乾	總醣、水分
	酪梨濃縮汁，酪梨壓榨後的汁液經濃縮後獲得的產品。產品須由有資質的食品生產企業提供	總醣、水分
	___果仁，可食用的堅果仁或水果仁，產品名稱應標明使用原料的來源	粗蛋白質、粗脂肪
	___果渣，可食用水果榨汁或果品加工過程中獲得的副產品，產品名稱應標明使用原料的來源，如柑橘渣	粗纖維、粗灰分、水分
	___果（汁、泥、片、乾、粉），可食用水果鮮果，或對其進行加工後獲得的果汁、果泥、果片、果乾、果粉等。不得使用變質原料。產品名稱應標明原料來源，如蘋果	總醣、水分
棗及其加工產品	棗，食用棗（*Ziziphus jujuba* Mill.）	
	棗粉，食用棗經乾燥、粉碎獲得的產品	粗纖維、粗灰分
蔬菜及其加工產品	___菜（汁、泥、片、乾、粉），可食用蔬菜鮮菜，或對其進行加工後獲得的蔬菜汁、蔬菜泥、蔬菜片、蔬菜乾、蔬菜粉等。不得使用變質原料。產品名稱應標明原料來源，如菠菜	粗纖維、水分

（六）其他植物、藻類及其加工產品原料

其他植物、藻類及其加工產品原料有115種，主要是農產品、藥食同源植物、藻類及其加工產品或副產品等（表4-8）。這些原料中含有豐富的七大營養素，既可以作為保健食品的原料，也可以作為基料。同時，也含有調節生理功能的活性成分，如黃酮類、多酚類、多醣類、揮發油、不飽和脂肪酸等。

表4-8 可用於寵物保健食品的其他植物、藻類及其加工產品原料

原料名稱	特徵描述	強制性標識要求
甘蔗加工產品	甘蔗糖蜜，甘蔗（*Saccharum officinarum* L.）經製糖工藝提取糖後獲得的黏稠液體或甘蔗糖蜜精煉提取糖後獲得的液體副產品	蔗糖、水分
	甘蔗渣，甘蔗提取糖後剩餘的植物部分，主要由纖維組成蔗糖，見表4-14	粗纖維、水分

（續）

原料名稱	特徵描述	強制性標識要求
絲蘭及其加工產品	絲蘭粉，絲蘭（*Yucca schidigera* Roezl.）乾燥、粉碎後得到的粉狀產品	吸氨量、水分
甜葉菊及其加工產品	甜葉菊渣，甜葉菊［*Stevia rebaudiana*（Bertoni）Hemsl L.］提取甜菊糖後的副產物	粗蛋白質、粗纖維、粗灰分、水分
萬壽菊及其加工產品	萬壽菊渣，萬壽菊（*Tagetes erecta* L.）提取葉黃素後副產品	粗蛋白質、粗纖維、粗灰分、水分
藻類及其加工產品	___藻，可食用大型海藻（如海帶、巨藻、龍須藻）或食品企業加工食用大型海藻剩餘的邊角料，可經冷藏、冷凍、乾燥、粉碎處理。產品名稱應標明海藻品種和產品物理性狀，如海帶粉	粗蛋白質、粗灰分
	___藻渣，可食用大型海藻經提取活性成分後的副產品，產品名稱應標明使用原料的來源，如海帶渣	總醣、粗灰分、水分
	裂壺藻粉，以裂壺藻（*Schizochytrium* sp.）種為原料，透過發酵、分離、乾燥等工藝生產的富含DHA的藻粉	粗脂肪、DHA
	螺旋藻粉，螺旋藻（*Spirulina platensis*）乾燥、粉碎後的產品	粗蛋白質、粗灰分
	擬微綠球藻粉，以擬微綠球藻（*Nannochloropsis* sp.）種為原料，透過培養、濃縮、乾燥等工藝生產的富含EPA的藻粉	粗脂肪、EPA
	微藻粕，裂壺藻粉、擬微綠球藻粉或小球藻粉浸提脂肪後，經乾燥得到的副產品	粗蛋白、粗灰分
	小球藻粉，以小球藻（*Chlorella* sp.）種為原料，透過培養、濃縮、乾燥等工藝生產的富含EPA和DHA的藻粉	粗脂肪、EPA、DHA
其他可飼用天然植物（僅指所稱植物或植物的特定部位經乾燥或提純或乾燥、粉碎獲得的產品）		
八角茴香	木蘭科八角屬植物八角（*Illicium verum* Hook.）的乾燥成熟果實	
白扁豆	豆科扁豆屬（*Lablab* Adans.）植物的乾燥成熟種子	
百合	百合科百合屬植物捲丹（*Lilium lancifolium* Thunb.）、百合（*Lilium brownii* F. E. Brown var. *viridulum* Baker）或細葉百合（*Lilium pumilum* DC.）的乾燥肉質鱗葉	
白芍	毛茛科芍藥亞科芍藥屬植物芍藥（*Paeonia lactiflora* Pall.）的乾燥根	
白術	菊科蒼術屬植物白術（*Atrctylodes macrocephala* Koidz.）的乾燥根莖	
柏子仁	柏科側柏屬植物側柏［*Platycladus orientalis*（L.）Franco］的乾燥成熟種仁	
薄荷	唇形科薄荷屬植物薄荷（*Mentha haplocalyx* Briq.）的乾燥地上部分	
補骨脂	豆科補骨脂屬植物補骨脂（*Psoralea corylifolia* L.）的乾燥成熟果實	
蒼術	菊科蒼術屬植物蒼術［*Atractylodes lancea*（Thunb.）DC.］或北蒼術［*Atractylodes chinensis*（DC.）Koidz］的乾燥根莖	

（續）

其他可飼用天然植物（僅指所稱植物或植物的特定部位經乾燥或提純或乾燥、粉碎獲得的產品）	
側柏葉	柏科側柏屬植物側柏［*Platycladus orientalis*（L.）Franco］的乾燥枝梢和葉
車前草	車前科車前屬植物車前（*Plantago asiatica* L.）或平車前（*Plantago depressa* Willd.）的乾燥成熟種子
車前子	車前科車前屬植物車前（*Plantago asiatica* L.）或平車前（*Plantago depressa* Willd.）的乾燥成熟種子
赤芍	毛茛科芍藥亞科芍藥屬植物芍藥（*Paeonia lactiflora* Pall.）或川赤芍（*Paeonia veitchii* Lynch）的乾燥根
川芎	傘形科槁本屬植物川芎（*Ligusticum chuanxiong* Hort.）的乾燥根莖
刺五加	五加科五加屬植物刺五加［Acanthopanax senticosus（Rupr.et Maxim.）Harms］的乾燥根和根莖或莖
大薊	菊科薊屬植物薊（*Cirsium japonicum* Fisch.ex DC.）的乾燥地上部分
淡豆豉	豆科大豆屬植物大豆［*Glycine max*（L.）Merr.］的成熟種子的發酵加工品
淡竹葉	禾本科淡竹葉屬植物淡竹葉（*Lophatherum gracile* Brongn.）的乾燥莖葉
當歸	傘形科當歸屬植物當歸［*Angelica sinensis*（Oliv.）Diels］的乾燥根
黨參	桔梗科黨參屬植物黨參［*Codonopsis pilosula*（Franch.）Nannf.］、素花黨參［*Codonopsis pilosula* Nannf.var.*modesta*（Nannf.）L. T. Shen］或川黨參（*Codonopsis tangshen* Oliv.）的乾燥根
地骨皮	茄科枸杞屬植物枸杞（*Lycium chinense* Mill.）或寧夏枸杞（*Lycium barbarum* L.）的乾燥根皮
丁香	桃金娘科蒲桃屬植物丁香［*Syzygium aromaticum*（L.）Merr. et Perry］的乾燥花蕾
杜仲	杜仲科杜仲屬植物杜仲（*Eucommia ulmoides* Oliv.）的乾燥樹皮
杜仲葉	杜仲科杜仲屬植物杜仲（*Eucommia ulmoides* Oliv.）的乾燥葉
榧子	紅豆杉科榧樹屬植物榧樹（Torreya grandis Fort.）的乾燥成熟種子
佛手	蕓香科柑橘屬植物佛手［*Citrus medica* L.var.*sarcodactylis*（Noot.）Swingle］的乾燥果實
茯苓	多孔菌科茯苓屬眞菌茯苓［*Poria cocos*（Schw.）Wolf］的乾燥菌核
甘草	豆科甘草屬植物甘草（*Glycyrrhiza uralensis* Fisch.）、脹果甘草（*Glycyrrhiza inflata* Batal.）或洋甘草（*Glycyrrhiza glabra* L.）的乾燥根和根莖
乾薑	薑科薑屬植物薑（*Zingiber officinale* Rosc.）的乾燥根莖
高良薑	薑科山薑屬植物高良薑（*Alpinia officinarum* Hance）的乾燥根莖
葛根	豆科葛屬植物葛［*Pueraria lobata*（Willd.）Ohwi］的乾燥根
枸杞子	茄科枸杞屬植物枸杞（*Lycium chinense* Mill.）或寧夏枸杞（*Lycium barbarum* L.）的乾燥成熟果實

（續）

其他可飼用天然植物（僅指所稱植物或植物的特定部位經乾燥或提純或乾燥、粉碎獲得的產品）	
骨碎補	骨碎補科骨碎補屬植物骨碎補（*Davallia mariesii* Moore ex Bak.）的乾燥根莖
荷葉	睡蓮科蓮亞科蓮屬植物蓮（*Nelumbo nucifera* Gaertn.）的乾燥葉
訶子	使君子科訶子屬植物訶子（*Terminalia chebula* Retz.）或微毛訶子［*Terminalia chebula* Retz. var.*tomentella*（Kurz）C.B.Clarke］的乾燥成熟果實
黑芝麻	胡麻科胡麻屬植物芝麻（*Sesamum indicum* L.）的乾燥成熟種子
紅景天	景天科紅景天屬植物大花紅景天［*Rhodiola crenulata*（Hook. F. et Thoms.）H.Ohba］的乾燥根和根莖
厚朴	木蘭科木蘭屬植物厚朴（*Magnolia officinalis* Rehd.et Wils.）或凹葉厚朴［*Magnolia officinalis* subsp.biloba（Rehd.et Wils.）Cheng.］的乾燥乾皮、根皮和枝皮
厚朴花	木蘭科木蘭屬植物厚朴（*Magnolia officinalis* Rehd.et Wils.）或凹葉厚朴［*Magnolia officinalis* subsp.*biloba*（Rehd.et Wils.）Cheng.］的乾燥花蕾
胡蘆巴	豆科植物胡蘆巴（*Trigonella foenum-graecum* L.）的乾燥成熟種子
花椒	蕓香科花椒屬植物青花椒（*Zanthoxylum schinifolium* Sieb.et Zucc.）或花椒（*Zanthoxylum bungeanum* Maxim）的乾燥成熟果皮
槐角（槐實）	豆科槐屬植物槐（*Sophora japonica* L.）的乾燥成熟果實
黃精	百合科黃精屬植物滇黃精（*Polygonatum kingianum* Coll. et Hemsl.）、黃精（*Polygonatum sibiricum* Delar.）或多花黃精（*Polygonatum cyrtonema* Hua）的乾燥根莖
黃芪	豆科植物蒙古黃芪［*Astragalus membranaceus*（Fisch.）Bge.var.*mongholicus*（Bge.）Hsiao］或膜莢黃芪［*Astragalus membranaceus*（Fisch.）Bge.］的乾燥根
藿香	唇形科藿香屬植物藿香［*Agastache rugosa*（Fisch. et Mey.）O. Ktze］的乾燥地上部分
積雪草	傘形科積雪草屬植物積雪草［*Centella asiatica*（L.）Urb.］的乾燥全草
薑黃	薑科薑黃屬植物薑黃（*Curcuma longa* L.）的乾燥根莖
絞股藍	葫蘆科絞股藍屬（*Gynostemma* Bl.）植物
桔梗	桔梗科桔梗屬植物桔梗［*Platycodon grandiflorus*（Jacq.）A. DC.］的乾燥根
金蕎麥	蓼科蕎麥屬植物金蕎麥［*Fagopyrum dibotrys*（D. Don）Hara］的乾燥根莖
金銀花	忍冬科忍冬屬植物忍冬（*Lonicera japonica* Thunb.）的乾燥花蕾或帶初開的花
金櫻子	薔薇科薔薇屬植物金櫻子（*Rosa laevigata* Michx.）的乾燥成熟果實
韭菜籽	百合科蔥屬植物韭菜（*Allium tuberosum* Rottl.ex Spreng.）的乾燥成熟種子
菊花	菊科菊屬植物菊花［*Dendranthema morifolium*（Ramat.）Tzvel.］的乾燥頭狀花序
橘皮	蕓香科柑橘屬植物橘（*Citrus Reticulata* Blanco）及其栽培變種的成熟果皮
決明子	豆科決明屬植物決明（*Cassia tora* L.）的乾燥成熟種子

（續）

其他可飼用天然植物（僅指所稱植物或植物的特定部位經乾燥或提純或乾燥、粉碎獲得的產品）	
萊菔子	十字花科蘿蔔屬植物蘿蔔（*Raphanus sativus* L.）的乾燥成熟種子
蓮子	睡蓮科蓮亞科蓮屬植物蓮（*Nelumbo nucifera* Gaertn.）的乾燥成熟種子
蘆薈	百合科蘆薈屬植物庫拉索蘆薈（*Aloe barbadensis* Miller）葉。也稱「老蘆薈」
羅漢果	葫蘆科羅漢果屬植物羅漢果［*Siraitia grosvenorii*（Swingle）C. Jeffrey ex Lu et Z. Y. Zhang］的乾燥果實
馬齒莧	馬齒莧科馬齒莧屬植物馬齒莧（*Portulaca oleracea* L.）的乾燥地上部分
麥冬（麥門冬）	百合科沿階草屬植物麥冬［*Ophiopogon japonicus*（L.f）Ker-Gawl.］的乾燥塊根
玫瑰花	薔薇科薔薇屬植物玫瑰（*Rosa rugosa* Thunb.）的乾燥花蕾
木瓜	薔薇科木瓜屬植物皺皮木瓜［*Chaenomeles speciosa*（Sweet）Nakai.］的乾燥近成熟果實
木香	菊科川木香屬植物川木香［*Dolomiaea souliei*（Franch.）Shih］的乾燥根
牛蒡子	菊科牛蒡屬植物牛蒡（*Arctium lappa* L.）的乾燥成熟果實
女貞子	木樨科女貞屬植物女貞（*Ligustrum lucidum* Ait.）的乾燥成熟果實
蒲公英	菊科植物蒲公英（*Taraxacum mongolicum* Hand.Mazz.）、鹼地蒲公英（*Taraxacum borealisinense* Kitam.）或同屬數種植物的乾燥全草
蒲黃	香蒲科植物水燭香蒲（*Typha angustifolia* L.）、東方香蒲（*Typha orientalis* Presl）或同屬植物的乾燥花粉
茜草	茜草科茜草屬植物茜草（*Rubia cordifolia* L.）的乾燥根及根莖
青皮	蕓香科柑橘屬植物橘（*Citrus reticulata* Blanco）及其栽培變種的乾燥幼果或未成熟果實的果皮
人參及葉	五加科人參屬植物人參（*Panax ginseng* C. A. Mey.）乾燥根及根莖
人參葉	五加科人參屬植物人參（*Panax ginseng* C. A. Mey.）的乾燥葉
肉豆蔻	肉豆蔻科肉豆蔻屬植物肉豆蔻（*Myristica fragrans* Houtt.）的乾燥種仁
桑白皮	桑科桑屬植物桑（*Morus alba* L.）的乾燥根皮
桑葚	桑科桑屬植物桑（*Morus alba* L.）的乾燥果穗
桑葉	桑科桑屬植物桑（*Morus alba* L.）的乾燥葉
桑枝	桑科桑屬植物桑（*Morus alba* L.）的乾燥嫩枝
沙棘	胡頹子科沙棘屬植物沙棘（*Hippophae rhamnoides* L.）的乾燥成熟果實
山藥	薯蕷科薯蕷屬植物薯蕷（*Dioscorea opposita* Thunb.）的乾燥根莖
山楂	薔薇科山楂屬植物山裡紅（*Crataegus pinnatifida* Bge. var. *major* N. E. Br.）或山楂（*Crataegus pinnatifida* Bge.）的乾燥成熟果實
山茱萸	山茱萸科山茱萸屬植物山茱萸（*Cornus officinalis* Sieb. et Zucc.）的乾燥成熟果肉

（續）

其他可飼用天然植物（僅指所稱植物或植物的特定部位經乾燥或提純或乾燥、粉碎獲得的產品）	
生薑	薑科薑屬植物薑（*Zingiber officinale* Rosc.）的新鮮根莖
升麻	毛茛科升麻屬植物大三葉升麻（*Cimicifuga heracleifolia* Kom.）、興安升麻［*Cimicifuga dahurica*（Turcz.）Maxim.］或升麻（*Cimicifuga foetida* L.）的乾燥根莖
首烏藤	蓼科何首烏屬植物何首烏［*Fallopia multiflora*（Thunb.）Harald.］的乾燥藤莖
酸角	豆科酸豆屬植物酸豆（*Tamarindus indica* L.）的果實
酸棗仁	鼠李科棗屬植物酸棗［*Ziziphus jujuba* Mill.var.*spinosa*（Bunge）Hu ex H. F. Chow］的乾燥成熟種子
天冬（天門冬）	百合科天門冬屬植物天門冬［*Asparagus cochinchinensis*（Lour.）Merr.］的乾燥塊根
土茯苓	百合科菝葜屬植物土茯苓（*Smilax glabra* Roxb.）的乾燥根莖
菟絲子	旋花科菟絲子屬植物南方菟絲子（*Cuscuta australis* R. Br.）或菟絲子（*Cuscuta chinensis* Lam.）的乾燥成熟種子
五加皮	五加科五加屬植物五加（*Acanthopanax gracilistylus* W. W. Smith）的乾燥根皮
烏梅	薔薇科杏屬植物梅（*Armeniaca mume* Sieb.）的乾燥近成熟果實
五味子	木蘭科五味子屬植物五味子［*Schisandra chinensis*（Turcz.）Baill.］的乾燥成熟果實
鮮白茅根	禾本科白茅屬植物白茅［*Imperata cylindrica*（L.）Beauv.］的新鮮根莖
香附	莎草科莎草屬植物香附子（*Cyperus rotundus* L.）的乾燥根莖
香薷	唇形科石薺苧屬植物石香薷（*Mosla chinensis* Maxim.）或江香薷（*Mosla chinensis*「Jiangxiangru」）的乾燥地上部分
小薊	菊科薊屬植物刺兒菜［*Cirsium setosum*（willd.）MB.］的乾燥地上部分
薤白	百合蔥屬植物薤白（*Allium macrostemon* Bunge.）或藠頭（*Allium chinense* G. Don）的乾燥鱗莖
洋槐花	豆科刺槐屬植物刺槐（*Robinia pseudoacacia* L.）的花，可經乾燥、粉碎
楊樹花	楊柳科楊屬（Populus L.）植物的花，可經乾燥、粉碎
野菊花	菊科菊屬植物野菊（Dendranthema indicum L.）的乾燥頭狀花序
益母草	唇形科益母草屬植物益母草［*Leonurus artemisia*（Lour.）S. Y. Hu］的新鮮或乾燥地上部分
薏苡仁	禾本科薏苡屬植物薏苡（*Coix lacryma-jobi* L.）的乾燥成熟種仁
益智（益智仁）	薑科山薑屬植物益智（*Alpinia oxyphylla* Miq.）的乾燥成熟果實
銀杏葉	銀杏科銀杏屬植物銀杏（Ginkgo biloba L.）的乾燥葉
魚腥草	三白草科蕺菜屬植物蕺菜（*Houttuynia cordata* Thunb.）的新鮮全草或乾燥地上部分
玉竹	百合科黃精屬植物玉竹［*Polygonatum odoratum*（Mill.）Druce］的乾燥根莖

（續）

其他可飼用天然植物（僅指所稱植物或植物的特定部位經乾燥或提純或乾燥、粉碎獲得的產品）	
遠志	遠志科遠志屬植物遠志（*Polygala tenuifolia* Willd.）或西伯利亞遠志（*Polygala sibirica* L.）的乾燥根
越橘	杜鵑花科越橘屬（*Vaccinium* L.）植物的果實或葉
澤蘭	唇形科地筍屬植物硬毛地筍（*Lycopus lucidus* Turcz. var. *hirtus* Regel）的乾燥地上部分
澤瀉	澤瀉科澤瀉屬植物東方澤瀉［*Alisma orinentale*（Samuel.）Juz.］的乾燥塊莖
製何首烏	何首烏［*Fallopia multiflora*（Thunb.）Harald.］的炮製加工品
枳殼	蕓香科柑橘屬植物酸橙（*Citrus aurantium* L.）及其栽培變種的乾燥未成熟果實
知母	百合科知母屬植物知母（*Anemarrhena asphodeloides* Bge.）的乾燥根莖
紫蘇葉	唇形科紫蘇屬植物紫蘇［*Perilla frutescens*（L.）Britt.］的乾燥葉（或帶嫩枝）
綠茶	以茶樹的新葉或芽為原料，未經發酵。經殺青、整形、烘乾等工序製成的產品
迷迭香	唇形科迷迭香屬植物迷迭香（*Rosmarinus officinalis*）的乾燥莖葉或花

（七）乳製品及其副產品原料

乳製品及其副產品原料主要包括乾酪、酪蛋白、奶油、乳清、乳糖及上述物質的加工製品，乳及乳粉製品（表4-9）。這些產品須由有資質的乳製品生產企業提供。這些原料要求蛋白質含量、脂肪含量和乳糖含量等指標必須符合原料規定標準。

表4-9 可用於寵物保健食品的乳製品及其副產品原料

原料名稱	特徵描述	強制性標識要求
乾酪及乾酪製品	奶酪（乾酪），可食用的奶酪，根據使用要求可對其進行脫水乾燥、碾磨粉碎等加工處理。產品須由有資質的乳製品生產企業提供	蛋白質、脂肪、水分
酪蛋白及其加工製品	酪蛋白（乾酪素），以脫脂乳為原料，用酸、鹽、凝乳酶等使乳中的酪蛋白凝集，再經脫水、乾燥、粉碎獲得的產品。該產品蛋白質含量不低於80%。產品須由有資質的乳製品生產企業提供	蛋白質、離胺酸
	水解酪蛋白，漿酪蛋白經酶水解、乾燥獲得的產品。該產品蛋白質含量不低於74%。產品須由有資質的乳製品生產企業提供	蛋白質、離胺酸
奶油及其加工製品	奶油（黃油），以乳和（或）稀奶油（經發酵或不發酵）為原料，添加或不添加其他原料、食品添加劑和營養強化劑，經加工製成的脂肪含量不低於80%的產品。產品須由有資質的乳製品生產企業提供	脂肪、酸價、過氧化值、水分
	稀奶油，從乳中分離出的含脂肪的部分，添加或不添加其他原料、食品添加劑和營養強化劑，經加工製成的脂肪含量為10%～80%的產品	脂肪、酸價、過氧化值、水分

（續）

原料名稱	特徵描述	強制性標識要求
乳及乳粉	___乳，生牛乳或生羊乳，包括全脂乳、脫脂乳、部分脫脂乳。產品名稱應標明具體的動物種類和產品類型，如全脂牛乳、脫脂羊乳。該產品僅限於寵物飼料（食品）使用	蛋白質、脂肪 本產品僅限於寵物飼料（食品）使用
	___初乳（粉），產奶動物（牛或羊）在分娩後前5d內分泌的乳汁或將其加工製成的粉狀產品，產品名稱應標明具體的動物種類，如牛初乳，羊初乳粉。產品須由有資質的乳製品生產企業提供	蛋白質、脂肪、IgG，本產品僅限於寵物飼料（食品）使用
	___乳粉（奶粉），以生牛乳或羊乳為原料，經加工製成的粉狀產品，包括全脂、脫脂、部分脫脂乳粉和調製乳粉。產品名稱應標明具體的動物品種來源和產品類型，如全脂牛乳粉，脫脂羊乳粉。產品須由有資質的乳製品生產企業提供	蛋白質、脂肪
	___初乳（粉），產奶動物（牛或羊）在分娩後前5d內分泌的乳汁或將其加工製成的粉狀產品，產品名稱應標明具體的動物種類，如牛初乳，羊初乳粉。產品須由有資質的乳製品生產企業提供	蛋白質、脂肪、IgG，本產品僅限於寵物飼料（食品）使用
乳清及其加工製品	乳清粉，以乳清為原料經乾燥製成的粉末狀產品。產品須由有資質的乳製品生產企業提供	蛋白質、粗灰分、乳糖
	分離乳清蛋白，乳清蛋白粉的一種，蛋白質含量不低於90%。產品須由有資質的乳製品生產企業提供	蛋白質、粗灰分
	濃縮乳清蛋白，乳清蛋白粉的一種，蛋白質含量不低於34%。產品須由有資質的乳製品生產企業提供	蛋白質、粗灰分、乳糖
	乳鈣（乳礦物鹽），從乳清液中分離出的高鈣含量的產品。鈣含量不低於22%。產品須由有資質的乳製品生產企業提供	鈣、磷、粗灰分
	乳清蛋白粉，以乳清為原料，經分離、濃縮、乾燥等工藝製成的蛋白質含量不低於25%的粉末狀產品。產品須由有資質的乳製品生產企業提供	蛋白質、粗灰分、乳糖
	脫鹽乳清粉，以乳清為原料，經脫鹽、乾燥製成的粉末狀產品，乳糖含量不低於61%，粗灰分不高於3%。產品須由有資質的乳製品生產企業提供	蛋白質、粗灰分、乳糖
乳糖及其加工製品	乳糖，將乳清蒸發、結晶、乾燥後獲得的產品，乳糖含量不低於98%。產品須由有資質的乳製品生產企業提供	乳糖

（八）陸生動物產品及其副產品原料

陸生動物產品及其副產品原料主要包括動物的油脂類、肉和骨、血液、內臟、蹄、角、爪、羽毛及其加工產品，昆蟲加工產品，如蟬蛹粉、蜂花粉、蜂膠、蜂蠟、蜂蜜等，禽蛋及其加工產品，蚯蚓及其加工產品（表4-10）。這些原料中都不同程度的含由蛋白質、脂肪、礦物元素及生理活性調節物質等。

表4-10 可用於寵物保健食品的陸生動物產品及其副產品原料

原料名稱	特徵描述	強制性標識要求
動物油脂類產品	___油，分割可食用動物組織過程中獲得的含脂肪部分，經熬油提煉獲得的油脂。原料應來自單一動物種類，新鮮無變質或經冷藏、冷凍保鮮處理；不得使用發生疫病和含禁用物質的動物組織。本產品不得加入游離脂肪酸和其他非食用動物脂肪。產品中總脂肪酸不低於90%，不皂化物不高於2.5%，不溶雜質不高於1%。名稱應標明具體的動物種類，如豬油	粗脂肪、不皂化物、酸價、丙二醛
	___油渣（餅），屠宰、分割可食用動物組織過程中獲得的含脂肪部分，經提煉油脂後獲得的固體殘渣。原料應來自單一動物種類，新鮮無變質或經冷藏、冷凍保鮮處理；不得使用發生疫病和含禁用物質的動物組織。產品名稱應標明具體的動物種類，如：豬油渣	粗蛋白質、粗脂肪
昆蟲加工產品	蠶蛹（粉），蠶蛹經乾燥獲得的產品可將其粉碎	粗蛋白、粗脂肪、酸價
	蠶蛹粕［脫脂蠶蛹（粉）］，蠶蛹（粉）脫脂處理後獲得的產品	粗蛋白、粗脂肪、酸價
	蜂花粉，蜜蜂採集被子植物雄蕊花藥或裸子植物小孢子囊內的花粉細胞，形成的團粒狀物。產品須由有資質的食品生產企業提供	總醣
	蜂膠，蜜蜂科昆蟲義大利蜂（*Apis mellifera* L.）等的乾燥分泌物，可進行適當加工。產品須由有資質的食品生產企業提供	總醣
	蜂蠟，蜜蜂科昆蟲中華蜜蜂（*Apis cerana* Fabricius）或義大利蜂分泌的蠟，可進行適當加工。產品須由有資質的食品生產企業提供	粗脂肪
	蜂蜜，蜜蜂科昆蟲中華蜜蜂或義大利蜂所釀的蜜，可進行適當加工。產品須由有資質的食品生產企業提供	總醣
	___蟲（粉），昆蟲經乾燥獲得的產品，可對其進行粉碎。此類昆蟲在不影響公共健康和動物健康的前提下方可進行上述加工。產品名稱應標明具體動物種類，如黃粉蟲（粉）	粗蛋白質、粗脂肪、酸價
	脫脂___蟲粉，對昆蟲（粉）採用超臨界萃取等方法進行脫脂後獲得的產品。此類昆蟲在不影響人類和動物健康的前提下方可進行上述加工。產品名稱應標明具體動物種類，如：脫脂黃粉蟲粉	粗蛋白質、粗脂肪
內臟、蹄、角、爪、羽毛及其加工產品	腸膜蛋白粉，食用動物的小腸黏膜提取肝素鈉後的剩餘部分，經除臭、脫鹽、水解、乾燥、粉碎獲得的產品。不得使用發生疫病和含禁用物質的動物組織	粗蛋白質、粗灰分、鹽分
	動物內臟，新鮮可食用動物的內臟。可以鮮用或對其進行冷藏、冷凍、蒸煮、乾燥和煙燻處理。原料應來源於同一動物種類，不得使用發生疫病和含禁用物質的動物組織。產品名稱需標注保鮮（加工）方法、具體動物種類和動物內臟名稱，可在產品名稱中標注物理形態。如鮮豬肝、凍豬肺、熟豬心、煙燻豬大腸、脫水豬肝粒。該產品僅限於寵物飼料（食品）使用	粗蛋白質、水分，本產品僅限於寵物飼料（食品）使用

（續）

原料名稱	特徵描述	強制性標識要求
內臟、蹄、角、爪、羽毛及其加工產品	動物內臟粉，新鮮或經冷藏、冷凍保鮮的食用動物內臟經高溫蒸煮、乾燥、粉碎獲得的產品。原料應來源於同一動物種類，除不可避免的混雜外，不得含有蹄、角、牙齒、毛髮、羽毛及消化道內容物，不得使用發生疫病和含禁用物質的動物組織。產品名稱需標明具體動物種類，若能確定原料來源於何種動物內臟，產品名稱可標明動物內臟名稱，如豬肝臟粉	粗蛋白質、粗脂肪、胃蛋白酶消化率
	動物器官，新鮮可食用動物的器官，可以鮮用或對其進行冷藏、冷凍、蒸煮、乾燥和煙燻處理。原料應來源於同一動物種類，不得使用發生疫病和含禁用物質的動物組織。產品名稱需標明具體動物種類，如羊蹄、豬耳。該產品僅限於寵物飼料（食品）使用	本產品僅限於寵物食品使用
	動物水解物，潔淨的可食用動物的肉、內臟和器官經研磨粉碎、水解獲得的產品，可以是液態、半固態或經加工製成的固態粉末。原料應來源於同一動物種類，新鮮無變質或經冷藏、冷凍保鮮處理，除不可避免的混雜外，不得含有蹄、角、牙齒、毛髮、羽毛及消化道內容物。不得使用發生疫病和含禁用物質的動物組織。產品名稱需標明具體動物種類和物理形態，如豬水解液、牛水解膏、雞水解粉	粗蛋白質、pH、水分，本產品僅限於寵物食品使用
	膨化羽毛粉，家禽羽毛經膨化、粉碎後獲得的產品。原料不得使用發生疫病和變質家禽羽毛	粗蛋白質、粗灰分、胃蛋白酶消化率
	___皮，新鮮可食用動物的皮，可以鮮用或對其進行冷藏、冷凍、蒸煮、乾燥和煙燻處理。原料應來源於同一動物種類，不得使用發生疫病和變質的動物皮，不得使用皮革及鞣革副產品。產品名稱需標注具體動物種類，如水牛皮。該產品僅限於寵物飼料（食品）使用	粗蛋白質、水分，本產品僅限於寵物飼料（食品）使用
	禽爪皮粉，加工禽爪過程中脫下的類角質外皮經乾燥、粉碎獲得的產品。原料應來源於同一動物種類，產品名稱應標明具體動物種類，如雞爪皮粉	粗蛋白質、粗脂肪、粗灰分
	水解蹄角粉，動物的蹄、角經水解、乾燥、粉碎獲得的產品。若能確定原料來源為某一特定動物種類和部位，則產品名稱應標明該動物種類和部位，如水解豬蹄粉	粗蛋白質、胃蛋白酶消化率
	水解畜毛粉，未經提取胺基酸的清潔未變質的家畜毛髮經水解、乾燥、粉碎獲得的產品。本產品胃蛋白酶消化率不低於75%	粗蛋白質、粗灰分、胃蛋白酶消化率
	水解羽毛粉，家禽羽毛經水解後，乾燥、粉碎獲得的產品。原料不得使用發生疫病和變質的家禽羽毛。本產品胃蛋白酶消化率不低於75%。產品名稱應註明水解的方法（酶解、酸解、鹼解、高溫高壓水解），如酶解羽毛粉	粗蛋白質、粗灰分、胃蛋白酶消化率

（續）

原料名稱	特徵描述	強制性標識要求
禽蛋及其加工產品	蛋粉，食用鮮蛋的蛋液，經巴氏消毒、乾燥、脫水獲得的產品。產品不含蛋殼或其他非蛋原料	粗蛋白質、粗灰分
	蛋黃粉，食用鮮蛋的蛋黃，經巴氏消毒、乾燥、脫水獲得的產品。產品不含蛋殼或其他非蛋原料	粗蛋白質、粗脂肪
	蛋殼粉，禽蛋殼經滅菌、乾燥、粉碎獲得的產品	粗灰分、鈣
	蛋清粉，食用鮮蛋的蛋清，經巴氏消毒、乾燥、脫水獲得的產品。產品不含蛋殼或其他非蛋原料	粗蛋白質
	雞蛋，未經過加工或僅用冷藏、塗膜法等保鮮技術處理過的可食用鮮雞蛋，有殼或去殼	粗蛋白質、粗脂肪、粗灰分（適用於有殼雞蛋）
蚯蚓及其加工產品	蚯蚓粉，蚯蚓經乾燥、粉碎的產品	粗蛋白質、粗灰分
肉、骨及其加工產品	___骨，新鮮的食用動物的骨骼。可以鮮用或對其進行冷藏、冷凍、蒸煮、乾燥處理。原料應來源於同一動物種類，不得使用發生疫病和變質的動物骨骼。產品名稱需標明保鮮（加工）方法和具體動物種類。如鮮牛骨、凍豬軟骨。該產品僅限於寵物飼料（食品）使用	鈣、灰分、水分 本產品僅限於寵物飼料（食品）使用
	___骨粉（粒），未變質的食用動物骨骼經滅菌、乾燥、粉碎獲得的產品，原料應來源於同一動物種類，不得使用發生疫病和變質的動物骨骼。產品名稱需標明具體動物種類，如豬骨粉、牛骨粒	粗蛋白質、粗脂肪、水分
	骨膠，可食用動物骨骼經軋碎、脫油、水解獲得的蛋白類產品。原料不得使用發生疫病和變質的動物骨骼	凝膠強度、勃氏黏度、粗灰分
	___骨髓，新鮮可食用動物骨腔內的軟組織。可以鮮用或對其進行冷藏、冷凍、蒸煮、乾燥處理。原料應來源於同一動物種類，不得使用發生疫病和變質的動物骨骼。產品名稱需標明保鮮（加工）方法和動物種類。如鮮牛骨髓。該產品僅限於寵物飼料（食品）使用	粗蛋白質、粗脂肪、水分， 本產品僅限於寵物飼料（食品）使用
	明膠，以來源於食用動物的皮、骨、韌帶、肌腱中的膠原為原料，經水解獲得的可溶性蛋白類產品。原料不得使用發生疫病和變質的動物組織，不得使用皮革及鞣革副產品	凝膠強度、勃氏黏度、粗灰分
	___肉，食用動物的鮮肉或帶骨肉、帶皮肉。可以鮮用或對其進行冷藏、冷凍、蒸煮、乾燥或煙燻處理。原料應來源於同一動物種類，不得使用發生疫病和含禁用物質的動物組織。產品名稱需標明保鮮（加工）方法和動物種類，如鮮羊肉、凍豬肉、熟雞肉、乾牛肉、煙燻雞肉。該產品僅限於寵物飼料（食品）使用	粗蛋白質、粗脂肪、水分，本產品僅限於寵物飼料（食品）使用

（續）

原料名稱	特徵描述	強制性標識要求
肉、骨及其加工產品	___肉粉，以分割可食用鮮肉過程中餘下的部分為原料，經高溫蒸煮、滅菌、脫脂、乾燥、粉碎獲得的產品。原料應來源於同一動物種類，除不可避免的混雜，不得添加蹄、角、畜毛、羽毛、皮革及消化道內容物；不得額外添加骨；不得使用發生疫病和含禁用物質的動物組織。產品中總磷含量不高於3.5%，鈣含量不超過磷含量的2.2倍，胃蛋白酶消化率不低於85%。產品名稱應標明具體動物種類，如雞肉粉	粗蛋白質、粗脂肪、總磷、胃蛋白酶消化率、酸價
	___肉骨粉，以分割可食用鮮肉過程中餘下的部分為原料，經高溫蒸煮、滅菌、脫脂、乾燥、粉碎獲得的產品。原料應來源於同一動物種類，除不可避免的混雜，不得添加蹄、角、畜毛、羽毛、皮革及消化道內容物。不得使用發生疫病和含禁用物質的動物組織。產品中總磷含量不低於3.5%，鈣含量不超過磷含量的2.2倍，胃蛋白酶消化率不低於85%。產品名稱應標明具體動物種類，如雞肉骨粉	粗蛋白質、粗脂肪、總磷、胃蛋白酶消化率、酸價
	骨質磷酸氫鈣，食用動物骨粉碎後，經鹽酸浸泡所得溶液，用石灰乳中和，再經乾燥、粉碎得到的產品，其中磷含量不低於16.5%，氯含量不高於3%	粗灰分、總磷、鈣、氯
	脫膠骨粉，食用動物骨骼經脫膠、乾燥、粉碎獲得的產品。原料不得使用發生疫病和變質的動物骨骼	粗灰分、總磷、鈣
	骨源磷酸氫鈣，食用動物骨粉碎後，經鹽酸浸泡所得溶液，用石灰乳中和，再經乾燥、粉碎得到的產品，其中磷含量不低於16.5%，氯含量不高於3%	粗灰分、總磷、鈣、氯
血液製品	噴霧乾燥___血漿蛋白粉，以屠宰食用動物得到的新鮮血液分離出的血漿為原料，經滅菌、噴霧乾燥獲得的產品。原料應來源於同一動物種類，不得使用發生疫病和變質的動物血液。產品名稱應標明具體動物來源，如噴霧乾燥豬血漿蛋白粉	粗蛋白質、免疫球蛋白（IgG或IgY）
	噴霧乾燥___血球蛋白粉，以屠宰食用動物得到的新鮮血液分離出的血球為原料，經滅菌、噴霧乾燥獲得的產品。原料應來源於同一動物種類，不得使用發生疫病和變質的動物血液。產品名稱應標明具體動物來源，如噴霧乾燥豬血球蛋白粉	粗蛋白質
	水解___血粉，以屠宰食用動物得到的新鮮血液為原料，經水解、乾燥獲得的產品。原料應來源於同一動物種類，不得使用發生疫病和變質的動物血液。產品名稱應標明具體動物來源，如水解豬血球蛋白粉	粗蛋白質、胃蛋白酶消化率
	水解___血球蛋白粉，以屠宰食用動物得到的新鮮血液分離出的血球為原料，經破膜、滅菌、酶解、濃縮、噴霧乾燥等一系列工序獲得的產品。原料應來源於同一動物種類，不得使用發生疫病和變質的動物血液。產品名稱應標明具體動物來源	粗蛋白質、胃蛋白酶消化率

（續）

原料名稱	特徵描述	強制性標識要求
血液製品	水解珠蛋白粉，以屠宰食用動物獲得的新鮮血液分離出的血球為原料，經破膜、滅菌、酶解、分離等工序得到得珠蛋白，再經濃縮、噴霧乾燥獲得的產品。粗蛋白質含量不低於90%	粗蛋白質、離胺酸
	___血粉，以屠宰食用動物得到的新鮮血液為原料，經乾燥獲得的產品。原料應來源於同一動物種類，不得使用發生疫病和變質的動物血液。產品粗蛋白質含量不低於85%。產品名稱應標明具體動物來源，如雞血粉	粗蛋白質
	血紅素蛋白粉，以屠宰食用動物得到的新鮮血液分離出的血球為原料，經破膜、滅菌、酶解、分離等工序獲得血紅素，再濃縮、噴霧乾燥獲得的產品。卟啉鐵含量（以鐵計）不低於1.2%	粗蛋白質、卟啉鐵（血紅素鐵）

（九）魚、其他水生生物及其副產品原料

魚、其他水生生物及其副產品原料主要包括貝類、甲殼類動物、水生軟體動物、魚類及其加工的副產品（表4-11）。這些原料中都不同程度的含蛋白質、脂肪、組胺、揮發性鹽基氮等。按照原料表中的特徵描述，對經過加工處理的要說明，並對其強制性標識要求給出數據。

表4-11　可用於寵物保健食品的魚、其他水生生物及其副產品原料

原料名稱	特徵描述	強制性標識要求
貝類及其副產品	___貝，新鮮可食用的貝類，可以鮮用或根據使用要求對其進行冷藏、冷凍、蒸煮、乾燥處理。產品名稱中應標明貝的種類，如扇貝、牡蠣	
	貝殼粉，貝類的殼經過乾燥、粉碎獲得的產品	粗灰分、鈣
	乾貝粉，食品企業加工食用乾貝（扇貝柱）剩餘的邊角料（不包括殼），經乾燥、粉碎獲得的產品	粗蛋白質、粗脂肪、組胺
甲殼類動物及其副產品	蝦，新鮮的蝦。可以鮮用或根據使用要求對其進行冷藏、冷凍、蒸煮、乾燥處理	
	磷蝦粉，以磷蝦（*Euphausia superba*）為原料，經乾燥、粉碎獲得的產品	粗蛋白質、粗灰分、鹽分、揮發性鹽基氮
	蝦粉，蝦經蒸煮、乾燥、粉碎獲得的產品	粗蛋白質、粗灰分、鹽分、揮發性鹽基氮
	蝦膏，以蝦為原料，經油脂分離、酶解、濃縮獲得的膏狀物	粗蛋白質、粗灰分、鹽分、揮發性鹽基氮

（續）

原料名稱	特徵描述	強制性標識要求
甲殼類動物及其副產品	蝦殼粉，以食品企業加工蝦仁過程中剝離出的蝦頭、蝦殼為原料，經乾燥、粉碎獲得的產品	粗灰分
	蝦油，以海洋蝦類經蒸煮、壓榨、分離獲得的毛油為原料，再進行精煉獲得的產品	脂肪、酸價、碘價
	蟹，新鮮的蟹。可以鮮用或根據使用要求對其進行冷藏、冷凍、蒸煮、乾燥處理	
	蟹粉，以蟹或蟹的某一部分為原料，經蒸煮、壓榨、乾燥、粉碎獲得的產品。產品中粗蛋白質含量不低於25%	粗蛋白質、粗灰分、揮發性鹽基氮
	蟹殼粉，以蟹殼為原料，經烘乾、粉碎獲得的產品	粗灰分
水生軟體動物及其副產品	烏賊，新鮮的烏賊。可以鮮用或根據使用要求對其進行冷藏、冷凍、蒸煮、乾燥處理	
	烏賊粉，烏賊經蒸煮、壓榨、乾燥、粉碎獲得的產品	
	烏賊膏，以烏賊內臟為原料，經油脂分離、酶解、濃縮獲得的膏狀物	粗蛋白質、粗脂肪、粗灰分、揮發性鹽基氮、水分
	烏賊內臟粉，烏賊膏或與載體混合後，經過乾燥獲得的產品。使用的載體應為飼料法規中許可使用的原料，並在標籤中註明載體名稱	
	烏賊油，從烏賊內臟中分離出的油脂	粗脂肪、酸價、碘價
	魷魚，新鮮的魷魚。可以鮮用根據使用要求可對其進行冷藏、冷凍、蒸煮或乾燥處理	粗脂肪、酸價
	魷魚粉，魷魚經蒸煮、壓榨、乾燥、粉碎獲得的產品	粗蛋白質、粗脂肪、揮發性鹽基氮
	魷魚膏，以魷魚內臟為原料，經油脂分離、酶解、濃縮獲得的膏狀物	粗蛋白質、粗脂肪粗、灰分、揮發性鹽基氮、水分
	魷魚內臟粉，魷魚膏或與載體混合後，經過乾燥獲得的產品。使用的載體應為飼料法規中許可使用的原料，並在標籤中註明載體名稱	粗蛋白質、粗灰分、載體名稱、揮發性鹽基氮
	魷魚油，從魷魚內臟中分離出的油脂	粗脂肪、酸價、碘價
魚及其副產品	魚，鮮魚的全部或部分魚體。可以鮮用或根據使用要求對其進行冷藏、冷凍、蒸煮、乾燥處理。不得使用發生疫病和受汙染的魚	粗蛋白質、水分
	白魚粉，鱈魚、鰈魚、鰲魚等白肉魚種的全魚或其為原料加工水產品後剩餘的魚體部分（包括魚骨、魚內臟、魚頭、魚尾、魚皮、魚眼、魚鱗和魚鰭），經蒸煮、壓榨、脫脂、乾燥、粉碎獲得的產品	粗蛋白質、粗脂肪、粗灰分離胺酸、組胺、揮發性鹽基氮
	水解魚蛋白粉，以全魚或魚的某一部分為原料，經濃縮、水解、乾燥獲得的產品。產品中粗蛋白質含量不低於50%	粗蛋白質、粗脂肪、粗灰分

（續）

原料名稱	特徵描述	強制性標識要求
魚及其副產品	魚粉，全魚或經分割的魚體經蒸煮、壓榨、脫脂、乾燥、粉碎獲得的產品。在乾燥過程中可加入魚溶漿。不得使用發生疫病和受汙染的魚。該產品原料若來源於淡水魚，產品名稱應標明「淡水魚粉」	粗蛋白質、粗脂肪、粗灰分、離胺酸、揮發性鹽基氮
	魚膏，以鮮魚內臟等下雜物為原料，經油脂分離、酶解、濃縮獲得的膏狀物	粗蛋白質、粗灰分、揮發性鹽基氮、水分
	魚骨粉，魚類的骨骼經粉碎、烘乾獲得的產品	鈣、磷、粗灰分、粗蛋白質、粗脂肪、揮發性鹽基氮
	魚排粉，加工魚類水產品過程中剩餘的魚體部分（包括魚骨、魚內臟、魚頭、魚尾、魚皮、魚眼、魚鱗和魚鰭）經蒸煮、烘乾、粉碎獲得的產品	粗蛋白質、粗脂肪、粗灰分、揮發性鹽基氮
	魚溶漿，以魚粉加工過程中得到的壓榨液為原料，經脫脂、濃縮或水解後再濃縮獲得的膏狀產品。產品中水分含量不高於50%	粗蛋白質、粗脂肪、揮發性鹽基氮、水分
	魚溶漿粉，魚溶漿或與載體混合後，經過噴霧乾燥或低溫乾燥獲得的產品。使用載體應為飼料法規中許可使用的原料，並在產品標籤中標明載體名稱	粗蛋白質、鹽分、揮發性鹽基氮、載體名稱
	魚蝦粉，以魚、蝦、蟹等水產動物及其加工副產物為原料，經蒸煮、壓榨、乾燥、粉碎等工序獲得的產品。不得使用發生疫病和受汙染的魚	粗蛋白質、粗脂肪、揮發性鹽基氮、粗灰分
	魚油，對全魚或魚的某一部分經蒸煮、壓榨獲得的毛油，再進行精煉獲得的產品	粗脂肪、酸價、碘價、丙二醛
	魚漿，鮮魚或冰鮮魚絞碎後，經飼料級或食品級甲酸（添加量不超過魚鮮重的5%）防腐處理，在一定溫度下經液化、過濾得到的液態物，可真空濃縮。揮發性鹽基氮含量不高於每100g中50mg，組胺含量不高於300mg/kg	粗蛋白質、粗脂肪、水分、揮發性鹽基氮、組胺
	低脂肪魚粉（低脂魚粉），以魚粉為原料，經正己烷浸提脫脂後得到的產品。粗蛋白質含量不低於68%，粗脂肪含量不高於6%，揮發性鹽基氮含量不高於每100g中80mg，組胺含量不高於500mg/kg，正己烷殘留不高於500mg/kg。原料魚粉應為有資質的飼用魚粉生產企業提供的合格產品	粗蛋白質、粗脂肪粗灰分、離胺酸、水分、揮發性鹽基氮、組胺
	魚皮，加工魚類產品過程中獲得的魚皮經乾燥後的產品	粗蛋白質、水分
其他	鹵蟲卵，鹵蟲及其卵	空殼率、孵化率

（十）礦物質原料

礦物質原料主要是指天然的礦物質，包括凹凸棒石（粉）、沸石粉、高嶺土、海泡石、滑石粉、麥飯石、蒙脫石、膨潤土等加工的副產品（表4-12）。這些原料中都不同程度地含有特定的礦物元素、水分等。按照原料表中的特徵描述，對經過加工處理的要說明，並對其強制性標識要求給出數據。

表4-12　可用於寵物保健食品的礦物質原料

原料名稱	特徵描述	強制性標識要求
天然礦物質	凹凸棒石（粉），天然水合鎂鋁矽酸鹽礦物，可以是粒狀或經粉碎後的粉	鎂、水分
	貝殼粉，見表4-11	
	沸石粉，天然斜發沸石或絲光沸石經粉碎獲得的產品	鈣、吸藍量、吸氨值、水分
	高嶺土，以高嶺石簇礦為主的含有礦物元素的天然礦物，水合矽鋁酸鹽含量不低於65%。在配合飼料中用量不得超過2.5%。不得含有石棉	鉛、水分
	海泡石，一種水合富鎂矽酸鹽黏土礦物	水分
	滑石粉，天然矽酸鎂鹽類礦物滑石經精選、淨化、粉碎、乾燥獲得的產品	水分
	麥飯石，天然的無機矽鋁酸鹽	麥飯石
	蒙脫石，由顆粒極細的水合鋁矽酸鹽構成的礦物，一般為塊狀或土狀。蒙脫石是膨潤土的功能成分，需要從膨潤土中提純獲得	吸藍量、吸氨值、水分
	膨潤土（斑脫岩、膨土岩），以蒙脫石為主要成分的黏土岩—蒙脫石黏土岩	水分
	石粉，用機械方法直接粉碎天然含碳酸鈣的石灰石、方解石、白堊沉澱、白堊岩等而製得。鈣含量不低於35%	鈣
	蛭石，含有矽酸鎂、鋁、鐵的天然礦物質經加熱膨脹形成的產品。不得含有石棉	水分、氟
	腐殖酸鈉，泥炭、褐煤或風化煤粉碎後，與氫氧化鈉溶液充分反應得到的上清液經濃縮、乾燥得到的產品，或透過製粒等工藝對上述產品進一步精製得到的產品，其中可溶性腐殖酸不低於55%，水分不高於12%	可溶性腐殖酸、水分
	矽藻土，以天然矽藻土（矽藻的矽質遺骸）為原料，經過乾燥、焙燒、酸洗、分級等工藝製成的矽藻土乾燥品、酸洗品、焙燒品及助熔焙燒品。在配合飼料中用量不得超過2%。	水分、非矽物質

（十一）微生物發酵產品及副產品原料

微生物發酵產品及副產品原料包括餅粕和糟渣發酵產品、單細胞蛋白、利用特定微生物和特定培養基培養獲得的菌體蛋白類產品（如麩胺酸渣、核苷酸渣、離胺酸渣等）以及糟渣類發酵副產物（如醋糟、醬油糟、檸檬酸糟等），見表4-13。按照原料表中的特徵描述，對經過加工處理過程要有說明，並對其強制性標識要求給出數據。

表4-13 可用於寵物保健食品的微生物發酵產品及副產品原料

原料名稱	特徵描述	強制性標識要求
餅粕、糟渣發酵產品	發酵豆粕，以豆粕為主要原料（≥ 95%），以麩皮、玉米皮等為輔助原料，使用法規批准使用的飼用微生物菌種進行固態發酵，並經乾燥製成的蛋白質飼料原料產品	粗蛋白質、酸溶蛋白、水蘇糖、水分
	發酵___果渣，以果渣為原料，使用法規批准使用的飼用微生物進行固體發酵獲得的產品。產品名稱應標明具體原料來源，如發酵蘋果渣	粗纖維、粗灰分、水分
	發酵棉籽蛋白，以脫殼程度高的棉籽粕或棉籽蛋白為主要原料（≥ 95%），以麩皮、玉米等為輔助原料，使用法規批准使用的酵母菌和芽孢桿菌進行固態發酵，並經乾燥製成的粗蛋白質含量在50%以上的產品	粗蛋白質、酸溶蛋白、游離棉酚、水分
	釀酒酵母發酵白酒糟，以鮮白酒糟為基質，經釀酒酵母固體發酵、自溶、乾燥、粉碎後得到的產品	粗蛋白、粗纖維、酸溶蛋白、木質素
單細胞蛋白	產朊假絲酵母蛋白，以玉米浸泡液、葡萄糖、葡萄糖母液等為培養基，利用產朊假絲酵母液體發酵，經噴霧乾燥製成的粉末狀產品	粗蛋白質、粗灰分
	啤酒酵母粉，啤酒發酵過程中產生的廢棄酵母，以啤酒酵母細胞為主要組分，經乾燥獲得的產品	粗蛋白質、粗灰分
	啤酒酵母泥，啤酒發酵中產生的泥漿狀廢棄酵母，以啤酒酵母細胞為主且含有少量啤酒	粗蛋白質、粗灰分
	食品酵母粉，食品酵母生產過程中產生的廢棄酵母經乾燥獲得的產品，以釀酒酵母細胞為主要組分	粗蛋白質、粗灰分
	酵母水解物，以釀酒酵母（*Saccharomyces cerevisiae*）為菌種，經液體發酵得到的菌體，再經自溶或外源酶催化水解後，濃縮或乾燥獲得的產品。酵母可溶物未經提取，粗蛋白含量不低於35%	粗蛋白質（以乾基計）、粗灰分 水分、甘露聚醣 胺基酸態氮
	釀酒酵母培養物，以釀酒酵母為菌種，經固體發酵後，濃縮、乾燥獲得的產品	粗蛋白質、粗灰分、水分、甘露聚醣
	釀酒酵母提取物，釀酒酵母經液體發酵後得到的菌體，再經自溶或外源酶催化水解，或機械破碎後，分離獲得的可溶性組分濃縮或乾燥得到的產品	粗蛋白質、粗灰分
	釀酒酵母細胞壁，經液體發酵後得到的菌體，再經自溶或外源酶催化水解，或機械破碎後，分離獲得的細胞壁濃縮、乾燥得到的產品	甘露聚醣、水分

（續）

原料名稱	特徵描述	強制性標識要求
利用特定微生物和特定培養基培養獲得的菌體蛋白類產品（微生物細胞經休眠或去活化）	麩胺酸渣（味精渣），利用麩胺酸棒桿菌和由蔗糖、糖蜜、澱粉或其水解液等植物源成分及銨鹽（或其他礦物質）組成的培養基發酵生產L-麩胺酸後剩餘的固體殘渣。菌體應去活化。可進行乾燥處理	粗蛋白質、粗灰分、銨鹽、水分
	核苷酸渣，利用麩胺酸棒桿菌和由蔗糖、糖蜜、澱粉或其水解液等植物源成分及銨鹽（或其他礦物質）組成的培養基發酵生產5'肌苷酸二鈉、5'鳥苷酸二鈉後剩餘的固體殘渣。菌體應去活化。可進行乾燥處理	粗蛋白質、粗灰分、銨鹽、水分
	離胺酸渣，利用麩胺酸棒桿菌和由蔗糖、糖蜜、澱粉或其水解液等植物源成分及銨鹽（或其他礦物質）組成的培養基發酵生產L-離胺酸後剩餘的固體副產物。菌體應去活化。可進行乾燥處理	粗蛋白質、粗灰分、銨鹽、水分
	輔酶Q10渣，利用類球紅細菌和由葡萄糖、玉米漿、無機鹽等組成的主要原料發酵生產輔酶Q10後的固體副產物。菌體應去活化並經乾燥處理。該產品僅限於畜禽和水產飼料使用	粗蛋白質、粗灰分、銨鹽、水分
	乙醇梭菌蛋白，以乙醇梭菌（*Clostridium autoethanogenum* CICC 11088s）為發酵菌種，以鋼鐵工業轉爐氣中的CO為主要原料，採用液體發酵，生產乙醇後的剩餘物，經分離、噴霧乾燥等工藝製得終產品不含生產菌株活細胞	粗蛋白質、粗灰分、水分、銨鹽
糟渣類發酵副產物	___醋糟：①糯米；②高粱；③麥麩；④米糠；⑤甘薯；⑥水果；⑦穀物。以所列物質為原料，經米麴黴、黑麴黴、啤酒酵母和醋桿菌發酵釀造提取食醋後所得的固體副產物。產品若來源於以單一原料，產品名稱應標明其來源，如糯米醋糟	粗蛋白質、粗纖維、粗灰分、水分
	穀物酒糟類產品，見表4-3	
	醬油糟，以大豆、豌豆、蠶豆、豆餅、麥麩及食鹽等為原料，經米麴黴、酵母菌及乳酸菌發酵釀製醬油後剩餘的殘渣經滅菌、乾燥後獲得的固體副產物	粗蛋白質、粗脂肪、食鹽
	檸檬酸糟，以含有澱粉的植物性原料發酵生產檸檬酸的過程中，發酵液經過濾剩餘的濾渣經脫水乾燥獲得的固體產品。產品可經粉碎	粗蛋白質、粗灰分
	葡萄酒糟（泥），工業法生產葡萄汁的副產物，由分離發酵葡萄汁後的液體/糊狀物組成	粗蛋白質、粗灰分
	甜菜糖蜜酵母發酵濃縮液，以甜菜糖蜜為原料，經液體發酵生產酵母后的殘液再經濃縮得到的產品	鉀、鹽分、甜菜鹼、非蛋白氮
其他	食用乙醇（食用酒精），以穀物、薯類、糖蜜或其他可食用農作物為原料。經發酵、蒸餾精製而成的，供食用的含水酒精。產品須由有資質的食品生產企業提供	乙醇、甲醇、醛

（十二）其他類食品原料

其他類食品原料主要包括澱粉、食品類產品、食用菌和纖維素及其加工產品。此外，還包括糖類，如白糖、果糖、麥芽糖、葡萄糖等（表4-14）。按照原料表中的特徵描述，對經過加工處理過程要有說明，並對其強制性標識要求給出數據。

表4-14　可用於寵物保健食品的其他食品原料

原料名稱	特徵描述	強制性標識要求
澱粉及其加工產品	___澱粉，穀物、豆類、塊根、塊莖等食用植物性原料經澱粉製取工藝（提取、脫水和乾燥）獲得的產品。產品名稱應標明植物性原料的來源，如玉米澱粉。產品須由有資質的食品生產企業提供	澱粉、水分
	糊精，澱粉在酸或酶的作用下進行低度水解反應所獲得的小分子的中間產物。產品須由有資質的食品生產企業提供	還原糖、葡萄糖當量、水分
食品類產品及副產品	果蔬加工產品及副產品，新鮮水果和蔬菜在食品工業加工過程中獲得的乾燥或冷凍的產品。該類產品在不影響公共健康和動物健康的前提下方可生產和使用。產品名稱應標明相應的水果、蔬菜和調味料種類的具體名稱，如番茄皮渣	粗纖維、酸不溶灰分、澱粉、粗脂肪
	食品工業產品及副產品，食品工業（泡麵和掛麵、餅乾和糕點、麵包、肉製品、巧克力和糖果）生產過程中獲得的前食品和副產品（僅指上述食品在生產過程中因邊角、不完整、散落、規格混雜原因而不能成為商品的部分）。可進行乾燥處理。該類產品在不影響公共健康和動物健康的前提下方可生產和使用。產品名稱應標明具體種類和來源，如火腿腸粉	粗蛋白質、粗脂肪、鹽分、貨架期、水分
食用菌及其加工產品	白靈側耳（白靈菇），側耳科側耳屬食用菌白靈側耳（*Pleurotus eryngii* var. *tuoliensia*）及其乾燥產品	
	刺芹側耳（杏鮑菇），側耳科側耳屬食用菌刺芹側耳（*Pleurotus eryngii*）及其乾燥產品	
	秀珍菇，側耳科側耳屬食用菌秀珍菇（*Pleurotus ostreatus*）及其乾燥產品	
	香菇，光茸菌科香菇屬食用菌香菇［*Lentinus edodes*（Berk.）Sing］及其乾燥產品	
	毛柄金錢菌（金針菇），小皮傘科小火焰菌屬食用菌毛柄金錢菌（*F.velutipes*）及其乾燥產品	
	木耳（黑木耳），木耳科木耳屬食用菌木耳［*Auricularia auricula*（L. ex Hook.）Underwood］及其乾燥產品	
	銀耳，銀耳科銀耳屬食用菌銀耳（*Tremella*）及其乾燥產品	
	雙孢蘑菇（白蘑菇）蘑菇屬食用菌雙孢蘑菇（*Agaricus bisporus*）及其乾燥產品	

（續）

原料名稱	特徵描述	強制性標識要求
食用菌及其加工產品	靈芝，多孔菌科真菌赤芝［*Ganoderma lucidum*（Leyss. ex Fr.）Karst.］或紫芝（*Ganoderma sinense* Zhao，Xu et Zhang）的籽實體及其乾燥產品	水分
	姬松茸，蘑菇科蘑菇屬姬松茸（*Agaricus subrufescens*）及其乾燥產品	水分
糖類	白糖（蔗糖），以甘蔗或甜菜為原料經製糖工藝製取的精糖，主要成分為蔗糖。產品須由有資質的食品生產企業提供	總醣
	果糖，己酮醣，單醣的一種，是葡萄糖的同分異構體。產品須由有資質的食品生產企業提供	果糖比、旋光度
	紅糖（蔗糖），以甘蔗為原料，經榨汁、濃縮獲得的帶糖蜜的赤色晶體，主要成分為蔗糖。產品須由有資質的食品生產企業提供	總醣
	麥芽糖，兩個葡萄糖分子以α-1,4-醣苷鍵連接構成的雙醣。為澱粉經β-澱粉酶作用下不完全水解獲得的產物。產品須由有資質的食品生產企業提供	
	木糖，戊醣，單醣的一種，以玉米芯為原料，在硫酸催化劑存在的條件下經水解、脫色、淨化、蒸發、結晶、乾燥等工藝加工生產。產品須由有資質的食品生產企業提供	木糖、比旋光度
	葡萄糖，己醛醣，單醣的一種，是果糖的同分異構體，可含有一個結晶水。產品須由有資質的食品生產企業提供	葡萄糖、比旋光度
	葡萄糖胺鹽酸鹽，殼聚醣和殼質結構的一部分，由甲殼類動物和其他節肢動物的外骨骼經水解製備或由糧食（如玉米或小麥）發酵生產	葡萄糖胺鹽酸鹽
	葡萄糖漿，澱粉經水解獲得的高純度、濃縮的營養性糖類的水溶液。產品須由有資質食品生產企業提供	總醣、水分
纖維素及其加工產品	纖維素，天然木材透過機械加工而獲得的產品，其主要成分為纖維素	粗纖維、粗灰分、水分

二 功能因子的製備技術

寵物保健食品因添加了富含調節生理功能的原料或功能因子，能預防疾病促進寵物健康而備受推崇。從植物、動物、微生物中獲得的天然功能因子可作為膳食補充劑，也可直接添加到寵物食品中進行強化，常見的功能因子主要包括蛋白/肽和胺基酸、寡醣和多醣、脂質、黃酮類物質、萜烯類物質、活性色素、膳食纖維、礦物質絡合物、低分子量透明質酸、硫酸軟骨素和硫酸胺基葡萄糖以及益生菌和酶製劑等。這些功能性保健食品中具有抗氧化、延緩衰老、預防糖尿病和肥胖、調節骨健康、改善或調節犬和貓的胃腸消化和腸道菌群結構、抗菌等生物活性。因此，這些功能因子的製備技術是寵物保健食品開發的首要關鍵問題。現有研究表明，各類功能因子的製備一般經過物理加工、熱加工、萃取、水解、酶解或發酵、分離、乾燥等不同的單元操作步驟。最終獲得一定含量的功能因子固形物，用於寵物保健食品開發與利用。

(一) 蛋白、肽、胺基酸類

蛋白質是由胺基酸組成的一類數量龐大的物質總稱。通常所講的食物蛋白質包括真蛋白質和非蛋白質類含氮化合物，統稱為粗蛋白質。蛋白質、肽和胺基酸對維持寵物健康生長、發育、肌肉質量、免疫反應、細胞信號和受損細胞的修復等非常重要。在寵物食品中添加蛋白、肽和胺基酸等能強化營養，預防蛋白攝取不足引起的各種不良症狀。蛋白質、肽和胺基酸類食品原料主要來源於動物、植物、昆蟲、微生物和單細胞蛋白及其加工副產品等。從上述原料中獲得含量高的粗蛋白質或其酶解物肽和胺基酸，其營養價值高、碳水化合物含量極少，一般不含粗纖維，消化吸收率高。因此，如何從原料中獲得含量高於40%的粗蛋白，是製備高蛋白、肽或胺基酸含量寵物保健食品的關鍵環節。

由於蛋白質種類很多，性質上差異很大，即使是同類蛋白質，因選用材料不同，提取方法亦可能不同。因此，沒有一個固定的程序方法適用於各類蛋白質的提取。已知大部分蛋白質均可溶於水、稀鹽、稀酸或鹼溶液中，少數與脂類結合的蛋白質溶於乙醇、丙酮及丁醇等有機溶劑中。因此可採用不同溶劑提取、分離及純化蛋白質。蛋白質在不同溶劑中溶解度的差異，主要取決於蛋白分子中非極性疏水基團與極性親水基團的比例，其次取決於這些基團的排列和偶極矩。因此，蛋白質分子結構性質是不同蛋白質溶解差異的內因。溫度、pH、離子強度等是影響蛋白質溶解度的外界條件。提取蛋白質時常根據這些內外因素綜合加以利用，將細胞內蛋白質提取出來。動物材料中的蛋白質有些以可溶性的形式存在於體液（如血液、消化液）中，可以不必經過提取直接分離。蛋白質中角蛋白、膠原及絲蛋白等不溶性蛋白質，只需要適當的溶劑洗去可溶性的伴隨物，如脂類、糖類以及其他可溶性蛋白質，最後剩下不溶性蛋白質。

迄今，蛋白質的提取方法仍以傳統酸、鹼水法為主，實現蛋白質的固液轉移，然後再經酶解獲得蛋白質的酶解物——肽或者胺基酸。隨著新技術的開發，超音波、微波、超高壓、脈衝電場和磁場等物理加工技術逐漸應用到蛋白質及其酶解物——肽和胺基酸的製備過程（楊文盛等，2020）。業已證實，這些物理加工新技術因綠色、安全、低成本、環境友好、可持續強等優點已經在蛋白質、肽及胺基酸加工製備中展示出獨特的優勢和良好的應用前景，且部分技術已經實現中試生產。

1. 溶劑提取法 化學方法根據不同的萃取溶劑進行分類，如水、鹼、酸、有機溶劑。化學方法也與其他方法結合使用，以提高蛋白質回收率，因此，在最大回收率和最小損失的基礎上，對蛋白質分離的不同化學方法進行了標準化。蛋白質分離方法的效率主要取決於蛋白質樣品的性質。用於提取蛋白質的植物樣品的處理通常分為三個步驟，即樣品脫脂、蛋白質提取和沉澱。在脫脂過程中，使用石油醚、正己烷和正戊烷等溶劑去除干擾蛋白質提取的化合物。其次，在基於熱水或冷水的水萃取中，使用鹽（NaCl）、離子洗滌劑（SDS）和非離子洗滌劑（NP-40和Triton X100）萃取蛋白質。醇（乙醇、甲醇）、緩衝劑/強變性劑（例如尿素或Tris-HCl、苯酚）用於有機溶劑萃取。許多現代技術，如微波、超音波和酶，可以進一步幫助提高蛋白質提取效率。最後，使用化學或溶劑（如硫酸銨、乙醇、甲醇、丙酮、檸檬酸、三氯乙酸、鹽酸和等電點沉澱）富集/濃縮/沉澱分離的蛋白質。沉澱中含有可透過離心回收的蛋白質。除了蛋白質，蛋白質沉澱中還存在大量非蛋白質化合物/雜質，混合溶劑（丙酮+三氯乙酸）可用於高效蛋白質沉澱（Liu等，2020）。

在各種植物蛋白質提取方法中，需要這些步驟來提高蛋白質產量和去除汙染物。蛋白質通常是用水和有機溶劑從植物細胞中提取的。例如，使用鹼和水萃取法從豌豆、大豆、蠶豆、扁豆和鷹嘴豆中分離蛋白質。在7.5% NaCl和pH 2的條件下，從豆粕中酸性提取蛋白質的回收率為37%；而在pH 10條件下，鹼性提取蛋白質的回收率為40%。化學萃取可分為有機溶劑萃取和鹼萃取。

2. 酶輔助提取（EAE） 是商業化回收高品質植物蛋白質的可靠方法。剛性細胞壁是提取細胞蛋白質的障礙（圖4-12）。EAE主要透過酶降解細胞壁成分（半纖維素、纖維素和果膠）來破壞細胞壁的完整性。果膠酶和碳水化合物酶在細胞壁解體中的特定活性有助於從豆類、油籽和穀物種子中有組織地釋放細胞蛋白質（楊文盛等，2020；Liu等，2020）。這項技術涉及使用單一或多種酶的混合物提取蛋白質。蛋白酶透過解除蛋白質與多醣基質的結合來提高蛋白質產量。細胞壁降解有助於細胞蛋白質的釋放。在釋放這些蛋白質後，蛋白酶將高分子量蛋白質分離成更小、更可溶性的部分，從而提供有利的提取條件。酶需要在一定酸性和鹼性環境才能發揮最佳催化效率。一般來說，碳水化合物的酶類在溫和的酸性環境下發揮作用，而幾種蛋白酶在溫和的鹼性條件下發揮作用。

大麥蛋白質是精胺酸、蘇胺酸、苯丙胺酸和纈胺酸等必需和非必需胺基酸的良好來源。脫脂大麥粉經過不同酶處理，如雙酶法，使用α-澱粉酶和澱粉醣苷酶；三酶法主要有α-澱粉酶、澱粉醣苷酶和β-1,3,4-葡聚醣酶。雙酶法處理獲得的濃縮蛋白，其蛋白含量達49%，而等電點沉澱前的三酶處理可獲得含量為78%的蛋白質。通常使用單一酶或多種酶使細胞壁降解酶（纖維素酶和鹼性蛋白酶），有助於提取優質蛋白質。這些蛋白質具有較高的熱穩定性和較低的黏度，可獲得改性的蛋白質產品（如起泡性、溶解性、乳化活性和穩定性）並提高其生物活性。EAE也有存在一些不足之處，如速度慢、操作成本高、難以擴大提取規模等。

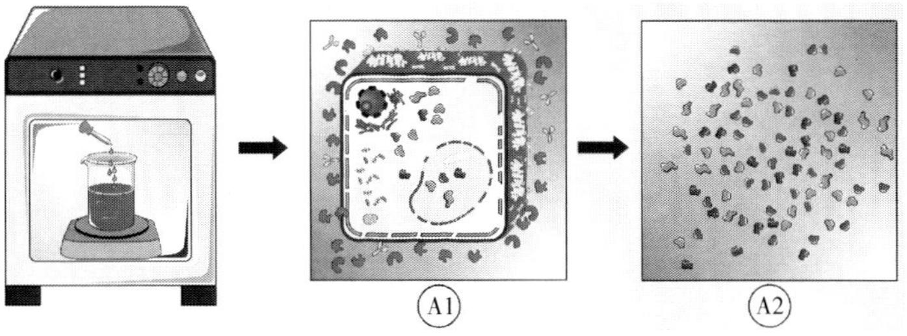

圖4-12　蛋白質酶提取的生化方法（Kumar等，2021）
酶水解細胞壁屏障（A1），並幫助將蛋白質成分釋放到周圍的培養基（A2）

3. 蛋白質提取的物理加工技術

（1）超音波輔助提取技術　是一種新型、綠色和節能的非熱加工技術，其產生的熱效應、空化效應和機械效應能夠增加底物蛋白與酶的接觸頻率、改變蛋白的構型、提高活性肽的產量和活性。寵物食品常用的植物源性蛋白質的分類見圖4-13（Wen等，2018）。超音波前處理提高酶解物產物抗氧化活性的機制主要包括4個方面：①超音波前處理使蛋白暴露出更多疏水基團，有利於增強酶解物清除自由基的能力；②超音波能夠打開並鬆散蛋白質結構，有利於蛋白與酶的接觸；③超音波的空化和機械效應能夠減少蛋白的粒徑，加速酶滲透到蛋白基質中，從而提高酶解效率；④超音波加速蛋白分子的運動，增加蛋白分子之間碰撞的機會，有利於加快酶與蛋白的反應（Wen等，2018），見圖4-14。

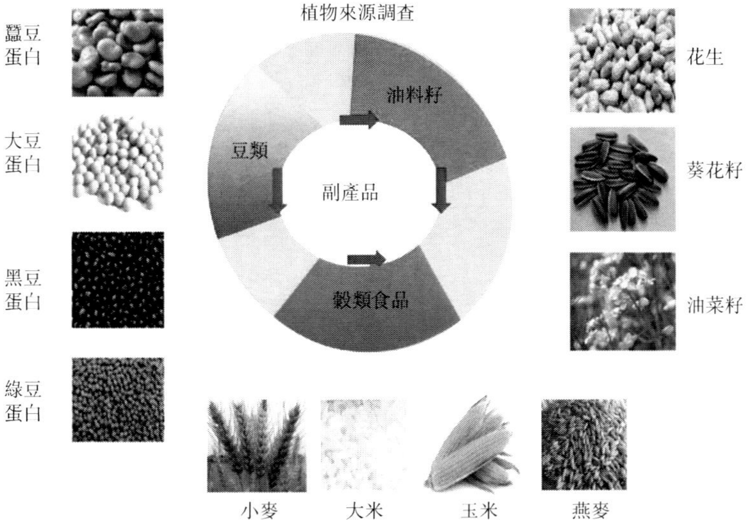

圖4-13　寵物食品常用的植物源性蛋白質的分類（Wen等，2018）

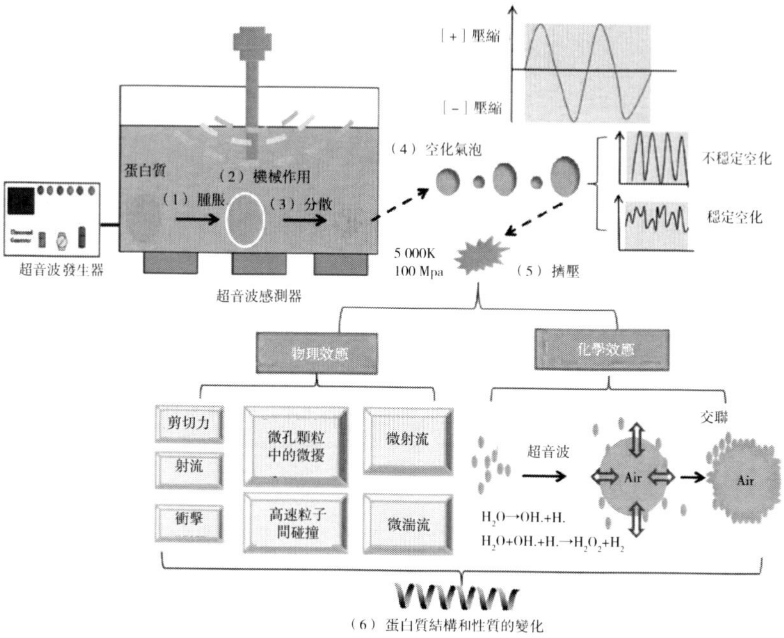

圖4-14　超音波處理蛋白質的機理示意圖（Wen等，2018）

肽的製備方法主要包括化學提取、發酵、合成和酶水解法。從植物原料中獲得活性肽的生產過程見圖4-15。首先，蛋白酶（動物蛋白酶、植物蛋白酶和微生物蛋白酶）

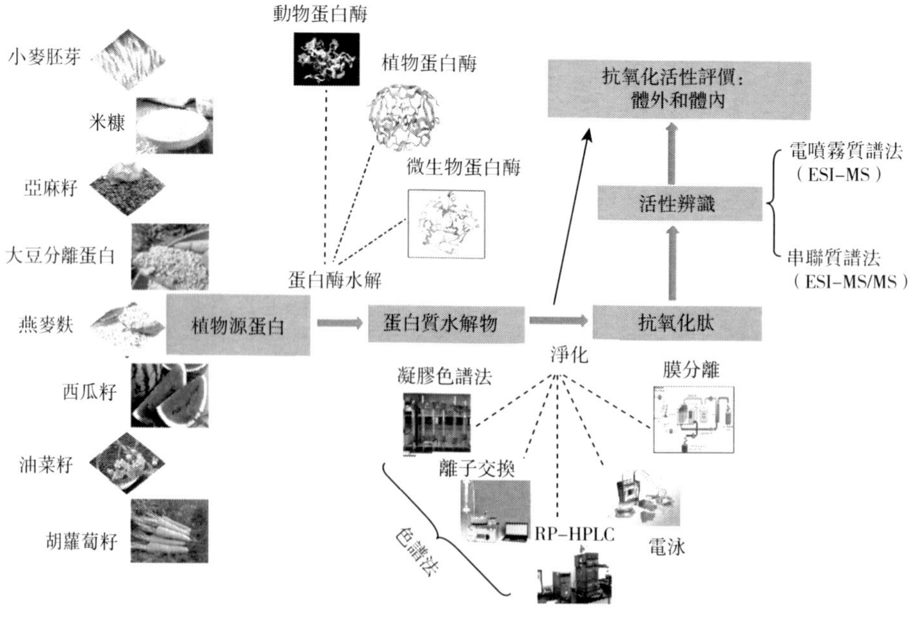

圖4-15　植物蛋白活性肽的生產示意圖（Wen等，2020）

水解蛋白獲得水解物；然後透過膜分離和色譜法（凝膠滲透色譜法、離子交換色譜法和反相高效液相色譜）分離純化蛋白水解物獲得活性肽；最後，透過LC-MS或LC-MS/MS鑑定活性肽的胺基酸序列，並透過體外、體內及寵物實驗評價其活性。不同製備方法各有其優缺點，其中化學提取法應用較早、技術相對成熟，但具有化學試劑用量大、汙染環境和設備費用高等缺點。發酵法製備的多肽口感好、成本低、產量高，但存在發酵時間較長、易感染等安全問題。合成法製備的多肽純度高，技術成熟，但該方法成本高，產量極少，而且用於寵物食品存在安全性問題。酶水解蛋白生產活性肽是該研究領域的熱點，相比其他方法，酶解法具有易控、重複性高、成本低、能源消耗低等優勢（Wen等，2020）。

（2）脈衝電場（pulsed electric field，PEF）輔助提取技術　是將植物材料置於10～80kV/cm範圍內的高電場強度脈衝下持續幾微秒到毫秒的短時間，實現固液轉移的過程（圖4-16）。在此過程中，樣品被固定在兩個電極之間，跨膜電壓在細胞膜上感應，這取決於電場的振幅、細胞半徑和膜相對於電場方向向量的位置（Liu等，2020）。當向細胞暴露大量電場時，細胞膜對DNA和蛋白質等離子和分子的滲透性增加。如果這種滲透性本質上是短暫的，膜恢復其選擇性滲透性，細胞存活，電穿孔則為可逆的；而如果細胞死亡，電穿孔是不可逆的（Zhang等，2023）。電場在細胞膜內產生一系列疏水孔。這些疏水孔後來轉化為親水孔，有可能在細胞內運輸生物分子。電穿孔促進了細胞內成分向周圍基質的大量運輸，因此有助於提高生物活性化合物的提取率，如多酚、多醣、蛋白、黃酮類等活性物質。

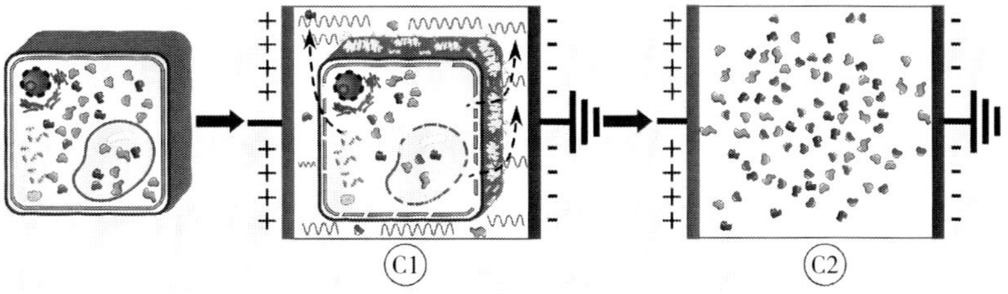

圖4-16　脈衝電場輔助提取蛋白質（Kumar等，2021）

植物樣品在短時間內受到高電場強度的影響，持續時間為微秒到毫秒（C1）。這些電場在細胞膜上形成孔隙，並幫助細胞內蛋白質釋放到提取溶劑中，從而提高提取率（C2）

PEF加工是一種新型的非熱加工技術，用於食品保鮮、微生物和酶失活、增強化學反應和從細胞中提取蛋白質。與其他非常規方法相比，這種方法在獲得更高的蛋白質產量方面效率相對較低。在低溫、更長的脈衝持續時間和更高的電場強度下使用PEF提取，可以使蛋白質得到更多的回收，適用於微生物（微藻、細菌和酵母）蛋白質提取。PEF提取也可以作為一種有前途的方法，從微生物中分離出具有高活性的天然結構和功能構象的重組酶，從新鮮生物質中提取純蛋白（無需純化）可以使該技術具有獨特性。

(3) 微波輔助提取（microwave-assisted extraction，MAE）技術　已知微波是一種非電離的電磁輻射，頻率從300MHz至300GHz不等。微波透過偶極子旋轉和離子傳導的聯合作用加熱樣品，從而破壞植物基質細胞壁中的氫鍵。該反應增加了細胞壁的孔隙率，有助於溶劑更好地滲透到細胞中，並在溶劑系統中有效釋放細胞內化合物（Liu等，2020）。圖4-17顯示了微波提取蛋白質的原理。由於微波在基質中轉化為熱能，產生的熱量會導致水分蒸發，從而在細胞壁上產生高壓。MAE在開放或封閉容器系統中進行，具體取決於溫度和壓力條件。開放式系統適用於環境條件下的處理，而封閉式系統適用於高溫和高壓條件。微波功率600～800W，時間100s適合從米糠中提取蛋白質。微波引起的偶極旋轉破壞了氫鍵，並增強了離子遷移引起的溶劑對樣品的滲透。這有助於透過破壞細胞壁成分將細胞內物質（蛋白質）釋放到溶劑介質中。MAE產生的蛋白質是使用鹼性溶劑的化學方法的1.5倍。與傳統的熱萃取相比，MAE有均勻加熱、提高萃取率、減少溶劑消耗和縮短萃取時間等優點，適用於固液萃取。

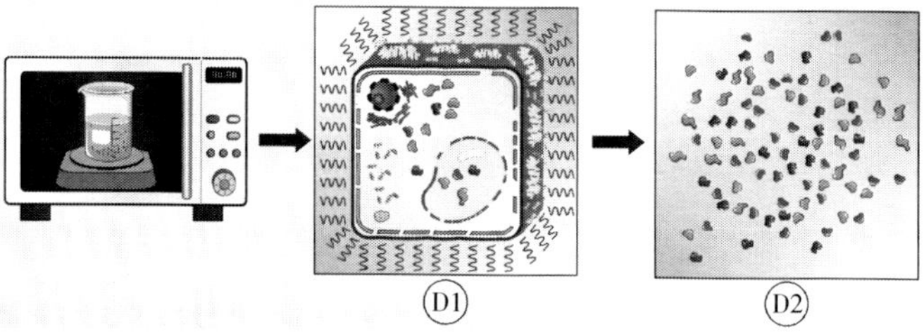

圖4-17　微波輔助提取蛋白質（Kumar等，2021）

微波系統中產生的電磁輻射增強了溶劑對植物基質的滲透（D1），促進可溶性蛋白質進入溶劑，提高蛋白質的回收率（D2）

短脈衝微波或優化微波輸入參數可以有效提取植物蛋白質。最短的提取時間和較少的溶劑需求是這項技術的關鍵優勢。微波與其他物理或生化技術的輔助應用可以提高蛋白質提取的效率。微波一般適用於結構堅硬的生物樣品中蛋白質提取，這些樣品很難被酶和/或超音波消化或者破壞，而高能微波可以有效地刺穿這些堅硬材料的細胞壁，提高蛋白質的回收率。

(4) 高壓輔助萃取（high pressure-assisted extraction，HPAE）技術　分三個階段實現。首先將樣品與萃取介質混合並放置在壓力容器內；壓力在短時間內從環境壓力增加到所需水準，流體壓力通常為100～1 000MPa；隨著壓力的增加，植物細胞內部和周圍的壓差增加，導致細胞變形和細胞壁損傷（Liu等，2020），見圖4-18。溶劑穿透受損的細胞壁和細胞膜進入細胞，增加可溶性化合物的質傳。如果壓縮力不超過電池的變形極限，溶劑就會在壓力下滲透透過電池壁，並迅速填充電池。生物活性成分會直接溶解在溶劑中。如果產品的壓縮超過細胞的變形極限，細胞壁破裂，活性化合物流出細胞並溶解在溶劑中。在保壓階段，預設壓力保持一段時間，以平衡電池內外的壓力。溶劑繼續穿透細胞壁並溶解成分。延長這一階段可以提高提取率；在最後階段，當壓力釋放時，電池中積累的壓力降低到大氣壓力，導致電池膨脹變形。隨著壓力釋放時間的縮短，細胞中會形成更多的孔隙，增加了原材料的表面積，促進了活性化合物的擴散，從而提高了萃取效率。HPAE取決於萃取壓力、操作時間、萃取溶劑的性質和濃度以及固液比等因素。

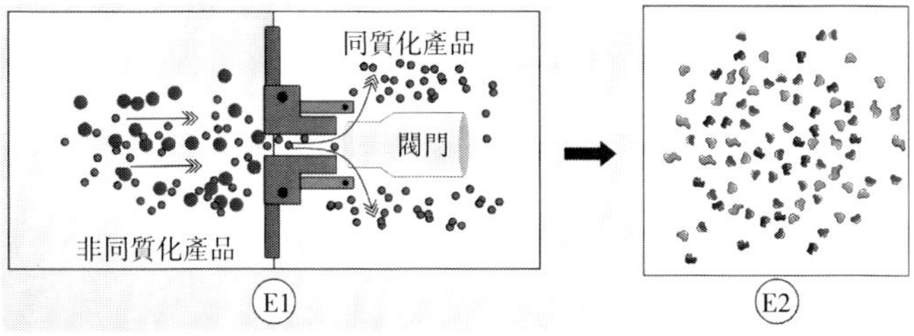

圖4-18　蛋白質的高壓輔助提取原理示意圖（Kumar等，2021）

壓力透過破壞細胞壁（E1）分解植物組織和細胞，從而增強了周圍溶劑進入植物細胞壁的質傳，並提高了蛋白質（E2）的提取效率

近年來，大量研究報導了利用高靜水壓從食品和草藥中提取生物活性化合物，原理如圖4-18。Altune等開發了一個響應模型，以預測透過高靜水壓提取的蛋白質濃度，作為100～300MPa施加壓力的函數，以及用於提取的溶劑類型，例如磷酸鹽緩衝鹽、三氯乙酸和Tris-HCl，從米糠中提取蛋白質的壓力為600～800MPa，較200MPa下獲得蛋白質的量更高。雖然單獨高壓不能提取更高百分比的蛋白質，但當與EAE等其他合適技術結合使用時，可以成功實現高達66.3%的蛋白質回收率。

HPAE是一種新興的非熱處理技術，能最大限度保持產品營養價值，以滿足日益成長的消費者需求。高壓可以使微生物和酶失活，在不改變食品感官質量的情況下改變細胞結構。該技術還可以成功地用於從植物和草本植物中提取生物活性化合物和生物分子。提取速度更快，產率高，最終產品中雜質最少。由於提取是在環境溫度下進行的，因此可以避免熱敏成分和營養物質的熱降解。由於HPAE是一種生態友好的萃取方法，它作為傳統溶劑萃取方法的替代方法越來越受歡迎。

從不同植物中提取蛋白質需採用不同的方法。提取技術的不同取決於植物材料，蛋白質提取物富含必需胺基酸，可以透過毒性最小的新型蛋白質提取技術實現增強的理化和功能特性。從上述文獻結果可以看出，傳統的蛋白質提取方法可以應用於更多的植物基質，包括油籽、豆類、穀物和農業殘留物，但也有一些缺點（耗時、不環保）。從油籽粕/生物質（包括大豆、菜籽和微藻粕）中提取蛋白質；UAE用於油籽（向日葵、大豆、花生）的蛋白質提取，而MAE用於碾磨工業的副產品，即麩皮（小麥、大米、芝麻）。此外，PEF提取方法是從微生物中分離具有高比活性的天然結構和功能構象的重組酶的有效方法。與傳統方法相比，這些先進的蛋白質提取方法具有產量高、時間短、環境友好、溶劑消耗少等優點。

（二）功能性寡醣和多醣

1. 功能性寡醣　寡醣是由2～10個單醣分子經醣苷鍵連接而成的低度聚合醣，可分為普通寡醣和功能性寡醣。普通寡醣能直接被人體消化、吸收。功能性寡醣是指不被人體中的消化酶水解、在小腸中不被吸收的寡醣，又稱為不消化性寡醣，在腸道中發揮其獨特的生理功能來維持宿主健康。一般認為功能性寡醣能特異性地誘導腸道中雙歧桿菌生長，促進雙歧桿菌發酵產生大量短鏈脂肪酸（short chain fatty acids，SCFAs），並抑制有害菌生長繁殖，降低有害菌和毒素在腸膜的附著力。此外，功能性寡醣還具有免疫調節、抗炎、促進營養物質吸收、降低膽固醇和調節腸道滲透壓等生理功能。功能性寡醣主要包括果寡醣、乳果寡醣、異麥芽寡醣、木寡醣、水蘇糖、殼寡醣、龍膽寡醣、大豆寡醣、海藻糖等。

日本是世界上生產寡醣最主要的國家，而寡醣使用則遍布世界各地，目前全世界約有寡醣產品十餘種。除大豆寡醣和水蘇糖等少數寡醣外，大多寡醣都採用酶法生產，一般是由乳糖、蔗糖等雙醣為底物，由轉移酶催化合成，或多醣限制性水解製得，如澱粉、菊粉、木聚醣，其生成產物是單醣和不同鏈長寡醣，可用膜分離、色譜分離方法除去低分子糖達到純化目的。功能性寡醣的生產主要有天然原料中提取、利用轉移酶/水解酶的糖基轉移反應、天然高聚醣的控制性水解法（酸法和酶法）以及化學合成法4種方式。

隨著社會的發展，將寡醣添加到寵物的蛋白飲料中，既可保持飲料原有的風味，又具有一定保健功能。異麥芽寡醣適用於飲料、罐頭等寵物食品的加工，可防止食品中的澱粉老化和結晶糖的析出，可添加到以澱粉為主的寵物食品中延長食品的保藏期。異麥芽寡醣可添加於寵物口腔護理等食品中，形成具有抗齲齒、低熱値、整腸功能的保健食品。異麥芽寡醣也可獨立上市，作為寵物食品甜味劑和保健食品。大豆寡醣可應用於寵物食品的加工生產中以抑制澱粉老化，又可保鮮及保溼；木寡醣應用於酸性寵物飲料的生產中，保持其穩定性；果寡醣主要用於飲料、火腿等休閒寵物食品的生產過程中以抑制澱粉老化，保持水分。異麥芽酮糖是在目前開發出的功能性寡醣中抗齲齒功能最強的，但能量很高，不適合肥胖寵物。功能性寡醣中的葡萄糖基蔗糖具有防止結晶和褐變反應發生及極強保水性能等重要特性，常作為保護劑用於寵物食品工業中。

2. 硫酸軟骨素（chondroitin sulfate，ChS）　是在哺乳動物中發現的生物材料，特別是在動物腿骨、軟骨、皮膚、神經組織和血管中較為豐富。ChS的功能主要透過所組成的蛋白聚醣來體現，大致分為結構功能和調節功能，例如保溼性和炎症抑制作用，常作為保健食品的配方對關節炎、冠心病、心絞痛、眼科疾病有一定防禦作用；可作為食品添加劑，用於食品的乳化、保溼和祛除異味；可製成保健食品，ChS作為關節軟骨的重要組成部分，具有軟骨保護功能，在作為關節炎的治療藥物和保健食品領域有廣泛的應用。

（1）ChS的傳統動物軟骨提取工藝　從工業生產的角度來看，以動物軟骨為原料提取ChS仍是目前最經濟有效的方法，常用的原料有豬、牛、禽類及鯊魚的透明軟骨。原料不同，生產工藝略有差別，但本質是相同的，即將ChS從軟骨中提取出來並進行純化。ChS的提取分離方法主要有鹼提取法、鹼鹽法、酶處理法等，一般均需要經酶解和活性炭、矽藻土或白陶土等處理，以提高提取的效果。傳統方法提取一般需採用大量鹼液和有機溶劑，提取ChS的含量也普遍較低。隨著對工業生產能源消耗和環境影響的要求日益嚴格，以及海內外市場對於ChS品質的要求日益提升，酶解－超濾法和酶解－樹脂法生產ChS已成為一種趨勢。酶解法是目前生產中普遍使用的方法，在特定的溫度和pH下，用蛋白酶催化蛋白質的特定肽鍵水解，使ChS從糖蛋白中游離出來，得到軟骨提取液後再採用一定的方法進行去除蛋白，然後回收、純化ChS。

（2）ChS的微生物發酵生產工藝　從動物軟骨中提取ChS，後續純化工藝複雜，同時為了避免動物來源ChS可能產生的健康安全問題及其生產中的環境汙染問題，用微生物發酵法生產ChS逐漸成為研究熱點。ChS不僅存在於動物軟骨組織，還以莢膜多醣的形式存在於某些微生物細胞壁上，自然界中許多真菌和細菌等均能合成低聚合度的ChS或類ChS聚合物。目前，ChS的發酵生產仍以*E.coli* K4研究居多。*E.coli* K4發酵液經離心、過濾除菌體後，經蛋白酶處理，透析和酸解即可獲得無果糖分支的軟骨素（Ch），Ch透過硫酸化修飾才能得到ChS。微生物發酵法生產ChS具有產品品質穩定、成本低、汙染少等優點。隨著研究的深入及生產菌株的不斷開發，ChS產量也越來越高，實現ChS發酵的產業化生產將成為可能。

3. 活性多醣　是由10個以上單醣透過醣苷鍵連接的具有一定生物活性的高分子碳水化合物。作為保健食品功效成分使用的活性多醣主要是從植物、動物和食用菌中提取，以植物和食用菌中提取的多醣種類最為豐富。常見的多醣分為植物多醣、真菌多醣、動物多醣3大類。植物多醣有茶多醣、枸杞多醣、葡甘露聚醣、銀杏葉多醣、海藻多醣、香菇多醣、銀耳多醣、靈芝多醣、黑木耳多醣、茯苓多醣等，此類活性多醣具有機體免疫調節、延緩衰老、抗疲勞、降血糖等多種生物活性，因而日益受到人們的重視。動物多醣是從動物體內提取分離的，主要有海參多醣、殼聚醣和透明質酸等，具有降血脂、增強免疫、降低毒素等多種生物活性。多醣提取是高活性多醣用於寵物保健食品加工製備的重要前提。多醣的提取首先要根據多醣的存在形式及提取部位確定是否做預處理。動物多醣和微生物多醣多有脂質包圍，一般需要先加入丙酮、乙醚、乙醇或乙醇乙醚的混合液進行回流脫脂，釋放多醣。植物多醣提取時需注意一些含脂較高的根、莖、葉、花、果及種子類，在提取前，應先用低極性的有機溶劑對原料進行脫脂預處理，目前多醣的提取方法主要有傳統溶劑提取法、酶提取法、物理場強化提取法等。

(1) 傳統溶劑提取法

①水提醇沉法：是提取多醣最常用的方法。多醣是極性大分子化合物，提取時應選擇水、醇等極性強的溶劑。用水作溶劑來提取多醣時，可以用熱水/冷水浸提滲濾，然後將提取液濃縮後，在濃縮液中加乙醇，使其最終體積分數達到70%左右，利用多醣不溶於乙醇的性質，使多醣從提取液中沉澱出來，室溫靜置5h，多醣的質量分數和得率均較高。影響多醣提取率的因素有水的用量、提取溫度、固液比、提取時間以及提取次數等。水提醇沉法提取多醣不需特殊設備，生產工藝成本低、安全，適合工業化大生產，但由於水的極性大，容易把蛋白質、苷類等水溶性的成分浸提出來，從而使提取液存放時腐敗變質，為後續的分離帶來困難，且該法提取比較耗時，提取率也不高。

②酸提法：為了提高多醣的提取率，在水提醇沉法的基礎上發展了酸提取法。如某些含葡萄糖醛酸等酸性基團的多醣在較低pH下難以溶解，可用乙酸或鹽酸使提取液成酸性，再加乙醇使多醣沉澱析出，也可加入銅鹽等生成不溶性絡合物或鹽類沉澱而析出。由於H^+的存在抑制了酸性雜質的溶出，稀酸提取法得到的多醣產品純度相對較高，但在酸性條件下可能引起多醣中醣苷鍵的斷裂，且酸會對容器造成腐蝕，除弱酸外，一般不宜採用。因此酸提法也存在一定的不足之處。

③鹼提法：多醣在鹼性溶液中穩定，鹼有利於酸性多醣的浸出，可提高多醣的收率，縮短提取時間，但提取液中含有其他雜質，使黏度過大，過濾困難，且浸提液有較濃的鹼味，溶液顏色呈黃色，這樣會影響成品的風味和色澤。

(2) 酶解提取法

①單一酶解法：是指使用一種酶來提取多醣，從而提高提取率的生物技術。其中經常使用的酶有蛋白酶、纖維素酶等。蛋白酶對植物細胞中游離的蛋白質具有分解作用，使其結構變得鬆散；蛋白酶還會使糖蛋白和蛋白聚醣中游離的蛋白質水解，降低它們對原料的結合力，有利於多醣的浸出。

②複合酶解法：採用一定比例的果膠酶、纖維素酶及中性蛋白酶，主要利用纖維素酶和果膠酶水解纖維素和果膠，使植物組織細胞的細胞壁破裂，釋放細胞壁內的活性多醣，多醣釋放的量和複合酶的加入量、酶解溫度、時間、酶解pH有直接的關係。此法具有條件溫和、雜質易除和得率高等優點。

（3）物理強化提取法

①超音波輔助提取法：是利用超音波的機械效應、空化效應及熱效應。機械效應可增大介質的運動速度及穿透力，能有效地破碎生物細胞和組織，從而使提取的有效成分溶解於溶劑之中；空化效應使整個生物體破裂，整個破裂過程在瞬間完成，有利於有效成分的溶出；熱效應增大了有效成分的溶解速度，這種熱效應是瞬間的，可使被提取成分的生物活性盡量保持不變；此外，許多次級效應也能促進提取材料中有效成分的溶解，提高了提取率。超音波提取與水提醇沉法相比，萃取充分，提取時間短；與浸泡法相比，提取率高。

②微波輔助提取法：是高頻電磁波穿透萃取媒質，到達被萃取物料的內部，能迅速轉化為熱能使細胞內部溫度快速上升，細胞內部壓力超過細胞壁承受力，細胞破裂，細胞內有效成分流出，在較低的溫度下溶解於萃取媒質，透過進一步過濾和分離，獲得萃取物料。微波輔助提取多醣和其他的萃取方法比較，萃取效率高，操作簡單，且不會引入雜質，多醣純度高，能源消耗小，操作費用低，符合環境保護要求，是很好的多醣提取方法。

③高壓脈衝電場法：是對兩電極間的流態物料反覆施加高電壓的短脈衝（典型為20～80kV/cm）進行處理，作用機理有多種假說，如細胞膜穿孔效應、電磁機制模型、黏彈極性形成模型、電解產物效應、臭氧效應等，研究最多的是細胞膜穿孔效應。動物、植物、微生物的細胞，在外加電場作用下，產生橫跨膜電位，絕緣的生物膜由於電場形成了微孔，通透性發生變化，當整個膜電位達到極限值（約為1V）時，膜破裂，膜結構變成無序狀態，形成細孔，滲透能力增強。電位差達到臨界點，細胞破裂。

④亞臨界水萃取法：又稱高壓熱水或高溫熱水，是指在一定壓力（1～22.1MPa）下，將水溫度升高到100～374℃時，仍然保持液體狀態的水，利用該亞臨界水萃取活性物質的過程，即亞臨界水萃取技術，其萃取裝備見圖4-19。亞臨界水的萃取機制涉及4個連續過程：高溫高壓條件下，解析樣品基質中活性部位的可溶解物；提取物擴散到基質中；被提取物從樣品基質擴散到提取流體中；利用色譜法洗脫並收集樣品溶液。亞臨界水的萃取機制也符合熱力學模型。亞臨界水萃取可分為靜態模式和動態模式（圖4-20）。

超臨界流體萃取法，是近年來發展起來的一種新的提取分離技術。超臨界流體是指物質處於臨界溫度和臨界壓力以上時的狀態，這種流體兼有液體和氣體的特點，密度大，黏稠度小，有極高的溶解能力，滲透到提取材料的基質中，發揮非常有效的萃取功能。而且這種溶解能力隨著壓力的升高而增大，提取結束後，再透過減壓將其釋放出來，具有保持有效成分的活性和無溶劑殘留等優點。由於CO_2的超臨界條件（TC

304.6℃、Tp 7.38MPa）容易達到，常用於超臨界萃取的溶劑，在壓力為8～40MPa時的超臨界條件下，CO_2足以溶解任何非極性、中極性化合物，在加入改性劑後則可溶解極性化物。該法的缺點是設備複雜，運行成本高，提取範圍有限。

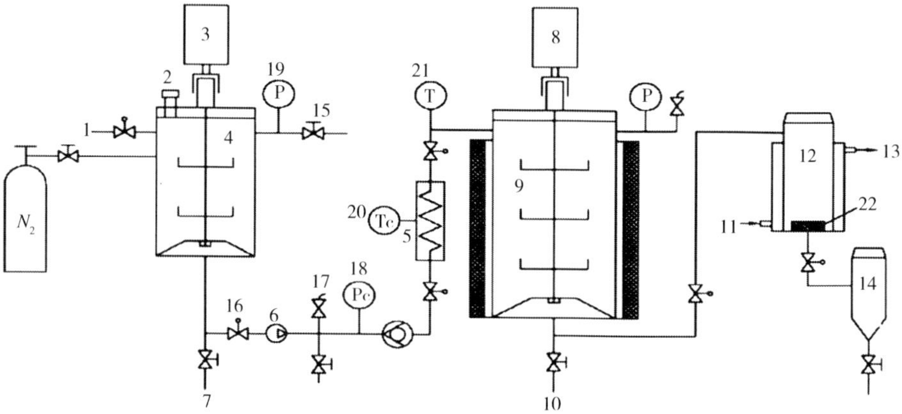

圖4-19　亞臨界水萃取裝備示意圖（Zhang等，2020）

1. 進水口　2. 固體料口　3. 磁耦合攪拌系統　4. 固體樣品提取腔　5. 熱交換器　6. 壓力泵　7. 蓄水池　8. 磁耦合攪拌系統　9. 固體樣品提取腔　10. 蓄水池　11. 冷卻水入口　12. 冷卻池　13. 冷卻水出口　14. 收集器　15. 截止閥　16. 球閥　17. 安全閥　18. 壓力控制器　19. 壓力測量　20. 溫度控制器　21. 溫度測量　22. 過濾板

圖4-20　簡易靜態亞臨界水萃取裝置（A）和動態工業化亞臨界水萃取設備（B、C）

(4) 多醣的分離純化

①多醣除雜：除蛋白質的方法，主要有Sevage法、三氟三氯乙烷法、三氯乙酸發(TCA法)、半透膜法、超濾膜法、凍融-Sevage聯合法。

②多醣的分離：主要有分級沉澱、季銨鹽沉澱法、金屬鹽沉澱法、色譜分離、膜分離、透析、電滲析等，目前大多採用離子交換-凝膠或其他各種不同類型的凝膠柱層析以及離子交換色譜法。

③多醣的含量分析：常用的含量測定方法有硫酸-苯酚法、硫酸-蒽酮法、蒽酮-硫酸法（總醣）、DNS法（還原法）、磷鉬比色法、鄰鉀苯胺比色法等。每種方法只對某些多醣的測量效果好。

(三) 脂類

寵物保健食品中的脂類功能因子主要是脂肪酸類物質，脂肪酸可分為必需脂肪酸和非必需脂肪酸，飽和脂肪酸和不飽和脂肪酸。必需脂肪酸是指機體需要但自身不能合成必須從食物中攝取的脂肪酸，含ω-3和ω-6脂肪酸。不飽和脂肪酸又分為單不飽和脂肪酸和多不飽和脂肪酸。脂肪酸類物質除了可為寵物提供熱量外，還可維持寵物皮膚健康。如果寵物犬體內必需脂肪酸缺乏，皮膚會受到損害，從而出現被毛乾燥無光澤、掉毛、皮屑多、免疫力下降等問題。臨床效果證明，脂肪酸在修復皮膚損傷、促進皮毛生長、減少復發上起著重要作用。

一般來說，寵物必需脂肪酸大致可分為ω-3和ω-6兩種。其中，ω-3脂肪酸主要包括二十碳五烯酸（EPA）、二十二碳五烯酸（DPA）、二十二碳六烯酸（DHA）、α-亞麻酸（ALA）。含活性ω-3的食材主要有魚油、玉米油、浮游植物藻類，以及動物大腦、骨髓中。ω-6主要包括AA、亞油酸（LA）、GLA-γ-亞麻酸。含活性ω-6的食材有主要有玉米、大豆、亞麻籽、月見草油、琉璃苣油和黑加侖油、豬肉、雞肉、牛羊肉、蛋類等。

寵物必需脂肪酸的攝取量與其飲食結構有關。犬作為雜食動物且體內的酶可以自行轉化一部分，其ω-3：ω-6約為1：2。貓由於自身缺少消化酶其ω-3：ω-6約為1：(1～2)。目前大部分寵物的ω-6攝取基本來源於寵糧中，因此寵物是不容易缺乏ω-6的。如果寵物缺乏ω-6，說明寵糧中的脂肪來源品質較差。長期缺乏ω-6會導致寵物出現皮膚問題、生殖和生長等問題。寵物如果過量攝取ω-3會削弱寵物的免疫系統功能，使寵物抵抗力降低，從而引起炎症、皮膚等一系列疾病的出現。生長期的寵物如果缺乏ω-3，會影響神經系統的發育、視力、聽力等，對腦部的發育影響是最大的，這種問題會影響寵物的一生。以魚油多不飽和脂肪酸為例，介紹提取分離方法。

1. 多不飽和脂肪酸的提取　以魚油為例，取原料，絞碎，加1/2量水，調pH至

8.5～9.0，在攪拌下加熱至85～90℃，保持45min後，加5%的粗食鹽，攪拌使其充分溶解，繼續保持15min，用雙層紗布或尼龍布過濾，壓榨濾渣，合併濾液與壓榨液，趁熱離心即得粗油。

魚油的製取原料可以是整魚，也可以是魚加工中的下腳料。這些原料必須是新鮮或冷藏。本工藝採用加工魚罐頭剔除的下腳料，用其他原料的製取工藝與本工藝類似。在魚油的提取過程中，將提取液調至鹼性並在加熱保溫後期加入食鹽，可使提取液黏性變小、渣子凝聚、過濾壓榨容易進行。但加鹼不可過量，否則魚油將被皂化。另外，食鹽還有破乳化作用，有利於油水分離。壓榨對魚油收率影響很大，約有1/3～1/2的魚油存在於壓榨液中。大規模生產應使用連續進料出料和排渣的工業離心分離機。

2. 多不飽和脂肪酸的分離純化

(1) 低溫鈉鹽結晶法　將魚油加至5倍體積4%（*W/V*）氫氧化鈉乙醇（95%）溶液中，在氮氣流下回流10～20min進行皂化。用矽膠G薄層色譜法檢查皂化程度，以三酸甘油酯斑點消失判定皂化完全。脂肪酸三酸甘油酯被皂化成脂肪酸鈉鹽後，溶於熱乙醇中，冷卻至室溫，大量飽和脂肪酸鈉鹽析出，擠壓過濾得濾液；濾液冷卻到-20℃，壓濾；濾液加等體積水，用稀鹽酸調pH至3～4，於2 000r/min離心10min，得上層多不飽和脂肪酸；將所得PUFA溶於4倍體積氫氧化鈉乙醇溶液中-20℃放置過夜，壓濾；濾液加少量水，-10℃冷凍抽濾除去膽固醇結晶；濾液再加少量水，-20℃冷凍，2 000r/min離心5min，傾出上層液得下層多不飽和脂肪酸鈉鹽膠狀物；將多不飽和脂肪酸鈉鹽膠狀物用稀鹽酸調pH 2～3，於2 000r/min離心10min得上層液，即得純化的多不飽和脂肪酸。

(2) 尿素包合法　將氫氧化鉀25kg溶於95%乙醇800L，加入魚油100kg，在氮氣流下加熱回流20～60min使完全皂化；皂化液加適量的水，用1/3體積的石油醚萃取非皂化物，分離去石油醚層，蒸餾回收石油醚。下層皂化液加2倍體積水，用稀鹽酸調至pH 2～3，攪拌靜置分層；收集上層油樣液以無水硫酸鈉乾燥得混合脂肪酸。取尿素200kg加甲醇1 000L，加熱溶解後在攪拌下加入混合脂肪酸100kg，加熱攪拌使澄清，置室溫繼續攪拌3h，靜置24h後抽濾，棄去沉澱（尿素飽和脂肪酸包合物，去除飽和脂肪酸），得濾液；向濾液中再加入尿素甲醇飽和溶液300L（含尿素50kg）攪拌室溫靜置過夜，於-20℃再靜置24h，抽濾棄去沉澱（尿素、飽和脂肪酸和低度不飽和脂肪酸包合物），得濾液；用稀鹽酸將濾液調pH至2～3，攪勻後靜置，收集上層液，水洗、無水硫酸鈉乾燥，得多不飽和脂肪酸。多不飽和脂肪酸的製備：將多不飽和脂肪酸加至4倍體積1.5%（*W/V*）硫酸乙醇液中，回流90min硫酸作為酯化反應催化劑。放至室溫加等量水攪拌2min、3 000r/min離心10min，洗除片狀結晶；重複水洗數次，至洗液呈淡黃色為止，得多不飽和脂肪酸乙酯。

（3）酯交換反應製備多不飽和脂肪酸乙酯　魚油80kg和乙醇50kg加入密閉的反應罐中，加入硫酸2.5kg作為催化劑，在氮氣保護下，82℃加熱回流約6h。用薄層色譜確定酯交換反應終點。反應完畢，冷至室溫，加水200kg和環己烷150kg攪拌靜置棄去水相；水洗環己烷層數次至中性，用無水硫酸鈉脫水，最後眞空蒸發脫去環己烷製得魚油多不飽和脂肪酸乙酯。該方法魚油可與乙醇直接進行酯交換反應，省去了皂化反應步驟。

（4）分子蒸餾法　是目前工業化生產高純度EPA和DHA 最常用的方法之一。多不飽和脂肪酸（混合物）進行分子蒸餾之前，要先進行甲酯或乙酯化，以降低其極性，提高揮發性。EPA乙酯的沸點低於DHA乙酯分子蒸餾時可先被蒸餾出來，而DHA乙酯留在未蒸發的殘留物中，因此可實現EPA 和DHA 的有效分離，使其含量分別達到80%以上。分子蒸餾還有除臭作用，可去除魚腥味。美國專利報導了用酯交換反應製得脂肪酸乙酯，再用尿素包合法和分子蒸餾法等進行純化，製得DHA 含量達96%的產品。由此可知，將酯交換、分子蒸餾、尿素包合等方法靈活運用，以生產不同規格的EPA、DHA產品並降低生產成本是很重要的。

（5）塗銀色譜法　取含硝酸銀20%的矽膠150g，用石油醚浸泡1h左右不斷攪拌排除氣泡，然後將其轉移至色譜柱中，靜置2～3h達到平衡後再使用，柱外包黑紙遮光。取多不飽和脂肪酸乙酯（本實例含EPA乙酯68.6%，DHA乙酯8.3%）15g加到色譜柱上部的石油醚中溶解後從柱下放出適量液體，使上部液體進入柱床再進行洗脫。洗脫液為石油醚–醋酸乙酯–乙醇［1：1：0.025（*V*/*V*）］，流速0.8～1.8mL/min，每隔1h分瓶收集洗脫液，分別用氣相色譜法檢測EPA 乙酯和DHA 乙酯的含量。洗脫液經檢測不含PUFA乙酯時停止洗脫。將顯示EPA乙酯和DHA乙酯單峰的流分分別合併，用眞空蒸餾除去溶劑，加入飽和氯化鈉水溶液50mL，振搖1min，靜置分層，除去下層氯化銀沉澱與廢液，再加15%氯化鈉水溶液洗滌2遍，每次50mL，最後用蒸餾水50mL洗一次，經無水硫酸鈉過濾脫水，秤重。結果製得EPA乙酯3.9g，含量97.7%；DHA乙酯0.5g，含量97.7%。

（四）活性色素

色素與日常生活息息相關，影響人們的嘗試和接受，從而左右人們對食物和飲料的喜愛。顏色與食品的安全性、感知覺和接受度相關聯，顏色和食物的相關性又與人們認知的發展密切相關，認知的發展依賴於經驗和記憶。例如，藍色和綠色聯想發霉的奶酪，灰色（黑色）聯想到腐爛的水果，這種先前感覺，在很大程度上可造成反感。雖然這些都是心理特徵的反應，但影響人們對食品和飲料的選擇，更不用談是否適合口味。但是，一旦這種因果關係不能忽視和淡化，在食品工業上研發新的食品和飲料就成為問題。色素會影響寵物食品的適口性，這些都是心理特徵的反應。特定的顏色使寵物主人們自然聯想到特定的風味，進而聯想到不同色澤食品所具有的特定功能，這也是食品的顏色可影響品嘗的原因。在工業化產品研發過程中，由於原料的變化、生產過程的調整、儲存條件的變化等均會影響顏色的改變，所以這種現象十分常見。因此，運用可食用活性色素既可著色食品使其保持誘人色澤，又能發揮其生物學功能，對於寵物保健食品開發是有利且必要的，可保證產品的顏色，同時又具有保健功能，乃是消費者所期望的。

隨著經濟的高速發展，人們對健康的訴求越來越高，對伴侶動物的健康意識也逐漸提高。寵物主人在選擇寵物保健食品時更傾向於天然活性色素著色的食品。自然定位更能引起大多數購物者的共鳴，根據Sensient 2018年H&W調查，高達74%的寵物主人更傾向於購買添加天然活性色素的寵物食品。天然色素是從植物或動物性原料中直接提取獲得的色素。一般寵物（犬貓）保健食品中常用的活性色素主要有多烯類色素（β-胡蘿蔔素、番茄紅素、天然葉黃素－源自萬壽菊、蝦青素、梔子黃、梔子藍）、花青苷類色素（高粱紅、莧菜紅、蘿蔔紅）、吡咯類色素（葉綠素銅鈉/鉀鹽）、醌類色素（胭脂紅）、酮類色素（紅麴紅、紅麴米）、甜菜紅、氧化鐵紅、新紅、焦糖色（亞硫酸銨法）等。

寵物食品的色彩與營養密切相關，隨著天然色素由淺變深，其營養成分愈加豐富，營養結構更趨合理。不同的天然色素作為寵物食品的天然著色劑可為寵物食品提供特殊的健康作用，如吡咯類色素具有造血、解毒等作用；多烯類色素具有抗氧化、延緩衰老、調節機體免疫、預防心血管疾病、改善視網膜及視神經功能等；花青苷多酚類色素具有抗氧化、抗衰老、調節機體免疫、抗腫瘤、保護肝臟、抑菌、保護視力、保護神經元、提高記憶力、降血糖和降血脂等活性。所以天然著色劑賦予其不同的營養功能，不僅能為食品提供誘人的色澤，而且能起到保健作用，改善機體健康狀況，預防疾病發生。所以，天然活性色素的製備對於寵物保健食品的開發具有重要的意義。

1. 多烯類色素的提取　多烯類色素是以異戊二烯殘基為單位的多個共軛鏈為基礎的一類色素，又稱為類胡蘿蔔素，屬於脂溶性色素。根據其結構中是否含有由非C、H元素組成的官能團而將類胡蘿蔔素分為兩大類：一類為純碳氫化物，被稱為胡蘿蔔素類（carotene），是由中間的類異戊烯及兩端的環狀和非環狀結構組成（圖4-21）；另一類的結構中含有含氧基團，稱為葉黃素類（xanthophyll），是一類氧化了的胡蘿蔔素，分子中含有一個或多個氧原子，形成羥基、羰基、甲氧基、環氧化物。多烯類色素是自然界最豐富的天然色素，大量存在於植物體、動物體和微生物體中，如紅色、黃色和橙色的水果及綠色的蔬菜中，卵黃、蝦殼等動物材料中也富含類胡蘿蔔素。類胡蘿蔔素具有較強的加工穩定性，在寵物食品加工領域被廣泛應用。

胡蘿蔔素

葉黃素

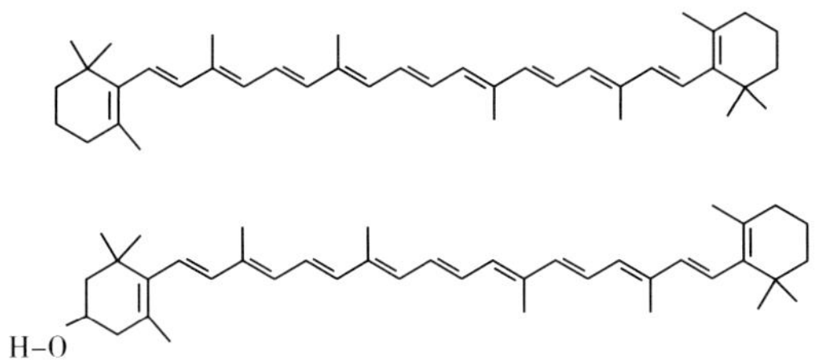

圖4-21　胡蘿蔔素和葉黃素的結構式

（1）β-胡蘿蔔素　β-胡蘿蔔素分子具有長的共軛雙鍵生色團，具有光吸收的性質，使其顯黃色，是橘黃色脂溶性化合物。約有20餘種異構體，不溶於水，微溶於植物油，在脂肪族和芳香族的烴中有中等的溶解性，最易溶於氯化烴、氯仿、石油醚等。β-胡蘿蔔素的化學性質不穩定，易在光照和加熱時發生氧化分解，因而應避免直接光照、加熱和空氣接觸。胡蘿蔔素是維他命A原，其中起主要作用的是β-胡蘿蔔素。胡蘿蔔素能夠治療因維他命A缺乏所引起的各種疾病。此外，胡蘿蔔素還能夠有效清除體內的自由基，預防和修復細胞損傷，抑制DNA的氧化，預防癌症的發生，提高人體免疫力等，使癌變細胞恢復正常的作用。

根據胡蘿蔔素理化性質，其製備流程為胡蘿蔔→粉碎→乾燥→萃取→過濾→濃縮→胡蘿蔔素。以胡蘿蔔為例，提取胡蘿蔔素的具體步驟為取新鮮胡蘿蔔，清水清洗，瀝乾，粉碎，烘乾；將胡蘿蔔粉與石油醚裝入蒸餾瓶，沸水浴加熱回流萃取30min；將萃取物過濾，除去固體物，得到萃取液，再經減壓濃縮，揮乾萃取劑，得到胡蘿蔔素。在萃取製備過程中，烘乾胡蘿蔔時，溫度過高、時間過長，均會導致胡蘿蔔素分解。

表4-15　胡蘿蔔素的主要提取方法

提取方法	方法步驟	適用範圍	優點	局限性
水蒸氣蒸餾	水蒸氣蒸餾；分離油層；除水過濾	適用於提取玫瑰油、薄荷油等揮發性強的芳香油	簡單易行，便於分離	水中蒸餾會導致某些原料焦煳和有效成分水解等問題
壓榨法	石灰水浸泡、漂洗；壓榨、過濾、靜置；再次過濾	適用於柑橘、檸檬等易焦煳原料的提取	生產成本低，易保持原料原來的結構和功能	分離較為困難，出油率相對較低
有機溶劑萃取	粉碎、乾燥；萃取、過濾；濃縮	適用範圍廣，要求原料的顆粒要盡可能細小，能充分浸泡在有機溶液中	出油率高，易分離	使用的有機溶劑處理不當會影響芳香油的品質

(2) 葉黃素的提取　葉黃素是從萬壽菊花中提取的一種天然色素，是一種無維他命A活性的類胡蘿蔔素，其用途非常廣泛，主要性能在於它的著色性和抗氧化性。它具有色澤鮮豔、抗氧化、穩定性強、無毒害、安全性高等特點。能夠延緩老年人因黃斑退化而引起的視力退化和失明症，以及因機體衰老引發的心血管硬化、冠心病和腫瘤疾病。葉黃素作為一種天然抗氧化劑，既起到一般抗氧化劑的作用，又有其獨特的生理功能，在防止自由基損害、心血管病以及癌症方面帶來不少創新的功能價值，是極具誘惑力的食品營養保健劑。此外，葉黃素還可以應用在化妝品、飼料、醫藥、水產品等行業中。近年來主要採用常溫從萬壽菊中提取葉黃素的方法，葉黃素不溶於水，溶於某些有機溶劑，如三氯甲烷、正己烷和四氫呋喃等。目前提取葉黃素主要有有機溶劑提取法、超臨界CO_2萃取法、超音波和微波輔助提取法等。

(3) 番茄紅素　是脂溶性色素，可溶於其他脂類和非極性溶劑中，不溶於水，難溶於強極性溶劑如甲醇、乙醇等，可溶於脂肪烴、芳香烴和氯代烴如乙烷、苯、氯仿等有機溶劑。番茄紅素具有抗氧化活性、延緩衰老、增強免疫功能、抑制骨質疏鬆、預防心腦血管疾病等生物活性。番茄紅素作為寵物食品添加劑在新型寵物保健食品中具有廣闊的應用前景。番茄紅素的提取方法有溶劑提取法、微波提取法、超臨界CO_2萃取法、超音波提取法、酶反應法、微生物發酵法等（表4-16）。

表4-16　番茄紅素提取方法比較

方法	優點	缺點
有機溶劑提取法	設備少，工藝簡單，操作方便	受提取pH、溫度、時間影響，產品純度不高，有機溶劑有痕量殘留
微波提取法	穿透力強，選擇性高，加熱效率高，試劑用量少	提取試劑易揮發損失，不適合工業化生產
超臨界CO_2法	提取條件溫和，環保，效率高	番茄紅素在CO_2臨界狀態下的溶解度等基礎數據缺乏，設備投資高，操作成本較高
超音波提取法	適用於對熱敏感性物質的提取，不影響有效成分的活性，節約溶劑，提取率高	對容器壁的厚度及容器放置位置要求較高，否則影響浸出效果

(4) 蝦青素　是一種含酮基類胡蘿蔔素，廣泛存在於雨生紅球藻等藻類及蝦、蟹及鮭魚等水生動物中。蝦青素具有抗氧化活性、增強免疫力、抗腫瘤等活性。動物體不能自行合成蝦青素，但可以由其他類胡蘿蔔素作為前體轉化而成。天然蝦青素資源有限，大部分商業蝦青素都是人工合成的，而蝦青素是類胡蘿蔔素合成的最高級別產物。因此，在常見的類胡蘿蔔素中，蝦青素的抗氧化活性最強。在自然界中，蝦青素是由藻類等植物光合作用產生，蝦蟹等食用後儲存於頭殼及身體等部位。因此，蝦青素具有良好

的著色作用。目前，蝦青素作為優良的抗氧化劑和著色劑應用於寵物保健食品。天然蝦青素的來源主要有水產品加工廢棄物、雨生紅球藻和酵母發酵。

從水產加工廢棄物中提取蝦青素，是生產天然蝦青素的主要途徑之一。蝦青素的提取方法主要有酸鹼法、酶解法和超臨界CO_2萃取。提取廢蝦殼中的蝦青素，實現了蝦蟹類副產品的低碳高效利用。

2. 花青苷多酚類色素

（1）高粱紅色素　屬於黃酮類化合物，主要成分是芹菜素和槲皮黃苷，在植物體內以醣苷形式存在，易溶於甲醇、低濃度乙醇、乙酸乙酯、稀鹼等極性溶劑；不溶於冷水、植物油、石油醚、苯、氯仿、CCl_4；微溶於熱水、稀酸、丙酮、環己醇等。色素溶液的色調容易受pH的影響，對特定的pH穩定，耐熱性較好。高粱紅色素可用於熟肉製品、果子凍、飲料、糕點彩裝，以及畜產品、水產品及植物蛋白著色。與其他天然色素比較，高粱紅色素在寵物食品方面使用表現出熱穩定性好的性能。當前常用提取方法，按提取試劑分，主要有乙醇提取法、酸乙醇提取法、鹼溶酸沉法；按提取設備分，主要有索氏提取法、回流提取法、微波輔助提取法和超音波輔助提取法等。

高粱紅色素傳統製備工藝：高粱殼原料→水洗→晾乾→粉碎→提取→抽濾→濃縮→乾燥→成品。改進提取工藝：原料→水洗→除雜→晾乾→粉碎→提取→抽濾→濃縮→二次除雜→乾燥→成品。具體流程：高粱殼預處理（水洗、乾燥後粉碎）→20倍量體積分數60%的乙醇（鹽酸調pH 1.0）→80 ～ 90℃下浸提2 ～ 3h→過濾→調pH中性（氫氧化鈉溶液調節）→減壓濃縮→乙酸乙酯萃取→濃縮→乾燥，即得棕紅色高粱紅色素純品。高粱紅色素的純化，主要採用柱層析，使用最多的為大孔吸附樹脂，其純化工藝：色素粗提液→上柱吸附→洗脫→濃縮→乾燥→色素粉末。

（2）莧菜紅色素　是從莧菜中提取的天然色素，屬花色苷類水溶性色素，易溶於水、甲醇、乙醇等極性較強溶劑，不溶於乙醚等非極性溶劑；在酸性條件下呈穩定紅色，鹼性條件則呈現暗紅色；對葡萄糖、蔗糖、糖精鈉、苯甲酸鈉、山梨酸鉀、Na、K、Ca、Mg比較穩定，對光、熱較敏感；天然莧菜紅水溶液pH為6.4，在波長540nm處有最大光吸收。莧菜紅色素是天然的綠色型色素，其色彩鮮豔安全性高。該色素對大多數食品添加劑穩定，故可用於寵物保健品的著色。莧菜紅提取主要有溶劑提取法、超音波輔助提取法、微波輔助提取法，常用的溶劑主要有水、酸水、乙醇水，常用超濾－樹脂法分離純化。

寵物食品顏色與消費者感知到的積極健康益處相關。營養對寵物的整體健康是最重要的。寵物食品的顏色能夠激發消費者積極的認知，來自植物源的顏色不僅能夠模倣超級食品成分的色調，而且還可以自然地與乾淨的標籤和簡單的成分定位保持一致。

（五）萜烯類物質

萜烯類物質典型的代表是迷迭香提取物，該提取物可作為抗氧化劑添加到寵物食品中。迷迭香提取物主要包括鼠尾草酚、迷迭香二醛、表迷迭香酚、表迷迭香酚甲醚、鼠尾草酸、鼠尾草酸甲酯、迷迭香酚、熊果酸、齊墩果酸等萜類物質，芹菜素、橙皮素、高車前苷等黃酮類物質，香草酸、咖啡酸、迷迭香酸、阿魏酸等酚酸類物質以及含有α-蒎烯、三環萜、對傘花烴、檸檬烯、1,8-桉葉油素、龍腦、樟腦、α-松油醇、β-松油醇、松油烯-4-醇等成分的迷迭香精油等。研究比較多的主要包括二萜類化合物鼠尾草酸和鼠尾草酚；五環三萜類化合物熊果酸和齊墩果酸。疊香提取物的主要成分為迷迭香酚、鼠尾草酚和鼠尾草酸。

迷迭香提取物具有高效抗氧化活性，可穩定油脂、抑制酸敗，延長產品的貨架期。此外，迷迭香提取物還具有預防呼吸系統疾病、心血管疾病、消化不良、預防老年寵物疾病發生等活性，並具有高效、安全等特性。

1. 迷迭香精油的提取　迷迭香精油是透明液體，無色，有極強的揮發性，氣味芬芳，主要含有單萜、倍半萜，一般存在於迷迭香的葉和梗中。目前其提取方法以下幾種。

（1）有機溶劑提取法　根據迷迭香精油可溶於有機溶劑、難溶於水這一性質進行提取。有機溶劑提取精油具有產率高、穩定性高的優點，但是雜質多且難去除，溶劑極易殘留，精油品質低，提取時間比較長，費用較高，不適用於工業化生產應用，所以現在此法的應用較少。

（2）水蒸氣蒸餾提取法　迷迭香精油具有揮發性，難溶於水，並且不與水發生反應，能夠隨水蒸氣蒸出，自身成分不被破壞，因此可以根據各組分蒸汽壓力的差異將精油分離出來。把迷迭香粉碎，於高純水中浸漬12h，再蒸汽回流提取6h，最終精油得率為1.76%。從中鑑定出了28 種化合物。用水蒸氣蒸餾法提取精油流程簡單、投資費用低、揮發油回收率高，在非新鮮原料精油提取中較為實用，但是蒸餾時間相對較長，溫度高。

（3）超臨界流體萃取法　是提取迷迭香精油成分的有效方法。控制萃取壓力10～14.5MPa，40～50℃溫度下萃取4h，精油得率為7.1%。用超臨界流體萃取法從迷迭香中提取精油操作簡便，精油得率高，溶劑不易殘留，無環境汙染，所得的精油色澤好、品質高，能更好地保護迷迭香中的活性成分和熱不穩定成分，但是此法對工藝技術的要求高，儀器昂貴，維護費用高。

（4）其他提取方法　酶解法，採用纖維素酶處理迷迭香乾葉，酶解2h，再用水蒸氣蒸餾法提取，精油得率為1.89%，比未經酶解預處理直接提取的精油得率提高了68.8%。此外，還可採用超音波輔助提取和亞臨界流體萃取等。

2. 迷迭香抗氧化劑成分的提取 在迷迭香中鼠尾草酸是抗氧化活性最高的物質，其次是迷迭香酸、鼠尾草酚、迷迭香酚。提取迷迭香抗氧化成分的主要方法包括有機溶劑提取法、超臨界CO_2流體萃取法、微波輔助提取法和超音波輔助提取法。有機溶劑提取法流程：迷迭香原料預處理→迷迭香與90%乙醇比為1：10（g/mL）→80℃提取45min→濃縮→乾燥→得到迷迭香抗氧化組分→3種成分（鼠尾草酚、鼠尾草酸和熊果酸）的總得率為7.09%。有機溶劑提取法經濟實惠、成本低、無毒害作用、回收方便，但對抗氧化劑的活性部分缺少選擇性，提取效率低，溶劑易殘留，精油可能損失。超臨界CO_2萃取法得到的抗氧化劑成分及其含量為鼠尾草酸15.6%、鼠尾草酚8.4%、迷迭香酚3.5%。此外，還有超音波和微波輔助提取法。

（六）膳食纖維

寵物食品中的纖維主要包括纖維素、半纖維素、木質素、果膠、樹膠和植物黏液。膳食纖維一般分為水不溶性膳食纖維和水溶性膳食纖維兩大類。水不溶性膳食纖維是指不被消化酶所消化且不溶於熱水的膳食纖維，包括來源於植物的纖維素、半纖維素、木質素、原果膠，來源於動物的甲殼素、殼聚醣、膠原，來源於海藻的海藻酸鈣以及人工合成的羧甲基纖維素等。水溶性膳食纖維是指不被消化酶所消化，但可溶於溫水或熱水的膳食纖維，包括來源於植物的果膠、葡甘露聚醣、種子膠、半乳甘露聚醣、愈瘡膠、阿拉伯膠，來源於海藻的卡拉膠、瓊脂、海藻酸鈉，來源於微生物的黃原膠以及人工合成的羧甲基纖維素鈉和葡聚醣類等。膳食纖維具有吸水、膨脹特性與預防腸道疾病功能及減肥功能；吸附有機物特性與預防心腦血管疾病功能；離子交換特性與解毒功能及降血壓功能；調節糖代謝特性與降血糖功能；調節腸內菌群、清除自由基特性與抗癌功能等。膳食纖維的結構、功能與其製備工藝存在較大差異。

製備膳食纖維的原料，製備膳食纖維的原料很多，主要有以下幾類：①糧穀類，麥麩、米糠、稻殼、玉米、玉米渣、燕麥麩等。②豆類，大豆、豆渣、紅豆、紅豆皮、豌豆殼等。③水果類，橘皮、椰子渣、蘋果皮、蘋果渣、梨子渣等。④蔬菜類，甜菜、山芋渣、馬鈴薯、藕渣、茭白殼、油菜、芹菜、苜蓿葉、香菇柄、蒟蒻等。⑤其他，酒糟、竹子、海藻、蝦殼、貝殼、酵母、澱粉等。在這些原料中，採用最多的是各種農產品加工的廢棄物，如麥麩、米糠、稻殼、玉米渣、豆渣、甘蔗渣等。一方面，這些原料纖維含量高；另一方面，也能提高農產品的綜合利用率，變廢為寶，滿足可持續發展經濟和環保的需要。

不溶性膳食纖維製備方法大致可有五類，即粗分離法、化學法、酶法、發酵法和綜合製備法。可溶性膳食纖維一般可在不溶性纖維製備基礎上進一步加工而成；也有透過擠壓法將不溶性纖維中一些成分改性為可溶膳食纖維而製成；還可利用澱粉水解來製備，即乙醇沉澱法、膜濃縮法、擠壓法和澱粉轉化法等。

1. 粗分離法製備不溶性膳食纖維 選擇膳食纖維含量較高的原料，經過清洗，過40目（0.425mm）篩，以除去泥沙和部分澱粉，再採用懸浮法和氣流分級法，去除大部分澱粉而得以粗分離，然後，經過烘乾、粉碎等工序，得到膳食纖維成品。這類方法所得的產品不純淨，但不需要複雜的處理手段，也能改變原料中各成分的相對含量，如減少植酸、澱粉含量，破壞酶活力，增加膳食纖維的含量等。本法適合於原料的預處理。

2. 化學法製備不溶性膳食纖維 原料經過鹼處理，使其中可溶性蛋白質遠離等電點而被除去，不溶性蛋白質降解為可溶性小分子肽和游離胺基酸；同時原料中的少量脂肪在鹼性條件下，皂化水解，對脂肪含量高的原料，需用石油醚或丙酮脫脂處理；在原料中加入酸，水解其中的澱粉，然後漂洗至中性，最後烘乾、粉碎得到膳食纖維成品。用到的化學試劑包括氫氧化鈉或碳酸鈣、鹽酸或硫酸、過氧化氫、石油醚或丙酮等。基本工藝流程：原料→清洗→熱水處理→鹼處理→漂洗至中性→離心或過濾→濾渣→乾燥→粉碎→過篩→成品。

3. 酶法製備不溶性膳食纖維 在原料中分別加入澱粉酶和蛋白酶，酶解原料中的澱粉和蛋白質，然後加熱滅酶，經烘乾、粉碎得到膳食纖維成品。主要用的酶包括α-澱粉酶（或α-澱粉酶加糖化酶）、中性（或鹼性）蛋白酶。基本工藝流程：原料→清洗→粗粉碎→熱水處理→鹼處理→漂洗至中性→酸處理→漂洗至中性→離心或過濾→濾渣→乾燥→粉碎→過篩→成品。

4. 發酵法製備不溶性膳食纖維 利用微生物發酵，消耗原料中碳源、氮源，以消除原料中的植酸，減少蛋白質、澱粉等成分，製備膳食纖維，從而改善膳食纖維的持水力等物化特性，達到提高膳食纖維生理功能的目的。用到的輔料包括脫脂乳粉、砂糖；菌種主要包括保加利亞乳酸桿菌、嗜熱鏈球菌。基本工藝流程：原料→選剔→清洗→磨漿→調味料→裝罐→滅菌→冷卻→接種（製備生產發酵劑）→培養→脫水→發酵渣→漂洗→乾燥→粉碎→過篩→成品。

5. 乙醇沉澱法製備可溶性膳食纖維 將不溶性纖維製備過程中產生的濾液或發酵液收集，加入乙醇使可溶性纖維沉澱，透過離心，棄去上清液，即得到可溶性纖維。主要試劑為三氯醋酸、乙醇等。基本工藝流程：濾液或發酵液→調pH→三氯醋酸處理→攪拌→乙醇處理→儲存過夜→離心沉澱→沉澱物→再溶於水→乾燥→成品。

6. 膜濃縮法製備可溶性膳食纖維 將不溶性纖維製備過程中產生的濾液或發酵液收集，經超濾濃縮即得到可溶性纖維。涉及的設備包括離心機、超濾器、超濾膜等。基本工藝流程：濾液或發酵液→調pH→離心沉澱→上清液→超濾→成品。

7. 擠壓膨化法製備可溶性膳食纖維 使原料在擠壓膨化設備中受到高溫、高壓、高剪切作用，物料內部水分在很短的時間內迅速汽化，纖維物質分子間和分子內空間結構擴展變形，並在擠出膨化機出口的瞬間，由於突然失壓造成物料質構的變化，形成疏鬆多孔的狀態，再進行粉碎、溶解、濃縮等工序製得可溶性纖維。涉及的設備主要有雙螺桿擠壓機、錘片粉碎機、離心機、冷凍乾燥機、乾燥箱等 。基本工藝流程：原料→粗粉碎→擠壓→粉碎→過篩→沉澱物水提取→離心沉澱→上清液→過濾→冷凍乾燥→精製→乾燥→成品。

8. 澱粉轉化法製備可溶性膳食纖維　澱粉經水解反應變成較小分子的糊精，又透過葡萄糖基轉移反應，使葡萄糖單位間α-1.4鍵斷裂，生成α-1.6鍵的支鏈分子，不放出水分，然後加入澱粉酶使糊精進一步水解成α-極限糊精，α-極限糊精又透過複合反應聚合成寡醣類成為可溶性膳食纖維。原輔料為馬鈴薯澱粉、α-澱粉酶、HCl、NaOH等。基本工藝流程：澱粉原料→酸處理→預乾燥→焙烤→調乳→酶解→滅酶→脫色→過濾→濾液→離子交換→濃縮→乾燥→成品。

（七）礦物元素絡合物

寵物貓、犬常用的礦物元素營養補充劑主要以絡合物形式添加到食品中。發揮補鋅、鈣、鉻、鐵、鎂、銅、錳等功效，在貓、犬保健食品中允許添加的礦物元素補充劑主要有丙酸鉻、甘胺酸鋅、葡萄糖酸鋅、葡萄糖酸銅、葡萄糖酸錳、葡萄糖酸亞鐵、乳酸鋅（α-羥基丙酸鋅）、焦磷酸鐵、碳酸鎂、甘胺酸鈣、二氫碘酸乙二胺（EDDI）等。此外，礦物元素也是機體重要酶的活性中心，也具有輔助調節機體生理功能的活性，如鉻是葡萄糖耐量因子的必要活性成分，能增加寵物的葡萄糖耐受量和提高胰島素的活性功能，促進胰島素與細胞膜受體結合，進而刺激動物機體組織對葡萄糖的吸收。鉻還可保護正常胰臟β細胞對葡萄糖的敏感度並對胰島素的製造有所補益。對糖代謝、脂代謝等都有一定關係。銅、鋅、錳是超氧化物歧化酶（SOD）的輔基，具有一定的抗氧化活性。

1. 葡萄糖酸-鋅、鈣、亞鐵、錳的製備方法　葡萄糖酸-鋅、鈣、亞鐵、錳為有機礦物元素補劑，對胃黏膜刺激小，易被機體吸收，且吸收率高，溶解性好。這種葡萄糖酸礦物元素能參與核酸和蛋白質的合成，增強人體免疫能力，促使胎、嬰、幼兒生長發育，是醫藥補鋅、鈣、鐵和錳的試劑，在食品工業中作為營養增補劑（鋅強化劑、鈣強化劑、鐵強化劑）廣泛應用於保健食品，對寵物身體發育有重要的作用。

以葡萄糖為原料，用麴黴菌發酵，經分離、提純後與氧化鋅或氫氧化鋅中和即得。也可由葡萄糖經空氣氧化，再與氫氧化鈉溶液轉化為葡萄糖酸鈉，經強酸性陽離子交換樹脂轉化為高純度的葡萄糖酸溶液，最後與氧化鋅或氫氧化鋅反應製得。

由葡萄糖與二價鋅離子結合而成。經酸化、純化、中和、結晶等過程。合成葡萄糖酸鋅的方法很多，在這裡介紹以葡萄糖酸鈣、濃硫酸、氧化鋅為主要原料製備葡萄糖酸鋅的間接合成法。其工藝簡單，條件易控制，產品品質高，總收率為85%～91.2%。工藝流程：葡萄糖酸→硫酸酸化→葡萄糖酸溶液→離子交換樹脂柱純化→得到葡萄糖酸溶液→氧化鋅中和、濃縮→濃縮液→結晶→葡萄糖酸鋅→白色結晶粉末。

2. 丙酸鉻的製備方法 向反應釜中加入正丙酸、胺基酸、水和有機溶劑，攪拌至混合均勻，得到混合物，再加入氧化鉻固體，調整轉速，攪拌混合物，加熱反應釜，使得混合物反應至無固體殘餘，得到產物，減壓乾燥得到丙酸鉻。該方法綠色高效、安全環保，利於工業化的丙酸鉻製備。

（八）酶製劑

應用於貓、犬食物中的酶製劑主要包括β-半乳醣苷酶（產自黑麴黴）、菠蘿蛋白酶（源自菠蘿）、木瓜蛋白酶（源自木瓜）、胃蛋白酶（源自豬、小牛、小羊、禽類的胃組織）、胰蛋白酶（源自豬或牛的胰腺）。這些酶製劑可以用於蛋白質原料的酶解，製備適口性更佳的多肽和胺基酸類功能因子，也可直接添加酶製劑開發寵物保健功能食品，提高寵物的消化吸收以及抗敏能力。酶製劑的製備同蛋白質類物質的製備相同，本部分不再做介紹。

三 功能因子的功能學評價技術

保健（功能性）食品因其對健康的益處而備受推崇，包括水果和蔬菜、全穀物、膳食補充劑（包括碧蘿芷、膠原蛋白、低分子量透明質酸、硫酸軟骨素和硫酸胺基葡萄糖等）、飲料、益生元和益生菌等。這些保健性食品中功能成分大多數可以改善飽腹感、降低餐後葡萄糖和胰島素濃度，從而減少與糖尿病相關疾病的發生。菊粉和果寡醣可以改變犬貓的腸道菌群結構。膳食纖維可以透過促進共生細菌的生長來改變腸道菌群，也可以減少胃排空、降低血液膽固醇濃度及胃轉運時間，稀釋飲食熱量密度，以及增加飽腹感、減少葡萄糖攝取率和促進糞便排泄等。天然植物及功能因子的使用已被證實對犬貓等寵物有益，可提高寵物免疫力，改變胃腸道生理，促進生化參數的變化，改善大腦功能，並可能降低或最小化發生特定疾病的風險。但關於犬貓研究的基礎數據非常有限，尤其缺少寵物保健食品功能評價的模型、功效成分的量效和構效關係、功能因子穩定性等方面的基礎評價數據，未來幾十年基礎研究仍然是寵物保健食品研究的重點方向之一。

（一）功能學評價模型

2022年寵物營養品十大品牌榜中，涉及犬貓寵物保健食品功能占比較多的產品主要包括強化免疫、胃腸調理、護膚美毛、健骨補鈣等。涉及保健功能聲稱大體分為9

種：有助於增強免疫力、抗氧化、調節胃腸道功能（腸道微生態）、促進骨發育和維持骨健康、利於口腔健康、護膚美毛、與代謝有關的降脂減肥、降糖、利於泌尿系統功能等。但關於寵物保健食品功能的評價模型大多使用人類保健食品功能評價模型。寵物保健食品/功能因子活性評價技術與方法的匱乏是制约其產品發展的瓶頸問題之一。因此，建立和開發適宜寵物保健食品開發的評價模型對於寵物保健食品的開發具有重要的意義。

1. 常用的體外快速評價模型 建立體外快速評價模型能快速評價寵物保健食品及功能因子的保健功效，為動物水準評價提供參考數據，縮短寵物保健食品的開發與應用時間。迄今，體外快速評價模型主要包括化學體系、細胞模型和離體組織模型。

（1）化學體系 是保健食品開發最簡單快速的評價模型。利用實驗室簡單的溶劑體系分析分子間是否發生直接或間接作用，即能反映出保健食品/功能因子的某些特定活性。例如，化學體系評價保健食品/功能因子的抗氧化活性，直接利用各種自由基體系分析加入保健食品/功能因子前後體系中自由基含量，評價其清除自由基能力；以食品中易氧化物質為底物，利用水和油體系中加速氧化反應，檢測保健食品/功能因子在水系和油系中的抗氧化活性；雖然化學體系結果可能會與細胞體系和動物體內的結果存在較大差異，但化學體系仍是大量篩選功能因子功能學最簡單、快速、經濟的手段，所以，開發化學體系的初步評價體系依舊是寵物保健食品領域學者關注的內容。

（2）細胞體系 主要是指採用體外細胞培養技術，將健康細胞或腫瘤細胞系透過物理、化學或生物手段誘導建立各種疾病相關的細胞模型，用於保健食品/功能因子的功能學評價。目前，已開發的用於保健食品/功能因子以及藥物開發的細胞評價模型種類較多，但針對不同作用機制和靶點的細胞模型相對稀缺。所以有針對性的靶點細胞模型、不同機制的通路細胞模型仍需要開發，為寵物保健食品的精準調控研究建立安全、穩定的細胞模型。

（3）組織培養體系 是利用人或動物的組織細胞，經體外增殖培養，形成類似人和動物的組織的結構，以該組織結構作為模型，評價保健食品/功能因子的功能學。該模型體系在保健食品/功能因子開發中很少應用，在藥學和醫學領域應用較多，這裡不做介紹。

2. 建立更接近寵物生理生化特性的動物評價模型 在基礎生命科學研究領域，不可或缺的研究工具就是模式動物。所謂模式動物是指用各種方法把需要研究的生理或病理活動相對穩定地展示出來的標準化的實驗動物。一般用於實驗的模式動物有很多，如線蟲、斑馬魚、果蠅、大鼠、小鼠等。

（1）有助於增強免疫的常用模型 在增強免疫力功能評價中除利用正常大、小鼠外，也常用免疫功能低下的大、小鼠動物模型。免疫功能低下的大、小鼠動物模型造模可選用環磷醯胺、氫化可的松或其他合適的免疫抑制劑進行藥物造模。①環磷醯胺主要透過DNA烷基化破壞DNA的合成而非特異性地殺傷淋巴細胞，並可抑制淋巴細胞轉化；環磷醯胺對B細胞的抑制比T細胞強，一般對體液免疫有很強的抑制作用，對NK細胞的抑制作用較弱；環磷醯胺可選擇40mg/kg，腹腔注射，連續2d，末次注射給藥後第5天測定各項指標。②氫化可的松主要透過與相應受體結合成複合物後進入細胞核，阻礙NF-κB進入細胞核，抑制細胞因子與炎症介質的合成與釋放，達到免疫抑制目的。氫化可的松還可損傷漿細胞，抑制巨噬細胞對抗原的吞噬、處理與呈遞作用，所以氫化可的松對細胞免疫、體液免疫與巨噬細胞的吞噬、NK作用都有一定的抑制作用。氫化可的松可選擇40mg/kg，肌內注射，隔天1次，共5次，末次注射給藥後次日測定各項指標。各指標對兩種模型敏感性不同，環磷醯胺模型比較適合抗體生成細胞檢測、血清溶血素測定、白血球總數測定；氫化可的松模型比較適合遲發型變態反應、碳廓清實驗、腹腔巨噬細胞吞噬螢光微球實驗、NK細胞活性測定，建議根據不同的免疫功能指標選擇合適的模型。

（2）抗氧化功能評價常用動物模型　在抗氧化功能評價模型中常選用以下3種模型。①直接用老年動物為動物模型：選用10月齡以上大鼠或8月齡以上小鼠，按血中MDA水準分組，隨機分組，進行受試實驗和指標測定。②D-半乳糖氧化損傷模型：D-半乳糖供給過量，超常產生活性氧，打破了受控於遺傳模式的活性氧產生與消除的平衡狀態，引起過氧化效應。選健康成年小鼠，用D-半乳糖每公斤體重0.04～1.2g頸背部皮下注射或腹腔注射造模，注射量為0.1mL/10g，每日1次，連續造模6週，取血測MDA，按MDA水準分組，給予不同濃度受試樣品，實驗結束後測定各指標評價。③乙醇氧化損傷模型：乙醇大量攝取，活化氧分子產生自由基，導致組織細胞過氧化效應及體內還原性麩胱甘肽的耗竭。選25～30g健康成年小鼠或者180～220g大鼠，一次性灌胃給予50%乙醇每公斤體重12mL，6h後得到乙醇氧化損傷模型。

（3）調節腸道功能的動物模型　調節腸道功能具體包括促進消化、潤腸通便、調節腸道菌群等功能。雖然常用的大、小鼠模型與寵物犬貓消化系統存在一定差異，但仍可作為調理胃腸道功能的保健食品開發的前期基礎研究。①促進消化功能：一般選用大、小鼠便祕模型，選用統一性別的大、小鼠，採用複方地芬諾酯（0.025%～0.05%）造大、小鼠便祕模型，透過墨汁推進率，考察受試物對小腸運動功能的影響，判定受試物促進消化功能。②潤腸通便功能：經口灌胃給予造模藥物複方地芬諾酯或洛哌丁胺，建立大、小鼠小腸蠕動抑制模型，計算一定時間內小腸的墨汁推進率，從而判斷模型大、小鼠胃腸蠕動功能。③預防或調節腸道菌群模型建立：一般推薦用近交系小鼠，灌服抗生素溶液，建立大、小鼠腸道菌群失調模型，建模之前或者同步給予寵物微生態調節劑。

（4）改善記憶常用動物模型　常用學習記憶障礙動物模型的行為學分析評價保健

食品的改善記憶功能。①直接用老年大小鼠動物：正常24月齡雄性SD大鼠；青年對照組為3月齡大鼠；②記憶獲得障礙模型：訓練前10min腹腔注射東莨菪鹼或樟柳鹼每公斤體重5mg；③記憶鞏固障礙模型：訓練前10min腹腔注射環己醯亞胺每公斤體重120mg；④記憶再現障礙模型：重測驗前30min灌胃30%的乙醇每公斤體重10mL。

（5）改善骨密度常用動物模型　骨質疏鬆症的預防和治療已成為一個多學科、當前研究最活躍的課題之一。建立理想的骨質疏鬆症的動物模型是對預防和治療骨質疏鬆症保健食品和新藥的體內過程、代謝動力學、功效/藥效學及影響藥物作用因素的基礎。隨著對骨質疏鬆症的研究的不斷深入，研究人員認為骨質疏鬆症的發生與遺傳、營養、生活習慣、激素、運動、機械負荷和多種細胞因子有關，對骨質疏鬆症的動物模型提出了嚴格的要求。理想的動物模型應有三個特點。①方便性：動物購買容易，價格低廉，實驗操作易行；②關聯性：與寵物條件比較相似，得到的資訊能轉化為寵物的規律；③適宜性：為研究某一特定問題，最好用特定的動物模型模擬寵物，複製骨質疏鬆症的方法。骨質疏鬆動物模型的建立有手術切除卵巢、藥物誘導、飲食限制和制動術等幾種方法。也有將卵巢切除與其他方法結合應用以加快失骨的報導。①切除卵巢去勢法：主要以大鼠為主建模；②藥物誘導：常用誘導骨質疏鬆動物模型有維甲酸和糖皮質激素誘導大鼠造模；③飲食限制：決定和影響骨量的因素可概括為遺傳因素和環境因素，骨質疏鬆的飲食危險因素包括鈣攝取減少，蛋白質、維他命D不足，膳食中的鈉、有機磷含量過高等，所以這些飲食因素可以誘導建模。

（6）改善缺鐵性貧血常用動物模型　建立缺鐵性貧血大鼠模型，選用健康斷乳大鼠在實驗環境下適應3～5d後飼予低鐵飼料及去離子水（或雙蒸水），採用不鏽鋼籠及食罐，同時，採用剪尾取血法放血，5d一次，每次0.3～0.5mL。實驗過程中避免鐵汙染。自第3週開始每週選取部分大鼠採尾血測血紅素（Hb）含量，如多數動物Hb低於100g/L時，測定全部大鼠的體重及Hb。恢復實驗，選取Hb＜100g/L的大鼠作為實驗動物，根據貧血大鼠Hb水準和體重將其隨機分為低鐵對照組和3個受試樣品組，各組均繼續飼予低鐵飼料，低鐵對照組給予相應溶劑，實驗組分別給予不同劑量的受試樣品，受試樣品給予時間30d，必要時可延長至45d，測定體重及各項血液學指標。

（7）改善代謝功能的常用動物模型　機體代謝紊亂會引起代謝物質在體內不正常的堆積或缺乏，從而導致一系列與代謝相關疾病的發生，嚴重威脅寵物健康。一系列代謝疾病模型，如肥胖、糖尿病、泌尿系統結石、高血脂症模型等，用於保健食品/功能因子的減肥，輔助降血糖、降血脂、降血壓等功能評價、預防或改善機制。

①肥胖小鼠模型：包括飲食誘導的肥胖模型和基因突變導致的自發肥胖模型。a.肥胖受飲食、環境和遺傳等多種因素影響的一類代謝異常性疾病，除體重的增加外可能還導致糖尿病、高血壓、高血脂、心臟病等一系列並發症。如目前已經建立的小鼠模型，

飲食誘導模型，C57BL/6（B6）小鼠在5週齡時用60%高脂飲食誘導出現中度肥胖和輕度胰島素抵抗；b.在B6小鼠上敲除*Lep*基因，出現嚴重的病態肥胖、血糖短暫輕度升高胰島代償性增大及重度胰島素抵抗，伴隨輕微並發症；B6小鼠*Alms*1基因8號外顯子特定的序列造成11bp的鹼基缺失，使小鼠*Alms*1基因提前終止翻譯，從而形成肥胖、糖尿病及非酒精性脂肪肝病等綜合表型。

②糖尿病模型：主要有胰腺切除法致糖尿病模型、化學性糖尿病模型（四氧嘧啶誘導或鏈脲佐菌素），先造營養性肥胖動物模型，再用化學試劑造糖尿病模型成功率更高。a.營養性肥胖動物模型，是保健食品/功能因子減肥功能評價常用模型。該模型主要是在基礎飼料中加入容易引起肥胖的食物，誘導其產生營養性肥胖。比如用剛斷奶的SD大鼠，每天100g基礎飼料中給添加乳粉10g、豬肉10g、雞蛋1個、濃魚肝油10滴、新鮮黃豆芽250g；用Wistar大鼠，飼餵高熱能飼料連續4週即可造成肥貓模型。b.胰島損傷高血糖模型，利用四氧嘧啶（或鏈脲佐菌素）造模，血糖值為10～25mmol/L的為高血糖模型動物。c.胰島素抵抗糖/脂代謝紊亂模型，採用地塞米松誘導胰島素抵抗糖/脂代謝紊亂模型。該方法糖皮質激素具有拮抗胰島素生物效應的作用，可抑制靶組織對葡萄糖的攝取和利用，促進蛋白質和脂肪的分解及糖異生作用，導致糖、脂代謝紊亂，胰島素抵抗，誘發實驗性糖尿病，給予地塞米松每公斤體重0.8mg腹腔注射（0.008%地塞米松注射量每100g體重1mL），每天1次，連續10～12d。

③泌尿系統結石模型：a.腎結石模型（草酸鹽結石），採用乙二醇法是複製泌尿系統結石動物模型的常規方法。乙二醇是草酸的前體物質，進入體內經氧化代謝為乙二酸即草酸，從腎分泌排泄，造成高草酸尿，可致腎小管及間質損害，導致腎結石。氯化銨可以酸化尿液，有利於草酸鈣晶體形成，促進腎結石。因該法操作簡單，成石率高，已被廣泛應用於防治泌尿繫結石藥物的藥理學、藥效學研究。動物選擇體重200～250g成年大鼠，給動物自由飲用1%乙二醇，並每天灌胃2%氯化銨溶液2mL/隻，連續28d；或者1%乙二醇飲水，並0.5μg維他命D_3隔天灌胃，連續28d，動物用常規顆粒飼料餵養，即可成模型。b.膀胱結石模型，一般選用體重55～60g的幼年大鼠，標準大鼠飼料中加入5%的苯二甲酸，用此飼料餵養大鼠，連續14d，膀胱腔內會有結石產生，其間大鼠自由飲水。c.尿酸誘發大鼠腎結石模型，用1%尿酸的大鼠配合飼料（99g基礎飼料加1g尿酸）飼餵4～5週齡SD大鼠，6～10個月後，腎盂、膀胱等處出現尿酸結石，甚至有腎臟萎縮等顯現；在膀胱內植入含變形菌的鋅片，2週後就可出現尿酸按與磷酸酶混合的結石（鳥糞石）。

（二）功能學評價程序和方法

迄今，針對寵物保健食品的功能學評價目前尚未見統一標準，大多數國家仍然依據人類的《保健食品功能檢驗與評價方法》，最終透過寵物食用證實其保健功能的有效性。目前功能因子/保健食品的功能評價包括動物體外和體內評價技術。功能因子的篩選和研發階段多採用體外（化學模型和細胞模型）評價和小動物（模型）評價技術來研究，而寵物保健食品的功能評價主要採用小動物模型和寵物試食試驗為主。參照人體保健食品評價試驗項目、試驗原則及結果判定介紹寵物保健食品的評價試驗項目、試驗原則及結果判定。

1. 有助於增強免疫力　增強免疫力的功能因子或寵物保健食品的功能學評價試驗項目，一般推薦用近交系小鼠，18～22g，單一性別，每組10～15隻。受試樣品實驗設3個劑量組和1個陰性對照組，必要時設陽性對照組。受試樣品給予時間30d，必要時可延長至45d。免疫模型動物實驗時間可適當延長。

【試驗項目】主要包括體重、臟器/體重值（胸腺/體重值，脾臟/體重值）、細胞免疫功能測定（小鼠脾淋巴細胞轉化實驗、遲發型變態反應實驗）、體液免疫功能測定（抗體生成細胞檢測、血清溶血素測定）、單核－巨噬細胞功能（小鼠碳廓清實驗、小鼠腹腔巨噬細胞吞噬雞紅血球實驗）、NK細胞活性測定。所列指標均為必做項目，採用正常或免疫功能低下的模型動物進行實驗。

【結果判定】有助於增強免疫力判定：在細胞免疫功能、體液免疫功能、單核－巨噬細胞功能、NK細胞活性四個方面任兩個方面結果陽性，可判定該受試樣品具有有助於增強免疫力作用。其中，細胞免疫功能測定項目中的兩個實驗結果均為陽性，或任一個實驗的兩個劑量組結果陽性，可判定細胞免疫功能測定結果陽性。體液免疫功能測定項目中的兩個實驗結果均為陽性，或任一個實驗的兩個劑量組結果陽性，可判定體液免疫功能測定結果陽性。單核－巨噬細胞功能測定項目中的兩個實驗結果均為陽性，或任一個實驗的兩個劑量組結果陽性，可判定單核－巨噬細胞功能結果陽性。NK細胞活性測定實驗的一個以上劑量組結果陽性，可判定NK細胞活性結果陽性。

2. 有助於消化　胃腸道是營養物質的攝取、消化與吸收的器官，對食物的消化作用主要是依靠其運動、消化酶的分泌來完成的。如果某一保健食品能對這一環節或幾環節有調節作用，就可能具有有助於消化的作用。促進消化功能動物實驗包括大鼠體重、體重增重、攝食量和食物利用率實驗，小腸運動實驗，消化酶的測定等三部分。實驗動物，根據實驗項目可選用單一性別成年小鼠或大鼠。小鼠18～22g，每組10～15隻，大鼠120～150g，每組8～12隻。實驗設3個劑量組和1個陰性對照組（或空白對照組），另設2個劑量組，必要時設陽性對照組和模型對照組。受試樣品給予時間30d（小腸運動實驗受試樣品給予時間15～30d），必要時可延長至45d。

【試驗項目】包括小動物實驗（大、小鼠）和寵物試食試驗。指標主要包括體重、體重增重、攝食量和食物利用率，小腸運動實驗，消化酶測定。小動物實驗（大、小鼠）和寵物試食試驗所列指標均為必做項目。結果判定，動物體重、體重增重、攝食量、食物利用率，小腸運動實驗和消化酶測定三方面中任兩方面實驗結果陽性，可判定該受試樣品有助於消化動物實驗結果陽性。

3. 有助於潤腸通便

【試驗項目】包括小動物實驗（大、小鼠）和寵物試食實驗。指標主要包括體重、小腸運動實驗、排便時間、糞便重量、糞便粒數、糞便性狀。試驗原則，動物實驗和寵物試食試驗所列指標均為必做項目，除對便祕模型動物各項必測指標進行觀察外，還應對正常動物進行觀察，不得引起動物明顯腹瀉。

小腸運動實驗，選用成年雄性小鼠，體重18～22g，每組10～15隻。實驗設3個劑量組、1個陰性對照組和1個模型對照組，另設2個劑量組，必要時設陽性對照組。陰性對照組和模型對照組同樣途徑給蒸餾水。受試樣品給予時間7d，必要時可延長至15d。經口灌胃給予造模藥物複方地芬諾酯或洛哌丁胺，建立小鼠小腸蠕動抑制模型，計算一定時間內小腸的墨汁推進率來判斷模型小鼠胃腸蠕動功能。

排便時間、糞便粒數和糞便重量的測定，選用成年雄性小鼠，體重18～22g，每組10～15隻。實驗設3個劑量組，1個陰性對照組和1個模型對照組，另設2個劑量組，必要時設陽性對照組。陰性對照組和模型對照組同樣途徑給蒸餾水。受試樣品給予時間7d，必要時可適當延長至15d。經口灌胃給予造模藥物複方地芬諾酯或洛哌丁胺，建立小鼠便祕模型，測定小鼠的首粒排黑便排便時間、5h或6h內排便粒數和排便重量來反映模型小鼠的排便情況。

排糞便重量和糞便粒數一項結果陽性，同時小腸運動實驗和排便時間一項結果陽性，可判定該受試樣品有助於潤腸通便動物實驗結果陽性。

4. 有助於調節腸道菌群

【試驗項目】包括小動物試驗（大、小鼠）和寵物試食試驗。指標主要包括體重、雙歧桿菌、乳桿菌、腸球菌、腸桿菌、產氣莢膜梭菌。試驗原則，小動物實驗（大、小鼠）和寵物試食試驗所列指標均為必做項目；正常動物或腸道菌群紊亂模型動物任選其一；受試樣品中含雙歧桿菌、乳桿菌以外的其他益生菌時，應在動物試驗中加測該益生菌。

【實驗動物】推薦用近交系小鼠，18～22g，單一性別，每組10～15隻。實驗設3個劑量組和1個陰性對照組，另設2個劑量組，必要時設陽性對照組。受試樣品給予時間14d，必要時可以延長至30d。

【結果判定】符合以下任一項，可判定該受試樣品有助於調節腸道菌群動物實驗結果陽性。雙歧桿菌和/或乳桿菌（或其他益生菌）明顯增加，梭菌減少或無明顯變化，腸球菌、腸桿菌無明顯變化；雙歧桿菌和/或乳桿菌（或其他益生菌）明顯增加，梭菌減少或無明顯變化，腸球菌和/或腸桿菌明顯增加，但增加的幅度低於雙歧桿菌、乳桿菌（或其他益生菌）增加的幅度。

5. 有助於改善骨密度 有助於改善骨密度作用檢驗方法根據受試樣品作用原理的不同，分為方案一（補鈣為主的受試物）和方案二（不含鈣或不以補鈣為主的受試物）兩種。指標主要包括體重、骨鈣含量、骨密度。

【試驗原則】根據受試樣品作用原理的不同，方案一和方案二任選其一進行動物實驗。所列指標均為必做項目。使用未批准用於食品的鈣的化合物，除必做項目外，還必須進行鈣吸收率的測定；使用屬營養強化劑範圍內的鈣源及來自普通食品的鈣源（如可食動物的骨、奶等），可以不進行鈣的吸收率實驗。

方案一：機體中的鈣絕大部分儲存於骨骼及牙齒中，大鼠若攝取鈣量不足會影響機體和骨骼的生長發育，表現為體重、身長、骨長、骨重、骨鈣含量及骨密度低於攝食足量鈣的正常大鼠。生長期大鼠在攝食低鈣飼料的基礎上分別補充碳酸鈣（對照組）或受試含鈣產品（實驗組），比較兩者在促進機體及骨骼的生長發育、增加骨礦物質含量和增加骨密度功能上的作用，從而對受試樣品有助於改善骨密度的功能進行評價。出生4周左右的斷乳大鼠，體重60～75g，同一性別，每組8～12隻。基礎飼料：用此基礎飼料配製低鈣對照組以及各劑量組。實驗設3個劑量組、2個劑量組、1個低鈣對照組（每100g飼料150mg）和與相應劑量受試物鈣水準相同的碳酸鈣對照組（如僅設1個碳酸鈣對照組，推薦設立與高劑量鈣水準相同的碳酸鈣對照組）。用低鈣對照組（每100g飼料150mg）飼料配製受試樣品各劑量組和碳酸鈣對照組。受試樣品給予時間3個月。經口灌胃給予受試物，無法灌胃時將受試物摻入飼料，並記錄每隻動物的飼料攝取量。

方案二：雌性成年大鼠切除卵巢後，骨代謝增強，並發生骨重吸收（破骨）作用大於骨生成（成骨）作用的變化。這種變化表現為骨量丟失，經過一定時間的積累，可以造成骨密度降低模型。在建立模型的同時或模型建立之後給模型實驗組大鼠補充受試樣品，透過受試物抑制破骨或促進成骨等骨代謝調節作用，觀察其在增加骨密度功能及骨鈣含量的效果，從而對受試樣品有助於改善骨密度的功能進行評價。Wistar或SD雌性大鼠，300g左右，實驗前適應1週。飼料配方，參照AIN93飼料配方配製半成品飼料，用適當的物質替換飼料中來源於大豆的成分，以避免大豆異黃酮等植物雌激素對實驗結果的干擾。

6. 有助於控制體內脂肪 檢驗方法是以高熱量食物誘發動物肥胖，再給予受試樣品（肥胖模型），或在給予高熱量食物同時給予受試樣品（預防肥胖模型），觀察動物體重、體內脂肪含量的變化。

【試驗項目】包括小動物實驗（大、小鼠）和寵物試食試驗。指標主要包括體重、體重增重、攝食量、攝取總熱量、體內脂肪含量（睪丸及腎周圍脂肪墊）、脂/體比。

【試驗原則】小動物實驗（大、小鼠）和寵物試食試驗所列指標均為必做項目；動物實驗中大鼠肥胖模型法和預防大鼠肥胖模型法任選其一；控制體內多餘脂肪，不單純以減輕體重為目標；引起腹瀉或抑制食慾的受試樣品不能作為有助於控制體內脂肪食品；每日營養素攝取量應基本保證機體正常生命活動的需要；對機體健康無明顯損害；實驗前應對同批受試樣品進行違禁藥物的檢測。以各種營養素為主要成分替代主食的有助於控制體內脂肪食品可以不進行小動物實驗，僅進行寵物試食試驗。

【實驗動物】選用雄性大鼠，適應期結束時，體重（200±20）g，每組8～12隻。實驗設3個劑量組和1個模型對照組，另設2個劑量組，必要時設陽性對照組和空白對照組。受試樣品給予時間至少給予6週，不超過10週。

【結果判定】動物實驗：實驗組的體重或體重增重低於模型對照組，體內脂肪含量或脂/體比低於模型對照組，差異有顯著性，攝食量不顯著低於模型對照組，可判定該受試樣品有助於控制體內脂肪動物實驗結果陽性。

7. 有助於抗氧化

【試驗項目】包括小動物實驗（大、小鼠）和寵物試食試驗。指標主要包括體重、脂質氧化產物（丙二醛或血清8-表氫氧-異前列腺素）、蛋白質氧化產物（蛋白質羰基）、抗氧化酶（超氧化物歧化酶或麩胱甘肽過氧化物酶）、抗氧化物質（還原型麩胱甘肽）。

【試驗原則】小動物實驗（大、小鼠）和寵物試食試驗所列的指標均為必測項目；脂質氧化產物指標中丙二醛（MDA）和血清8-表氫氧-異前列腺素任選其一進行指標測定，動物實驗抗氧化酶指標中超氧化物歧化酶和麩胱甘肽過氧化物酶任選其一進行指標測定；氧化損傷模型動物和老年動物任選其一進行生化指標測定。

【實驗動物】可選用10月齡以上老年大鼠或8月齡以上老年小鼠、D-半乳糖氧化損傷模型鼠、乙醇氧化損傷模型鼠。

【結果判定】脂質氧化產物、蛋白質氧化產物、抗氧化酶、抗氧化物質四項指標中三項陽性，可判定該受試樣品有助於抗氧化動物實驗結果陽性。

8. 輔助改善記憶

【試驗項目】包括小動物實驗（大、小鼠）和寵物試食試驗。指標主要包括體重、跳臺實驗、避暗實驗、穿梭箱實驗、水迷宮實驗。

【試驗原則】小動物實驗（大、小鼠）和寵物試食試驗為必做項目；跳臺實驗、避暗實驗、穿梭箱實驗、水迷宮實驗四項動物實驗中至少應選三項，以保證實驗結果的可靠性；正常動物與記憶障礙模型動物任選其一；動物實驗應重複一次（重新飼養動物，重複所做實驗）。

輔助改善記憶檢驗方法，其中跳臺實驗、避暗實驗和水迷宮實驗，實驗動物推薦使用近交系小鼠。穿梭箱實驗（雙向迴避實驗）實驗動物採用Wistar或SD大鼠，斷乳鼠或成年鼠，雄、雌均可。斷乳鼠或成年鼠（18～22g）。用於改善老年人記憶的產品必須採用成年鼠。雌雄均可，單一性別，每組10～15隻。實驗設3個劑量組和1個陰性對照組，以人體推薦量的10倍為其中的1個劑量組，另設2個劑量組，必要時設陽性對照組。受試樣品給予時間30d，必要時可延長至45d。

【結果判定】跳臺實驗、避暗實驗、穿梭箱實驗、水迷宮實驗四項實驗中任二項實驗結果陽性，且重複實驗結果一致（所重複的同一項實驗兩次結果均為陽性），可以判定該受試樣品輔助改善記憶動物實驗結果陽性。

9. 有助於維持血糖健康水準

【試驗項目】包括小動物實驗（大、小鼠）和寵物試食試驗，分為方案一（胰島損傷高血糖模型）和方案二（胰島素抵抗糖/脂代謝紊亂模型）兩種。方案一（胰島損傷高血糖模型）指標主要包括體重、空腹血糖、糖耐量；方案二（胰島素抵抗糖/脂代謝紊亂模型）指標主要包括體重、空腹血糖、糖耐量、胰島素、總膽固醇、三酸甘油酯。

【試驗原則】小動物實驗（大、小鼠）和寵物試食試驗所列指標均為必做項目；根據受試樣品作用原理不同，方案一和方案二動物模型任選其一進行動物實驗；除對高血糖模型動物進行所列指標的檢測外，應進行受試樣品對正常動物空腹血糖影響的觀察。

①有助於維持血糖健康水準檢驗：實驗動物選用成年動物，選用小鼠（26g±2g）或大鼠（180g±20g），單一性別，每組10～15隻。實驗設3個劑量組和1個模型對照組，另設2個劑量組，高劑量一般不超過30倍，必要時設空白對照組。同時設給予受試樣品高劑量的正常動物組。受試樣品給予時間30d，必要時可延長至45d。

②正常動物降糖實驗：選健康成年動物按禁食3～5h的血糖水準分組，隨機選1個對照組和1個劑量組。對照組給予溶劑，劑量組給予高劑量濃度受試樣品，連續30d，測空腹血糖值（禁食同實驗前），比較兩組動物血糖值。

③高血糖模型降糖實驗：方案一，選用利用四氧嘧啶（或鏈脲佐菌素）造模，血糖值為10～25mmol/L的為高血糖模型動物。選高血糖模型動物按禁食3～5h的血糖水準隨機分組，設1個模型對照組和3個劑量組（組間差不大於1.1mmol/L）。劑量組給予不同濃度受試樣品，模型對照組給予溶劑，連續30d，測空腹血糖值（禁食同實驗前），比較各組動物血糖值及血糖下降百分率。方案二，選用胰島素抵抗糖/脂代謝紊亂模型（任選其一），檢測各指標。

【結果判定】方案一：空腹血糖和糖耐量二項指標中一項指標陽性，且對正常動物空腹血糖無影響，即可判定該受試樣品有助於維持血糖健康水準動物實驗結果陽性。方案二：空腹血糖和糖耐量二項指標中一項指標陽性，血脂（總膽固醇、三酸甘油酯）無明顯升高，且對正常動物空腹血糖無影響，即可判定該受試樣品有助於維持血糖健康水準動物實驗結果陽性。

10. 有助於預防泌尿系統結石　試驗項目包括小動物實驗（大、小鼠）和寵物試食試驗，按照結石類型分為鳥糞石模型、草酸鹽結石模型、膀胱結石模型、尿酸結石模型和四種。①鳥糞石模型指標主要包括尿量和尿液尿酸；血清中血清尿素氮（BUN）、P、Ca^{2+}含量；腎組織中Ca^{2+}、Mg^{2+}含量和尿液中總Ca^{2+}和總Mg^{2+}含量。②草酸鹽結石模型指標與①基本相同，只是在血清中增加了Cr^{3+}的含量測定。③膀胱結石模型和尿酸結石模型指標與②相同。

在預防泌尿系統結石評價中，尤其鳥糞石，因為沒有標準的評價方法供參考，所以此處未詳細列出。造模型之前或期間同步給予寵物保健食品，考察前後尿液量，尿液中草酸、尿酸、胱胺酸等的含量，尿液中N、P、Ca^{2+}、Mg^{2+}等含量，腎臟組織中Ca^{2+}、Mg^{2+}等的含量。此外，有條件可以檢測腎臟中結石大小、小結晶大小、數量等。透過數據統計分析，比較有無顯著性差異，判定保健食品的有效性。

四　功能因子的結構修飾及穩定化技術

功能因子的活性直接或間接地受到其結構的制約。功能因子結構修飾的主要目的在於改善其物化特性，提高其生物活性、選擇性、穩定性、降低或減少毒副作用，更加充分而有效地利用功能因子。此外，還包括提高功能因子的生物利用度、改善功能因子在體內的轉運與代謝過程、改善功能因子的不良臭味以及適應功能食品加工要求、方便使用等。因此，對功能因子或其先導化合物進行適當的結構修飾，為解決功能因子活性不穩定、活性差或具有毒副作用的弊端和開發新穎功能特性的功能因子提供了有效途徑。功能因子的結構修飾一般可以透過化學、物理和生物方法實現。

(一) 化學修飾

化學修飾是最普遍的分子結構修飾方法，目前主要有衍生化反應（酯化、烷基化、醯基化、氧化等）和化學合成。日本學者首次將硫酸基團引入到一些均多醣結構中，製成硫酸酯化多醣，並發現硫酸酯化糖能抑制T-淋巴細胞病毒，至此，硫酸化成為多醣結構修飾中的一個重要方向。此外，還有應用物理場強化化學修飾技術，如微波、超音波技術、反應擠出改性技術等。

比利時、美國和以色列等國研究人員發現，丙烯酸接枝蠟玉米澱粉及澱粉和聚丙烯酸共混物均表現出較高的抑制胰蛋白酶活性能力和對鈣、鋅離子有較強的吸附能力。也有研究以澱粉為原料透過化學交聯的方法製備可降解微囊或小丸，具有很好的靶向性。中國在此方面也做了大量工作，如針對維他命、多酚、不飽和脂肪酸、多肽等易氧化易變性的功能因子，建立了功能食品包埋保護技術以及功能食品穩定化儲存技術等。在功能性油脂的活性保護研究方面，已經完成了以糊精、酪蛋白、酶解大米蛋白與變性澱粉為壁材進行不飽和脂肪酸的微膠囊化；完成了功能性海藻油穩態化生產配方、工藝以及穩態化性能檢測技術，解決了微膠囊化脂肪酸在低pH及高離子強度條件下容易破乳的技術難題，該技術已實現產業化。對多酚、黃酮類化合物，β-胡蘿蔔素、功能性蛋白飲料和功能肽等的穩定化技術、增效技術以及功能因子穩定化過程的監測技術等均進行了研究，成果顯著，並開始工業化生產。

（二）物理修飾

物理場強化技術是實現功能因子的綠色修飾的重要手段。目前物理場修飾技術主要有微波、超音波、超高壓和超微粉碎技術等。

超音波修飾：廣泛應用於多種生物大分子進行結構修飾。低頻、高強度的超音波主要是透過增加質點震動能量來切斷生物大分子中的某些化學鍵，從而降低分子量，增加水溶性，提高生物學活性。Stahmann 等將一種具有β-1,3-D-葡聚醣結構的真菌多醣經過長時間的超音波處理後，相對分子量從25萬降至5萬左右，經小角度X光衍射分析，這些超音波降解產物的空間結構與具有免疫調節活性的裂褶多醣相似。馬海樂等利用超音波修飾酶，使其活性位點暴露從而提高蛋白質酶解製備多肽的效率。

超微粉碎修飾：使顆粒向微細化發展，導致物料比表面積和孔隙率大幅度地增加，進而使硬度較大的功能因子如膳食纖維、功能性多醣、寡醣及阿膠分子中的親水基團暴露機率增大，從而增加了活性物質的溶解性、分散性、吸附性以及化學活性等。靈芝多醣孢子和黃氏提取物透過超微粉碎破碎表面覆蓋層後，水溶性、分散性和持水性提高，從而利用率和生理活性也有所提高。

（三）生物轉化修飾

生物轉化是利用生物體系或其產生的酶製劑對外源性化合物進行結構修飾的生物化學過程。目前生物轉化修飾結構主要涉及羥基化、環氧化、甲基化、異構化、酯化、水解、重排、醇和酮之間的氧化還原、脫氫反應等多種反應類型。其中，羥基化反應最常見。生物轉化修飾法主要包括酶法結構修飾和微生物轉化法。

1. 酶法結構修飾　對食品功能因子進行酶修飾，目前的技術主要從兩個方面考慮。①酶的來源及種類：包括從生物體中尋找新的酶，對功能因子進行修飾提高原來的生物性能或增加新的性能；利用現有酶，透過改變酶的作用條件對功能因子進行多種結構修飾。②酶的作用機理：包括酶切技術、基團修飾技術、酶異構化技術。柚皮素是一種生物類黃酮，具有降血糖、抗癌、預防肝病等多種功能，但是其水溶性較差和生物利用度較低限制了柚皮素的廣泛應用。利用醣苷轉移酶改性柚皮素，糖基化後的柚皮素的防紫外線輻射和抗粥樣動脈硬化活性增強；透過轉甲基酶改性後的烷基化柚皮素則具有更強的抑菌效果。多不飽和脂肪酸如EPA和DHA等對人體具有特殊的生理作用，有利於腦發育和抗心血管疾病，但其穩定性差極易氧化變質。海內外學者利用脂肪酶類和磷脂酶類進行改性修飾，用不同的脂肪酶將中碳鏈脂或Ω-3系列多不飽和脂肪酸引入磷脂分子，獲得不同功能的磷脂。

2. 微生物轉化　微生物易於培養、生長迅速、代謝旺盛，可產生大量具有生物活性的次生代謝產物。此外，利用分子生物學、遺傳學和DNA重組技術對微生物進行干預和優化，可提高功能因子的微生物轉化能力。

第三節　寵物保健食品的配方設計與生產工藝

保健性寵物食品配方區別於傳統寵物食品配方，但是同時也要滿足相關法規的要求；又或者是使用了非行業界傳統的有某方面特殊功效、安全的原料成分，但又能保證全面均衡營養。這一系列的產品都可以稱作是保健/功能性寵物食品。無論是配方的整體創新，還是部分新功能成分的加入，都是同一個目的，即為了改善或提升寵物某方面的機能性，以達到寵物健康、免受疾病侵害的目的。經過市場調研，在設計保健型/功能性寵物食品配方時，首先要明確擬開發產品的使用對象，如使用對象是寵物犬、貓，或犬貓均可，寵物不同生命階段及不同品種等；其次應明確產品類型，如全價寵物保健食品還是非全價類型；產品形態，如乾顆粒、半乾粒、液體、粉劑等。

一　針對寵物需求特徵的保健食品配方設計

寵物保健食品的配方不是各種原料的簡單組合，寵物保健食品的需求與寵物年齡、用途息息相關。寵物保健食品是基於醫學功能循證關鍵技術和理論，依寵物的不同種類、不同生理（年齡）階段、性別以及健康狀況等特徵要求而設計的一種有科學比例的複雜營養和功能配合。因此，設計配方時必須要有專業的寵物營養保健專家和醫師指導，不能僅考慮各種物質的含量、營養特性，還需考慮各種成分的功效和量效關係，必須嚴格把握配料的比例。寵物食品（保健品）的適口性是寵物保健食品配方設計時必須考慮的重要問題，尤其開發全價保健食品產品時，適口性更是首要問題，掌握「適口性修復」原則的基礎上，適當調整寵物保健食品配方使其保持良好的適口性，只有這樣才可以給寵物帶來健康精準的保健營養。

(一) 根據不同生命階段設計配方

寵物一生根據成長階段的不同，分為幼年期（幼犬貓）、成長期、成年期（成犬貓）、老年期。成長因個體而異，但通常情況下，0～6月齡為幼年期；6～12月齡為成長期；1～7歲為成年期（維持期）；7～8歲及以上為老年期。每個時期所需的營養均不相同，絕對不能終其一生都食用同一種配方食品，但是它對良好營養的需求卻從未改變。犬和貓的營養結構大相徑庭，不同寵物不同生理階段的營養需求均不同，在不同生理階段為寵物提供精準的營養，才能促進寵物的健康發育，增強免疫力，使其健康快樂地成長。

1. 幼年期保健食品配方　幼犬貓保健食品中應增加蛋白質和鈣。幼犬貓的成長發育非常快，所以牠們與成犬貓相比較，營養需求會比較高。一個固定的營養配方適合所有幼犬貓的寵物營養觀念是不正確的，不同幼犬貓的品種、年齡、生理階段、生活環境、運動以及遺傳因素應該有專門的營養配方，不正確的餵養習慣和營養標準會給幼犬貓帶來危害健康的風險，比如肥胖風險、生長過快風險、骨骼發育風險、骨骼與肌肉的發育不同步風險，以及免疫力低下風險等。蛋白質是肌肉和骨骼生長中不可或缺的重要成分。幼犬食品中的蛋白質含量通常要比成犬的高25%～35%，可為其提供骨骼生長和發育所需的適當數量的鈣、磷等礦物質。因此，幼年期營養補充劑/保健食品配方設計要增加蛋白質、鈣、磷等礦物質。

(1) 幼犬　幼犬與成犬所需要的水分、蛋白質、脂肪、碳水化合物、礦物質和維他命六大基本養分是相同的。但是由於幼犬的生長速度很快，比成犬需要更多的鈣和磷來合成骨骼和牙齒，每日所需鈣是成犬的5.8倍以上，磷是成犬的6.4倍以上（每公斤體重）。幼犬如果鈣不足，會發生牙齒脫落、骨骼畸形和跛足。同時，鈣磷的正確比例是非常重要的，特別是對於6個月以下的幼犬。然而，不同品種犬的成熟速度不同。例如，幼犬的細胞組織生長快速，使牠們對蛋白質的需求更多，幼犬需要的蛋白質量是嬰兒的6倍，是成犬的4.4倍（每公斤單位體重），所以優質蛋白源是必要的。高品質的蛋白質來源是其他營養物質生物吸收的重要保證。

(2) 幼貓　通常5～6月齡幼貓開始進入性成熟期。與成貓一樣，幼貓也需要水分、蛋白質、脂肪、碳水化合物、礦物質和維他命六大基礎營養元素。該階段對蛋白質的需求是成貓的2.1倍，鈣的需求是成貓的5倍，因為牠們身體的成長，包括皮毛、肌肉、骨骼等都需要更多的營養物質作支持。

新生幼犬貓羊乳粉是使用最多的營養保健補充劑，如其配方原料組成以羊乳粉為主

（占70%），也可加入乳清蛋白粉，其添加劑組成為果寡醣，作為益生元有助於胃腸健康；添加胺基酸，如牛磺酸、DL－蛋胺酸、L－離胺酸等；維他命類，如維他命A、維他命D、維他命B_1、維他命B_2、維他命B_6、D－泛酸鈣、菸鹼酸、葉酸、維他命B_{12}、維生素C、維他命E、D－生物素等；益生菌，如添加尿腸球菌進入腸道可直接發揮作用，給腸道增添活力。羊乳含有200多種營養物質和生物活性因子，不易引起幼犬貓腸胃及皮膚過敏，而且羊乳含有4種親腸因子，乳清蛋白、益生元、益生菌、小脂肪顆粒，易消化吸收。

2. 成年期保健食品配方　成年寵物犬貓所需要的營養標準更關注營養與能量的最佳平衡、礦物質與維他命的合理配比、脂肪的適當提供，並要保證每天有一定的運動量。在成年階段的寵物犬貓，應保持牙齒、皮膚、毛髮、胃腸和體重等方面的營養健康。對於體型較大的犬，還要採取一些恰當的方法，適量地給犬補充鈣質，特別是對於鈣的吸收轉化低的成年期犬貓更應該及時補鈣。選擇最直接的補鈣方法是餵食鈣補充品。對於成年期寵物，平時也要進行營養護理，從而減少中老年以後出現的健康問題，只有這樣，才能給予我們更長久的陪伴。

（1）成犬　餵食量取決於多種因素，比如活動水準、食物品質、妊娠狀態和體型大小。盡量避免犬的生活條件過度優越，避免肥胖，因為肥胖是常見的與營養相關的健康問題，可導致多種疾病發生或惡化，如糖尿病、肝病和胰腺炎等，並且肥胖會加劇關節問題，如髖關節發育不良或髕骨脫位，肥胖還會讓心臟負荷過重從而產生呼吸困難。

（2）成貓　對蛋白質的需求量較大。蛋白質對於成貓維持健康和保證繁殖都十分重要，是其他物質不能替代的；脂肪是貓所需能量的重要來源，同時還能提升食物的適口性，增加貓的食慾，但是過多的脂肪也會引起貓過度肥胖或營養代謝紊亂；碳水化合物並不是貓的必需營養物質，但其中的纖維成分可以維持貓胃腸道的健康，促進營養物質的消化吸收；維他命對於貓也非常重要，一旦長期缺乏會損害健康，甚至引起死亡，如維他命A是貓須從食物中獲取的必需營養素，適量的維他命A可以維持貓眼睛的健康；礦物質在貓體內的含量都是恆定不變的，貓在自然採食時一般不會發生礦物質的缺乏。與犬相比，貓無法像其他動物一樣合成足量的牛磺酸來滿足自身的需求，所以在貓的食物中需要含有一定量的牛磺酸，牛磺酸對於貓咪的視網膜、免疫系統、心臟功能都起著重要的作用。

（3）妊娠與哺乳期　對寵物來說應該是一個非常特殊的階段。在這個階段寵物往往會有一些一反常態的表現，比如食慾下降、嘔吐、精神低迷、懶散等。寵物妊娠期間的營養是特殊且重要的，它對母犬貓的健康、保證胎兒的正常發育、防止流產，以及母犬貓乳汁的分泌等起著決定性作用。

妊娠期、哺乳期母犬貓，乳犬貓及高齡犬貓的營養補充劑，一般會包括中鏈脂肪酸三酸甘油酯（MCT）、牛乳蛋白、脫脂乳粉、粉狀水面、消化乳蛋白、蔗糖、椰子油、礦物酵母、胺基酸（L-色胺酸、L-蘇胺酸、DL-蛋胺酸、L-精胺酸）、維他命（維他命A、維他命D_3、維他命K、維他命B_1、維他命B_2、維他命B_2、維他命B_6、維他命B_{12}、維他命C、泛酸、葉酸、生物素、膽鹼）、礦物質（Ca、K、Na、Mg、Fe、Cu、Mn、Zn、I）、二氧化矽。直接與食物混合餵服，或者溶解適量溫水餵服。高蛋白、高熱量、高營養，適用於妊娠期間的營養、母乳餵養和食慾不振。犬貓產後貧血生血的營養補充劑，如乳酸亞鐵、鹽酸、葉酸、維他命B_{12}，主要用於犬貓貧血、食慾不佳、免疫力低、術後及產後恢復、肝臟受損等的營養補充。

3. 老年期保健食品配方　老年期寵物（大型犬6歲以後、中小型犬7～8歲以後、貓7～8歲後）的營養需求受年齡相關的器官功能和慢性健康問題的影響。營養全面且均衡的食物是保證老年期寵物健康長壽的必要條件。老年寵物生理機能下降、易疲勞、眼睛渾濁、行動遲緩、挑食厭食、精神狀態差等。因此，老年犬貓的保健食品應適當提供低脂肪配方。

（1）老年犬　活動量逐漸下降，基礎代謝率開始降低，所以老年犬每天攝取的能量也在逐漸減少，如果沒有減少老年犬的能量攝取，將會導致其肥胖，同時會增加犬身體各個器官的負擔，引發關節炎、心臟病、呼吸系統疾病等，進而影響壽命。當犬步入老年階段，身體也會發生相應的變化，例如下頜處毛髮及鬍鬚變灰白，活動量減少，嗅覺、聽覺等能力下降，體重減輕等。體重的減輕在外觀上可以透過日益減少的肌肉組織體現出來，因此要特別注意蛋白質的攝取足夠，蛋白質是肌肉的主要組成部分。其次，一定量的脂肪可以幫助犬更好地吸收維他命，同時提供機體所必需的脂肪酸，例如幫助牠維持毛髮的亮澤，但攝取過量的脂肪將會增加肥胖的機率，所以某些植物性油脂更適合老年犬，如葵花籽油。由於老年犬對食物的消化吸收功能與成犬比相對較弱，所以提升食物的消化率、改善胃腸道健康均有助於犬對營養物質的充分吸收。在食物中添加一些膳食纖維（如甜菜粕），可以有效改善犬的胃腸道健康，促進腸道蠕動和糞便成型。除此之外，維他命和礦物質也是老年犬食譜中不可缺少的營養元素，不同的維他命和礦物質對老年犬有著不同的作用，礦物質硒、維他命C、維他命E可作為組合提升老年犬的免疫力，降低患病機率。老年犬尤其是長期餵飼自製食物的老年犬，特別容易出現牙石、牙齦炎、牙齒脫落等口腔問題。

（2）老年貓　貓咪7～8歲後，活動量逐步減少，脂肪沉積開始增多，體重也隨之不斷增加，這些現象將會使貓咪的患病機率提高。與老年犬一樣，避免肥胖同樣是老年貓保健的關鍵，因為肥胖容易引起貓咪的許多相關疾病，比如糖尿病、關節炎、心臟與呼吸系統疾病。為了防止這種情況的出現，應當定時、定量飼餵貓咪適口性較好的食物，盡量少讓老年貓自由採食。

隨著年齡的成長，老年貓的味道感知能力在不斷減弱，進食量減少；另一方面，雖然身體發胖，但實際上主要由蛋白質構成的肌肉組織反而減少。為了克服這一矛盾，一方面在加強適口性的同時，還要特別注意蛋白質的可消化性，消化性高的蛋白質意味著即使總體進食量減少，但可被身體吸收利用的蛋白質相對較高，這樣就克服了進食量減少這一障礙，比如雞肉、魚肉等高品質的蛋白質來源。與此同時，老年貓的消化吸收能力也在不斷下降，食物中的膳食纖維可以幫助貓咪提升胃腸道健康水準，促進糞便成型，使得貓咪更加高效地吸收食物中的營養物質。從生理需求上講，貓咪需要大量的蛋白質，而排除蛋白質代謝產物的主要場所是腎臟，同時也會涉及膀胱等其他泌尿器官。尤其是在老年階段，泌尿系統的發病機率大大提高，貓咪會出現尿頻、尿少、尿痛、尿血等症狀。一旦出現以上情況，除了要及時到動物醫院檢查治療外，營養因素更是不容忽視的。對於食物中鎂和鉀等礦物質，一定要進行總量控制，因為這兩種礦物質是構成尿結石的主要成分；同時要特別注意水分的補充，水分可以稀釋尿液中礦物質的濃度，減少結石的發生機率。

因此，科學設計老年期寵物的保健食品配方，對於防止老年期寵物的慢性健康問題具有重要的意義。

（二）根據寵物健康狀況設計配方

針對特定寵物個性化需求進行保健食品配方設計，可分為營養補充型和預防保健型。具體類別如下：

1. 複合維他命類　維他命是寵物生命階段各時期均需要的營養素，不同種類、生命階段的寵物因生活環境、營養健康狀況不同，均可能出現維他命缺乏，引起機體諸多健康問題。維他命類營養補充劑在寵物保健食品市場的占有量和銷售量均位於保健食品前列。目前維他命類營養補充劑配方種類較多，在2022年寵物保健品十大品牌排行榜的複合維他命類中，IN麥德氏的複合維他命雙層片占據榜首，其配方主要原料有雞肉粉、磷酸氫鈣、菸鹼醯胺、DL-α-生育酚乙酸酯、葉酸、維他命A乙酸酯、維他命B_1、蛋白酶、D-生物素、澱粉酶、維他命B_2、脂肪酶、維他命B_{12}、維他命B_6、維他命D_3、茶多酚等。配方中的9種維他命，具有維護眼口皮膚健康，為神經系統提供營養，調節膽固醇，維護心血管、造血和神經系統功能等作用；此外，配方中含有茶多酚，已知茶多酚中含有兒茶素及其酯，具有清除自由基和抗氧化、預防口臭、調節胃腸功能、預防心血管疾病、延緩衰老、降脂減肥等諸多功效，在預防疾病維持寵物健康方面起著重要作用。

2. 調理胃腸類　該類營養保健食品期望達到維護和提升胃腸道功能，提高寵糧消化吸收率，改善腸道菌群結構，預防腹瀉、排臭便等目的。一般調理腸胃類保健食品配方中都會選擇性地添加益生菌、益生元、膳食纖維、蒙脫石、絲蘭提取物、脂肪酶等功能因子。

(1) 益生菌類　如雙歧桿菌、乳酸桿菌、擬桿菌、地衣芽胞桿菌活菌製劑、枯草芽孢桿菌活菌製劑、糞腸球菌、酵母菌（布拉迪酵母菌、紅酒酵母菌、啤酒酵母菌等）。

(2) 益生元　包括菊粉、半乳寡醣、乳果糖、果寡醣（FOS）和甘露寡醣（MOS）。儘管FOS和MOS都可以發揮益生元作用，但它們對腸道微生物的影響機制並不相同。FOS會被胃腸道中的某些有益菌選擇性地代謝利用，如大多數雙歧桿菌、乳酸桿菌和擬桿菌都可以像利用葡萄糖那樣利用FOS來產能。而真細菌、沙門氏菌和梭菌等有害菌不能利用FOS，或者並不能像利用葡萄糖那樣高效地利用FOS。在寵物食品中添加FOS可以促進有益微生物生長，尤其是雙歧桿菌和乳酸桿菌，並可以限制有害微生物生長。與FOS不同，MOS主要是透過抑制有害菌在腸道黏膜上定植和生長來起到益生元作用。一些致病菌會與腸道細胞表面的甘露糖殘基結合，有助於細菌定植並抑制分泌。MOS可競爭性抑制有害菌附著，並促進有害菌隨糞便排出體外。

(3) 膳食纖維　寵物日糧中的纖維主要包括纖維素、半纖維素、木質素、果膠、樹膠和植物黏液。關於胃腸道健康，需要考慮的重要因素是纖維的發酵程度以及發酵產物的種類和數量。在犬貓的結腸中，細菌的活性較高，並且有發酵日糧中纖維的能力。

(4) 蒙脫石　對犬貓消化道內的毒素、病毒、病菌及其產生的毒素、氣體等有極強的固定、抑制作用，使其失去致病作用；此外，對消化道黏膜還具有很強的覆蓋保護能力，修復、提高黏膜屏障對攻擊因子的防禦功能，具有平衡正常菌群和局部止痛的作用。

(5) 絲蘭粉及其提取物　對特殊氣體有吸附能力（氨氣、二氧化硫等），可以改善腸道環境，降低糞便氣味，改善飼養環境。據美國研究報告，在寵物食品中添加1kg/t絲蘭提取物，可使環境內氨的濃度降低40%以上。絲蘭提取物具有增厚犬貓腸道黏膜的作用，可防止某些病毒入侵，並抑制病毒、有害細菌在消化道內增殖；可以減低犬貓血液中的氨濃度，避免發生神經系統障礙疾病；還可以減低刺激性氣體濃度，減少呼吸道疾病發生；能夠增加寵物食品的香味，刺激寵物食慾，改善寵物食品的適口性和耐口性。

(6) 脂肪酶　是飼用酶製劑的一種。幼年動物分泌的內源酶較少，成年動物處於病理、壓力狀態時內源酶也會發生分泌障礙或減少。日糧中添加該酶能釋放出脂肪酸，提高油脂類食材原料的能量利用率，增加和改進寵糧的香味和風味，改進犬貓的食慾，並對局部炎症有一定的治療功效。

(7) 化貓毛球類　採用植物配方顆粒的一般產品配方中配有車前子、菊苣根、大麥苗、果寡醣、維他命B_1、維他命B_2、維他命B_{12}等。配方中車前子富含膳食纖維，可有效促進腸道蠕動，幫助毛球排除體外；菊苣根粉能促進腸道有益菌增殖；大麥苗能緩解腸道不適，化毛，幫助消化；果寡醣幫助腸蠕動，也可為胃腸道提供能量；多種維他命B群可以滋養皮膚，為毛髮提供營養。

3. 補鈣強骨類保健食品　鈣是寵物生長發育及維持機體健康的重要礦物元素，其缺乏會嚴重影響寵物生長發育。鈣不但是構成動物骨骼和牙齒的主要營養成分，還能維持正常的肌細胞功能，保證肌肉正常的收縮與舒張功能，對免疫系統和神經肌肉系統功能的維持都起著至關重要的作用。寵物缺鈣的主要原因是日常攝取不足，孕後、產後、泌乳，以及胃腸功能差導致鈣質吸收不足等（圖4-22），小型犬（貴賓、吉娃娃、博美等）因腿骨壓力大，易在運動過程中骨折，需要補鈣維護骨健康。

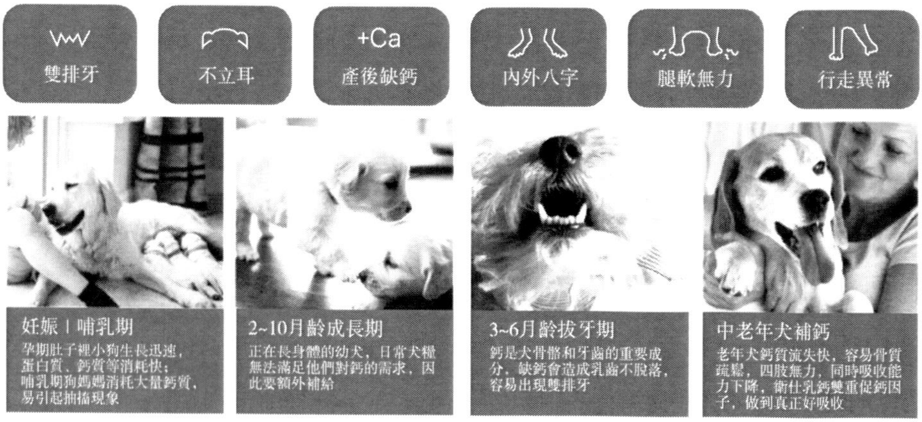

圖4-22　需要補鈣的各種症狀和階段

目前市場上的寵物鈣營養補充劑，按劑型分為鈣粉、鈣片、液體鈣、鈣膠；按鈣的存在形式分為無機鈣（碳酸鈣、磷酸鈣）、有機鈣（乳鈣、螯合鈣、葡萄糖酸鈣、肽）。無機鈣含鈣量高，但容易引起便祕，適合大型犬，不適合老年犬、胃腸不好的犬和容易便祕的犬；有機鈣適合小型犬、老年犬和腸胃不好的犬；液體鈣較鈣粉吸收最快。不同劑型在配方中的使用情況和適宜對象均不同，鈣粉可以拌在糧食裡，飼餵量大，適合大中型犬；液體鈣飼餵方便，直接餵食，適合幼犬、小型犬；鈣片容易控制劑量，直接餵食，適合幼犬、小型犬；鈣膠方便飼餵，適合幼犬、小型犬。因此，針對不同種類的寵物，為不同品種、不同生命階段和營養健康狀況的寵物設計合適的補鈣配方十分重要。肽鈣是近年來開發的第五代補鈣產品，由蛋白酶解物與鈣螯合或者酶解物直接與鈣混合使用。如衛仕狗狗鈣片補鈣產品，屬於小分子肽鈣產品，利用酪蛋白酶解物的小分子肽能促進鈣吸收利用的特性，補鈣溫和，容易吸收，同時又補充營養，發揮小分子肽的生物學功效，因此，備受消費者推崇。

4. 關節養護類 關節問題主要包括關節老化、髖關節發育不良，膝關節滑脫、拉行扭傷、關節疼痛等，大型犬有關節腫大、運動不良、瘸腿、腿發抖、趴蹄等。養護關節類保健食品一般都配有蛋白多聚醣或葡萄糖胺化合物等，以改善關節軟骨和黏膜功能。

(1) 蛋白多聚醣　是蛋白聚醣的一部分，與軟骨和其他結締組織中的膠原形成交聯。與結締組織和關節相關的糖胺聚醣包括軟骨素4-硫酸鹽、軟骨素6-硫酸鹽、角蛋白硫酸鹽、皮膚硫酸鹽和非硫酸鹽透明質酸。透明質酸可增加健康關節關節液的黏度和對滑膜的潤滑程度。透明質酸與其他物質一起為關節軟骨和肌腱提供彈性、柔韌性和抗拉強度。糖胺聚醣對結締組織有抗炎作用，直接作用關節組織的結構修復。此外，糖胺聚醣還可為軟骨細胞提供更多的硫酸軟骨素和透明質酸前體。

(2) 葡萄糖胺化合物　是由葡萄糖和胺基酸麩醯胺酸合成產生的胺基糖，是關節細胞外基質中糖胺聚醣和蛋白聚醣的主要成分。使用葡萄糖胺保健品時，這些化合物可以保護受骨性關節炎影響的結締組織和軟骨，讓結締組織和軟骨再生。硫酸軟骨素和葡萄糖胺有助於減輕炎症和疼痛，使關節液黏度變正常，可促進修復有骨關節炎的關節軟骨。長期使用可起保護和恢復作用，有助於減少不適和炎症，增強活動能力。獸醫師們常推薦使用含有葡萄糖胺和硫酸軟骨素的保健品。

以衛仕寵物犬關節舒為例介紹其配方設計，預防關節老化，改善「跑步膝」，幫助複健拉傷扭傷，緩解關節疼痛等（圖4-23）。原料組成為肉類及其製品、紫薯粉、葡萄糖胺鹽酸鹽（10%）、微生物發酵類製品，添加劑組成為硫酸軟骨素（牛軟骨素、鯊魚軟骨素）、殼寡醣、維他命A、維他命D_3、維他命C、DL-α-生育酚乙酸酯（維他命E）、維他命B_2。

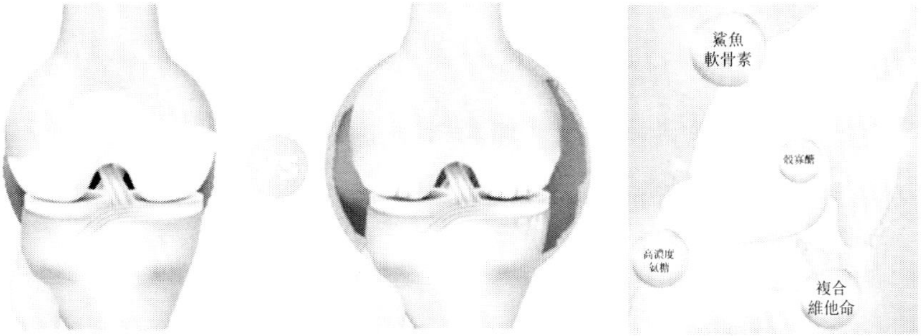

圖4-23　硫酸軟骨素的關節改善作用

5. 提高免疫力類 提高免疫力能預防寵物各種疾病的發生。目前市場銷售的提高寵物免疫力的保健食品較多。以美格提高免疫力的IGY犬營養膏的產品為例介紹其配方設計，其原料組成有橄欖油、雞肉粉、釀酒酵母提取物、蛋黃粉（5%，含卵黃抗體IgY）、牛初乳粉（含IgG）、乳鈣（3.2%）、麥芽糖，添加劑組成有硫酸軟骨素、牛磺酸、L-離胺酸鹽酸鹽、β-1,3-D葡聚醣、維他命A、維他命B_1、維他命B_2、維他命B_6、維他命B_{12}、維他命D_3、DL-α-生育酚乙酯酸、菸鹼酸、葉酸、D-泛酸鈣、D-生物素、磷酸氫鈣、乳酸亞鐵、硫酸鋅、硫酸錳、酵母硒。配方中IGY是卵黃免疫球蛋白，是從具有免疫性的母雞所生產的蛋黃中提取，進入腸道後迅速在腸壁細胞建立保護層，有利於提高機體被動的免疫能力，同時有助於提高寵物抗病能力和存活力，產後、術後及治療期間營養補充，呵護腸道，抗壓力，提高寵物抵抗力。牛乳貼近母乳，較易吸收，可補充機體微量元素。

6. 口腔護理類 犬貓的口腔保健除了需日常定期刷牙和檢測之外，在營養層面上對口腔的保健也具有重要意義。口腔護理類的保健食品配方中一般會配有礦物元素、纖維類物質、木糖醇、山梨糖醇等多元醇糖，以及植物提取物中具有保護牙齒的功效成分。

（1）礦物元素 鈣、磷、鎂、氟等礦物元素是構成牙齒的重要物質，對於牙齒的鈣化和形成具有重要作用，因此，適量的礦物元素補充劑是保護牙齒的關鍵。

（2）多元醇糖質 寵物食品中碳水化合物（蔗糖、葡萄糖等）是導致齲齒和口腔疾病的根源，這些糖類有利於口腔內微生物的滋生而侵蝕牙齒。木糖醇、山梨糖醇等多元醇糖不能提供口腔內微生物利用的碳水化合物來源，從而可以保護口腔健康。木糖醇等功能性糖具有取代葡萄糖、蔗糖，促進寵物牙齒健康，降低血糖和保護肝臟的作用。

（3）纖維類物質 該類物質是寵物天然的「牙刷」，寵物咀嚼高纖維物質，包括牧草、蔬菜、水果等可以有效清除附著在牙齒表面的微生物，因此適量的纖維類食品可以作為寵物口腔的護理素。

（4）植物提取物 植物中很多有效成分具有保護牙齒的作用，如應用比較多的綠茶提取物（茶多酚類），具有抑制微生物生長、保持口氣清新的作用；其他還有薄荷提取物（薄荷黃酮類）、絲蘭提取物、蘑菇提取物、甘草提取物、多肽類（酪蛋白磷酸酯肽等）、維他命C、天然沸石、鋅、輔酶Q10、蔓越莓、牛磺酸、金屬螯合劑（多聚磷酸鹽等）、口腔益生菌類等物質。這些功效成分以單一或者複配等形式添加到各類口腔護理類產品中聯合發揮作用，起到清潔牙齒、抗菌殺菌、清洗口氣、減少牙石、緩解炎症的功效。

7. 美毛護膚類 犬貓的表皮層比較薄，抵禦外界侵襲的能力相對脆弱。犬的皮膚厚度一般為0.5～5mm；貓咪的皮膚更薄，厚度為0.4～2mm。毛髮對犬貓而言，不光起到美觀作用，同時也是肌膚的保護傘，而皮膚是毛髮生長的載體，健康的皮膚是亮澤毛髮的支撐。寵物犬貓的毛髮健康狀況與飲食息息相關，作為與蛋白質、維他命並列的

「第三營養素」卵磷脂，它所含的肌醇是皮膚的主要營養物，適當攝取可以促進皮膚再生，促進毛髮生長，防止掉毛，讓毛髮色澤亮麗。所以，護膚美毛類的保健食品配方中一般會含有蛋白質、胺基酸（含硫胺基酸和精胺酸、色胺酸等非含硫胺基酸物質）、脂肪（魚油、卵磷脂、花生油酸等）、礦物質（鋅）、維他命等，這些成分或富含這些成分的食品原料對於寵物皮毛生長有著直接影響。如日糧中添加含硫胺基酸能夠有效提高產毛動物的毛產量。同時，精胺酸、色胺酸等非含硫胺基酸物質對於寵物皮毛與新陳代謝也有著一定促進作用，因此，在寵物日糧中添加此類物質能夠有效促進其毛纖維生長，增加強度和被毛密度，起到護膚美毛作用。

8. 輔助降血糖類 歸納海內外已有寵物保健食品起到輔助調節血糖作用的產品配方中一般都含有α-硫辛酸、維他命B_6、維他命C、維他命E、Ω-3脂肪酸、精胺酸、甘胺酸等營養素；植物提取物，如食用菌多醣、β-葡聚醣、殼聚醣、蝦青素、果蔬提取物、花青素等，這些營養成分都具有修復胰島β細胞、增強胰島素的敏感性、調節血糖代謝、減少並發症等功效。

9. 預防泌尿系統的保健食品 按照飼料原料和飼料添加劑目錄，可用於預防泌尿系統結石的保健食品配方功能成分或原料包括維他命C、維他命E、檸檬酸鉀、甘露糖醇、N-乙醯葡萄糖胺鹽酸鹽、富馬酸，以及車前子、茯苓、青口貝等。此外，也包括一些植物提取物，蔓越橘（酸果蔓）汁或提取物、綠茶提取物（L-茶胺酸）、木槿花（芙蓉花）提取物等。所以在設計該類保健食品時，一般會配有上述1～2種或數種成分，起到維持泌尿系統功能健康的作用。

二 以寵物食品為載體的保健食品配方設計

寵物食品主要有主糧、零食、飲料等，以寵物食品為載體的保健食品將受到消費者青睞；主食的功能化可能是未來寵物保健食品市場的新成長點。以城鄉居民日常化消費為重點的產品、寵物特色保健食品、保健型休閒零食的研發等，將是未來寵物食品研發人員重點關注的內容。

（一）主糧為載體的保健食品配方設計

1. 主糧加工過程直接添加的保健食品配方 該類配方是將具有保健功效的成分在主糧加工過程中直接以添加劑的形式添加到主糧生產中，配方中加入飼料中允許使用的功能明確的保健食品原料或者從原料中提取的有效成分，製備成保健型主糧。如配方中加入迷迭香或其提取物、茶多酚（包括茶胺酸）、維他命C和維他命E等具有抗氧化活性的活性成分，可以起到抗氧化和抗氧化壓力的作用，同時具有調節腸道功能等；如配方中加入藍莓及其提取物、蔓越莓及其提取物、葉黃素+玉米黃質等，可使主糧具有護眼的保健作用，適合於視力發育期犬貓或者老年期犬貓食用。專用離乳幼犬設計的主糧保健配方，適宜加入雞蛋、甜菜粕顆粒，已知雞蛋含有豐富的蛋白質、脂肪、卵磷脂、DHA、卵黃素以及多種維他命，與DHA共同補充幼犬大腦生長發育所需的營養成分，幫助腦神經發育；甜菜粕除了能提高寵物食品的適口性，為寵物提供較高的能量外，也由於纖維素含量豐富而被添加到寵物食品中充當纖維糞便硬化劑。

2. 與主糧伴服的保健食品配方 該類保健食品主要以粉體形式，透過與主糧伴服的形式食用而發揮其功能。比如天然海藻粉及其提取物，加入犬糧質量的2%～3%，拌入犬糧中餵養。不僅對寵物犬有較好的促生長作用，還能改善寵物犬的體質，降低體中脂肪的含量等。凍乾三莓果粉（藍莓、紅樹莓、蔓越莓），除了補充寵物維他命和礦物元素外，藍莓中富含花青素維護寵物眼睛健康；紅樹莓富含鞣花單寧，幫助寵物健康成長；蔓越莓可幫助寵物維持牙齒健康。此外，還有果蔬粉、富含礦物元素粉、植物提取物粉等。

迷迭香及其提取物粉：已知迷迭香含有黃酮類、類萜、有機酸等多種抗氧化成分，能切斷油脂的自動氧化鏈、螯合金屬離子，並起到與有機酸的協同增效作用。迷迭香抗氧化劑在動植物油脂、富油食品和肉類製品中，具有阻止和延遲酸敗或延長保存期的作用，並且徹底避免了合成抗氧化劑的毒副作用和高溫加熱分解的缺點。迷迭香抗氧化劑具有安全、高效、耐熱、抗氧化效果好、廣譜等特點。目前國際食品界採用的天然抗氧化劑有茶多酚、迷迭香抗氧化劑、異維他命C鈉鹽、維他命C、維他命E等以及它們的混合物。其中，異維他命C鈉鹽、維他命C、茶多酚等屬水溶性物質，對油脂的抗氧化效果不強。實驗結果表明，在動植物油脂上，迷迭香抗氧化劑效果是BHA和BHT的2～4倍，比異維他命C鈉鹽高1～2個數量級。因此，迷迭香及其提取物被世界公認為第三代綠色食品抗氧化劑，在寵物保健食品中添加可以發揮其抗氧化作用。

3. 溼糧形式的保健食品配方設計 該類產品配方設計中，將功效成分以添加劑的形式添加到溼糧中，起到保健作用。以添加水果系列——香蕉、草莓、蘋果、洋梨、藍莓的保健食品為例，介紹溼糧形式的保健食品配方設計。

（1）香蕉口味調理胃腸保健食品配方設計 該配方中添加了香蕉、果寡醣、山楂和酵素。香蕉富含胡蘿蔔素、鉀和膳食纖維等多種營養成分；果寡醣入腸道之後能作為有益菌繁殖的動力抑制有害菌的繁殖，達到改善腸胃環境的目標；山楂可幫助消化，軟化血管，降低血脂，改善寵物食肉較多而造成的高膽固醇；酵素能增強腸道蠕動，建立良好的腸道環境，促進毒素排出，改善便祕。

（2）草莓口味預防肥胖配方設計 該配方中添加了草莓、金銀花、首烏、荷葉，可預防肥胖，幫助維持愛寵理想體重。草莓可補充維他命C，富含膳食纖維可促進胃腸蠕動；金銀花可去火排毒，清除體內毒素，在控制體重的同時具有抗感染功效；首烏可潤腸、解毒，促進腸道蠕動及廢物排出，減少犬貓對膽固醇的吸收與肝臟沉積；荷葉含有多種化脂生物鹼，可加速分解、排出體內的脂肪，並能在腸道壁形成脂肪隔離膜，阻止脂肪吸收、堆積。

(3) 洋梨口味調節寵物犬骨關節健康配方設計　該配方添加了洋梨、離胺酸螯合鈣、鯊魚軟骨素、膠原蛋白肽。洋梨果肉營養高，含有豐富的蛋白質和維他命；離胺酸螯合鈣，能補充鈣質，是犬貓成長發育必需營養，可增強體質，防止骨質流失，有助於養成愛寵健壯體格；鯊魚軟骨素，能夠預防骨質疏鬆症，活化機體結締組織及細胞，保養和修復軟骨組織，預防關節軟骨退化；膠原蛋白肽是骨骼的主要組成部分，可修復關節、軟組織損傷，維護肌膚、強化內臟器官功能。

(4) 蘋果口味提高免疫力配方設計　該配方中添加了蘋果、牛初乳、人參，幫助提高愛犬免疫力。蘋果中富含礦物元素和維他命；牛初乳含豐富免疫球蛋白與生長因子，能提升病毒抵抗力，中和體內毒素，將腸胃調整到最適狀態；人參富含人參皂苷和人參多醣，能提高抗壓力作用，抵禦有害刺激，改善愛寵易感體質。

(5) 藍莓口味維護眼睛健康的配方　該配方中添加了藍莓、花青素、微生物E、維他命D_3和牛磺酸。已知藍莓有保護眼睛，增強免疫力的功效；花青素具有強抗氧化力，能夠保護機體免受自由基的損傷，抑制炎症和過敏，增加皮膚的光滑度，減少寵物淚痕產生；維他命E能夠抑制眼睛水晶體內過氧化脂反應，擴張末梢血管，改善血液循環，預防近視眼發生和發展。維他命D_3可降低眼睛敏感反應，減少眼睛炎症損傷機率，預防眼內病變；牛磺酸是身體必需胺基酸，具有改善視力與聽力損傷的作用。

(二) 零食為載體的保健食品配方設計

以寵物零食為載體的保健食品配方產品種類頗多，如餅乾係列、罐頭系列、潔齒咬膠系列等，具體涉及乳製品系列、肉製品系列、果蔬系列等，本部分僅以餅乾係列和罐頭系列的保健零食為例介紹配方設計。

1. 餅乾係列保健零食配方設計　以NUPET紐蒎系列保健作用的餅乾食品為例，介紹配方設計。①清新罐子：配方主要成分為牛肉粉、雞肉粉、全脂膨化大豆、大米粉、小麥粉、膨化玉米粉、蘋果發酵粉、山楂粉、大豆油、酵母細胞壁多醣、絲蘭提取物、多種維他命。適用於有口腔問題、腸胃功能過差、未代謝物質在腸道滯留時間過長。該配方適用全犬種。②舒緩罐子：配方主要成分為牛肉粉、雞肉粉、全脂膨化大豆、大米粉、小麥粉、膨化玉米粉、大豆濃縮蛋白、果蔬粉、蘋果發酵粉、牛油、酵母硒、天冬胺酸鎂、碳酸氫鈉、多種維他命；配方中提供豐富的L-色胺酸，具有舒壓的作用，緊張的情況下助於穩定情緒，幫助愛犬平靜，平緩焦慮，起到舒壓平緩；提供多種抗壓力的物質幫助愛犬抵禦壓力反應。該配方適用全犬種。③消化罐子：牛肉粉、雞肉粉、全脂膨化大豆、大米粉、小麥粉、膨化玉米粉、蘋果發酵粉、山楂粉、大豆油、酵母細胞壁多醣、絲蘭提取物、多種維他命等30多種成分均衡配比，營養易吸收；全方面調理腸胃環境，多種天然果蔬提供豐富的膳食纖維，強健腸胃動力，幫助消化食物；豐富的生物酶利於吸收過程，幫助能量營養物質的轉換；絲蘭提取物具有獨特的固氮能力，可降低畜禽糞便中的氨氣、硫化氫、糞臭素等有害物濃度。該配方適合全犬種。④智力罐子，配方主要成分為牛肉粉、雞肉粉、全脂膨化大豆、大米粉、膨化玉米粉、大豆濃縮蛋白、果蔬粉、蘋果發酵粉、大豆油、牛油、酵母細胞壁多醣、銀杏提取物、單胺酸鋅、酵母鋅、多種維他命；除了作為獎勵食物外，還可促進大腦發育、維持老年期動物腦健康。該配方適用全犬種。

2. 罐頭寵物犬保健零食配方設計　以愛麗思（IRIS）系列保健作用的罐頭食品為例，介紹配方設計。原味美毛膳食罐頭，主料為雞胸肉、胺基酸粉、雞肝，添加多種均衡胺基酸，營養更充分均衡，適用全犬種美毛；綠茶清潔牙齒膳食罐頭，主料為雞胸肉、綠茶、雞肝，添加綠茶成分，茶多酚有助於清除口腔異味，適用全犬種；清肝明目膳食罐頭，主料為雞胸肉、菊花、枸杞，添加枸杞和菊花，清肝明目不上火，適用全犬種；調理腸胃膳食罐頭，主料配方為雞胸肉、菠菜、蒟蒻、南瓜，添加的南瓜富含胡蘿蔔素、維他命，健脾養胃，適用全犬種；幼犬奶糕罐頭，主料為雞胸肉、奶酪、南瓜，添加乳酪，易消化易吸收，補充鈣質劑所需營養元素。

3. 飲料為載體的保健食品配方設計　近年，飲料形式的寵物保健食品逐漸走進消費者市場，目前市場上出售的主要有奶飲品、電解水和茶飲。

（1）乳飲品　紐西蘭zeal寵物犬貓鮮牛乳，其原料組成包括全脂牛乳99.9%、向日葵籽油，添加劑組成為牛磺酸、乳糖酶、維他命E、維他命B_1、維他命B_2。採用低溫乳糖水解技術，並添加「乳糖酶」，將牛乳中寵物犬貓無法吸收的乳糖全部分解，且不破壞其他營養成分，做到眞正零乳糖，減少腸胃不適，呵護愛寵健康。

適合寵物犬貓的羊乳乳酸菌飲料，能調理成年寵物腸胃，原料配方包括飲用水、全脂羊乳粉、蔗糖、羧甲基纖維素鈉、三氯蔗糖、山梨酸鉀、嗜熱鏈球菌、保加利亞乳桿菌等。該飲品新鮮、高營養、易吸收、易消化。羊乳更適合犬貓，性溫、不易引起過敏，而牛乳會導致寵物犬貓體內精胺酸缺乏，引起皮膚過敏，牛乳脂肪球與蛋白質顆粒大，營養，不容易吸收。

（2）電解水　電解質指體液中鈉、鉀、鈣、鎂等離子，是體液的重要組成部分，會隨著出汗、腹瀉等流失，補充電解質和水分可以調節寵物機體水分，維持體內酸鹼平衡，讓補水更持久。配方主要成分有透明質酸、維他命A、維他命D_3、維他命E、維他命B_1、維他命B_2、維他命B_{12}、維他命C、NaCl、KCl、胺基酸、黃芪多醣等。該配方中添加了黃芪多醣，可增強寵物免疫活性。補充多元複合維他命，滿足AAFCO、歐洲寵物食品工業聯合會（European Pet Food Industry Federation，FEDIAF）標準對成長期和成年期犬貓維他命攝取的最低需求，而且維他命A本身具有抗氧化活性；維他命B_1、維他命B_2、維他命B_{12}、維他命D_3可促進生長；維他命C、維他命E有抗氧化和提高免疫能力。

（3）茶飲　去火清口氣配方，該配方可去尿臭、去火、清口氣，其原料組成包括甜菜根、檸檬草、洋甘菊、車前草、黑枸杞；此外，還能促進皮膚毛髮健康，改善貧血，增強免疫力。

美毛、排毒配方組成：甜菜根、蒲公英、海苔片、亞麻籽、黑枸杞。該配方還具有健胃、滋潤皮膚、利尿和促進皮膚毛髮健康功效。

三 適合電子商務物流包裝的保健食品配方和劑型的創新設計

寵物保健品的銷售通路可分為線上通路和線下通路，其中線上通路已成為中國寵物保健品最主要的銷售通路，寵物保健品線上通路銷售額占寵物保健品行業整體銷售的比例接近65%～70%。中國寵物保健品的線上通路主要集中在淘寶、天貓、京東等大型電商平臺。電商平臺能夠為消費者提供更多的產品選擇，提升消費者的購物便利性，受到了消費者的青睞。各電商平臺中，天貓、淘寶、京東作為中國電商行業中的頭部平臺，憑借其規模優勢，成為寵物保健品最主要的線上銷售通路，這三大電商平臺的寵物保健品銷售額占線上通路總銷售額的89%左右。

線上電子商務仍是未來寵物保健食品銷售的主流方式，也是寵物保健食品價格調整的一種有效手段，因此必須開發適合電子商務物流的產品包裝和劑型。如根據包裝材料、包裝方式、產品層次等不同採用不同的包裝；重點開發便於運輸、儲藏、方便食用的產品劑型。目前市場銷售的寵物保健食品配方設計的產品形式和包裝均比較適合物流運輸，所以該部分關注度不高。

四 寵物保健食品產品研發流程與生產工藝

應根據公司規劃、市場調研、寵物營養健康需求以及設備工藝要求，策劃開發寵物保健食品新產品。寵物保健食品產品研發大體分為7個步驟，依次分別為立案調研、實施程序、產品試製、產品檢測、現場考察、資料書寫與整理、申報與審批（圖4-24）。

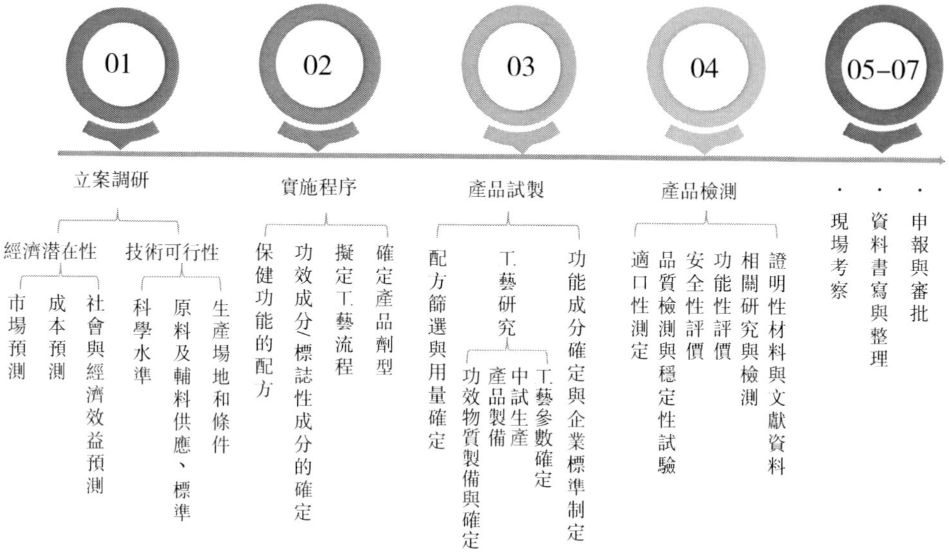

圖4-24 寵物保健食品產品研發步驟

(一) 立項調研

寵物保健食品開發之前，第一步是立項調研，調研內容包括經濟潛在性和技術可行性調研分析。

1. 經濟潛在性 市場預測，對擬開發產品的消費群體定位，如寵物主人消費群或寵物品種、類型、生命階段（年齡）、健康狀況等；現有產品市場情況，如同類產品或類似產品在海內外基本情況，包括同類產品種類、數量、優缺點、銷售現狀與趨勢等；成本預測，對擬開發產品原料、配料、添加劑、加工、人員等方面進行成本預測；社會與經濟效益預測，主要包括產品所針對的寵物群體維持健康和預防健康危害的評估、解決就業人數、成本核算、預測銷售額及上繳利稅額、外銷情況。

2. 技術可行性 包括對新產品預期達到的保健功能和科技水準，如明確的功能和依據；擬開發產品的特點或優勢及趨勢，如功能特性、配方與機制、原料、工藝、劑型和質控等的特點及趨勢；原料及輔料供應、標準；生產場地和條件等。

(二) 實施程序

實施程序主要包括擬定具有某種保健功能的配方、功效成分/標誌性成分的確定、擬定工藝流程、確定產品劑型。

1. 配方的篩選 說明配方中各原、輔料在產品中的作用、相互關係及用量的科學依據。注意配方中配伍禁忌和對寵物安全性的影響，配伍預試時應有試驗記錄及原始計算數據。

2. 對配方中原料的說明 包括原料（品種）選擇應符合有關規定；說明原料的功效和作用；說明各原料用量理由；說明各原料配伍關係；說明對寵物安全性的影響。

3. 產品形態與劑型選擇 應根據產品本身的特質，既利於寵物食用、便於寵物吸收，又易於保存的原則選擇產品的形態與劑型。一般選擇能充分發揮產品保健功能的形態及劑型。

4. 功效成分的確定 主要包括功效成分，是產品中具有特殊生理作用的活性物質，是寵物保健食品研究的關鍵，也是產品品質的主要指標；保健食品原料；確定功效成分檢測方法；用標誌性成分代替功效成分。

（三）產品試製

產品試製主要包括配方篩選與用量確定、工藝研究、功效成分確定與企業標準制定。其中：①配方篩選與用量確定，主要包括文獻資料論證、藥理學實驗（動物實驗）與寵物試食實驗、體外實驗。②工藝研究，主要包括功效物質製備與確定、產品製備、中試生產、工藝參數確定。③功效成分確定與企業標準制定。

（四）產品檢測

產品試製成功後，對產品的品質檢測包括適口性檢測、品質檢測與穩定性試驗、安全性評價、功能性評價、相關研究與檢測、證明性材料與文獻資料；再根據產品的要求，進行配方、原料、添加劑、工藝、外觀、保存期限、衛生指標、適口性的研究，不斷改進各項指標，最終確定如上各種參數。

1. 適口性評價 根據寵物食品適口性檢測方法，對試製的產品進行寵物適口性評價，如是以什麼樣的形式飲食，單獨食用還是與主糧一起食用。如是保健主糧，適口性不理想，必須重新調整工藝，增調產品的適口性；如是以添加形式與主糧拌食，則適口性影響不大。

2. 穩定性研製 根據法規，在產品成型後上生產大試，將試製的產品進行加速試驗，考察產品在溫度、溼度、光照等條件的影響下隨時間變化的規律，為產品的生產、包裝、儲存、運輸條件和有效期的確定提供科學依據，以確保上市產品安全有效。

3. 安全性研製 採用普通級、清潔級或SPF級各品種系列的實驗小鼠、大鼠進行動物試驗。實驗動物購自經國家認可的、具有實驗動物生產許可證與使用許可證的組織機構。購買的實驗動物品系、數量、性別和體重根據實際試驗設計要求進行選購。新購進的實驗動物分籠飼養，進行檢疫、適應性觀察3～5d，合格者才能用於試驗，不符合健康標準者按規定淘汰處理，試驗用過的動物按規定無公害化淘汰處理，應做好記錄。

4. **功效性研製**　根據產品的功能特性進行功能特性的研究。設計科學可行的試驗，進行功能性驗證。

5. **嚴謹性評審**　公司對開發的新品組織內部、外部測試評審，收集匯總意見。根據意見對下步研發進行改進。

6. **數據的處理**　試驗結束後，研發技術部將所有試驗記錄整理入檔，統計並分析各指標數據，撰寫試驗書面總結報告，以便確定產品的全價性、安全性及適口性。

（五）不同劑型產品開發的大體工藝流程

1. **片劑（溼法製粒壓片）工藝流程**　領料→小料預混合→配料→混合→溼法製粒→乾燥→整粒→總混→壓片→內包裝（鋁塑、裝瓶等）→打碼→裝箱→入庫。

2. **片劑（粉末直接壓片）工藝流程**　領料→小料預混合→配料→混合→壓片→內包裝（鋁塑、裝瓶等）→打碼→裝箱→入庫。

3. **粉劑工藝流程**　領料→小料預混合→配料→混合→包裝（袋、瓶、罐等）→打碼→裝箱→入庫。

4. **膏劑工藝流程**　領料→小料預混合→配料→混合→乳化、均質→高溫滅菌→灌裝→包裝→打碼→裝箱→入庫。

5. **顆粒劑工藝流程**　領料→小料預混合→配料→混合→製粒→乾燥→整粒→總混→內包裝（裝袋、裝瓶、裝罐等）→打碼→裝箱→入庫。

第四節　寵物保健食品的功能及安全評價

安全性和功能性是寵物保健食品的兩大特性，也是預防和維持寵物生命健康的重要基礎，綠色、高效、安全的保健食品一直是寵物食品開發者及消費者追求的目標。

寵物保健食品是傳統寵物食品的功能拓展，透過精選原料、優化配方、改進加工工藝，以及使用益生菌、功效成分、礦物質、維他命、非澱粉多醣、單一或複合酶製劑、微生態製劑、麩醯胺酸、果寡醣等對寵物進行營養調控、免疫刺激及抗壓力等多種途徑，有效提升寵物的非特異性免疫力，增強機體的抗病力，提高寵物對食品的消化吸收率，從而預防或減少寵物疾病的發生或發病後的死亡率，減少藥物的使用，保障寵物的健康安全。因此，功能明確、品質安全的保健食品對於維護和預防寵物疾病的發生和發展具有重要的意義。寵物保健食品安全具有隱蔽性、累積性及複雜性的特性，食品本身會攜帶天然有毒有害物質、生物汙染、化學汙染、金屬元素的超量使用及違禁藥品的添加等都會影響寵物保健食品的安全性。

二 建立和完善寵物保健食品的功能學評價體系

（一）寵物保健食品的功能學評價體系

寵物保健食品的功能學評價應提供受試樣品的原料組成或/和盡可能提供受試樣品的物理、化學性質（包括化學結構、純度、穩定性等）有關資料。受試樣品必須是規格化的定型產品，即符合既定的配方、生產工藝及品質規範。提供受試樣品安全性毒理學評價的資料以及衛生學檢驗報告，受試樣品必須是已經過食品安全性毒理學評價確認為安全的食品。功能學評價的樣品與毒理學評價、衛生學檢驗的樣品必須為同一批次（安全性毒理學評價和功能學評價實驗週期超過受試樣品保存期限的除外）。應提供功效成分或特徵成分、營養成分的名稱及含量。如需提供受試樣品違禁藥物檢測報告時，應提交與功能學實驗同一批次樣品的違禁藥物檢測報告。

功能聲稱的生物標記及其有效性研究是寵物保健食品產品研發的關鍵基礎，只有建立和完善寵物保健食品的功能學評價體系，才能為寵物保健食品的開發提供科學依據。

（二）寵物保健食品適口性評價方法研究

適口性是寵物採食時，某一種食物的理化性狀能夠刺激寵物的味覺、視覺及觸覺，使動物對其產生好惡反應的一種性質。食品影響寵物適口性的因素較多，一般除了食品自身的特點，如成分來源、組成成分、物理性能等，還與寵物自身的獨特因素有關。寵物對適口性的感受主要受到化學因素、物理因素及行為因素的影響。

1. 化學感應　體內的代謝回饋信號影響食物消耗的持續時間、比例和數量，而化學感應因素在決定是否接受或者放棄食物這個過程中起主要作用。動物判別一個物體是否是食物、是否接受或放棄的主要依據都是感官性質的。這些依據包括遠距離就可以判斷出來的一些因素，比如視覺、聽覺以及嗅覺的；還有一些透過接觸得到的，比如口味、化學刺激和觸覺。

美國賓夕法尼亞州費城市Monell化學感覺研究中心的Gary Beauchamp博士早在1970年代就研究發現，口味因物種而異。他們發現貓對於甜味不敏感。在哺乳動物中，鹹和酸普遍都能被感覺到，而對於苦和甜感覺則差異很大。引起口味的化合物通常是不揮發的，並且能引起甜、酸、鹹、苦以及美味感覺。美味感覺是一個相對的概念，因為對於滋味敏感的功能是由舌頭上的味蕾細胞來實現的，所以對於滋味是否符合口味是由品嘗食物的物種或個體所決定的。嗅覺比味覺提供的資訊複雜得多。除了5種基本形態以外，由於存在相對應的更多的接受細胞來認識這些感覺，所以有可能還存在上百種甚至上千種嗅覺的資訊。氣味在寵物選擇食物的過程中是非常重要的，透過改變採食食品的氣味很可能改變寵物的採食行為。

2. 觸覺刺激 我們通常認為，影響同類動物食物喜好的主要因素是食物的味道和氣味，而忽視了觸覺刺激對於他們的重要性，比如食物研磨的形狀、質地以及黏性。觸覺刺激是動物在其口中對於食物物理特性認知的反應。「口感」通常被用來描述這種感覺。這種食物的特性在寵物感受的食品的美味中起到了非常重要的作用。對於貓和犬而言，他們更喜好的食物很大程度上取決於牙齒和口腔裡軟組織的敏感性以及分泌唾液的相互影響。食物消耗的難易程度和食物的形狀對於觸覺刺激和食物喜好都被認為是有重要的意義。就貓而言，牙齒在動物是否接受食物上的作用更明顯。貓與犬的牙齒不同。貓有專門食肉的齒系，代替了一般動物撕碎肉食的前臼齒。由於缺乏臼齒，貓不能磨碎食物。貓可以消耗硬質的粗製寵物食品，但是牠們不能充分磨碎食物。貓的牙齒說明了為什麼貓對於罐裝和半溼食品的強烈喜好。掌握了牙齒的情況以後，人們在設計開發寵物食品時就知道了從動物整體出發的重要性。

另外，關於觸覺刺激的一個方面是食物的形狀和結合程度，這點在貓科動物尤為明顯。貓喜歡在一次進食時吃掉一小塊食物，因而貓可以採食類似於星形這樣的不規則塊狀食物。貓對於食物形狀的特別喜好更多的是由於牙齒和咀嚼的原因，而不是其他原因。

食物的結合程度是貓糧適口性的另外一個重要屬性。任何過分刺激貓敏感的口腔組織的東西都會對食物的適口性產生負面影響。總之，食物的接觸屬性在其美味性上起重要的作用。

3. 行為因素 寵物行為影響寵物選擇食物的決定因素包括生物學/遺傳學因素、區域因素、個體之間的差異。生物學/遺傳學方面的因素包含寵物的生理狀態及認知食物的能力。食物的喜好可能是由於先天遺傳體質差，而後又由於生存經驗而改變的結果。地區和文化的差異也可以影響寵物主人飼餵的食物類別。

寵物喜愛的美味食物，也可能因為他們的主人完全不會接受而不會成為其食物的組成部分。雖然不是直接由於動物本身的反應，但是地區差異會直接影響動物所接受的食物，因此我們必須考慮這個因素。寵物個體選擇食物的關鍵因素包括恐懼感、條件性的厭惡和好奇。

（三）寵物保健食品的適口性評價

適口性是寵物進食時產生的一種感覺，所以必須透過一些客觀性的試驗方法來衡量寵物食品的適口性。適口性測試是將寵物食品推進寵物市場的重要一環，而且測試方法和測試數據的處理方法對測試結果有重要影響；同樣在選擇適口性測試時要盡可能避免外界因素干擾，保證測試客觀、公正。影響動物適口性的因素有很多，比如食物總量、進食時間、進食環境等。適口性測試方法多種多樣，總結起來可以分為非攝食測試和攝食測試兩類。非攝食測試主要是透過一些特定儀器來判斷研究寵物食品的適口性，雖然非攝食測試可以取得一些研究成果，但是在實際測試中實行起來比較難。攝食測試是目前常用的一種方法，常見的攝食測試方法主要有單盆法和雙盆法。

1. 單盆法 大多採用犬貓實驗。實驗場所主要是家中或犬貓舍中。寵物食品廠商根據客戶提出的要求採取交叉單盆實驗。採用單盆法可以適用於任何品種的寵物，測試者隨機選取兩組相同的實驗動物，第一組動物餵A保健食品糧，另外一組餵B糧，每天餵食一餐連續餵上一段時間，之後兩組動物交換口糧採用同樣的方法餵養相同的時間。透過飼養寵物定量食物，計算初始量和剩餘量差值的一種方法。通常採用這種方法需要進行多次餵養並重複實驗幾天（不少於5d），另外，單盆實驗提供的食物不能超過寵物每日所需的攝取量（即不超過10%），如果過度餵養也會導致寵物大量進食，影響測試結果。單盆法是在不同的時間段給寵物不同的食品，如第一組動物在前5d每天飼餵1次食物A，在接下來的5d每天飼餵1次食物B；第二組動物的飼餵順序正好相反——前5d飼餵食物B，後5d飼餵食物A。將兩種食物的平均消費量進行比較，如果有明顯的差距，就可以認為兩種食物的適口性或可接受程度不同，也可以透過計算採食量低於一定量的動物的比例來做出推論。

2. 雙盆法 是目前比較流行的適口性測試方法，在兩個相同的盤子裡放入不同的寵物食品，放在寵物面前讓寵物自由選擇，這兩種寵物食品的適口性差別就能很明顯體現出來。但在進行雙盆法實驗室，我們要盡可能保證寵物不能受到外界或人為干擾。另外，測試時間盡可能選擇在寵物禁食一夜後的早上進行，試驗階段也需要交換左右盆，減少動物對方向的偏好誤差。寵物食品的適口性不是食物固有的特性，而是動物選擇一種食物而不選擇另一種食物的趨向性。雙盆法是目前使用最普遍的方法。每個食盆中裝了不同的食物，同時放在動物面前一定時間。犬通常有20～60min接觸碗，而貓卻有2～24h。在雙盆法中，動物處於自由選擇環境中，寵物可以同時吃到兩種食物，可以根據自己的喜好自由地選擇吃何種食物，兩種食物在相對採食量上的不同被看作是證明寵物對消耗量較多的那種食物有潛在偏愛的證據。同時應該確保相對消耗量的不同，是由於動物對食物的偏愛而不是其他原因。

在完成試驗之後，需要記錄的、計算的指標有攝食率（IR）、消耗率（CR）和先接近。攝食率是指一種試餵糧的攝食量除以兩種對比樣的攝食量之和，計算公式為：$IR(A)=A/A+B$；消耗率是指一種食物的攝食量除以對比樣的攝食量，計算公式為：$CR(A)=A/B$；以上兩個指標與總攝食量有關，總的攝食量會受到一些外部因素的影響，例如天氣、動物情緒等，好在這些外部因素是同時對兩個樣品的攝食量產生影響。該方法是最符合邏輯、最實用的一種評價方法。

3. 槓桿試驗　此試驗主要是用來評估不同食物對犬的吸引偏好，採用此法需要透過額外的儀器及測試系統。另外一個版本就是要求動物透過按下槓桿來獲取食物。此方法要對犬進行長時間的強化訓練，得出和雙碗試驗相似的結果，但不能完全保證得到雙碗試驗的準確眞實效果。

4. 認知能力評估協議試驗　進行此試驗需要同時給寵物提供3種測試食物選擇：食物A、食物B及對照食物，寵物自主選擇一種食物，此方法不需要模擬出眞實環境。另外，此方法僅限於差異明顯的食物，並要求寵物犬具有較高的認知能力。採用此法時需要犬的數量品種少於雙碗試驗，犬的進食偏好不受飽腹感和消化回饋的影響，採用此法可以為動物的適口性評估提供重要的參考依據。

在適口性測試時還必須考慮以下因素：測試時寵物的飽食程度，不同盆中提供的食物數量，整個測試持續的時間。如果在測驗開始的時候，寵物處於極度飢餓狀態，兩種食物的相對採食量將會趨於一致。因為在高度飢餓的情況下，控制動物行為的意識是「填飽肚子」而不是「吃更好吃的那種食物」。同樣地，如果在測驗開始的時候，寵物處於高度飽食狀態，測試時動物對兩種食物的適口性都不關心。寵物這種不充分採食的行為，就將食物偏愛這一可靠的推論預先排除掉了。實際上得不到穩定數據的原因就是測驗中動物沒有充分採食。

在寵物食品日益增多的今天，經過市場和寵物愛好者的長期篩選，只有適口性好的食品才能占有市場，因此目前市場上寵物食品都是適口性好、受寵物歡迎的，寵物主人則應該考慮其他影響食品品質的因素，使自己的寵物獲得全面而均衡的營養。適口性不能取代食品的營養指標。

二 建立寵物保健食品的品質控制體系

寵物保健食品生產企業應建立產品良好生產規範（GMP），在保健食品的生產、銷售、包裝、儲存及運輸等過程中對有關人員的配置，建築與設施、設備等的設置，以及衛生和最終產品品質等管理均能符合良好生產規範，防止保健食品在不衛生或可能受到汙染而導致保健食品品質受到影響的環境條件下生產，以減少保健食品汙染及中毒事故的發生，確保保健食品安全衛生和品質穩定。

（一）控制源頭產品品質

寵物保健食品的原料十分廣泛，既有來源於陸生動植物的，也有來源於海洋生物以及礦物質的，不僅原料來源複雜，而且原料的品質也缺乏嚴格的品質標準。因此，原料來源的不可控制性給寵物保健食品的安全增添了諸多危險因素。保健食品的安全性主要是依賴於原料組成的安全性，從某種意義上說，原料的安全性得到了切實保障，是生產出安全性保健食品的前提條件。各寵物保健食品生產企業應建立研發機構或與大學科研院所等研究機構建立合作研究平臺，篩選無汙染、無毒副作用的食品原料，透過動物急性毒性試驗和成組體外試驗證實無毒副作用。從源頭確保保健食品原料的安全性。

寵物保健食品生產企業應當建立可靠的產品品質可追溯體系，出廠產品的衛生指標應達到寵物食品飼料國家衛生標準。為此，寵物保健食品生產企業可借鑑危害分析與關鍵控制點（hazard analysis and critical control point，HACCP）品質預防管理。從原料採購開始，設定品質和衛生要求，建立合格供方產品檔案。保證進廠的每個批次原料和生產流程的各個環節都有監控記錄，及時發現和排除可能存在的品質隱患，不斷規範和優化生產工藝，從而降低微生物負載水準，實現從源頭控制產品品質，將不合格的原材料拒之門外，根除不衛生的操作習慣。

（二）建立寵物保健食品生產過程的品質控制體系

寵物保健食品生產過程品質控制同食品生產，首先落實食品良好生產規範（GMP），即在食品生產安全過程中，保證食品具有高度安全性的良好生產管理體系。HACCP體系是對可能發生在食品加工過程中的食品安全危害進行辨識、評估，進而採取控制的一種預防性食品安全控制方法，透過對加工過程監視和控制，從而降低危害發生的機率。HACCP體系是迄今為止最有效、最科學、最現代化的食品安全生產管理系統，被廣泛接受，幫助企業有效控制食品安全危害，提高食品安全的整體水準。

（三）改進產品包裝，優化運輸流程

生產企業應綜合考慮產品最小包裝和集裝箱尺寸，設計產品箱規格，既要便於裝載運輸，又能提高保質效率。內包裝材料選擇不但要滿足拉伸強度，而且達到密封性能要求。合理安排出運計劃，高效利用時間和空間。實踐證明，採用電子監控，即時查詢各周轉環節存貨狀況，是減少貨物積壓、及時裝櫃出運、補充缺貨產品、縮短交貨週期的有效辦法。

（四）健全寵物食品進出口標準，完善品質標準體系

三聚氰胺問題出現後，美國對中國寵物食品實行召回制，歐盟委員會發布委員會法規（EC399/2008）增加關於特定加工寵物食品的要求，日本政府發布《寵物食品安全法執行條例草案》。

（五）改善倉儲條件，規範產品管理

寵物保健食品本身就是動物愛吃的食物，容易受到其他小動物的侵害。寵物保健食品倉儲應滿足以下基本條件：足夠的產品儲存和周轉空間，未處理產品、已處理產品和不合格產品隔離分區，通風良好，光線柔和明亮，防潮防溼。寵物食品倉儲要採取有效的防鼠、防蟲、防鳥雀等措施，如電子防鼠器、擋鼠板等，杜絕這些動物進入倉庫。

三 建立健全寵物保健食品的監管體系

寵物保健食品仍然是寵物食品的一個種類，具有一般寵物食品的共性，含有一定量的功效成分，能調節寵物的機能，適於特定寵物食用，但不能治療疾病。對於生理機能正常的寵物，可以維護健康或預防某種疾病的發生，此時的保健食品是一種營養補充劑。對於生理機能異常的寵物，保健食品可以調節某種生理機能，強化免疫系統，預防生理機能異常的發展。寵物保健食品具有兩大特性，即安全性和功能性，對寵物不產生任何急性、亞急性或慢性危害；對特定人群具有一定的調節作用，不能治療疾病，不能取代藥物對寵物的治療作用。

建立健全寵物保健食品安全長效監管機制，完善寵物食品安全政策法規和監管體系、標準體系、檢驗檢測體系和信用體系，使寵物保健食品生產及經營企業的安全主體責任真正落實。當前，許多監測機構都是以檢測結果為主來判定產品合格與否，忽略了前述其他問題。如寵物保健食品生產企業是否規範、體系是否健全等，這些問題是導致食品安全問題的重要因素，是生產安全產品的基礎，沒有了基礎與保障，只從檢測中發現問題遠不足以實現寵物保健食品安全，畢竟檢測項目和覆蓋範圍是非常有限的。

（一）規範寵物保健食品的命名

現如今市場上的寵物保健食品逐漸受到寵物主人的青睞。各種保健作用的寵物保健食品種類繁多，「花式」命名讓人眼花撩亂，不少帶著「減肥」、「補血」等字樣，似乎「神奇」功效堪比藥物。國家相關監管部分應對寵物保健食品實施嚴格監管，避免因保健食品名稱中含有表述產品功能相關文字而誤導消費者，保護寵物健康。此外，對含有表述產品功能相關文字命名的寵物保健食品應該限制；已註冊的名稱中含有表述產品功能相關文字的保健食品，申請人應當申請變更；不得生產名稱中含有表述產品功能相關文字的保健食品。寵物保健食監管部門應加大寵物保健食品的監管力度，從「取名字」這一關就開始嚴加規範。「食」、「藥」不能混為一談。

（二）加強寵物保健食品的認知教育

隨著人們生活水準的提高，人們對待寵物的食品也開始注重營養化、品質化，越來越多的寵物食品生廠商瞄準商機，開始製作能夠為寵物提供健康化的寵物保健食品。伴隨而來的是大量寵物保健食品進入尋常百姓家。由於對保健食品這一新生事物存在種種認識誤區，寵物保健食品不保健甚至危害身體的現象時有發生。因此，正確認知寵物保健食品至關重要。對保健食品的認識誤區：①將寵物保健食品當作寵物食品。把寵物保健食品當主糧給寵物吃，以為吃保健食品就能夠完全補充寵物所需的營養。實際上，這對身體十分不利。因為某些寵物保健食品只有強化或改善某一種功能的效果，卻不能成為提供身體物質營養和能量的根本來源。寵物需要攝取足夠的營養和能量，主要來自於平常的主糧，以上做法從長遠看對健康是不利的。②將寵物保健食品當成靈丹妙藥。有些寵物主人對寵物的保健意識非常強，寵物偶有不適甚至在沒病的情況下也希望透過服用保健食品加強營養、提高防病能力，認為寵物保健食品包治百病，就以保健食品代替藥品。實際上，保健食品只能預防和調節機體的亞健康狀態，是以預防為主而不以治療為目的的產品。

（三）制定寵物保健食品的相關法律、法規及章程

歐盟的寵物營養補充劑（保健食品）法規符合美國飼料管制協會（AAFCO）的寵物營養標準。歐盟地區的法規非常完善，從寵物食品、特定用途的補充劑以及藥品都有詳細的規定，歐盟的寵物食品生產被分為三類產品進行監管：動物來源的材料、非動物來源的材料和添加劑。其製造商必須經過其產品所在國家的特定主管部門的註冊或批准。《食品法》以及《飼料衛生要求》這兩項相關法律規定了寵物飼料、食品的基本原則。歐盟各成員國執行得也比較嚴格。美國食品藥品監督管理局（Food and Drug Administration，FDA）負責管理寵物食品的生產以及監管食品包裝的一般標籤要求。一些州還使用AAFCO提出的標準，在州一級對寵物食品的標籤進行規範。這裡需要注意的是，AAFCO並沒有監督生產的實際權力，通常是與FDA和美國農業部（USDA）合作，制定寵物食品配方必須遵守的營養要求。AAFCO規定除處方食品和零食外的寵物食品標籤還必須有營養充分性聲明，且同時必須指出一個方法來加以證實。日本農林水產省2009年正式實施《寵物食品安全法》，寵物飼料法規均是透過制定寵物食品生產、標籤、汙染物限量等標準，用以規範寵物飼料的加工、生產、銷售以及進出口管理，從而達到保障寵物食品安全和保障寵物健康、動物福利的目的。

參考文獻

貝君，孫利，楊洋，等，2019．2018年歐盟食品飼料快速預警系統通報［J］.食品安全質量檢測學報，10（14）：4781-4787.

伯伊德，2007．犬貓臨床解剖彩色圖譜［M］．北京：中國農業大學出版社.

蔡錦源，張鵬，張英，等，2014．功能性低聚糖提取純化技術的研究進展［J］．糧食科技與經濟，39（6）：59-61.

曹峻嶺，2012．蛋白聚糖與軟骨結構、功能及骨關節病的關係［J］．西安交通大學學報（醫學版），33（2）：131-136.

陳江楠，許佳，夏兆飛，2020．犬貓營養學［M］．濟南：山東科學技術出版社.

陳沛林，張立國，孟斌 2014．尿路結石與尿路感染的相關性研究［J］.中華流行病學雜誌 35（5）：3.

陳世奧，2019．新經濟增長：寵物經濟的崛起及未來的發展趨勢淺析［J］．現代商業（2）：35-36.

陳思含，2019．淺談新時代背景下的寵物經濟發展［J］．知識經濟（1）：79，81.

陳彥婕，唐嘉誠，宮萱，等，2021．魚油提取、多不飽和脂肪酸富集及EPA和DHA的應用研究進展［J］．食品與機械，37（11）：205-210，220.

丁衛軍，楚占營，2016．天然產物活性多糖提取純化技術進展［J］．生命科學儀器，14（12）：20-24.

董琛琳，劉娜，王園，等，2021．植物多糖的抗氧化損傷作用及其在動物生產中應用的研究進展［J］．飼料研究（14）：145-148.

董忠泉，2021．寵物食品和營養素補充劑未來發展趨勢前瞻［J］．中外食品工業（15）：185-186.

董忠泉，2021．中國寵物保健品的現狀及發展前景［J］．品牌研究（22）：27-29，33.

董忠泉，2022．益生菌在寵物飼養中的應用［J］．中國畜禽種業（1）：62-63.

杜鵬，2018．寵物犬皮膚病病因分析與防治［J］．中獸醫學雜誌（7）：60.

符華林，2006．關於對動物中藥保健品開發的思考［J］．牧業論壇（4）：16-18.

高宗穎，蘇麗，袁麗，等，2011．多不飽和脂肪酸的應用［J］．農業工程技術：農產品加工業（2）：39-41.

管言，2016．中國寵物飼養現狀及其保健品的發展機遇［J］．中國動物保健，18（11）：78-79.

黃磊，陳君石，2017．益生菌和益生元對腸道健康的雙效作用［J］．食品工業科技，38（4）：40-41.

黃榮春，羅佩先，劉玲伶，等，2021．中國寵物保健品的現狀及發展前景［J］．獸醫導刊（7）：82-83.

李宏，王文祥，2019．保健食品安全與功能性評價［M］．北京：中國醫藥科技出版社.

李婭，趙子軼，2008．淺析中國寵物食品行業發展機遇與挑戰［J］．廣西畜牧獸醫，24（2）：127-128.

廖品鳳，楊康，張黎夢，等，2020．寵物營養研究進展［J］．廣東畜牧獸醫科技，45（3）：11-14.

劉公言，劉策，白莉雅，等，2021．飼料添加劑對寵物被毛健康影響的研究進展［J］．飼料研究（10）：146-149.

劉吉忠，2016．寵物疾病防控中藥效營養物質的應用研究［J］．中國動物保健（7）：64-65.

劉艷容，高瑞峰，楊佳瑋，等，2019．2018年歐盟RASFF 通報中國輸歐食品安全問題分析［J］.食品安全質量檢測學報，10（24））：8562–8569.
劉茵，顏耀東，張娟，等，2013．氨基葡萄糖、硫酸軟骨素與膠原蛋白治療骨關節炎的研究進展［J］．慢性病學雜誌，14（12）：919–921.
陸江，朱道仙，盧鵬飛，等，2019．補餵複合益生菌製劑對幼犬生長性能、腸道動力及腸道屏障功能的影響［J］．動物營養學報，31（9）：4242–4250.
馬峰，周啟升，劉守梅，等，2022．功能性寵物食品發展概述［J］．中國畜牧業（10）：123–124.
馬海樂，2020．食品色彩化學［M］．北京：中國輕工業出版社.
馬媛，王德純，李慶，等，2011．益生菌在寵物食品中的應用研究［J］．西華大學學報（自然科學版），30（1）：103–106.
毛愛鵬，孫皓然，張海華，等，2022．益生菌、益生元、合生元與犬貓腸道健康的研究進展［J］．動物營養學報，34（4）：2140–2147.
聶姍姍，強鵬濤，于文，2019．寵物行業市場概況和寵物清潔用品現狀［J］．中國洗滌用品工業（8）：23–27.
秦超，布艾傑爾·吾布力卡斯木，呂秀娟，等，2021．2012—2020年歐盟食品和飼料快速預警系統中飼料通報分析［J］．食品安全質量檢測學報，（16）：6628–6635.
孫姝，于闖，劉麗瓊，等，2014．寵物犬貓的口腔疾病及洗牙［J］．吉林畜牧獸醫，35（3）：60–61.
田維鵬，陳金發，劉耀慶，等，2021．犬常見潔齒類產品的分類［J］．中國動物保健（10）：100–104.
王金全，呂宗浩，劉傑，等，2017．寵物食品適口性驗證方法的改進［C］．太原：第17次全國犬業科技學術研討會.
王君岩，黃健，2018．功能性低聚糖在犬飼料中應用研究進展［J］．家畜生態學報，39（6）：74–78，96.
王振宇，孔子浩，孔令華，等，2017．天然多酚提取、分離及鑒定方法的研究進展［J］．保鮮與加工，174（4）：113–120.
吳洪號，張慧，賈佳，等，2021．功能性多不飽和脂肪酸的生理功能及應用研究進展［J］．中國食品添加劑（8）：134–140.
徐林楚，馮富強．2020．犬貓尿石症病因分析及防治［J］．浙江畜牧獸醫，45（5）：34–36.
徐燕，譚熙蕾，周才瓊，2021．膳食纖維的組成、改性及其功能特性研究［J］．食品研究與開發，42（23）：211–218.
嚴毅梅，2017．寵物犬和貓的功能性食品的營養［J］．中國飼料添加劑（10）：35–41.
楊美蘭，呂瓊芬，濇元春，等，2021．加強飼料質量安全監測工作的措施探討［J］.畜禽業，32（10）：68–69.
楊文盛，張軍東，劉璐，等，2020．不同來源蛋白質提取分離技術的研究進展［J］．中國藥學雜誌，55（11）：861–866.
張德華，鄧輝，喬德亮，2015．植物多糖抗氧化體外實驗方法研究進展［J］．天然產物研究與開發，27（4）：747–751.
張麗，2016．兩種低聚果糖理化特性及對益生菌作用的研究［D］．天津：天津科技大學.
張沙，鄧聖庭，方成堃，等，2022．植物甾醇的性質、生理功能及其在動物生產中的應用研究［J］．湖南飼料（1）：43–48.
張怡，逯茂洋，2018．口腔菌群與口腔疾病的關係的研究進展［J］．世界最新醫學信息文摘，18（80）：99–100.

趙麗，李倩朱，丹實，等，2014．膳食纖維的研究現狀與展望［J］．食品與發酵科技，50（5）：76-86.
周佳，2018．中國寵物保健品的現狀及發展前景［J］．廣東畜牧獸醫科技，43（5）：16-18.
周其琛，2018．預防寵物犬、貓肥胖症和糖尿病的新方法［J］．今日畜牧獸醫，34（2）：28-29.
Abdallah MM, Fernándeza N, Matiasa AA．2020．Hyaluronic acid and Chondroitin sulfate from marine and terrestrial sources: Extraction and purification methods［J］. Carbohydrate Polymers（243）: 116441．https://doi.org/10.1016/j．carbpol.2020.116441.
Adolphe JL, Dew MD, Silver TI, et al．2015．Effect of anextruded pea or rice diet on postprandial insulin andcardiovascular responses in dogs［J］. Journal of Animal Physiology and Animal Nutrition, 99 (4) : 767-776.
Alexander P, Berri A, Moran D, et al．2021．The global environmental paw print of pet food, Global Environmental Change: Human and Policy Dimensions［J］. Butterworth Heinemann, 65: DOI: 0959-3780 (2020) 65 <TGEPPO>2.0．TX；2-I.
Bartges J, Kushner RF, Michel KE, et.al.2017．One Health Solutions to Obesity in People and Their Pets［J］. Journal of Comparative Pathology（154）: 326-333.
Bastos T, Lima DCD, Souza CMM, et al．2020．Bacillus subtilis and Bacillus licheniformis reduce faecal protein catabolites concentration and odour in dogs［J］. BMC Veterinary Resesearch, 16 (1)：116-124.
Buffington CA, Blaisdell JL, Komatsu Y．1990．Effect of diet on struvite activity product in feline urine［J］. American Journal of Veterinary Research, 55 (7) : 972-975.
Case LP，陳江楠，許佳，等主編．2020．犬貓營養學［M］．濟南：山東科學技術出版社.
Cerboa AD, Morales-Medina JC, Palmieric B, et al．2017．Tommaso Iannitti．Functional foods in pet nutrition: Focus on dogs and cats［J］. Research in Veterinary Science（112）: 161-166.
Chan CH, Yusoff, R, Ngoh GC, et al．2011．Microwave-assisted extractions of active ingredients from plants［J］. Journal of Chromatography（1218）: 6213-6225.
Chen XX, Yang J, Shen MY, et al．2022．tructure, function and advance application of microwave-treated polysaccharide: A review［J］. Trends in Food Science & Technology（123）: 198-209.
Churchill JA., Eirmann L．2021．Senior Pet Nutrition and Management［J］. Veterinary Clinics of North America: Small Animal Practice（51）: 635-651.
Farber DL, Netea MG, Radbruch A, et al．2016．Immunological memory: lessons from the past and a look to the future［J］. nature reviews immunology（16）: 124-128.
Ferenbach DA．Bonventre JV．2016．Kidney tubules: intertubular, vascular, and glomerular cross-talk［J］. Current Opinion in Nephrology & Hypertension, 25 (3) : 194-202.
German AJ．2006．The Growing Problem of Obesity in Dogs and Cats［J］. The Journal of Nutrition, 136 (7) : 1940-1946.
Gill I, Valivety R．1997．Polyunsaturated fatty acids, part 1: Occurrence, biological activities and applications［J］. Trends in Biotechnology, 15 (10) : 401-409.
Harris S, Croft J, O」Flynn C, et al．2016．A Pyrosequencing Investigation of Differences in the Feline Subgingival Microbiota in Health, Gingivitis and Mild Periodontitis［J］. Advances in Small Animal Medicine and Surgery（29）: 4-5.
Leri M, Sxuto M, Ontario ML, et al．2020．Healthy Effects of Plant Polyphenols: Molecular Mechanisms［J］.

International Journal of Molecular Sciences, 21 (4) : 1250; DOI: https://doi.org/10.3390/ijms21041250.

Liu SX, Li ZH, Yu B, et al · 2020 · Recent advances on protein separation and purification methods [J] . Advances in Colloid and Interface Science8September (284) : 1-20.

Maity P, Sen IK, Chakraborty I, et al · 2021 · Biologically active polysaccharide from edible mushrooms: A review [J] . International Journal of Biological Macromolecules (172) : 408-417.

Masuoka H, Shimada K, Kiyosue-yasudat, et al · 2017 · Transition of the intestinal microbiota of dogs with age [J] . Bioscience of Microbiota, Food and Health, 36 (1) : 27-31.

Mcknight LL, Eyre R, Gooding MA, et al · 2015 · Dietarymannoheptulose increases fasting serum glucagon like peptide-1and post-prandial serum ghrelin concentrations in adult beagledogs [J] . Animals (Base) , 5 (02) : 442-454.

Mishra S, Ganguli M · 2021 · Functions of, and replenishment strategies for, chondroitin sulfate in the human body [J] . Drug Discovery Today4February (26) : 1185-1199.

Picariello G, Mamone G, Nitride C, et al · 2013 · Protein digestomics: Integrated platforms to study food-protein digestion and derived functional and active peptides [J].Trends in Analytical Chemistry (52) : 120-134.

Praveen MA, Karthika Parvathy KR · Jayabalan R · 2019 · An overview of extraction and purification techniques of seaweed dietary fibers for immunomodulation on gut microbiota [J] . Trends in Food Science & Technology (92) : 46-64.

Qin DY, Xi J · 2021 · Flash extraction: An ultra-rapid technique for acquiring bioactive compounds from plant materials [J] . Trends in Food Science & Technology (112) : 581-591.

Sánchez-Camargo AP, Herrero M · 2017 · Rosemary (Rosmarinus officinalis) as a functional ingredient: recent scientific evidence [J] . Current Opinion in Food Science (14) : 13-19.

Sun JC, Dong SJ, Li JY, et al · 2022 · comprehensive review on the effects of green tea and its components on the immune function [J] . Food Science and Human Wellness (11) : 143-1155.

Thompson A · 2008 · Ingredients: Where Pet Food Starts [J] . Topics in Companion Animal Medicine, 3 (3) : 127-132.

Vinatoru M · MasonI TJ, Calinescu I · 2017 · Ultrasonically assisted extraction (UAE) and microwave assisted extraction (MAE) of functional compounds from plant materials [J] . TrAC Trends in Analytical Chemistry (97) : 159-178.

Wang G, Huang S, Wang Y, et al · 2019 · Bridging intestinal immunity and gut microbiota by metabolites[J]. Cellular and Molecular Life Sciences, 76 (20) : 3917-3937.

Wang H, Wang CP, Cheng Y, et al · 2020 · Natural polyphenols in drug delivery systems: Current status and future challenges [J] . Giant (3) : 100022 · https://doi.org/10.1016/j.giant.2020.100022.

Wen CT, Zhang JX, Zhang HH, et al · 2018 · Advances in ultrasound assisted extraction of bioactive compounds from cash crops-A review [J] . Ultrasonics Sonochemistry (48) : 538-549.

Wen CT, Zhang JX, Zhang HH, et al · 2020 · Plant protein-derived antioxidant peptides: Isolation, identification, mechanism of action and application in food systems: A review [J] . Trends in Food Science & Technology (105) : 308–322.

Xu H, Huang W, Hou Q, et al · 2019 · Oral administration of compound probiotics improved canine feed

intake, weight gain, immunity and intestinal microbiota［J］. Frontiers in Immunology (10) : 666–673.
Zhang C, Lyu XM, Arshad RN, et al · 2023 · Pulsed electric field as a promising technology for solid foods processing: A review［J］. Food Chemistry (403) : 134367 · https://doi.org/10.1016/j.foodchem.2022.
Zhang JX, Wen CT, Zhang HH, et al · 2020 · Recent advances in the extraction of bioactive compounds with subcritical water: A review［J］. Trends in Food Science & Technology (95) : 183–195.

第五章

寵物處方食品

寵物處方食品，顧名思義，這種寵物食品既具有輔助治療疾病的處方功能，又具有一般食品的營養功能，也就是以控制營養的方式來管理疾病。寵物處方食品是重要的輔助和補充治療手段，以滿足寵物在疾病治療過程中所需的營養物質為基礎，維持和調理寵物康復所需的營養和需求，能有效地配合寵物醫生醫治寵物疾病。

第一節 寵物處方食品概述

一 寵物處方食品的起源與意義

1943年，Mark Morris為了治療一隻患腎衰竭的導盲犬Buddy，研究了一種特殊的食物，解決了Buddy的醫療問題。這是首次有人以控制營養的方式來管理疾病，從此逐漸發展形成了目前寵物臨床應用的處方食品。

在某些特殊情況下，一些寵物例如有心臟病、腎臟病、肝病、肥胖、糖尿病等疾病或術後複原等，需要特別的處方食品才能幫助牠們盡早康復並延長壽命（邵洪俠等，2012）。動物生過重病或受了重傷後，身體免疫機能均大受影響，進而影響寵物康復的能力。最容易觀察到的就是寵物在生病或受傷後沒有食慾，肌肉組織變得鬆垮，器官功能減退。在患病寵物的恢復期內，除了藥物與傷口的照顧外，適當的飲食也會影響寵物的康復速度。因此，寵物處方食品在臨床上具有協調、輔助、補充治療和恢復健康的特殊意義。

寵物處方食品是寵物藥劑之外的輔助食物，歐美等已開發國家的寵物處方食品市場認可度較高。自1940年美國成立最早的寵物營養組織國家研究委員會（Nutritional

Research Committee，NRC）以來，歐美對於寵物處方食品的研究和使用迅速發展，目前，已擁有如NRC、AAFCO和FEDIAF等專門的組織機構，並且NRC於1974年制定了全球第一部關於寵物營養的指導性文件。相比之下，中國寵物處方食品行業起步較晚，其市場滲透率較低（陳瑩，2014）。寵物處方食品是一類特殊配方食品，近年來，隨著寵物食品不斷向多元化、功能化、健康化等方向發展，以及行業生產標準化力度加強，寵物處方食品在寵物食品市場所占的比例不斷提升，寵物處方食品將成為寵物食品市場升級的主要趨勢（宋琳等，2021）。目前，受市場前景吸引，越來越多的企業參與布局寵物處方食品市場，例如皇家、希爾思、比瑞吉、發育寶、漢優寵物以及冠能寵物等企業。整體來看，寵物處方食品市場由外資企業占據主導地位，產品國產替代空間較大。

二 寵物處方食品的定義

寵物處方食品，也稱為特殊配方飼料、處方飼料、處方糧、保健飼料等，是指在寵物的各種疾病治療過程中，控制營養，透過營養進行調控疾病的寵物食品。寵物處方食品是針對寵物健康問題而進行特殊營養設計的寵物食品，需要在執業獸醫師指導下使用，包括全價處方寵物食品和補充性處方寵物食品。該標準明確寵物處方食品不能單獨作為藥物用來治療寵物的疾病，只是在疾病的醫治過程中起到配合寵物康復的作用，需配合專業的獸醫師指導，專方專用。目前，寵物處方食品僅在一些特定的寵物店和多數寵物醫院銷售，不能由寵物主人自行購買用來在家治療或預防，防止危險發生。比如貓同時患了腎病和心臟病，這時就需要選用多功能寵物處方食品或由寵物臨床營養師根據科學配比研製的自製寵物處方食品。

三 寵物處方食品的功能

寵物處方食品是寵物醫生或動物營養師，根據寵物的具體病情、營養狀況，所搭配的具有一定輔助治療作用的膳食（鍾健敏，2018）。寵物處方食品並不是簡單地將藥物與食品混合，而是把治療與食物連繫在一起，針對不同的病情，設計不同的食品。按照專門科學的配方，以滿足寵物特定的健康需要。寵物處方食品的主要功能包括以下幾個方面。

（一）減少疾病導致的機體負擔

飼餵處方食品時，要誘導寵物進食，一次量不宜過多，僅夠兩口吃完的就好，必要時可將處方食品加熱至體溫。此時使用一些寵物處方食品可以減少疾病導致的機體負擔，幫助牠們盡早康復並延長壽命。如患肝病的犬，服用肝病處方食品之後，需要肝臟進行代謝的物質減少，從而降低了肝臟的負擔，幫助肝臟休養生息。

（二）減少藥物的副作用

患有心臟病、肝病、糖尿病等疾病的寵物，需要服用大量的藥物才能控制疾病的進程，而藥物往往會帶來一些副作用，此時使用處方食品進行食物調節，可以減少用藥量。即使許多寵物處方食品需要長期餵食，也不用擔心「是藥三分毒」的副作用。比如為了防止泌尿道結石的復發、防止食物過敏引起的長期軟便和皮膚瘙癢，就需要分別遵照醫囑使用泌尿道系列和低致敏系列的處方食品。如患糖尿病的犬，使用含中量或高量纖維素的處方食品，有助於維持犬的血糖水準。

（三）縮短治癒時間

臨床上對患病寵物進行藥物或手術治療的同時，配合使用處方食品加快康復的病例很多。因為寵物處方食品可以幫助控制疾病，醫生才有機會對寵物的身體狀況進行綜合調整，縮短治癒時間。

（四）控制或延緩復發情況

某些疾病在治癒後，若飲食調理不當，復發的機率非常高，寵物處方食品能有效地降低復發率，延長復發時間（Kato等，2012）。例如，患有尿結石的犬，手術後都可能快速復發，而根據尿結石形成原理配製的泌尿道處方食品，在滿足營養需求的前提下，調整了特定結石形成所需必要條件的營養成分，降低了結石形成的風險。

（五）延緩病情發展

對於某些不可逆的慢性疾病，如慢性腎衰等，使用處方食品可以延緩腎衰竭的進程，從而延長寵物的壽命。此外，並不是所有的處方食品都適合長期使用，需要定期讓寵物接受獸醫師的檢查和評估，在獸醫師的指導下科學使用處方食品。

第二節　寵物處方食品的分類

寵物處方食品的種類很多，本章節分別從適應證、處方食品特點和飼餵注意事項三個方面介紹14種處方食品，分別包括低致敏處方食品、疾病恢復期處方食品、腸道疾病處方食品、減肥處方食品、糖尿病處方食品、心臟病處方食品、腎臟病處方食品、肝病處方食品、甲狀腺病處方食品、泌尿系統病處方食品、骨關節病處方食品、易消化處方食品、皮膚瘙癢處方食品和結紮小型成犬處方食品。

一 低致敏處方食品

在為寵物提供有營養的飲食時，這些食物中的某些物質可能引發過敏反應，導致難以診斷的胃腸或皮膚問題。食物過敏是要透過食物排除來確診，即透過血液檢查和皮膚試驗找到可疑抗原，再透過食物排除試驗查明過敏原。食物排除試驗通常包括3個步驟。①排除期：將所有可能導致過敏症狀的食物從飲食中清除，以觀察過敏症狀是否好轉；②重新引入期：如果經排除期後過敏症狀確實消失，則每隔一段時間重新加入一種被清除的食物，觀察其是否引發過敏症狀；③雙盲法激發期：設計雙盲實驗，用可疑食物激發，這是為了獲得研究的可信度，以證實前兩期得到的結果是否可信。

食物過敏的臨床症狀主要體現在皮膚或消化道的相關症狀。一般情況下，免疫系統會保護寵物抵抗外來病原體，如病毒和細菌，大多數寵物食品含完整蛋白質，如牛肉、魚肉和羊肉中的蛋白質，蛋白質分子有大有小。出現食物過敏時，免疫系統將大分子膳食蛋白誤認為外來有害物質（如病毒和細菌），此時免疫防禦系統響應，觸發過敏反應。最終，過敏反應導致寵物身體不適，如皮膚瘙癢、發紅，也可出現腹瀉或嘔吐（Itoh等，2014）。因此，飼餵低致敏處方食品可以有效降低食物的致敏性，支持皮膚和消化道的健康。

（一）適應證

食物排除試驗；伴有皮膚病症狀和/或胃腸道症狀的食物過敏；食物不耐受；炎性腸道疾病（inflammatory bowel disease，IBD）；胰外分泌功能不全（exocrine pancreatic insufficiency，EPI）；慢性腹瀉；腸道細菌過度繁殖；過敏引起的慢性瘙癢性皮膚病，包括遺傳性過敏性皮炎，主要症狀表現為瘙癢、掉毛並伴隨頻繁的抓耳撓腮繼發細菌或真菌性皮膚病，建議飼餵低致敏處方食品。

（二）處方食品特點

有些寵物對牛肉、乳製品過敏，確定過敏源後禁食致敏的食品；食品中添加毛鱗魚和樹薯粉可減少過敏反應的發生（Itoh等，2018）；二十碳五烯酸和二十二碳六烯酸都是Ω-3長鏈脂肪酸，可以減輕皮膚的炎症反應，並修復動物受損的腸道黏膜；果寡醣（fructooligosaccharide，FOS）與沸石結合有助於平衡胃腸道微生物菌群，同時保護腸黏膜，這種處方食品不含麩質和乳糖；水解後的大豆蛋白是由低分子多肽組成的，易消化，從而減少過敏反應的發生（Olivry和Bizikova，2010）。

（三）注意事項

一旦懷疑食物過敏或食物不耐受，應不經任何食物過渡，立即更換寵物糧；食物過敏可能終生困擾患病寵物並需終生飼餵控制過敏的處方食品。成犬和幼犬都適於飼餵低致敏處方食品；患有胰腺炎或有胰腺炎病史以及高血脂症的禁用；在禁食結束以後，飼餵處方食品期間，只能飼餵處方食品，不能讓犬接觸到所有可能的食物來源，包括玩具、牛皮骨、剩飯剩菜及各種添加劑等。

二 疾病恢復期處方食品

疾病恢復期處方食品，配方專業安全，營養全面均衡，能夠滿足寵物不同疾病恢復期的身體需求（李占占等，2014），是患病寵物恢復期的優質健康搭檔。

（一）適應證

各種疾病引起的厭食、營養不良、飲食困難，手術之後，妊娠期，哺乳期和生長期。這些時期寵物的身體會經歷各種變化，這些變化將影響寵物身體的恢復能力，並且寵物的食慾下降或廢絕。

（二）處方食品特點

疾病恢復期處方食品不僅具有較高的營養成分（優質蛋白質、脂肪和維他命等），有助於機體增強免疫力和抗病力，以及病後寵物的恢復；而且消化率高，適口性強，多為膏狀，包裝成牙膏狀、罐狀或在大注射器中。

（三）注意事項

飼餵持續時間應根據個體差異確定。一般機體恢復正常後，可停止使用，不適用患嚴重胃腸道疾病的寵物。

三 腸道病處方食品

腸道健康是決定寵物良好消化功能的前提條件，而寵物腸道健康不僅體現為其結構與功能的完整，還表現為腸道微生態環境的穩定（Herstad等，2010；Minamoto等，2012；陳寶江等，2020）。與人類食品相似，可在寵物食品中使用的功能性原料，包括各種微量和常量營養素、營養素組合和新原料，以達到改善胃腸道結構和微生物平衡的作用，進而直接或間接改善寵物的消化功能（Hawrelak等，2004；Brambillasca等，2013）。其中，透過提高蛋白質的消化率，減輕消化道負擔，改善大便的狀態，是常見消化道疾病的基礎營養方案之一。

（一）適應證

腹瀉，炎性腸病（IBD），消化不良、吸收不良，結腸炎，康復期，小腸細菌過度生長（small intestinal bacterial overgrowth，SIBO），胰腺外分泌不足（EPI）。主要症狀表現為腹瀉、嘔吐、排便多且呈水樣、營養不良、脫水、體重減輕等。

（二）處方食品特點

含有高度易消化蛋白質、益生元（李紅，2012；Abecia等，2010）、甜菜粕、稻米和魚油，最大限度保證消化安全性；低脂肪含量能改善高血脂症或急性胰腺炎寵物的消化功能；可溶性纖維含量較低，可限制結腸菌群發酵；不可溶性纖維含量較低，可避免能量稀釋並限制因低脂造成的食品適口性下降；具有協同效應的抗氧化複合物能減少氧化壓力並抵抗自由基的侵害。

（三）注意事項

妊娠期、哺乳期禁食。飼餵持續時間應根據胃腸道症狀的嚴重程度不同而變化。

四 減肥處方食品

寵物肥胖會引發許多疾病和並發症，例如糖尿病、肝病、心臟病、過敏、皮膚病等，使機體代謝發生紊亂，從而影響寵物的身體健康。寵物肥胖症正逐漸成為一個全球性日益嚴重的問題（German等，2006；Sandøe等，2014）。隨著寵物生活品質提高，寵物肥胖比例也不斷增加，輕度到中度肥胖的寵物可能不需要用到減肥處方食品，只要做到少吃多動，一般都能達到減肥的效果。但如果寵物體重超標，不愛動還超級貪吃，那就需要飼餵減肥處方食品了（劉鳳華，2020）。低熱量、高纖維的減肥處方糧，能讓寵物更有飽腹感。

（一）適應證

肥胖及胰臟外分泌功能不全的寵物。

（二）處方食品特點

高蛋白含量有助於減少肌肉損失；高纖維能控制能量的攝取量，同時增加寵物的飽腹感（單達聰，2008）；肥胖寵物的關節經常受到較大的壓力，硫酸軟骨素和葡萄糖胺有助於維持關節的正常機能；減肥處方食品含有高濃度的礦物質和維他命，可以補償由於能量限制帶來的影響，確保合理的營養供應（Brandsch等，2002）；必需脂肪酸（Ω-3和Ω-6）以及微量元素（Cu、Zn）可以促進皮膚健康和被毛光亮。

（三）注意事項

一旦達到目標體重，就應該改餵控制體重的減肥處方食品（肥胖症第2階段），以保持最佳體重；妊娠期、哺乳期、成長期寵物禁食；當犬貓的體重下降以後，還應定期檢查並配合減肥營養，防止體重反彈，使寵物維持最佳體重。

五 糖尿病處方食品

糖尿病分兩種，一種是胰腺不能分泌足夠的胰島素（第一型糖尿病），另一種是有胰島素抵抗（第二型糖尿病）。胰島素是一種天然激素，可以將糖（即血糖）導入細胞，由於細胞缺乏葡萄糖，而身體產生了越來越多的葡萄糖，最終導致高血糖（即高血糖）。當寵物體內的胰島細胞停止分泌胰島素，胰島素的大量流失使血糖無法進入細胞，從而導致寵物體內的血糖含量上升，血糖也在血液裡面聚集，這時候腎臟開始接收到信號，於是將多餘的糖分透過尿液排出體外，這樣寵物就患上了糖尿病（Kramer等，1988；Jacquie等，2004）。

（一）適應證

糖尿病及伴隨體重下降，多飲多尿，嘔吐，食慾不振或食慾大增，活動性下降，虛弱，精神憂鬱等症狀的寵物。

（二）處方食品特點

高蛋白含量、左旋肉毒鹼以及益生菌對糖尿病具有一定的改善作用（Kumar等，2017）；硫酸軟骨素和葡萄糖胺有助於維持關節的靈活性；車前子黏膠的作用，高纖維素可增加動物飽腹感；低糖穀物（大麥、玉米）與車前料黏膠相結合可降低餐後血糖值；協同抗氧化複合物可減少細胞DNA的降解並加強免疫系統，預防衰老帶來的影響；含有中量或高量纖維素的處方食品，可以配合胰島素的治療，降低血糖的波動幅度。同時這類處方食品含有適度的優質蛋白質和較低的脂肪含量，可維持患病寵物的最佳體重，並提供最適宜的營養調配。

（三）注意事項

妊娠期、哺乳期、成長期的寵物禁食；患對能量攝取要求較高的慢性疾病者禁食；對於患有糖尿病的犬和易於肥胖的犬（去勢、品種因素等），應該終生飼餵控制體重的處方食品。

六 心臟病處方食品

心臟擔負著將血液送至全身各處的泵血功能，如果泵血功能不能正常運轉，就不能把血液輸送到肺和全身各處，也不能回收從肺和全身各處返回的血液，從而引起血流量降低和瘀血等。特別是在夏季悶熱天氣，犬類由於缺乏體表汗腺而對熱的調節能力較差，隨著溫度和溼度的升高，空氣中氧氣含量明顯下降，容易造成犬的呼吸不暢、心率加快和心臟回流血量增加，此時患有心臟病的犬對高溫環境的耐受性就更差，更容易發生心臟缺血缺氧反應，加重病情。因此，寵物主人應在炎熱夏季做好愛犬的心臟「保衛戰」，及早地採取措施預防並在獸醫師的建議下飼餵心臟病處方食品，避免犬的心臟病復發。

（一）適應證

患有心臟病的幼犬、有心臟病症狀的成犬。

（二）處方食品特點

多酚、牛磺酸等抗氧化複合物協調作用，幫助血管擴張以及中和自由基（Torres等，2003）；低鈉可減少心臟工作負擔，同時鉀鎂含量調整為最適的臨床水準；考慮到慢性腎衰竭的可能性，心臟處方糧中磷的含量適當調低，以保持腎臟的健康及功能正常；肉毒鹼和牛磺酸是維持心肌細胞功能的必需物質，可增強心臟的收縮功能（Freeman，2016；Ontiveros等，2020）。

（三）注意事項

妊娠期、哺乳期、生長期的寵物禁食；患有胰腺炎或有胰腺炎病史的寵物禁食；低鈉血症、高血脂症寵物禁食；一旦出現心臟病症狀，應立即開始飼餵心臟處方食品，並嚴格遵循獸醫師建議；若寵物需要終生食用心臟病處方食品，建議主人將攝取量分兩頓飼餵。

七 腎臟病處方食品

腎臟最大的作用就是清除身體代謝出來的產物、廢物和毒素，最終生成尿液；除此之外，它還具有維持體內電解質和酸鹼平衡、調節血壓、促進紅血球生成等功能。一般來講，寵物的腎臟疾病分為慢性和急性，慢性腎臟病是腎臟退行性改變的結果，影響其正常功能，一般在老年犬中較常見；急性腎臟損傷是因誤食有毒物體而中毒以及尿路問題引起的腎臟受損，其中寵物腎臟處方食品主要適用的是慢性腎病而不是急性腎臟損傷。

（一）適應證

適用於慢性腎衰竭（chronic renal failure，CRF）；預防尿石症；尿酸鹽結石和胱胺酸結石；預防伴有腎功能受損的草酸鈣尿結石的復發。

（二）處方食品特點

為了減緩使腎衰竭惡化的繼發性甲狀旁腺機能亢進的發生，必須限制磷的攝取量；添加長鏈Ω-3脂肪酸，有助降低腎小球壓，延緩腎小球濾過率（glomerular filtration rate，GFR）的進一步惡化；添加黃烷醇，黃烷醇（一種特殊的多酚）具有兩個主要作用：減緩氧化過程和促進腎灌注；隨著尿毒症病程發展可引起胃腸道黏膜潰瘍，沸石和果寡醣相結合可將該病的影響降到最小。

（三）注意事項

妊娠期，哺乳期，生長期，高血脂症、胰腺炎和胰腺炎病史禁食；若寵物需要終生身食用腎臟病處方食品，建議主人將攝取量分兩頓飼餵。

八 肝病處方食品

肝臟起著過濾血液，分泌膽汁，排毒廢物並儲存膳食碳水化合物中糖分的作用。沒有單一的原因導致肝病，肝病可能是遺傳性的、傳染性的、中毒性的、癌變的或未知的起源。肝病處方食品可以幫助寵物糾正營養不良，支持肝細胞再生，滿足患病寵物的能量需求，且不加重胃的負擔。

（一）適應證

肝功能不全或患有肝臟疾病的寵物。

（二）處方食品特點

預防銅蓄積病，肝病處方食品中銅含量低，有助於減少寵物肝臟中銅的蓄積；預防和糾正營養不良，高品質的植物蛋白質、標準含量的蛋白質、高含量的必需脂肪酸和高含量的易消化碳水化合物，有利於維護消化系統健康，預防和糾正寵物營養不良；降低肝臟的負擔，處方食品中添加的植物蛋白可幫助肝功能不全的寵物更好地消化吸收，減少肝臟需要代謝的物質，降低肝臟的負擔和實質的損傷，幫助肝臟休養生息。

（三）注意事項

根據病理學檢查結果和肝組織再生能力的不同而改變，對於慢性肝病，建議終生飼餵；少食多餐，最終達到推薦的日攝取量。

九 甲狀腺病處方食品

寵物甲狀腺機能亢進（簡稱甲亢）是因甲狀腺素分泌過多而影響全身健康的高齡寵物的常見問題。患有甲亢的寵物往往表現為食慾增強卻消瘦，好動狂躁，有攻擊行為且毛髮暗淡，此時的寵物需服用低碘的甲狀腺處方食品。甲狀腺功能不全通常是機體由於甲狀腺激素分泌不足或攝取過量引起的全身性疾病。

（一）適應證

患有甲狀腺機能亢進或甲狀腺功能不全的寵物。

（二）處方食品特點

降低機體亢進反應；過量的甲狀腺素會造成健康問題，低碘食品可以幫助寵物降低甲狀腺素水準，減少甲狀腺素的產生；維持腎臟健康，透過控制磷及鈉含量來控制礦物質含量，有助於維持膀胱健康，幫助血流通暢；維持皮膚健康，甲狀腺處方食品中含有高含量的牛磺酸、左旋肉鹼及Ω-3脂肪酸，有益心臟健康與幫助潤澤皮膚和亮麗毛髮，滿足能量需求（Ko等，2007）。此外，甲狀腺處方食品中的抗氧化配方可幫助維持理想的尿液pH，維護泌尿系統健康，減少自由基的氧化、老化與傷害，從而維持寵物健康。

（三）注意事項

按照建議餵食量餵食，並且不能與功能糧混合使用，否則會失去原有效果；按照寵物維持最佳體重所需來調整餵食量。

十 泌尿系統病處方食品

泌尿系統問題主要包括鳥糞石、草酸鈣結石和尿結晶。其中，鳥糞石是由銨離子、鎂離子和磷酸鹽形成的尿結石，常在中性至鹼性尿液中形成；草酸鈣結石是在酸性至中性尿液中容易形成的尿結石；尿結晶是膀胱結石形成的一個重要因素，而食物中所含礦物質過剩容易導致尿結晶（劉占江，2017）。寵物中貓的泌尿道最容易出現問題，歸根結底是貓咪的腎臟對水的利用能力更強，導致尿液較濃，尤其公貓的尿道結構更加狹窄彎曲，如果飲水不足、排尿不順暢的話，很容易積聚細菌、結晶，誘發泌尿疾病。因此，需要飼餵泌尿道處方食品，透過合理調整鎂含量，輔助酸化尿液和溶解鳥糞石，降低形成結晶的離子濃度，從而減少鳥糞石和草酸鈣結石的形成。

（一）適應證

細菌性膀胱炎，溶解鳥糞石（磷酸銨鎂）和尿結石，預防鳥糞石和尿結石的復發，預防草酸鈣尿結石的復發，建議老年犬在飼餵犬泌尿道處方食品前應進行腎功能檢查。

（二）處方食品特點

含有蛋白質、鎂、鈉的量較少，酸性環境能有效溶解鳥糞石和尿結石，抑制細菌；低飽和度尿液可防止結晶沉澱，從而減少鳥糞石和草酸鈣形成（Tryfonidou等，2002）；另外一種泌尿系統病處方食品蛋白質、鎂含量少，鈉含量多，寵物多飲多尿，增加尿量並同時降低尿液中草酸鈣和鳥糞石的飽和度。因此，犬的泌尿系統病處方食品可預防這兩種主要的尿石症。

（三）注意事項

妊娠期、哺乳期、生長期禁食；慢性腎衰、心力衰竭、高血脂症、代謝性酸中毒的寵物禁食；胰腺炎或有胰腺炎病史禁食；溶解鳥糞石、尿結石和治療泌尿道感染，需要飼餵犬泌尿道處方食品5 ～ 12週；對於尿道感染者，在尿液細菌學分析得到陰性結果後，還應至少飼餵犬泌尿道處方食品1個月。

十一 骨關節病處方食品

造成寵物關節病的主要原因為關節的不穩定性或老年化，而缺鈣也會使寵物的骨骼密度降低，無法支撐自身日益增重的體重，極易在運動時發生損傷。當然遺傳因素也是導致關節病發生的重要因素。因此，飼餵骨關節病處方食品可以呵護修復關節，維持成年犬關節的靈活性，促進未成年寵物骨骼生長。

（一）適應證

關節不靈活及有關節問題的犬貓，尤其適用於肥胖症、運動量大、負重的犬貓。

（二）處方食品特點

紐西蘭綠唇貽貝提取物，富含軟骨前體，有助維持關節健康；高含量二十碳五烯酸（eicosapentaenoic acid，EPA）和二十二碳六烯酸（docosahexaenoic acid，DHA），為維持關節健康提供額外的幫助；適量的能量密度幫助維持理想體態，緩解體重過重引起的關節壓力；抗氧化劑複合物專利配方，減少自由基對關節的損傷。

（三）注意事項

6月齡以下的幼犬禁食；飼餵6～8週後可見到明顯改善。寵物若需要終生飼餵骨關節處方食品，建議主人將攝取量分兩頓飼餵。

十二 易消化處方食品

寵物易消化處方食品通常包括低脂易消化處方食品和高纖維易消化處方食品，前者透過限制食物脂肪含量來輔助治療胰腺炎、消化酶分泌不足等胰腺疾病；後者透過調整食物中纖維的比例來治療大腸疾病，如犬的腹瀉和貓咪的便祕就適合餵食此類處方食品。

（一）適應證

胰腺外分泌不足、急性胰腺炎、高血脂症、細菌過度繁殖等症狀。低脂易消化處方食品是唯一且安全適用於耐受脂肪較差或脂類代謝紊亂的寵物食品。

（二）低脂易消化處方食品特點

低脂肪，最大限度控制脂肪的含量，可以改善患高血脂症和急性胰腺炎犬的消化功能，從而減少心臟病、高血壓和習慣性腹瀉的發生；低纖維含量，較低的纖維含量可以確保食物容易消化且有利於營養的吸收。腹瀉數日的幼犬腸道自然脆弱許多，低纖維更有利於其營養的吸收和體能的恢復；容易消化的碳水化合物，腸道刷狀緣酶活性的降低會使碳水化合物的消化產生困難，低脂易消化處方食品中添加的容易消化的碳水化合物可以使酶活性的影響降到最低；處方食品中加入甜菜漿、甘露寡醣（mannose-oligosaccharides，MOS）和果寡醣（FOS），有助於恢復結腸生態系統和增加消化安全，其中FOS可預防腸道有害菌增殖引起的傳染性腹瀉（Guard等，2015），MOS可預防腹瀉、增強免疫系統機能。

（三）注意事項

若寵物患有胃腸道問題，切勿隨意飼餵處方食品以外的食品；可適當添加維他命和礦物質，更換配方原料，增加適口性和新鮮感，以免引起厭食。

十三 皮膚搔癢處方食品

皮膚是身體的重要器官，皮膚健康狀況反映了寵物的健康和飲食品質。特定的營養不僅能維護被毛健康，還有助於促進皮膚疾病康復。

（一）適應證

遺傳過敏性皮膚炎、魚鱗癬、掉毛、膿皮症、跳蚤叮咬引起的過敏性皮膚炎、外耳炎。

（二）處方食品特點

皮膚屏障，大量的生物素、菸鹼酸、泛酸和鋅結合以及益生菌的使用（Fusi等，2019），可減少皮膚的跨膜失水率，增強皮膚的屏障效應，保持皮膚健康（劉欣等，2010；林德貴，2017；Bourguignon等，2013）；抗氧化複合物，添加對皮膚有益的抗氧化複合物（維他命C、維他命E、牛磺酸和葉黃素等），可以有效緩解病情又適合終生食用（Hahn，2010）；營養皮膚被毛，添加不飽和脂肪酸EPA和DHA，這些關鍵營養素可以幫助皮膚敏感的寵物維持皮膚和被毛健康。

（三）注意事項

妊娠期、哺乳期母犬，切勿隨意飼餵該類處方食品；高血脂症、胰腺炎或曾有胰腺炎病史的犬，禁止飼餵該類處方食品。

十四 結紮小型成犬處方食品

結紮是一項成熟的常規手術，對於寵物來說，結紮會改善寵物的發情行為，減少生殖系統疾病，延長壽命。寵物結紮後，因機體生理狀況的改變，新陳代謝也隨之變化，需要改變飲食結構來滿足新的營養需求。保持結紮寵物的健康，飼餵的食物應考慮到牠們在不同生理階段的特定需求。因此，應為結紮寵物選擇合理的營養方案，避免寵物因為結紮後肥胖而帶來的疾病，從而影響寵物健康。

(一) 適應證

小型結紮犬。

(二) 處方食品特點

有助於維持理想體重，寵物結紮後，新陳代謝和活動力都會有所下降，攝取過量食物很容易肥胖，結紮處方食品一般選用「雞肉+魚肉+鴨肉」低脂肉類作為主要動物蛋白來源;「糙米+燕麥」作為碳水化合物的主要來源，既能滿足犬日常所需，保證犬糧的適口性，還能延長寵物的飽腹感，控制體重; 幫助呵護牙齒健康，結紮處方食品因選用雞胸肉等低脂肉類零食進行飼餵，可以有效防止寵物的牙結石、口臭，一定程度上幫助清潔口腔，達到呵護牙齒健康的目的; 幫助維護消化系統健康，寵物結紮後消化系統功能會有所減弱，容易導致術後食慾不振、攝取食量不足或者是攝取食量降低，結紮處方食品中添加的容易消化的碳水化合物能夠很好地進行調理; 抗氧化複合物，處方食品中添加的抗氧化複合物（維他命C、維他命E、牛磺酸和葉黃素等）一定程度上可以減緩器官細胞的氧化損傷，增強免疫系統機能，防止結紮對寵物健康狀況的衝擊，從而使牠們的壽命更長，更健康。

(三) 注意事項

結紮影響激素分泌，改變貓的行為習慣，應合理飼餵處方糧; 一般乾餵，並保證清潔飲水。

第三節 犬貓處方食品的製備工藝

寵物處方食品是為配合獸醫治療疾病的需要而推出的寵物食品，但實際上，處方食品並不是藥物與飼料原料的簡單混合，它更注重的是成品的適口性、酸鹼性以及營養代謝的需求。所以寵物處方食品不僅僅是為了滿足治療疾病的需要，更多的是關注寵物的健康。根據不同的加工工藝，寵物處方食品可以分為乾性寵物處方食品、半溼性寵物處方食品和溼性寵物處方食品。

寵物處方食品本身是不含藥物成分的，不論西藥還是中藥，都是不允許添加的，國際主流的寵物處方食品都是透過調節各營養成分的水準來設計。這個技術門檻很高，比如心臟病處方糧，一般鈉離子含量要控制在0.2%左右，因為原料裡所有成分都含有鈉離子，所以要透過工藝來脫鈉，對加工工藝的要求很高。

一 乾性寵物處方食品

（一）加工原料與工藝

乾性寵物食品中最常見的原料組成是植物和動物來源的蛋白粉，如玉米蛋白粉、豆粕、雞肉、肉粉及其副產品，還有新鮮的動物蛋白飼料等。其中，碳水化合物來源是未經加工的玉米、小麥和水稻等穀物或穀物副產品；脂肪來源是動物脂肪或植物油。為了保證食物在混合過程中能夠更加均勻和完整，可在攪拌時再加入維他命和礦物質（楊九仙等，2007）。在市場上常見的飼料類型有粉料、顆粒料、碎粒料和膨化產品等幾種類型，其中最受歡迎的寵物料是膨化（擠壓）食品。乾的貓糧通常是經擠壓膨化加工而成的產品。

現今，大部分寵物乾性食品是透過擠壓膨化加工生產的（宋立霞等，2009）。擠壓是一個瞬時高溫過程，可以將穀物煮熟、成形並進行膨化，同時糊化澱粉。高溫、高壓、成形後使澱粉的膨脹和糊化的效果達到最佳。此外，高溫處理還可以作為消滅致病微生物的一種滅菌技術。然後將膨化後的飼糧進行乾燥、冷卻和包裝。另外，可以選擇使用脂肪及其他的調味原料，以增強食物的適口性。

（二）餵養指導

此類寵物食品可以乾餵，即將它放在食盤中讓犬貓自由採食，也可以加水調溼再餵。另外，飼餵乾膨化寵物食品時，必須經常供給新鮮飲水，長期保存時要防止發霉和蟲害。乾性寵物食品都經過防腐處理，不需要冷藏，可較長時間保存，而且營養全面、十分衛生、使用方便，可供應不同體重、生長階段及各年齡層寵物的需要，大多數乾性寵物食品的可消化性可達65%～75%。

（三）平均營養和熱量含量

乾性寵物食品通常水分含量為8%～12%、碳水化合物含量為65%；以乾物質為基礎，乾性犬糧與貓糧的粗蛋白質含量一般分別可達18%～30%與30%～36%、粗脂肪含量分別為5%～12.5%與8%～12%，添加較多的脂肪可改善產品的適口性。在評估不同的乾性食品時，必須考慮原料組成、營養物質含量和能量濃度等參數，正是由於這些參數的差異，一般乾性寵物食品（90～100g）中提供的代謝能範圍為0.84～2.09MJ（Laflamme，2001）。

二 半溼性寵物處方食品

（一）加工原料與工藝

半溼性寵物食品的主要原料是新鮮或冷凍的動物組織、穀物、脂肪和單醣，質地比乾性食品的更為柔軟，這使其更容易被動物接受，適口性也較好。同乾性食品一樣，大多數半溼性食品在其加工過程中也要經過擠壓處理。根據原料組成不同，可以在擠壓前先將食物進行蒸煮處理（Lankhorst等，2007）。

生產半溼性食品還有一些特殊要求，由於半溼性食品的含水量較高，所以必須添加其他成分以防止產品變質。為了固定產品中的水分，防止有害細菌滋生，需要在半溼性食品中添加糖和鹽。許多半溼性寵物食品中含有大量的單醣，這有助於提高其適口性和消化率。1992年時，丙二醇也作為保溼劑被應用於半溼性寵物食品。然而，美國食品藥品監督管理局（FDA）判定這種化合物對貓存在潛在的危險，已經禁止將其用於貓糧的生產。山梨酸鉀等防腐劑可以防止酵母菌和黴菌的生長，因此可以為產品提供進一步的保護。少量的有機酸可以降低產品的pH，也可用於防止細菌生長。由於一般情況下半溼性食品的氣味比罐裝食品小，獨立包裝也更加方便，因此，受到一些寵物主人的青睞。半溼性寵物食品在開封前不需要冷藏，保存期限也相對較長。以乾物質重量為基礎進行比較時，半溼性食品的價格通常介於乾性食品和溼性食品之間。

（二）餵養指導

半溼性寵物食品是營養全價、平衡，並經擠壓熟化的產品。多以密封袋口、眞空包裝，不需冷藏，能在常溫下保存一段時間而不變質，但保存期不宜過長。每包的量是以一隻貓一餐的食量為標準。打開後應及時飼餵，最好盡快餵完，不能放置，以免腐敗變質，尤其是在炎熱的夏季，更應打開後及時飼餵。一般半溼性犬糧的消化率為80%～85%。

半溼性貓糧有時還會被當作「點心」或是獎賞來餵給貓；而半溼性犬糧由於通常含有高比例的碳水化合物或糖分，不適宜飼餵患糖尿病的犬。

（三）平均營養和熱量含量

此類食品一般水分含量為30%～35%，碳水化合物含量為54%，常製成餅狀、條狀或粗顆粒狀。以乾物質為基礎，半溼性寵物食品粗蛋白質含量為34%～40%，粗脂肪含量為10%～15%。

三 溼性寵物處方食品

（一）加工原料與工藝

溼性寵物食品可分為兩類：一類是營養全價的罐裝食品，這類食品常常包含各種原料，如穀類及其加工副產品、精肉、禽類或魚的副產品、豆製品、脂肪或油類、礦物質及維他命等；也有的只含1～2種精肉或動物副產品，並加入足量的維他命和礦物質添加劑的罐裝食品。另一類不是為了提供寵物所需全面營養而配製的，而是作為飼糧的補充，或以罐裝肉、肉類副產品的形式用於醫療方面的食品（Roudebush和Schick，1995），不含維他命或礦物質添加劑。這種罐裝食品通常是指以某一類飼料為主的單一型罐頭食品，多以肉類組成的罐裝肉產品較為常見，如肉罐頭、魚罐頭、肝罐頭等，即全肉型。

罐裝食品的罐裝過程是一個高溫蒸煮的過程。將各種原料進行混合、蒸煮並裝入封蓋的熱金屬罐中，並根據罐的類型和容器，在110～132℃下蒸煮15～25min。罐裝食品可以保留84%的水分。高含水量使得罐裝產品的適口性很好，這對於對餵養要求較高的寵物主人很有吸引力，但由於其加工成本較高，因而價格也更高。

（二）餵養指導

一般可根據飼養犬（或貓）的口味及營養需求，選擇和搭配罐裝食品的種類。罐裝食品使用方便，罐頭打開後應及時飼餵，開罐後不宜保存。夏天開啟後的罐頭，必須放入冰箱保存，如果變質則不能飼餵。

罐裝食品通常不必特別防腐保存，因為在烹調過程已經殺滅了所有細菌，而且，罐裝密封可以防止汙染。因為，此類食品並不含有任何防腐劑，所以開封後如未馬上用完，則需要在冷藏條件下保存，以保持其新鮮。

需要注意的是吃溼糧的貓科動物容易患口腔炎症。一直吃溼糧的貓相當於人類每日吃三餐但不刷牙漱口，所以患口腔炎症較常見，因此需要飼養主人經常檢查貓的牙齒，做好刷牙工作，以保證口腔的清潔衛生。

（三）平均營養和熱量含量

這類食品的含水量大約與新鮮肉類相當，一般水分含量為75%～80%。以乾物質為基礎，罐裝寵物食品粗蛋白質含量為35%～41%，粗脂肪含量為9%～18%。由於溼性寵物食品的含水量較多，如犬的罐頭食品中代謝能含量僅為4.18MJ/kg。溼性寵物食品營養全面，適口性好，如罐裝犬糧的消化率為75%～85%。

第四節 寵物處方食品的安全性評價

一 寵物處方食品的安全性

為了確保寵物處方食品安全和保障寵物健康，需要對寵物處方食品進行安全性評價，透過安全性評價闡明處方食品是否可以食用，或闡明寵物處方食品中有關危害成分以及毒性和風險大小，利用毒理學資料和毒理學試驗結果確認寵物處方食品的安全劑量，進行企業品質風險控制。

人們由於習慣或者傳統觀念，一般對藥品的安全性比較重視，而對寵物食品的安全性有所忽視，總認為可比藥品的要求低一些。其實不然，現行的危害分析的關鍵控制點（HACCP）系統就源於太空食品的製造，實施良好生產規範（good manufacturing practice，GMP）就是要把寵物食品和食品、藥品一樣的嚴格管理起來，因為寵物食品的攝取量比藥品大得多，而且食用者不受限制。

處方食品安全評價的準備工作、安全性毒理學評價試驗參見本書第六章第八節。

二 安全性毒理學評價試驗

安全性毒理學評價試驗主要包括以下4個階段。

（一）急性毒性試驗

急性毒理試驗用半衰期（LD_{50}）表示，它是指受試動物經口一次或在24h內多次感染受試物後，能使模型動物半數（50%）死亡的劑量，單位為mg/kg（體重）。透過測定的LD_{50}了解受試物的毒性強度、性質和可能的靶器官，可為進一步進行毒性試驗的劑量和毒性判定指標的選擇提供依據。

本試驗有局限性，很多有長期慢性危害的受試物，急性毒性試驗反映不出來，尤其是急性毒性很小的致癌物質，但長期少量攝取能誘發癌症，所以應進行第2階段的試驗。

（二）遺傳毒性試驗、傳統致畸試驗、短期餵養試驗

遺傳毒性試驗的組合必須考慮原核細胞和真核細胞、生殖細胞與體細胞、體內和體外試驗相結合的原則，對受試物的遺傳毒性以及是否具有潛在致癌作用進行篩選。例如細胞致突變試驗、小鼠骨髓微核率試驗或骨髓染色體畸變試驗、其他備選遺傳毒性試驗等。

傳統致畸試驗：所有受試物必須進行本試驗，了解受試物對模型動物的胎仔是否具有致畸作用。

短期餵養試驗：30d餵養試驗。如受試物需進行第3、4階段毒性試驗的，可不進行本試驗。對只需進行第1、2階段毒性試驗的受試物，在急性毒性試驗的基礎上，透過30d餵養試驗，進一步了解其毒性作用，並可初步估計最大無作用劑量。

（三）亞慢性毒性試驗

90d餵養試驗、繁殖試驗、代謝試驗。其中，90d餵養試驗與繁殖試驗觀察受試物以不同劑量水準經過較長期餵養後的毒性作用性質和靶器官，並初步確定最大無作用劑量，了解受試物對模型動物繁殖及對後代的致畸作用，為慢性毒性和致癌試驗的劑量選擇提供依據。透過代謝試驗可以了解受試物在寵物體內的吸收、分布和排泄速度以及蓄積性，尋找可能的靶器官；為選擇慢性毒性試驗的合適動物種系提供依據，了解有無毒性代謝產物的形成。

（四）慢性毒性試驗

凡屬創新的物質，一般要求進行4個階段試驗，特別是對其中化學結構提示有慢性毒性、遺傳毒性或致癌性可能者，或產量大、使用範圍廣、攝取機會多者，必須進行全部4個階段的毒性試驗。凡屬與已知物質（指經過安全性評價並允許使用者）的化學結構基本相同的衍生物或類似物，則根據第1、2、3階段毒性試驗結果判斷是否需進行第4階段的毒性試驗。透過了解經長期接觸受試物後出現的毒性作用，尤其是進行性和不可逆的毒性作用以及致癌作用；最終確定最大無作用劑量，為受試物是否能用於寵物處方食品的最終評價提供依據。

寵物食品新資源和新資源寵物食品，原則上應進行第1、2、3階段毒性試驗，以及必要的流行病學調查。必要時應進行第4階段試驗。若根據有關文獻資料及成分分析，未發現有或雖有但量甚少，不致構成對健康有害的物質，以及較大數量寵物有長期食用歷史而未發現有害作用的天然動、植物（包括作為調味料的天然動、植物的粗提物）可以先進行第1、2階段毒性試驗，經初步評價後，決定是否需要進一步的毒性試驗。

參考文獻

陳瑩，2014．我國寵物商品經濟的市場營銷策略分析［J］．商場現代化（11）：81-82.

陳濱，2019．犬、貓的商品化飼糧［J］．飼料博覽（11）：91.

陳寶江，劉樹棟，韓帥娟，2020．寵物腸道健康與營養調控研究進展［J］．飼料工業，41（13）：9-13.

李紅，2012．不同濃度果寡糖添加劑在羅威納幼犬中使用效果對比試驗［J］．畜牧與獸醫，44（3）：111-112.

李占占，李勇，丁雪，等，2014．中藥處方犬糧的安全性評價及其對犬創傷恢復能力的影響［J］．安徽農業科學，42（21）：7095-7098.

劉欣，林德貴，2010．益生菌對犬異位性皮炎免疫調節機製的研究［J］．中國獸醫雜誌，46（4）：17-19.

劉占江，2017．52例犬尿石症臨床調查和分析［D］．赤峰：內蒙古農業大學.

劉鳳華，2020．寵物商業減肥處方糧的應用研究進展［J］．中國動物保健（11）：62-63.

林德貴，2017．犬貓過敏性皮膚病的診療［J］．犬業科技（3）：10-13.

單達聰，2008．膳食纖維與左旋肉鹼對寵物犬體重控制影響的研究［J］．飼料與畜牧（4）：36-38.

邵洪俠，羅守冬，胡喜斌，2012．淺析寵物處方食品［J］．經濟動物（11）：104.

宋立霞，劉雄偉，麋長雨，2009．擠壓膨化技術在寵物食品中的應用［J］．飼料與畜牧（11）：21-22.

宋琳，蘭藝，白書寧，等，2021．以貓犬飼料為主導的寵物飼料市場淺析［J］.養殖與飼料（9）：88-91.

楊九仙，劉建勝，2007．寵物營養與食品［M］．北京：中國農業出版社.

鍾健敏，2018．廣州市寵物犬飲食與疾病關係調查及處方糧的應用［D］．廣州：華南農業大學.

Abecia L, Hoyles L, Khoo C, et al, 2010．Effects of a novel galactooligosaccharide on the faecal microbiota of healthy and inflammatory bowel disease cats during a randomized, double-blind, cross-over feeding study［J］. International Journal of Probiotics and Prebiotics, 5 (2) : 61-68.

Brandsch C, Eder K, 2002．Effect of L-carnitine on weight loss and body composition of rats fed a hypocaloric diet［J］. Annals of Nutrition & Metabolism, 46 (5) : 205-210.

Baldwin K, Bartges J, Buffington T, et al, 2010．AAHA nutritional assessment guidelines for dogs and cats［J］. Journal of the American Animal Hospital Association, 46: 285-296.

Brambillasca, S., Britos A., Deluca C., et al, 2013．Addition of citrus pulp and apple pomace in diets for dogs: influence on fermentation kinetics, digestion, faecal characteristics and bacterial populations［J］. Archives of Animal Nutrition, 67 (6) : 492–502.

Bourguignon E, Guimarães L D, Ferreira T S, et al, 2013 · Dermatology in Dogs and Cats [M] . Rijeka: The InTech Press.

Case, Linda P., Daristotle, Leighann, Hayek, Michael G., et al, 2010 · Canine and Feline Nutrition [M] . 3rd ed · Maryland: The Mosby Press.

Che, D., Nyingwa, P.S., Ralinala, K.M., et al, 2021 · Amino acids in the nutrition, metabolism, and health of domestic cats [J] . Advances in Experimental Medicine and Biology, 1285: 217–231.

Davies M, 2016 · Veterinary clinical nutrition: success stories: an overview [J] . Proceedings of the Nutrition Society, 75 (3) : 392–397.

Freeman L M, 2016 · Nutritional management of heart disease [J] . August」s Consultations in Feline Internal Medicine, 7: 403–411.

Fusi E., Rizzi R., Polli M., et al, 2019 · Effects of *Lactobacillus acidophilus* D2/CSL (CECT 4529) supplementation on healthy cat performance [J] . Vet Record, 6 (1) : e000368–000343.

German AJ, 2006 · The growing problem of obesity in dogs and cats [J] . Journal of Nutrition, 136 (7) : 1940S–1946S.

Guard, B · C., Barr J · W., Reddivari L., et al, 2015 · Characterization of microbial dysbiosis and metabolomic changes in dogs with acute diarrhea [J] . PLoS One, 10 (5) : e0127259–e0127282.

Hawrelak JA, Myers SP, 2004 · The causes of intestinal dysbiosis: a review [J] . Alternative Medicine Review, 9 (2) : 180–197.

Hahn KA, 2010 · Effect of two therapeutic foods in dogs with chronic nonseasonal pruritic dermatitis [J] . Journal of Applied Research in Veterinary Medicine, 8 (3) : 146–154.

Herstad HK, Nesheim BB, L'Abée–Lund T, et al, 2010 · Effects of a probiotic intervention in acute canine gastroenteritis – a controlled clinical trial [J] . Journal of Small Animal Practice, 51 (1) : 34–38.

Itoh, N., Ito Y., Muraoka N., et al, 2014 · Food allergens detected by lymphocyte proliferative and serum IgE tests in 139dogs with non–seasonal pruritic dermatitis [J] . The Japanese Journal of Veterinary Dermatology, 20 (1) : 17–21.

Itoh N, Tabata D, Yoshida K, et al, 2018 · Effects of food allergy prescription diet on intestinal microflora and efficacy of apple fiber addition in healthy dogs [J] . Journal of Pet Animal Nutrition, 21 (3) : 126–131.

Jacquie S, Rand, Linda M, et al, 2004 · Canine and feline diabetes mellitus: Nature or nurture? [J] . Journal of Nutrition, 134 (8) : 2072S–2080S.

Kramer JW, Klaassen K, Baskin DG, et al, 1988 · Inheritance of diabetes mellitus in Keeshond dogs [J] . American Journal of Veterinary Research, 49 (3) : 428–431.

Ko KS, Backus RC, Berg JR, et al, 2007 · Differences in taurine synthesis rate among dogs relate to differences in their maintenance energy requirement [J] . Journal of Nutrition, 137: 1171–1175.

Kato M, Miyaji K, Ohtani N, et al, 2012 · Effects of prescription diet on dealing with stressful situations and performance of anxiety–related behaviors in privately owned anxious dogs [J] . Journal of Veterinary Behavior, 7 (1) : 21–26.

Kumar N, Tomar SK, Thakur K, et al, 2017 · The ameliorative effects of probiotic Lactobacillus fermentum strain RS–2on alloxan induced diabetic rats [J] . Journal of Functional Foods, 28: 275–284.

Laflamme DP, 2001．Determining metabolizable energy content in commercial pet foods [J] . Journal of Animal Physiology and Animal Nutrition, 85 (7-8) : 222-230.

Lankhorst C, Tran QD, Havenaar R, et al, 2007．The effect of extrusion on the nutritional value of canine diets as assessed by *in vitro* indicators [J] . Animal Feed Science and Technology, 138 (3-4) : 285-297.

Michel KE, 2006．Unconventional diets for dogs and cats [J] . Veterinary Clinics of North America: Small Animal Practice, 36 (6) : 1269-1281.

Minamoto Y, Hooda S, Swanson KS, et al, 2012．Feline gastrointestinal microbiota [J] . Animal Health Research Reviews, 13 (1) : 64-77.

Olivry T., Bizikova P, 2010．A sysyteminc review of the evidence of reduced allergenicity and clinical benefit of food hydrolysates in dogs with cutanous adverse food reactions [J] . Veterinary Dermatology, 21 (1) : 32-41.

Ontiveros ES, Whelchel BD, Yu J, et al, 2020．Development of plasma and whole blood taurine reference ranges and identification of dietary features associated with taurine deficiency and dilated cardiomyopathy in golden retrievers: A prospective, observational study [J] . PLoS One, 5 (5) : e0233206-e0233230.

Roudebush P, Schick RO, 1995．Evaluation of a commercial canned lamb and rice diet for the management of adverse food reactions in dogs [J] . Veterinary Dermatology, 5 (2) : 63-67.

Sandøe P, Palmer C, Corr S, et al, 2014．Canine and feline obesity: a one health perspective [J] . Vet Record, 175 (24) : 610-616.

Tryfonidou MA, Stevenhagen JJ, van den Bernd GJ, et al, 2002．Moderate cholecalciferol supplementation depresses intestinal calcium absorption in growing dogs [J] . Journal of Nutrition, 132: 2644-2650.

Torres CL, Backus RC, Rascetti AJ, et al, 2003．Taurine status in normal dogs fed a commercial diet associated with taurine deficiency and dilated cardiomyopathy [J] . Journal of Animal Physiology & Animal Nutrition, 87 (9-10) : 359-372.

第六章

寵物食品分析與檢測

寵物食品分析與檢測是寵物食品配方與工藝設計、生產管理、品質控制、倉儲、物流、銷售過程中的必要環節，是市場和消費者評價產品品質、監管部門監管的重要依據。標準、規範、統一的檢測方法是產品品質橫向和縱向比較的基礎，沒有統一的方法檢測結果就會失去可比性。本章基於國際標準、行業標準等規範性標準文件，介紹了樣本的採集、製備和保存流程和方法，並在此基礎上介紹了營養成分檢測、嫌忌成分檢測、衛生學檢測、物性學檢測、能量值檢測、消化率檢測、致敏物檢測等定量監測方法和適口性檢測、輻照食品檢測、原料溯源檢測等定性檢測方法。

第一節 待測樣本的採集、製備和保存

在對寵物食品進行分析與檢測之前，首先需要對待測樣本進行採集、製備和保存，這些前期準備工作對於分析和檢測結果的準確性有著舉足輕重的影響，因此本節將詳細介紹待測樣本的採集、製備和保存方法。

一 待測樣本的採集

採集是檢測的第一步，樣本包括原始樣本和化驗樣本，前者來自樣品的總體，而化驗樣本來自於原始樣本。樣本代表總體接受檢驗，再根據樣本的檢驗結果，評價總體品質。因此，在採樣時要求樣本必須在性質、外觀和特徵上具有充分的代表性和足夠的典型性。由於儲存地方的不同，採樣的方法可分為散裝、袋裝和生產過程中採樣三種。

（一）散裝樣本的採集

根據待測樣品堆所占面積大小進行分區，每個小區面積小於50m²，然後按「幾何法」採樣，即將一堆寵物食品看成規則的立體，它由若干個體積相等的部分均勻堆砌在整體中，應對每一部分設點進行採樣。每個取樣點取出的樣品作為支樣，各支樣數量應一致，將他們混合在一起後即得到原始樣本。然後將原始樣本按「四分法」縮減至500～1 000g，即化驗樣本，該樣本一分為二，一份送檢，一份複檢備份。所謂「四分法」一般是因為原始樣本數量較大，不適宜直接作為化驗樣本，需縮小數量後作為化驗樣本。具體方法：將原始樣本置於一張方形紙或塑膠布上，提起紙的一角，使樣品混合均勻，將其展開，用分樣板或藥鏟從中劃「十」字或對角線連接，將樣本分成四等份，除去對角的兩份，將剩餘的兩份如前所述混合均勻後，再分成四等份，重複上述過程，直到剩餘樣本數量與測定所需要的用量相接近時為止（一般為500～1 000g）。對大量的原始樣本也可在潔淨的地板上進行。

（二）袋裝樣本的採集

袋裝樣本的採集即在寵物食品裝袋後取樣，根據包裝袋數量確定取樣數量，一般原則：小於10袋，每袋全部採樣；10～100袋，隨機取10袋；大於100袋，則從10袋開始每增加100袋取3袋，依此類推。取樣時，將袋子放平，用取樣器斜對角插入袋中取樣，得到的即支樣，全部支樣取完並混合均勻後即原始樣本。將原始樣本按照「四分法」縮樣至適當量。

（三）生產過程中樣本的採集

生產過程中樣本的採集即在寵物食品充分混合均勻後，定期或定時從混合機的出口處取樣，採樣的間隔是隨機的。

二 待測樣本的製備

樣本的製備是為了服務後續檢測，採集的原始樣本一般需要經過粉碎、過篩等處理，以製作成為符合檢測要求的化驗樣本。

（一）風乾樣本的製備

風乾樣本是指原料中不含游離水，僅含有少量吸附水（5%以下）的樣本。其製備方法：縮減樣本，將原始樣本按「四分法」取得化驗樣本；粉碎，將所得的化驗樣本經剪碎、搗碎後用粉碎機粉碎；過篩，按照檢測要求，將粉碎後的化驗樣本全部過篩。過篩則根據後續檢測要求選擇不同篩網孔徑，常規營養成分檢測過40目（0.425mm）篩；胺基酸、微量礦物質元素分析則過60～100目（0.250～0.150mm）篩。樣本製備的過程是為了使原始樣本具備均質性，便於溶樣。

（二）新鮮樣本的製備

對於新鮮樣本，如果直接用於分析可將其均質化，用勻漿機或超音波破碎儀破碎，混勻，再取樣，裝入塑膠袋或瓶內密閉，冷凍保存後測定。若需要乾燥處理的新鮮樣本，則應先測定樣本的初水分製成半乾樣品，再粉碎裝瓶保存。

三 待測樣本的保存

製備好的樣本保存在乾燥、清潔的廣口瓶中，作為化驗樣本，並在樣品瓶標籤上標記樣本名稱、製樣時間、採樣人姓名等資訊。

第二節 寵物食品營養成分檢測

如前文所述，寵物食品富含各種營養成分，按其含量分為宏量營養成分、常量營養成分和微量營養成分。這些營養成分不僅是寵物維持生命不可缺少的物質，而且是寵物獲得能量的來源，同時營養物質中的某些成分，如維他命、礦物質以及某些胺基酸（貓糧中的牛磺酸），還是寵物維持正常機能活動不可缺少的調節物質。營養物質缺乏會影響寵物的正常機體活動，因此開展寵物食品中各種營養物質含量的檢測至關重要。

一 宏量營養成分檢測

寵物的能量來源於三大營養成分：碳水化合物、脂肪和蛋白質，其中碳水化合物是最主要的供能物質。水分雖然不能供能，但卻是維持機體正常生命活動不可或缺的物質，各類寵物食品中均含有水分，其含量不僅影響寵物食品的營養價值，而且影響寵物食品的儲存性能。通常來說水分含量越高，乾物質含量越低，營養價值越低。市售寵物乾糧水分一般低於14%，以易於保存和運輸。粗纖維是維持寵物腸道健康不可缺少的部分，但是含量過高會影響蛋白質等營養物質的消化吸收，所以一般情況下其含量不高於5%。粗灰分也是衡量寵物食品品質的一個重要指標，其含量越高，說明寵物食品原料中雜質越多，品質越低劣，可能添加了誘食劑，法律要求灰分含量通常不高於10%。因此，本部分宏量營養成分檢測將包括水分、粗蛋白、粗脂肪、粗纖維和粗灰分五種成分。

（一）水分的測定

1. 原理　在一定溫度（101 ～ 105℃）和一個標準大氣壓下，將待測樣品放在烘箱中乾燥直至恆重，乾燥前後樣品的質量差即水分含量。

2. 主要儀器和材料　電子天平（精確度到1mg）、電熱恆溫乾燥箱、玻璃乾燥器（常用變色矽膠做乾燥劑），砂：經酸洗或市售（試劑）海砂。

檢測固體樣品用玻璃秤量瓶：直徑50mm，高30mm，或能使樣品鋪開約0.3g/cm^{2}規格的其他耐腐蝕金屬秤量瓶；檢測其他形態樣品用玻璃秤量瓶：直徑70mm，高35mm，或能使樣品鋪開約0.3g/cm^{2}規格的其他耐腐蝕金屬秤量瓶。

3. 操作方法

（1）樣品的採集和製備　參照法律規範。

（2）固體樣品的測定　將玻璃秤量瓶清洗乾淨並置於101 ～ 105℃乾燥箱中，取下秤量瓶蓋並放在秤量瓶邊上，乾燥30min後蓋上蓋子，取出並放入乾燥器中冷卻至室溫後秤重（質量記為m_1），精確至1mg。

秤取5g試樣（質量記為m_2）於秤量瓶內，精確至1mg，並攤平。將秤量瓶放入101 ～ 105℃乾燥箱中，取下秤量瓶蓋並放在秤量瓶邊上，乾燥時間4h左右，建議每立方分米乾燥箱中最多放一個秤量瓶。乾燥結束後蓋上蓋子，取出並放入乾燥器中冷卻至室溫後秤重（質量記為m_3），精確至1mg。再次放入101 ～ 105℃烘箱中乾燥30min，取出後再次放入乾燥器中冷卻至室溫後秤重，精確至1mg。

如果兩次秤重值的變化小於等於樣品質量的0.1%，以第一次秤重的質量（m_3）代入公式進行計算；若兩次秤重值的變化大於樣品質量的0.1%，將秤量瓶再次放入乾燥箱中乾燥2h左右，同樣的步驟冷卻至室溫後秤重，精確至1mg。若此次乾燥後與第二次秤量值的變化小於等於樣品質量的0.2%，以第一次秤重的質量（m_3）代入公式進行計算。

（3）半固體、液體或含脂肪高的樣品的測定　在潔淨的秤量瓶內放一薄層砂和一根玻璃棒。將秤量瓶放入乾燥箱中，取下秤量瓶蓋並放在秤量瓶邊上，乾燥30min後蓋上蓋子，取出並放入乾燥器中冷卻至室溫後秤重（質量記為m_1），精確至1mg。

秤取10g試樣（質量記為m_2）於秤量瓶內，精確至1mg，用玻璃棒將試樣和砂混勻並攤平，玻璃棒留在秤量瓶內。將秤量瓶放入101 ～ 105℃乾燥箱中，取下秤量瓶蓋並放在秤量瓶邊上，乾燥時間4h左右，建議每立方分米乾燥箱中最多放一個秤量瓶。乾燥結束後蓋上蓋子，取出並放入乾燥器中冷卻至室溫後秤重（質量記為m_3），精確至1mg。再次放入101～105℃烘箱中乾燥30min，取出後再次放入乾燥器中冷卻至室溫後秤重，精確至1mg。

如果兩次秤重值的變化小於等於樣品質量的0.1%，以第一次秤重的質量（m_3）代入公式進行計算；若兩次秤重值的變化大於樣品質量的0.1%，將秤量瓶再次放入乾燥箱中乾燥2h左右，同樣的步驟冷卻至室溫後秤重，精確至1mg。若此次乾燥後與第二次秤量值的變化小於等於樣品質量的0.2%，以第一次秤重的質量（m_3）代入公式進行計算。

4. 結果計算

（1）計算公式

$$水分含量W（\%）= \frac{m_2 - (m_3 - m_1)}{m_2} \times 100\%$$

式中：m_1為秤量瓶的質量，如果使用砂和玻璃棒，m_1也包括砂和玻璃棒，g；m_2為樣品的質量，g；m_3為秤量瓶和乾燥後樣品的質量，如果使用砂和玻璃棒，m_3也包括砂和玻璃棒，g。

（2）重複性　每個試樣選取兩個平行試樣，並以兩個試樣的算術平均值為最終結果，同時兩個平行試樣的測定值相差不超過0.2%，否則需要重新測定。

5. 注意事項

（1）如果在樣品製備階段已經進行過預乾燥處理，則計算公式如下：

總含水量W（%）= 預乾燥減重（%）+（100 - 預乾燥著重）× 風乾樣品水分（%）

（2）對於某些脂肪含量高的樣品，由於脂肪發生氧化使樣品質量增加，因此應以質量增加前的重量為準。

（二）粗蛋白的測定

1. 原理　一般來說，蛋白質的平均含氮量為16%，即一份氮相當於6.25份蛋白質，6.25也稱為蛋白質的換算係數，因此將測得的氮含量乘以6.25即該物質的蛋白質含量，但由於樣品中含有核酸、生物鹼、含氮色素等非蛋白的含氮化合物，因此測定結果稱為粗蛋白含量。

用凱氏定氮法測定寵物食品中的粗蛋白含量，過程分為消化、蒸餾、滴定三步。首先，將樣品與濃硫酸和催化劑一同加熱，在催化劑的作用下，蛋白質被濃硫酸消化分解，其中碳氫被氧化成二氧化碳和水溢出，而有機氮轉變成硫酸銨。然後加入強鹼蒸餾，使氨逸出，用硼酸吸收後再用標準鹽酸滴定，根據氮含量算出粗蛋白的含量。參與反應的化學方程式如下：

$$NH_2(CH_2)_2COOH + H_2SO_4 = (NH_4)_2SO_4 + 6CO_2\uparrow + 12SO_2\uparrow + 16H_2O$$

$$2NaOH + (NH_4)_2SO_4 = 2NH_3\uparrow + Na_2SO_4 + 2H_2O$$

消化過程中常用的催化劑為硫酸銅；此外，為了縮短消化時間，加速蛋白分解，通常加入硫酸鉀以提高溶液沸點，加快有機物分解。

2. 主要儀器與試劑

(1) 主要儀器　凱氏燒瓶、分析天平、凱氏蒸餾吸收裝置、電爐、定氮儀（以凱氏原理製造的各類型半自動、全自動定氮儀）。

(2) 主要試劑　硫酸、硫酸銨、蔗糖、水。混合催化劑：秤取0.4g五水硫酸銅、6.0g硫酸鉀或硫酸鈉，研磨混勻；或購買商品化凱氏定氮催化劑片。硼酸吸收液Ⅰ：秤取20g硼酸，用水溶解稀釋至1 000mL。硼酸吸收液Ⅱ：1%硼酸水溶液1 000mL，加入0.1%溴甲酚綠乙醇溶液10mL，0.1%甲基紅乙醇溶液7mL，4%氫氧化鈉水溶液0.5mL，混勻，室溫保存期為1個月（全自動程式用）。氫氧化鈉溶液：秤取40g氫氧化鈉，用水溶解，待冷卻至室溫後，用水稀釋至100mL。鹽酸標準溶液：0.1mol/L或0.02mol/L，按法律規範配置和標定。甲基紅乙醇溶液：秤取0.1g甲基紅，用乙醇溶解並稀釋至100mL。溴甲酚綠乙醇溶液：秤取0.5g溴甲酚綠，用乙醇溶解並稀釋至100mL。混合指示劑：將甲基紅乙醇溶液和溴甲酚綠乙醇溶液等體積混合，該溶液室溫避光保存。

3. 操作方法

(1) 樣品的消化　做兩份平行試驗，秤取粉碎後過40目（0.425mm）篩樣品0.5～2.0g（含氮量5～80mg，精確至0.1mg），小心地移入乾燥潔淨的凱氏燒瓶中，加入6.4g混合催化劑，混勻，加入12mL硫酸和2粒玻璃珠，將凱氏燒瓶置於電爐上，先加熱至200℃左右，待試樣焦化，再提高溫度至約400℃，直至溶液呈透明的藍綠色，然後繼續加熱至少2h。取出，冷卻至室溫。

(2) 氨的蒸餾　待試樣消煮液冷卻，加入20mL水，轉入100mL容量瓶中，冷卻後用水稀釋至刻度，搖勻，作為試樣分解液。將半微量蒸餾裝置的冷凝管末端浸入裝有20mL硼酸吸收液Ⅰ和2滴混合指示劑的錐形瓶中。蒸汽發生器的水中加入甲基紅指示劑數滴、硫酸數滴，在蒸餾過程中保持此液為橙紅色，否則需補加硫酸。準確移取試樣分解液10～20mL注入蒸餾裝置的反應室中，用少量水沖洗進樣入口，塞好入口玻璃塞，再加10mL氫氧化鈉溶液，小心提起玻璃塞使之流入反應室，將玻璃塞塞好，且在入口處加水密封，防止漏氣。蒸餾4min降下錐形瓶使冷凝管末端離開吸收液面，再蒸餾1min，至流出液pH為中性。用水沖洗冷凝管末端，洗液均需流入錐形瓶內，然後停止蒸餾。

(3) 滴定　將上述蒸餾後的吸收液用0.1mol/L或0.02mol/L鹽酸標準溶液滴定直至溶液顏色由藍綠色變成灰紅色即為滴定終點，記錄鹽酸體積。

（4）蒸餾步驟查驗　精確秤取0.2g硫酸銨（精確至0.000 1g），代替試樣，按上述步驟進行操作，測得硫酸銨含氮量應為21.19%±0.2%，否則應檢查加鹼、蒸餾和滴定各步驟是否正確。

（5）空白測定　精確秤取0.5g蔗糖（精確至0.1mg），代替樣品，從消化開始所有步驟完全相同，記錄空白實驗消耗0.1mol/L鹽酸標準溶液的體積不得超過0.2mL，消耗0.02mol/L鹽酸標準溶液的體積不得超過0.3mL。

4. 結果計算

（1）計算公式

$$C(\%)=\frac{c\times(V_1-V_2)\times\frac{14}{1\,000}\times 6.25}{m\times\frac{V'}{V}}\times 100\%$$

式中：C為樣品中粗蛋白含量，%；c為鹽酸標準溶液的濃度，mol/L；V_1為滴定樣品吸收液時使用鹽酸標準溶液的體積，mL；V_2為滴定空白吸收液時使用鹽酸標準溶液的體積，mL；m為樣品質量，g；V'為蒸餾用消煮液體積，mL；V為試樣消煮液總體積，mL；6.25為蛋白係數。

（2）重複性　每個試樣取兩個平行樣，並以兩個試樣的算術平均值為最終結果，結果保留小數點後兩位。當粗蛋白含量大於25%時，允許相對偏差為1%；當粗蛋白含量為10%～25%時，允許相對偏差為2%；當粗蛋白含量小於10%時，允許相對偏差為3%。

5. 注意事項

（1）剛開始消化時不要用強火，應保持溶液微沸。

（2）樣品中若脂肪含量較高，消化過程中會產生大量泡沫，因此在開始消化時除用小火外，還應不時搖動。

（三）粗脂肪的測定

1. 原理　索氏抽提法是測定脂肪含量的經典方法。將前處理過的樣品用無水乙醇或石油醚回流提取，使樣品中的脂肪溶於有機溶劑中，然後蒸去有機溶劑，剩下的物質即為脂肪。由於溶於有機溶劑的為脂肪類物質的混合物，除了脂肪外，還含有磷脂、固醇、脂溶性維他命等，因此測定結果也稱為粗脂肪。

2. 主要儀器和試劑

（1）主要儀器　索氏抽提器、電熱恆溫水浴鍋、恆溫烘箱、乾燥器、濾紙和脫脂棉（用乙醚泡過）。

（2）主要試劑　無水乙醚。

3. 操作方法

（1）樣品的處理　秤取粉碎後過40目（0.425mm）篩樣品2～5g，精確至0.000 2g，此處可選取測定過水分含量的樣品，否則需按照測定水分含量步驟烘乾，冷卻至樣品恆重。

（2）濾紙筒的製備　取大小為8cm×15cm的濾紙，以直徑2cm試管為模型，將濾紙折疊成底部封口的圓筒，圓筒底部放置一小片脫脂棉，在101～105℃烘箱中烘至恆重，置於乾燥器中冷卻。然後將製備好的樣品無損地移入濾紙筒內。

（3）抽提　將裝有樣品的濾紙筒放入已烘乾、冷卻至恆重的索氏抽提器內，連接同樣烘乾、冷卻至恆重的脂肪接收瓶。從上端冷凝管中加入無水乙醚，添加量為接收瓶體積的2/3，於水浴中加熱（夏天65℃，冬天80℃左右）使無水乙醚不斷回流以提取粗脂肪，時間一般為6～12h，直至抽提完全。

（4）秤重　取下接收瓶，回收無水乙醚，待瓶內乙醚剩下1～2mL時，在水浴中蒸乾，再置於101～105℃烘箱中烘2h，乾燥器中冷卻0.5h，秤重，至恆重。

4. 結果計算

（1）計算公式

$$C(\%)=\frac{m_2-m_1}{m}\times 100\%$$

式中：C為樣品中粗脂肪含量，%；m_1為接收瓶的質量，g；m_2為接收瓶和抽取的脂肪的質量，g；m為樣品的質量（如果試樣為測定過水分含量後的樣品，則以測定前的質量計算），g。

（2）重複性　每個試樣取兩個平行樣，並以兩個試樣的算術平均值為最終結果。當粗脂肪含量大於10%時，允許相對偏差為3%；當粗脂肪含量小於10%時，允許相對偏差為5%。

5. 注意事項

（1）樣品應粉碎、過篩、乾燥，否則樣品中水分會影響無水乙醚抽提效果，而且溶劑會吸收樣品中的水分造成非脂成分溶出，影響檢測結果。

（2）裝樣品的濾紙筒一定要嚴密，不能使樣品外漏，但又不能包得太緊，影響溶劑滲透抽提。

（3）抽提用的乙醚要求無水、無醇、無過氧化物。

（4）抽提時可在冷凝管上端連接一個氯化鈣乾燥管，也可塞一團乾燥的脫脂棉球，以防止空氣中水分進入，同時也可以避免乙醚揮發。

（5）在揮發乙醚時，切忌用火直接加熱，否則會發生爆炸。同時，放入烘箱前應確保無乙醚殘留，否則同樣有發生爆炸的危險。

（四）粗纖維的測定

1. 原理　粗纖維不是單一組分，而是包括纖維素、半纖維素、木質素等多種成分的混合物，其既不溶於水也不溶於任何有機溶劑，同時對稀酸、稀鹼很穩定。因此，測定時需在熱的稀硫酸作用下消煮樣品，使樣品中的糖、澱粉等物質水解除去，再用熱的氫氧化鈉處理，使蛋白質溶解，脂肪發生皂化反應除去。然後用乙醇、乙醚除去色素、殘留的脂肪等可溶物，所餘量即粗纖維。

2. 主要儀器和試劑

（1）主要儀器　高溫爐、恆溫烘箱、抽濾裝置、乾燥器、古式坩堝。

（2）主要試劑　乙醇、乙醚、1.25%硫酸溶液/氫氧化鈉溶液、石棉。

3. 操作方法

（1）脫脂處理　秤取粉碎後過1mm篩樣品1～2g，精確至0.000 2g，加入20mL乙醚（沸程30～60℃），攪勻後放置，倒出上清液，重複上述操作2～3次，風乾後即可測定（脂肪含量大於10%的必須脫脂處理，小於10%的可不脫脂）。

（2）酸處理　將經過脫脂處理的試樣放入錐形瓶中，加入200mL已經沸騰的1.25%硫酸溶液和1滴正辛醇（消除沸騰時的泡沫），立即加熱使其沸騰，調節加熱器，使溶液保持在微沸狀態，連續加熱0.5h，每隔5min搖動錐形瓶一次，使瓶內物質充分混合，瓶內樣品不needs到瓶壁上。取下錐形瓶，進行抽濾，殘渣用熱水洗至溶液不呈酸性（以甲基紅為指示劑）。

（3）鹼處理　用200mL已經沸騰的1.25%氫氧化鈉溶液將殘留物轉移至原錐形瓶中，同樣加熱使其沸騰並保持0.5h，立即在鋪有石棉的古式坩堝上過濾，然後用熱水洗至溶液不呈鹼性（以酚酞為指示劑）。

（4）乾燥　依次用20mL左右乙醇、乙醚各洗滌一次。將坩堝置於130℃左右烘箱中乾燥至恆重，再於（550±25）℃左右高溫爐中灼燒0.5h，殘留物即粗纖維。

4. 結果計算

（1）計算公式

$$C(\%)=\frac{m_1-m_2}{m}\times 100\%$$

式中：C為樣品中粗纖維的含量，%；m_1為烘乾後坩堝及試樣殘渣的質量，g；m_2為高溫灼燒後坩堝及試樣殘渣的質量，g；m為樣品的質量，g。

（2）重複性　每個試樣取兩個平行樣，並以兩個試樣的算術平均值為最終結果。當粗纖維含量大於10%時，允許相對偏差為4%；當粗脂肪含量小於10%時，允許絕對值相差0.4。

5. 注意事項

(1) 實驗證明，樣品的粒度、過濾時間、加熱時間等都能影響測定結果。樣品粒度過大影響消化，結果偏高；過細小則使過濾困難。

(2) 酸鹼處理時要使溶液保持微沸狀態，否則沸騰過於劇烈，會使溶液中的樣品附著於瓶壁上，使結果偏低。過濾時間不能過長，一般不超過10min，否則應適當減少稱樣量。

(五) 粗灰分的測定

1. 原理　試樣經炭化後在高溫爐中灼燒，其中的有機成分揮發逸散，剩下的無機鹽、金屬氧化物，以及混入其中的砂石、泥土等殘渣即粗灰分。

2. 主要儀器　高溫爐、坩堝（容器50mL）、乾燥器。

3. 操作方法

(1) 樣品的處理　秤取粉碎後過40目（0.425mm）篩樣品2～5g，精確至0.000 2g，密封保存在容器中。

(2) 瓷坩堝的準備　將乾淨的坩堝置於500～550℃的高溫爐中灼燒0.5h，取出並在空氣中冷卻1min，然後移入乾燥器中冷卻30min，確保已冷卻至室溫，秤重。再次將坩堝放入高溫爐中灼燒、冷卻、秤重，直至恆重（兩次質量之差小於0.000 5g）。

(3) 炭化處理　將秤取的樣品放入已恆重的坩堝中，在灰化處理前需要先進行炭化處理，以防止後續高溫灼燒時，試樣中的水分因高溫而急劇蒸發使樣品飛揚；同時可防止碳水化合物、蛋白質等易發泡膨脹物質在高溫下溢出坩堝。此外，不經炭化顆粒易被包住，導致灰化不完全。在電爐上炭化，半蓋坩堝蓋，小心加熱使樣品逐漸炭化，直至無煙。

(4) 灰化處理　將經過炭化處理的坩堝移入500～550℃的高溫爐口，稍停片刻後再移入爐膛內部，坩堝蓋斜靠在坩堝上，灼燒3h左右，至灰中無炭粒。將坩堝移至爐口處冷卻至200℃左右，然後移入乾燥器中冷卻至室溫，秤重。再同樣灼燒1h，冷卻、秤重，直至恆重（兩次質量之差不超過0.001g）。

4. 結果計算

(1) 計算公式

$$C\ (\%) = \frac{m_3 - m_1}{m_2 - m_1} \times 100\%$$

式中：C為樣品中粗灰分含量，%；m_1為乾燥至恆重的坩堝的質量，g；m_2為樣品和已乾燥至恆重的坩堝質量，g；m為灰分殘渣和已乾燥至恆重的坩堝的質量，g。

(2) 重複性　每個試樣取兩個平行樣，並以兩個試樣的算術平均值為最終結果。當粗灰分含量大於5%時，允許相對偏差為1%；當粗灰分含量小於5%時，允許相對偏差為5%。

5. 注意事項

(1) 樣品炭化時，應注意控制溫度不宜過高，防止產生大量泡沫溢出坩堝。

(2) 從乾燥器中取出冷卻的坩堝時，因為坩堝內部呈真空，所以蓋子不宜打開，因此應緩慢打開蓋子，讓空氣緩緩進入，以防殘渣灰分飛散。

(3) 用過的坩堝初步洗刷後，用稀鹽酸浸泡10～20min，然後再用清水沖洗乾淨。

二 常量營養成分檢測

礦物質是一大類無機營養素，雖然占比很小，且不能供能，但缺乏時會導致寵物生長緩慢，而過量同樣會影響機體健康，因此在機體生命活動中起著十分重要的作用。其中，寵物體內必需且含量大於0.01%的元素，稱為常量元素；體內含量小於0.01%的元素，稱為微量元素。微量元素在寵物實際飼養中幾乎不會出現缺乏，所以本節將重點介紹鈣、磷和水溶性氯化物三種常量成分的檢測方法。

(一) 鈣的測定

1. 原理　樣品經灰化後有機物被破壞，而鈣留在灰分中，在酸性溶液中，鈣與草酸生成草酸鈣沉澱。沉澱洗滌後用硫酸溶解，草酸被游離出來，然後用高錳酸鉀標準溶液滴定草酸，間接測定出鈣的含量。參與反應的化學方程式如下：

$$CaCl_2 + (NH_4)_2C_2O_4 = CaC_2O_4 + 2NH_4Cl$$

$$CaC_2O_4 + H_2SO_4 = CaSO_4 + H_2C_2O_4$$

$$5H_2C_2O_4 + 2KMnO_4 + 3H_2SO_4 = K_2SO_4 + 2MnSO_4 + 10CO_2\uparrow + 8H_2O$$

2. 主要儀器和試劑

(1) 主要儀器　玻璃漏斗、容量瓶、滴定管。

(2) 主要試劑　鹽酸溶液、硫酸溶液、氨水、0.05mol/L高錳酸鉀溶液。

3. 操作方法

(1) 樣品的消化　秤取2～5g樣品於坩堝中，精確至0.000 2g，在電爐上炭化後，移入高溫爐中灼燒3h（或直接秤取粗灰分），在盛有灰分的坩堝中加入10mL鹽酸和數滴濃硝酸，煮沸且冷卻後將溶液移入100mL容量瓶中，用熱的去離子水多次洗滌坩堝，洗滌液加入容量瓶中，冷卻至室溫後用去離子水定容。

(2) 測定　從容量瓶中取10～20mL溶液於燒杯中，添加100mL去離子水，再加入甲基紅指示劑1～2滴，然後滴加氨水至溶液呈橙色，再滴加鹽酸溶液使溶液顏色恰變成紅色，在火爐上小心煮沸，緩慢加入10mL草酸銨溶液，期間不斷攪拌，若溶液變成橙色，則補滴鹽酸至溶液重新變成紅色，煮沸數分鐘，放置過夜使沉澱沉積。用濾紙過濾，用氨水多次沖洗沉澱，至無草酸根離子，將沉澱和濾紙轉入原燒杯，加入10mL硫酸溶液，50mL去離子水，小心加熱至75～80℃，用0.05mol/L高錳酸鉀溶液滴定，直至溶液呈粉紅色且30s內不變色為止。同時進行空白溶液的測定。

4. 結果計算

(1) 計算公式

$$\text{鈣含量}C(\%)=\frac{0.05\times(V_1-V_0)\times0.02}{m_2\times V_2/100}\times100=\frac{10\times(V_1-V_0)}{m\times V_2}$$

式中：V_1為滴定樣品時0.05mol/L高錳酸鉀溶液的體積，mL；V_0為滴定空白時0.05mol/L高錳酸鉀溶液的體積，mL；V_2為滴定時移取樣品分解溶液的體積，mL；m為樣品質量，g。

(2) 重複性　每個試樣選取兩個平行試樣，並以兩個試樣的算術平均值為最終結果。含鈣量大於5%時，允許相對偏差3%；含鈣量為1%～5%時，允許相對偏差5%；含鈣量小於1%時，允許相對偏差10%。

(二) 磷的測定

1. 原理　樣品經消化分解後，磷游離出來，在酸性條件下用釩鉬酸銨處理，生成黃色的釩鉬黃絡合物，其吸光度與磷的濃度成正比，在400nm下測定溶液的吸光值，根據已知濃度的磷標準曲線進行定量。

2. 主要儀器和試劑

(1) 主要儀器　分光光度計、高溫爐、瓷坩堝、容量瓶、凱氏燒瓶、可調溫電爐。

(2) 主要試劑　鹽酸（1+1水溶液）、濃硝酸、高氯酸。

釩鉬酸銨顯色劑的製備：秤取1.25g偏釩酸銨，加入250mL硝酸溶液溶解，另外秤取25g鉬酸銨，加入400mL水溶解，在冷卻的條件下，將兩種溶液混合，用水定容至1 000mL。注意溶液避光保存，若生成沉澱，則需要重新配置。

磷標準溶液的製備：將磷酸二氫鉀在105℃添加下乾燥1h，在乾燥器中冷卻後秤量0.219 5g溶解於水中，充分溶解後轉移至1 000mL容量瓶中，然後加入3mL硝酸，用水定容，搖勻，即為50μg/mL磷標準溶液。

3. 操作方法

(1) 樣品的消化　樣品的消化如上測定鈣含量的方法。

(2) 磷標準曲線的繪製　準確量取0、1.0、2.0、5.0、10.0、15.0mL於50mL容量瓶中，各加釩鉬酸銨顯色劑10mL，用蒸餾水定容，搖勻，室溫下放置10min以上，在波長400nm測吸光度，然後以磷含量為橫座標，吸光值為縱座標繪製標準曲線。

（3）樣品的測定　準確量取樣品消化液1～10mL於50mL容量瓶中，加入10mL釩鉬酸銨顯色劑，用蒸餾水定容，搖勻，室溫下放置10min以上，然後在波長400nm測吸光度，根據磷標準曲線算出樣品中對應的磷含量。

4. 結果計算

（1）計算公式

$$C(\%)=\frac{a\times 10^{-6}}{m}\times\frac{V}{V_1}$$

式中：C為樣品中的磷含量；a為由標準曲線算出的樣品消化液的含磷量，μg；10^{-6}為將μg轉化為g的係數；m為樣品的質量，g；V為樣品消化液的總體積，mL；V_1為測吸光度時量取的樣品消化液的體積，mL。

（2）重複性　每個試樣取兩個平行樣，並以兩個試樣的算術平均值為最終結果，結果精確到小數點後兩位。當含磷量大於5%時，允許相對偏差為3%；當含磷量小於5%時，允許相對偏差為10%。

5. 注意事項　待測消化液加入顯色劑後，應在室溫下靜置10min後再測吸光度，但不能靜置過久。

（三）水溶性氯化物的測定

1. 原理　試樣中的氯離子溶解於水溶液中，如果試樣中含有有機物質，需將溶液澄清，然後用硝酸稍加酸化，並加入硝酸銀標準溶液使氯化物生成氯化銀沉澱，過量的硝酸銀溶液用硫氰酸銨或硫氰酸鉀標準溶液滴定。

2. 主要儀器和試劑

（1）主要儀器　迴旋振盪器（35～40r/min）、容量瓶、滴定管、移液管、中速定量濾紙。

（2）主要試劑　丙酮、硝酸（ρ_{20}=1.38g/mL）、活性炭（不含氯離子也不能吸收氯離子）、硫酸鐵銨飽和溶液、硫氰酸鉀標準溶液（0.1mol/L）、硫氰酸銨標準溶液（0.1mol/L）、硝酸銀標準溶液（0.1mol/L）。Carrez Ⅰ：秤取10.6g亞鐵氰化鉀，溶解並用水定容至100mL。Carrez Ⅱ：秤取21.9g乙酸鋅，加3mL冰乙酸，溶解並用水定容至100mL。

3. 操作方法

（1）樣品的製備　採樣後應保證樣品在運輸粗存過程中不變質，按照法律規範製備樣品。如果樣品是固體，則需粉碎（通常500g），使之全部透過1mm篩孔的樣品篩。

不含有機物試樣試液的製備：秤取不超過10g試樣，精確至0.001g，試樣所含氯化物含量不超過3g，轉移至500mL容量瓶中，加入400mL溫度約為20℃的水，混勻，在迴旋振盪器中振盪30min，用水稀釋至刻度（V_i），混勻，過濾，濾液供滴定用。

含有機物試樣試液的製備：秤取5g試樣（質量m），精確至0.001g，試樣所含氯化物含量不超過3g，轉移至500mL容量瓶中，加入1g活性炭，加入400mL溫度約為20℃的水和5mL Carrez Ⅰ溶液，攪拌，然後加入5mL Carrez Ⅱ溶液混合，在振盪器中搖30min，用水稀釋至刻度（V_i），混勻，過濾，濾液供滴定用。

(2) 滴定　用移液管移取一定體積濾液至三角瓶中，25～100mL（V_a），其中氯化物含量不超過150mg。必要時（移取的濾液少於50mL），用水稀釋到50mL以上，加5mL硝酸、2mL硫酸鐵銨飽和溶液，並從加滿硫氰酸銨或硫氰酸鉀標準滴定溶液至0刻度的滴定管中滴加2滴硫氰酸銨或硫氰酸鉀溶液。用硝酸銀標準溶液滴定至紅棕色消失，再加入5mL過量的硝酸銀溶液，劇烈搖動使沉澱凝聚，必要時加入5mL正己烷，以助沉澱凝聚。用硫氰酸銨或硫氰酸鉀溶液滴定過量硝酸銀溶液，直至產生紅棕色且保持30s不褪色，滴定體積為V_{t1}。

(3) 空白實驗　空白實驗需與測定平行進行，用同樣的方法和試劑，但不加試樣。

4. 結果計算

(1) 計算公式

$$C(\%)=\frac{M\times[(V_{s1}-V_{s0})\times C_S-(V_{t1}-V_{t0})]\times C_t}{m}\times\frac{V_i}{V_a}\times f\times 100\%$$

式中：C為試樣中水溶性氯化物的含量，數值以%表示；M為氯化鈉的摩爾質量，M=58.44g/mol；V_{s1}為測試溶液滴加硝酸銀溶液體積，mL；V_{s0}為空白溶液滴加硝酸銀溶液體積，mL；C_S為硝酸銀標準溶液濃度，mol/L；V_{t1}為測試溶液滴加硫氰酸銨或硫氰酸鉀溶液體積，mL；V_{t0}為空白溶液滴加硫氰酸銨或硫氰酸鉀溶液體積，mL；C_t為硫氰酸銨或硫氰酸鉀溶液溶液濃度，mol/L；m爲試樣的質量，g；V_i為試樣的體積，mL；V_a為移出液的體積，mL。f為稀釋因子：f=2，用於熟化寵物食品、亞麻餅粉或富含亞麻粉的產品和富含黏液或膠體物質的試樣；f=1，用於其他被測樣品。

(2) 重複性　每個試樣取兩個平行樣，並以兩個試樣的算術平均值為最終結果。當水溶性氯化物含量小於1.5%時，精確到0.05%；當水溶性氯化物含量大於或等於1.5%時，精確到0.10%。

第三節 寵物食品嫌忌成分檢測

寵物食品中常見的有毒有害成分包括重金屬汙染、農藥殘留、獸藥殘留、黃麴毒素汙染等，寵物長期攝取這些有毒有害成分對機體的傷害很大，有些甚至能危及寵物的生命安全，因此有必要對這些成分進行檢測。

一 重金屬檢測

常見的有毒有害的重金屬包括砷、鉛、汞等。元素砷本身無毒，但極易被氧化成三氧化二砷，該物質可引起急性中毒；同時砷具有累積性，寵物經口長期攝取少量的砷，可致慢性砷中毒，從而導致神經衰弱等一系列症狀。鉛在自然界中的分布很廣，造成的汙染也很普遍，一次或短期攝取高劑量的鉛的化合物，會造成急性中毒。鉛的毒性同樣具有累積性，長期攝取低劑量的鉛可致慢性鉛中毒，從而引起寵物神經性和血液性中毒。汞的毒性與其化學存在形式有關：無機汞不易吸收，毒性小；而有機汞，尤其是烷基汞，易被吸收，毒性大，且在體內能夠累積，達到一定量時，將損害寵物機體健康。因此，本部分將主要講述砷、鉛、汞三種重金屬的檢測方法。

（一）砷的測定

1. 原理　樣品經酸消解或者灰化破壞有機物後，砷呈離子狀態，經碘化鉀、氯化亞錫將高價態砷還原成三價砷，然後被鋅粒和酸產生的新生態氫還原成砷化氫，該物質在密閉容器中被二乙胺基二硫代甲酸銀（Ag-DDTC）的三氯甲烷溶液吸收，形成黃色或者棕紅色溶液，此時用分光光度計測定吸光值，其數值與砷含量成正比。參與反應方程式如下：

$$AsH_3 + 6Ag(DDTC) = 6Ag + 3H(DDTC) + As(DDTC)_3$$

2. 主要儀器和試劑

（1）主要儀器　砷化氫發生器、分光光度計、可調式電爐、瓷坩堝（30mL）、高溫爐。

（2）主要試劑　3mol/L 鹽酸溶液、150g/L 硝酸鎂溶液、2.5g/L Ag-DDTC 溶液、200g/L 氫氧化鈉溶液、150g/L 碘化鉀溶液、400g/L 氯化亞錫溶液、［粒徑（3.0±0.2）mm］無砷鋅粒。

1.0mg/mL 砷標準溶液的製備：精確秤取 0.660g 三氧化砷（110℃乾燥 2h），加入 5mL 氫氧化鈉溶液使之溶解，然後加入 25mL 硫酸溶液中和，定容至 500mL，於塑膠瓶中冷儲。

3. 操作方法

（1）樣品的處理

①鹽酸溶樣法：秤取樣品 1 ～ 3g（精確到 0.000 1g）於 100mL 燒杯中，加少許水潤溼樣品，慢慢滴加 10mL 鹽酸溶液，待激烈反應後，再緩緩加入 8mL 鹽酸，用水稀釋至

約30mL煮沸，轉移到50mL容量瓶中，洗滌燒杯3～4次，洗液並入容量瓶中，用水定容，搖勻，待測。

②乾灰化法：秤取樣品2～3g（精確到0.000 1g）於30mL瓷坩堝中，加入5mL硝酸鎂溶液，混勻，於低溫或沸水浴中蒸乾、低溫碳化至無煙後，轉入高溫爐於550℃灰化處理3.5～4h，取出冷卻，緩慢加入10mL鹽酸溶液，反應完全後煮沸並轉移到50mL容量瓶中，用水洗滌坩堝3～5次，洗液並入容量瓶中，用水定容，搖勻，待測。

（2）標準砷溶液曲線的繪製　準確吸取0.00、1.0、2.0、4.0、6.0、8.0、10.0mL砷標準工作溶液於發生瓶中，加入10mL鹽酸溶液，加水稀釋至40mL，加入2mL碘化鉀溶液，搖勻，加入1mL氯化亞錫溶液，搖勻，靜置15min。

準確吸取5mL Ag-DDTC溶液於吸收瓶中，連接好吸收裝置，從發生器測管迅速加入4g無砷鋅粒，反應45min，當室溫低於15℃時，反應延長至1h，反應中輕搖發生瓶2次，反應結束後，取下吸收瓶，用三氯甲烷定容至5mL，搖勻，用分光光度計測520nm處吸光度，並建立濃度和吸光度間的曲線圖。

（3）還原反應與吸光度測定　從處理好的待測液體中準確吸取適量溶液與砷化氫發生器中，補加鹽酸至10mL，並用水稀釋至40mL，使溶液鹽酸濃度為3mol/L，然後向溶液中加入2mL碘化鉀溶液，後續操作同上。

4. 結果計算

（1）計算公式

$$C(\%)=\frac{(A_1-A_2)\times V\times 1\,000}{m\times V_2\times 1\,000}\times 100\%$$

式中：C為試樣中總砷含量，mg/kg；A_1為測試液中含砷量，μg；A_2為試劑空白液中含砷量，μg；V_1為樣品消解液定容總體積，mL；V_2為分取液體積，mL；m為試樣質量，g。

（2）重複性　每個試樣取兩個平行樣，並以兩個試樣的算術平均值為最終結果，結果精確到0.01mg/kg。當含砷量大於1.0mg/kg時，結果取3位有效數字。

（二）鉛的測定

1. 原理

（1）乾灰化法　將樣品在（550±15）℃的馬弗爐中灰化後，酸性條件下溶解殘渣，經沉澱和過濾後，定容成樣品溶液，然後用火焰原子吸收光譜，測定溶液在283.3nm處的吸光度，然後根據標準溶液曲線獲得樣品中的鉛含量。

（2）溼消化法　樣品中的鉛在酸的作用下變成鉛離子，經沉澱和過濾後，定容成樣品溶液，用原子吸收光譜法測定樣品中的鉛含量。

2. 主要儀器和試劑

（1）主要儀器　馬弗爐、原子吸收分光光度計、可調式電爐、瓷坩堝、無灰濾紙。

（2）主要試劑　6mol/L 鹽酸溶液、6mol/L 硝酸溶液。注意：操作各種強酸時應小心，稀釋和取用強酸時均應在通風櫥中進行。

1mg/mL 鉛標準溶液的製備：精確秤取 1.598g 硝酸鉛，加入 10mL 濃度為 6mol/L 硝酸溶液，全部溶解後，轉入 1 000mL 容量瓶中，加水稀釋至刻度，搖勻，儲存在聚乙烯瓶中，4℃保存。

3. 操作方法

（1）樣品溶解

①乾灰化法：秤取 5g 製備好的樣品（精確到 0.001g）置於瓷坩堝中，將坩堝置於可調節電爐上，100 ～ 300℃緩慢加熱炭化至無煙，注意在此過程中要避免樣品燃燒。然後將其放入已在（550±15）℃下預熱 15min 的馬弗爐中，灰化 2 ～ 4h，冷卻後用 2mL 水將炭化物潤溼。

②鹽酸溶樣法：秤取 1 ～ 5g 製備好的樣品（精確到 0.001g）置於瓷坩堝中，用 2mL 水將樣品溼潤，取 5mL 濃度為 6mol/L 鹽酸溶液慢慢地一滴一滴的加入坩堝中，邊加邊轉動坩堝，直到不冒泡，再快速加入剩餘的鹽酸，然後再加入 5mL 濃度為 6mol/L 硝酸溶液，邊加邊轉動坩堝，並用水浴加熱直到剩餘 2 ～ 3mL 消化液時取出（注意防止濺出），分多次用 5mL 左右的水轉移到 50mL 容量瓶中，冷卻並用水定容，用無灰濾紙過濾後搖勻，待用。同時製備空白樣品溶液。

（2）標準鉛溶液曲線的繪製　準確吸取 0.0、1.0、2.0、4.0、8.0mL 鉛標準工作溶液於 50mL 容量瓶中，加入 1mL 濃度為 6mol/L 鹽酸溶液，加水定容至 50mL，搖勻，導入原子吸收分光光度計，用水調零，在 283.3nm 波長處測定吸光度，繪製鉛標準溶液曲線。

（3）吸光度測定　測定樣品溶液和空白溶液的吸光度，根據標準溶液曲線，測定樣品中的鉛含量。

4. 結果計算

（1）計算公式

$$C(\%)=\frac{(A_1-A_2)\times V\times 1\,000}{m\times 1\,000}=\frac{(A_1-A_2)\times V}{m}$$

式中：C 為試樣中總鉛含量，mg/kg；A_1 為測試液中含鉛量，μg/mL；A_2 為試劑空白液中含鉛量，μg/mL；V 為樣品消化液總體積，mL；m 為樣品的質量，g。

（2）重複性　每個試樣取兩個平行樣，並以兩個試樣的算術平均值為最終結果，結果精確到 0.01mg/kg。鉛含量不大於 5mg/kg 時，允許相對偏差不大於 20%。

（三）汞的測定

1. 原理　樣品經酸加熱消解後，在酸性介質中，樣品中的汞被硼氫化鉀還原成原子態汞，由載氣（氬氣）帶入原子化器中，在特製汞空心陰極燈照射下，基態汞原子被激發至高能態，在去活化回到基態時，發射出特徵波長的螢光，其螢光強度與汞含量成正比，可用標準系列進行定量。

2. 主要儀器和試劑

（1）主要儀器　原子螢光光度計、高壓消解罐（100mL）、微波消解爐、容量瓶（50mL）、分析天平。

（2）主要試劑　6mol/L鹽酸溶液、6mol/L硝酸溶液（注意：操作各種強酸時應小心，稀釋和取用強酸時均應在通風櫥中進行）。硝酸（優級純）、硫酸（優級純）、30%過氧化氫、混合酸液：硝酸+硫酸+水（1+1+8），量取硝酸和硫酸各10mL，緩緩加入到80mL水中，冷卻後小心混勻。硝酸溶液：量取50mL硝酸，緩緩倒入450mL水中，混勻。氫氧化鉀溶液（5g/L）：秤取5.0g氫氧化鉀，溶於水中，稀釋至1 000mL，混勻。硼氫化鉀溶液（5g/L）：秤取5.0g硼氫化鉀，溶於5g/L氫氧化鉀溶液中，稀釋至1 000mL，混勻，現用現配。汞標準儲備溶液：按法律規定進行配製，或選用汞標準溶液（GBW 08617），此溶液每毫升相當於1 000μg汞。汞標準工作液：吸取汞標準儲備液1mL於100mL容量瓶中，用硝酸溶液稀釋至刻度，混勻，此溶液濃度為10μg/mL。再分別吸取10μg/mL汞標準儲備液1mL和5mL於兩個100mL容量瓶中，用硝酸溶液稀釋至刻度，混勻，此溶液濃度為100ng/mL和500ng/mL，分別用於測定低濃度試樣和高濃度試樣，製作標準曲線，現用現配。

3. 操作方法

（1）樣品消解　秤取0.5～2.00g製備好的樣品（精確到0.001g）置於聚四氟乙烯塑膠內罐中，加10mL硝酸，混勻後放置過夜，再加15mL過氧化氫，蓋上內蓋放入不鏽鋼外套中，旋緊密封。然後將消解罐放入普通乾燥箱（烘箱）中加熱，升溫至120℃後保持恆溫2～3h，至消解完全，冷至室溫，將消解液用硝酸溶液洗滌消解罐並定容至50mL容量瓶中，搖勻。同時做試劑空白試驗，待測。

（2）標準系列溶液配置

① 低濃度標準系列：分別吸取100ng/mL汞標準工作液0.50、1.00、2.00、4.00、5.00mL於50mL容量瓶中，用硝酸溶液稀釋至刻度，混勻，此溶液濃度為1.0、2.0、4.0、8.0、10.0ng/mL。此標準系列適用於一般試樣測定。

② 高濃度標準系列：分別吸取500ng/mL汞標準工作液0.50、1.00、2.00、4.00、5.00mL於50mL容量瓶中，用硝酸溶液稀釋至刻度，混勻，此溶液濃度為5.0、10.0、

20.0、30.0、40.0ng/mL。此標準系列適用於魚粉及含汞量偏高的樣品的測定。

（3）儀器參考條件 光電倍增管負高壓：260V；汞空心陰極燈電流：30mA；原子化器：溫度300℃，高度8.0mm；氬氣流速：載氣500mL/min，屏蔽氣1 000mL/min；測量方式：標準曲線；讀數方式：峰面積；讀數延遲時間：1.0s；讀數時間：10.0s；硼氫化鉀溶液加液時間：8.0s；標準或樣液加液體積：2mL。儀器穩定後，測標準系列，至標準曲線的相關係數$r>0.999$後測試樣。

（4）測定方式

濃度測定方式：設定好儀器最佳條件，逐步將爐溫升至所需溫度後，穩定10～20min後開始測量。連續用硝酸溶液進樣，待讀數穩定後，轉入標準系列測量，繪製標準曲線。轉入試樣測量，先用硝酸溶液進樣，使讀數基本回零，再分別測定試樣空白和試樣消化液，每測不同的試樣前都應清洗進樣器。

儀器自動計算結果方式：設定好儀器最佳條件，在試樣參數畫面輸入試樣質量（g）、稀釋體積（mL）等參數，並選擇結果的濃度單位，逐步將爐溫升至所需溫度，穩定後測量。連續用硝酸溶液值測量狀態，用試樣空白消化液進樣，讓儀器取其均值作為扣底的空白值。隨後即可依法測定試樣。測定完畢後，選擇「打印報告」即可將測定結果打印出來。

4. 結果計算

（1）計算公式

$$C\,(\%)=\frac{(c-c_0)\times V\times 1000}{m\times 1\,000\times 1000}$$

式中：C為試樣中總汞的含量，mg/kg；c為試樣消化液中汞的含量，ng/mL；c_0為試劑空白液中汞的鉛量，ng/mL；V為樣品消化液總體積，mL；m為樣品的質量，g。

（2）重複性 每個試樣取兩個平行樣，並以兩個試樣的算術平均值為最終結果，結果精確到0.001mg/kg。汞含量不大於0.020mg/kg時，不得超過平均值的100%；汞含量大於0.020mg/kg而小於0.100mg/kg時，不得超過平均值的50%；汞含量大於0.100mg/kg時，不得超過平均值的20%

二 農藥殘留檢測

農藥廣泛應用於農業、林業和公共衛生事業等方面，目前世界上使用的農藥有上千種，按其毒性可分為高毒、中毒和低毒三類，按其在植物體內殘留的時間可分為高殘留、中殘留和低殘留。寵物長期食用含有農藥殘留的寵物食品會有「致癌、致畸、致突變」的風險，同時會導致寵物體質下降，引起各種慢性疾病。在各種農藥中，有機磷農藥因高效、殺蟲範圍廣、價格低廉而廣泛使用，是應用最廣泛的殺蟲劑。因此，本部分內容將講述寵物食品中有機磷農藥殘留的檢測方法。

（一）有機磷農藥殘留的測定

1. 原理　以丙酮提取有機磷農藥，濾液用水和飽和氯化鈉溶液稀釋，經二氯甲烷萃取，濃縮後用10%水脫活矽膠層柱淨化，然後用磷選擇性檢測器進行氣譜檢測。

2. 主要儀器和試劑

（1）主要儀器　分液漏斗、布氏漏斗、吸濾瓶、玻璃層析柱、旋轉蒸發器、氣相色譜儀。

注意：所有玻璃儀器在使用前要用清洗劑徹底清洗，過程為先用水沖洗，再用丙酮，最後乾燥。注意不要使用塑膠容器，勿用油脂潤滑活塞，否則雜質會混入溶劑中。

（2）主要試劑　丙酮、乙酸乙酯、無水硫酸鈉、飽和氯化鈉溶液、惰性氣體（如氮氣）、洗脫溶劑：正己烷和二氯甲烷1：1混合。矽膠的製備：在130℃條件下將活化粒度為63～200μm的矽膠60過夜，在乾燥器中冷卻至室溫後將矽膠倒入密封的玻璃容器中，加入足夠蒸餾水使質量百分濃度為10%，用力搖動30s，靜止30min（期間不可搖動）後即可使用，製作的矽膠需要6h內使用。農藥標準品：谷硫磷、樂果、乙硫磷、馬拉硫磷等。內標為三丁基磷酸酯。1mg/mL農藥標準溶液儲備液的製備：秤取一定量的農藥（精確到0.1mg），轉移至100mL容量瓶中，溶解於乙酸乙酯並定容至刻度線，使得標準品和內標物濃度為1 000μg/mL。在4℃黑暗處可保存1個月。農藥中間溶液濃度為10μg/mL，工作液濃度為0.5μg/mL。空白樣：與被測樣品相同但不含待測成分的物質。

3. 操作方法

（1）樣品的製備　實驗室樣品為乾燥或低溼度的產品，樣品混合均勻後進行研磨，使之能完全通過1mm孔徑的篩子，徹底混合。

（2）樣品的提取　秤取50g乾燥或低溼度的樣品（高溼度的樣品則秤取100g），精確到0.1g，放入1 000mL容量瓶中，加水使樣品含水量約100g，浸泡5min左右，加入200mL丙酮，塞緊瓶塞後在搖床上震盪提取2h或在均質機上勻漿2min。

用真空泵抽濾，在布氏漏斗中用中性濾紙，濾液接入500mL的吸濾瓶中，分兩次加入25mL丙酮清洗容器和濾紙上的殘渣，濾液收集到同一個濾瓶中。

將濾液轉入1 000mL分液漏斗中，濾瓶用100mL二氯甲烷清洗，清洗液也倒入分液漏斗中，加入250mL和50mL飽和氯化鈉溶液振搖2min，使相分離，放出下層（二氯甲烷）到500mL分液漏斗中，再用50mL二氯甲烷萃取2次，合併二氯甲烷到同一分液漏斗中。用100mL水清洗二氯甲烷提取物2次，棄去水相。

將20g無水硫酸鈉加到濾紙上，眞空過濾二氯甲烷提取物，濾液接入500mL燒瓶中，用10mL二氯甲烷分別沖洗分液漏斗和硫酸鈉2次。

減壓濃縮至2mL左右，溫度不超過40℃。用1～2mL的正己烷將濃縮物轉移到10mL刻度管中，在氮氣下濃縮至1mL。注意不要讓溶液乾了，否則農藥會由於揮發或者溶解度變差而損失。

（3）柱的淨化　首先將5g質量分數為10%的水脫活矽膠加入到玻璃層析柱內，在矽膠的頂部加入5g無水硫酸鈉，再用20mL正己烷預洗柱子。用1～2mL正己烷將濃縮的提取物轉移到層析柱頂部，用50mL洗脫液洗出有機磷農藥，收集洗脫液到100mL的眞空蒸發器的燒瓶中，按上述步驟濃縮洗脫液，用乙酸乙酯定容到10mL。當使用內標法時，在加入乙酸乙酯定容之前，加0.5mL磷酸三丁酯內標中間液，用空白液做參比標準溶液。

（4）氣相色譜儀　在推薦使用條件下，待氣相色譜儀穩定後，先注入1～2μL標準工作液，再注射等體積的樣品淨化液，必要時需稀釋。

根據保留時間，確定各種農藥的峰。透過標準工作液中各已知濃度農藥的峰值進行比較，確定樣品中各農藥的濃度。

4. 結果計算

（1）計算公式

$$C\ (\%) = \frac{A \times m_s \times V}{A_s \times m \times V_1}$$

式中：C為試樣中各種含磷農藥殘留量，mg/kg；A為測試樣品峰值；m_s為標準品的進樣質量，ng；V為稀釋後試樣總體積，mL；A_s為工作液或參比試液中對應農藥的峰值；m為測試樣品的質量，g；V為稀釋後試樣總體積，mL；V_1為試樣進樣體積，μL。

（2）重複性　在同一實驗室，由同一操作者使用相同的設備，按相同的測試方法，並在短時間內，對同一被測對象，相互獨立進行測試獲得的兩次獨立測試結果的絕對差值，超過重複性限制r的情況不大於5%。

三 獸藥殘留檢測

獸藥是指用於預防、治療、診斷動物疾病或者有目的地調節動物生理機能的物質。殘留的獸藥主要包括抗生素類藥物，如β-內醯胺類（青黴素類、頭孢菌素類）、四環素類、氯黴素等；磺胺類藥物，如磺胺嘧啶、磺胺甲噁唑、磺胺脒等；硝基呋喃類藥物，如呋喃唑酮、呋喃它酮等；抗寄生蟲類，如苯並咪唑、左旋咪唑等；激素類藥物，如性激素、皮質激素等。寵物食品中若含有獸藥殘留會經口進入寵物體內，有的藥物會在動物體內蓄積，會引起寵物體內耐藥性增加，同時導致胃腸內菌群失調。本節將重點講述寵物食品中氨苄青黴素和磺胺類藥物殘留的測定方法。

（一）氨苄青黴素殘留的測定

1. 原理 用磷酸鹽緩衝溶液待測樣品中的氨苄青黴素，高效液相色譜儀反相色譜系統分離，紫外檢測器或二級管矩陣檢測器在波長220nm處進行定性、定量測定。

2. 主要儀器和試劑

（1）主要儀器 高效液相色譜儀、振盪器、離心機、超音波清洗機、微孔濾膜0.45μm。

（2）主要試劑 0.02mol/L磷酸二氫鉀溶液、乙腈、提取液：磷酸二氫鉀溶液+乙腈（19：1）。HPLC流動相：取920mL磷酸二氫鉀溶液和80mL乙腈，混合均勻，透過0.45μm的溶劑微孔過濾膜過濾，使用前用超音波脫氣。氨苄青黴素標準溶液儲備液的製備：準確秤取50mg氨苄青黴素標準品（精確至0.01mg）於50mL容量瓶中，用超純水溶解並定容，搖勻，濃度為1.0mg/mL，保存於4～6℃冰箱中，有效期為2d。氨苄青黴素標準溶液工作液的製備：準確移取適量氨苄青黴素標準溶液儲備液，用水稀釋成濃度分別為1.0、5.0、10.0、25.0、50.0和100.0μg/mL工作液，現用現配。

3. 操作方法

（1）樣品溶液的製備 秤取樣品5g，精確至0.1mg，置於100mL三角瓶中，準確加入25mL提取液，於振盪器上震盪提取5min，把溶液轉入離心管中以5 000r/min離心10min，取上清液過0.45μm的微孔濾膜，供高效液相色譜儀測定。

（2）HPLC條件 色譜柱：C_{18}柱（柱長250mm，內徑4.6mm，粒度5μm）或類似分析柱。柱溫：室溫。檢測器：紫外檢測器或二極管矩陣檢測器，檢測波長為220nm。流動相：磷酸二氫鉀溶液+乙腈（19：1）。流速：1.0mL/min。進樣量：20μL。

（3）HPLC測定 按HPLC說明書調整儀器參數。向HPLC中注入氨苄青黴素標準工作液及測試樣品溶液，得到色譜峰響應值，用標準系列進行單點或多點校準。

4. 結果計算

（1）計算公式

$$C=\frac{A}{A_s}\times C_s\times\frac{V}{m}$$

式中：C為試樣中氨苄青黴素殘留量，mg/kg；A為試樣提取液測得的色譜峰面積；A_s為氨苄青黴素標準工作液測得的色譜峰面積；C_s為標準工作液中氨苄青黴素含量，μg/mL；V為加到試樣中的提取液體積，mL；m為測試樣品的質量，g。

（2）重複性　在同一實驗室，由同一操作者使用相同的設備，按相同的測試方法，並在短時間內，對同一被測對象獨立測試獲得的兩次獨立測試結果算術平均值為最終結果，保留3位有效數字，兩次結果的相對偏差不大於10%。

（二）磺胺類藥物殘留的測定

1. 原理　試料中殘留的磺胺類藥物，用乙酸乙酯提取，0.1mol/L鹽酸溶液轉換溶劑，正己烷除脂，MCX柱淨化，高效液相色譜－紫外檢測法測定，外標法定量。

2. 主要儀器和試劑

（1）主要儀器　高效液相色譜儀、分析天平、渦動儀、離心機、均質機、旋轉蒸發儀、氮吹儀、固相萃取裝置、雞心瓶100mL、聚四氟乙烯離心管：50mL、濾膜：0.22μm。

（2）主要試劑　乙腈（色譜純＋分析純）、甲醇、鹽酸、正己烷、甲酸（色譜純）、MCX色譜柱；0.1%甲酸溶液：取甲酸1mL，用水溶解並稀釋至1 000mL。0.1%甲酸乙腈溶液：取0.1%甲酸830mL，用乙腈溶解並稀釋至1 000mL。洗脫液：取氨水5mL，用甲醇溶解並稀釋至100mL。0.1mol/L鹽酸溶液：取鹽酸0.83mL，用水溶解並稀釋至100mL。50%甲醇乙腈溶液：取甲醇50mL，用乙腈溶解並稀釋至100mL。100μg/mL磺胺類藥物混合標準儲備液：準確秤取磺胺類藥物標準品各10mg於100mL容量瓶中，用乙腈溶解並稀釋定容至刻度，搖勻，配置濃度為100μg/mL的磺胺類藥物混合標準儲備液。保存在-20℃中，有效期6個月。10μg/mL磺胺類藥物混合標準工作液的製備：準確移取5mL 100μg/mL的磺胺類藥物混合標準儲備液於50mL容量瓶中，乙腈溶解並稀釋定容至刻度，搖勻，配置濃度為10μg/mL的磺胺類藥物混合標準工作液。保存在-20℃中，有效期6個月。

3. 操作方法

（1）提取　秤取樣品（5±0.05）g，於50mL聚四氟乙烯離心管中，加乙酸乙酯20mL，渦動2min，4 000r/min離心5min，取上清液於100mL雞心瓶中，殘渣中加入乙酸乙酯20mL，重複提取一次，合併兩次提取液。

（2）淨化　雞心瓶中加0.1mol/L鹽酸溶液2mL洗雞心瓶，轉至同一離心管中。再用正己烷3mL雞心瓶，將正己烷轉至同一離心管中，渦旋混合30s，3 000r/min離心5min，棄正己烷。再次用正己烷3mL洗雞心瓶，轉至同一離心管中，渦旋混合30s，3 000r/min離心5min，棄正己烷，取下層液備用。MCX柱依次用甲醇2mL和0.1mol/L鹽酸溶液2mL活化，取備用液過柱，控制流速1mL/min。依次用1mL，0.1mol/L鹽酸溶液和2mL，50%甲醇乙腈溶液淋洗，用洗脫液4mL洗脫，收集洗脫液，於40℃氮氣吹乾，加0.1%甲酸乙腈溶液1.0mL溶解殘餘物，濾膜過濾，供高效液相色譜測定。

（3）標準曲線製備　精密量取10μg/mL磺胺類藥物混合標準工作液適量，用0.1%甲酸乙腈溶液稀釋，配置成濃度為10、50、100、250、500、2 500和5 000μg/L的系列混合標準溶液，供高效液相色譜測定。以測得峰面積為縱座標，對應的標準溶液濃度為橫座標，繪製標準曲線。求迴歸方程和相關係數。

（4）測定

①液相色譜參考條件：色譜柱為ODS-3C18,或相當者；流動相為0.1%甲酸+乙腈，梯度洗脫見表7-1；流速為1mL/min；柱溫為30℃；檢測波長為270nm；進樣體積：100μL。

表7-1　流動相梯度洗脫條件

時間（min）	0.1%甲酸（%）	乙腈（%）
0.0	83	17
5.0	83	17
10.0	80	20
22.3	60	40
22.4	10	90
30.0	10	90
31.0	83	17
48.0	83	17

②測定法：取試樣溶液和相應的對照溶液，作單點或多點校準，按外標法，以峰面積計算。對照溶液及試樣溶液中磺胺類藥物響應值應在儀器檢測的線性範圍之內。

（5）空白試驗　除了不加試料外，採用完全相同的步驟進行平行操作。

4. 結果計算

（1）計算公式

$$C = \frac{c \times V}{m}$$

式中：C為試樣中相應磺胺類藥物的殘留量，μg/kg；c為試樣溶液中相應的磺胺類藥物濃度，μg/mL；V為溶解殘餘物所用0.1%甲酸乙腈溶液體積，mL；m為樣品質量，g。

（2）重複性　在同一實驗室，由同一操作者使用相同的設備，按相同的測試方法，並在短時間內，對同一被測對象獨立測試獲得的兩次獨立測試結果算術平均值為最終結果，保留3位有效數字，兩次結果的相對偏差不大於10%。

四 黃麴毒素汙染檢測

黃麴毒素（aflatoxion，AFT）是黃麴黴菌和寄生麴黴菌的代謝產物，是一組化學結構類似的化合物。1993年被世界衛生組織劃定為Ⅰ類致癌物，可誘發人類肝癌，在各種黃麴毒素中以黃麴毒素B_1的毒性和致癌性最強，且最為常見，因此其含量常常作為樣品中受黃麴毒素汙染的主要指標，因此本部分講述薄層色譜法半定量測定黃麴毒素B_1的方法。

1. 原理　待測樣品中的黃麴毒素B_1經黃麴毒素B_1提取液提取後，再經三氯甲烷萃取、三氟乙酸衍生，衍生後的黃麴毒素B_1採用高效液相色譜－螢光檢測器進行測定，外標法定量。

2. 主要試劑和儀器

（1）主要試劑　甲醇、乙腈、三氯甲烷、有機濾膜（直徑50mm，孔徑0.22μm）、針頭式過濾器（有機型，孔徑0.22μm）。乙腈水溶液（90+10）：量取90mL乙腈，加入到10mL水中，混勻。黃麴毒素B_1提取液：量取84mL乙腈，加入到16mL水中，混勻。黃麴毒素B_1衍生液：分別量取20mL三氟乙酸，加入到70mL水中，混勻後加入10mL冰乙酸，混勻。臨用現配。流動相：分別量取20mL甲醇、10mL乙腈和70mL水，混勻。經0.22μm有機濾膜過濾後備用。黃麴毒素B_1標準儲備液（1 000μg/mL）：精確秤取黃麴毒素B_1對照品10.0mg，用10mL乙腈完全溶解，配置成黃麴毒素B_1含量為1 000μg/mL的標準儲備液，-20℃保存，有效期為6個月。黃麴毒素B_1標準工作液（100ng/mL）：取1.0mL黃麴毒素B_1標準儲備液，用乙腈定容至100mL，濃度為10μg/mL。再取次稀釋液1.0mL，用乙腈定容至100mL，濃度為100ng/mL。黃麴毒素B_1標準系列溶液：將黃麴毒素B_1標準工作液用乙腈分別稀釋成1、2、5、10、20、50、100ng/mL的標準系列溶液。臨用現配。

（2）主要儀器　高效液相色譜儀（配備螢光檢測器）、溶劑過濾器、氮吹儀、恆溫振盪器、旋渦混合儀、超音波清洗儀、水浴鍋、分析天平。

3. 操作方法

（1）試樣的處理　按照法律規定採集有代表性的試樣，按照法律規定將試樣粉碎，過0.42mm分析篩，混勻後裝入密閉容器中，備用。

做兩份平行試驗。秤取5.00g（精確至0.01g）試樣置於帶塞錐形瓶中，加入25.0mL黃麴毒素B_1提取液，室溫下200r/min振盪提取60min，用中速濾紙過濾，取10.0mL濾液於50mL具塞離心管中，加入10.0mL三氯甲烷萃取，漩渦混合1min，靜置分層後，取下層萃取液於15mL具塞離心管中，50℃水浴氮氣吹乾。加入200μL乙腈水溶液複溶，然後加入700μL黃麴毒素B_1衍生液，加塞混勻，40℃下恆溫水浴衍生反應75min後，經0.22μm微孔濾膜過濾後，待測。

（2）標準系列　分別取0.9mL黃麴毒素B_1標準系列溶液於7個10mL具塞離心管中，50℃水浴氮氣吹乾，用200μL乙腈水溶液複溶，然後加入700μL黃麴毒素B_1衍生液，加塞混勻，40℃下恆溫水浴衍生反應75min後，經0.22μm微孔濾膜過濾後，待測。

（3）高效液相色譜參數　色譜柱：C_{18}色譜柱，長250mm，內徑4.6mm，粒徑5μm；或性能相當。

流動相如前所述。流速：1mL/min。激發波長：365nm；發射波長：440nm。柱溫：30℃。進樣體積：20μL。

（4）測定　在上述液相色譜參考條件下，將衍生後的黃麴毒素B_1標準系列溶液、試樣溶液注入高效液相色譜儀，測定相應的響應值（峰面積），採用單點或多點校正，外標法定量。

4. 結果計算

（1）計算公式

$$W=\frac{0.9\times\rho\times V_1}{m\times V_2}$$

式中：W為試樣中黃麴毒素B_1的含量，μg/kg；ρ為試樣衍生液在標準曲線上對應的黃麴毒素B_1的含量，ng/mL；V_1為提取液的總體積，mL；V_2為用於萃取的提取液的總體積，mL；m為測試樣品的質量，g；0.9為衍生後的試樣溶液體積，mL。

（2）重複性　在同一實驗室，由同一操作者使用相同的設備，按相同的測試方法，並在短時間內，對同一被測對象獨立測試獲得的兩次獨立測試結果算術平均值為最終結果，保留小數點後1位，兩次結果的絕對偏差不大於該平均值的20%。

第四節　寵物食品衛生學檢測

根據法律規定的寵物產品標準考核指標，常規的微生物安全檢測包括商業無菌、細菌總數和沙門氏菌三個指標。本節將介紹這三個指標的檢測方法。

一　商業無菌檢測

商業無菌檢測主要針對包括主糧罐頭和零食罐頭在內的罐藏食品。

1. 原理　樣品經保溫實驗未出現脹罐、泄露，保溫後開啟，經pH測定、感官檢測、塗片鏡檢，確證無微生物增殖現象的，即為商業無菌。

2. 主要儀器

（1）主要儀器　恆溫水浴箱、恆溫培養箱、均質器、無菌均質袋、pH計、顯微鏡、開罐器、超淨工作臺。

（2）主要試劑　無菌生理鹽水、結晶紫染色液、二甲苯。含4%碘的乙醇溶液的製備：秤取4.0g碘溶於100mL體積分數為70%的乙醇溶液中。

3. 操作方法

（1）樣品的準備　秤重前先去除待測罐裝樣品表面標籤，在包裝容器表面用記號筆做好標記，並記錄容器、編號、產品形狀，以及是否有泄露/膨脹、小孔、銹蝕、壓痕等異常情況。秤重時注意小於等於1kg的包裝物精確到1g，1kg以上的包裝物精確到2g，10kg以上的包裝物精確到10g。

（2）保溫　每個批次取1個樣品置於2～5℃冰箱保存作為對照，其他樣品則在（36±1）℃條件下保溫10d。在此過程中，每天檢查，如有膨脹或泄露現象，應立即剔出，開啟檢查。

保溫結束時，再次秤重並記錄，比較保溫前後樣品重量有無變化，如果變輕，則表明樣品發生了泄露。然後將所有包裝物置於室溫直至開啟檢查。

（3）開啟　如有膨脹的樣品，則先將其置於2～5℃冰箱內冷藏數小時後開啟。用冷水或洗滌劑清洗樣品的罐頭蓋子，水沖洗後用無菌毛巾擦乾。以含4%碘的乙醇溶液浸泡罐頭蓋子15min用無菌毛巾擦乾，在密閉罩內點燃至表面殘餘的碘乙醇溶液全部燃燒完。注意，膨脹樣品和易燃包裝材料包裝的樣品不能灼燒，以含4%碘的乙醇溶液浸泡罐頭蓋子30min，之後用無菌毛巾擦乾。

帶湯汁的樣品開啟前應適當振搖，然後在超淨工作臺中用無菌開罐器在消毒後的罐頭蓋子上開啟一個大小適當的口，開罐時不得傷及捲邊結構，每個罐頭單獨使用一個開罐器，不得交叉使用。如樣品為軟包裝，可以使用滅菌剪刀開啟，不得破壞接口處。立即在開口上方嗅聞氣味，並記錄。

（4）留樣　開啟後，用滅菌吸管或其他適當工具以無菌操作去除內容物至少30mL（g）至滅菌容器內，保存於2～5℃冰箱中，在需要時進一步試驗，待該品樣品得出檢測結論後可棄去。開啟後的樣品可進行適當保存，以備日後容器檢查時使用。

（5）感官檢測　在光線充足、空氣清潔、無異味的檢測室中，將樣品內容物傾倒入白色琺瑯盤內，對產品的組織、形態、色澤和氣味等進行觀察和嗅聞，按壓食品檢查其性狀，鑑別食品有無腐敗變質的跡象，同時觀察包裝容器內部和外部的情況，並記錄。

（6）pH測定　測定前需要對樣品進行處理，對於液態製品混勻備用，有固相和液相的製品則取混勻後的液相備用。對於稠厚或半稠厚樣品以及很難從中分出汁液的樣品，則取一部分樣品在均質器或研缽中研磨，如果研磨後的樣品仍太稠厚，加入等量的無菌水，混勻備用。

先對pH計進行校正，將pH計的電極插入待測試樣液中，並將溫度調節至被測液體的溫度，然後進行測量，精確到0.05。

同一製品至少進行兩次測定，兩次測定結果之間相差不超過0.1，取兩次測定的算術平均值為最終結果，精確到0.05。

與同批中冷藏保存的樣品進行對照，pH相差0.5以上者判為顯著差異。

（7）塗片染色鏡檢　取樣品內容物進行塗片，帶湯汁的樣品可用接種環挑取湯汁塗於載玻片上，固態食品可直接塗片或者用滅菌生理鹽水稀釋後塗片，待乾後用火焰固定。油脂性食品塗片自然乾燥並用火焰固定後，用二甲苯流洗，自然乾燥。

對塗片用結晶紫染液進行單染色，乾燥後鏡檢，至少觀察5個視野，記錄每個視野中菌體數目及菌體形態特徵。與同批冷藏保存的樣品進行對照，判斷是否有明顯的微生物增殖現象。菌落數目有百倍或百倍以上的成長則判為明顯增殖。

（8）結果判定　若樣品經保溫試驗未出現洩露：保溫開啟後，經感官檢測、pH測定和塗片染色鏡檢，確證無微生物增殖現象，則為商業無菌。若樣品經保溫試驗出現洩露：保溫開啟後，經感官檢測、pH測定和塗片染色鏡檢，確證有微生物增殖現象，則為非商業無菌。

二　細菌總數檢測

細菌總數決定著寵物食品微生物安全，寵物是否可以安全食用以及保存期限時間等問題。

1. 原理　樣品經過處理後，稀釋到適當濃度，在一定條件下［用特定的培養基，溫度（30±1）℃］培養72h，所得的1g/mL樣品中所含細菌總數。

2. 主要儀器

（1）主要儀器　恆溫培養箱、高壓滅菌鍋、均質器、無菌均質袋、超淨工作臺。

（2）主要試劑　營養瓊脂培養基、磷酸鹽緩衝溶液（PBS）、無菌培養皿。

3. 操作方法

（1）樣品的準備　按照法律規範進行採樣，採樣應注意樣品的代表性以及避免汙染。按照法律規範進行樣品的製備，磨碎過0.45mm孔徑篩，樣品應盡快檢測。

（2）營養瓊脂培養基的製備　從商家購買營養瓊脂，按照標籤要求秤取適量的樣品和去離子水溶液，混勻後置於115℃高壓滅菌鍋滅菌15min，當溫度降至60℃以下時從滅菌鍋中取出，置於超淨工作臺中進一步冷卻，至溫度為45℃左右時倒入無菌培養皿中，每個無菌培養皿中注入的體積為15mL，凝固，待用。

(3) 樣品的稀釋和培養　以無菌操作秤取試樣25g（或10g），置於含有225mL（或90mL）稀釋液或生理鹽水的滅菌三角瓶中。放置於振盪器上振盪30min，經充分振搖後，製成1：10的均勻稀釋液。

用移液槍吸取上述1：10稀釋液1mL，沿管壁慢慢注入含有9mL滅菌生理鹽水的試管中（注意吸管尖端不要觸及管內稀釋液），振搖試管，或放微型混合器上，混合30s，混合均勻，即製成1：100的均勻稀釋液。

按照上述操作做10倍梯度稀釋，注意每次稀釋時，需要更換新的無菌吸頭。

(4) 樣品的培養　根據樣品的汙染程度進行估計，選擇2～3個適宜的稀釋度，每個稀釋度對應2個培養基，從相應稀釋度的試管中取0.1mL菌液接種到製備好的無菌培養基上，用無菌刮鏟塗布均勻，然後放置20～30min，使菌液充分滲透到培養基中，然後倒置於（30±1）℃培養箱中培養72h。

(5) 樣品總菌計算　拿出培養基後，使用平板計數器進行計數，選擇細菌總數在30～300cfu的兩個梯度計算樣品的總菌數，計算公式如下：

$$N = \frac{\sum C}{(n_1+0.1n_2)\times d_1\times V}$$

式中：N為樣品的總菌數；$\sum C$為2個梯度中4個平板菌落總數；n_1為第1個稀釋度的平板數目；n_2為第2個稀釋度的平板數目；d_1為第1個稀釋度（低倍稀釋度）的稀釋倍數；V為加入平板上的菌液的體積，mL。

［舉例說明］第一個稀釋度為1：100，第二個稀釋度為1：1 000，對應的菌落數為232、244、33、35。代入公式則為：

$$N = \frac{232+244+33+35}{(2+0.1\times 2)\times 0.01\times 0.1}$$

注意：若所有稀釋度的平均細菌總數均大於300，則應按稀釋度最高的平均細菌總數乘以稀釋倍數；若所有稀釋度的平均細菌總數均小於30，則應按稀釋度最低的平均細菌總數乘以稀釋倍數。

三 沙門氏菌檢測

由沙門氏菌引起的人類食品中毒事件常常位居榜首，因此有必要對寵物食品中是否存在該菌進行檢測。

1. 原理　沙門氏菌的檢測需要四個連續的階段，分別為前增菌、選擇性增菌、分離培養和生化鑑定。

(1) 用非選擇性培養基預增菌　將試樣接種到緩衝蛋白腖水，在 (36±1) ℃下培養16～20h。

(2) 在選擇性培養基上進行增菌　將上述的培養物分別接種到氯化鎂-孔雀綠增菌液和亞硒酸鹽胱胺酸增菌液在 (36±1) ℃下培養24h或延長至48h。

(3) 劃線及辨識　將上述培養物接種到酚紅煌綠瓊脂培養基（除非國際標準對檢樣有規定或特殊考慮，如分離乳糖樣性沙門氏菌）和膽硫乳瓊脂培養基兩個選擇性培養基，在 (36±1) ℃下培養24h後檢查，必要時培養至48h，根據菌落特性，辨別可疑菌落。

(4) 鑑定　挑出上述平板中的可疑沙門氏菌菌落，再次培養，用合適的生化和血清學試驗進行鑑定。

2. 主要儀器

(1) 主要儀器　高壓滅菌鍋、接種環、冰箱、恆溫培養箱、均質器、振盪器、電子天平、無菌均質袋、無菌培養皿、超淨工作臺。

(2) 主要試劑　緩衝蛋白腖水 (BPW)、氯化鎂-孔雀綠 (RV) 增菌液、亞硒酸鹽胱胺酸 (SC) 增菌液、亞硫酸鉍瓊脂 (BS)、膽硫乳 (DHL) 瓊脂、營養瓊脂 (RV)、三糖鐵瓊脂 (TSI)、氰化鉀 (KCN) 培養基、沙門氏菌屬顯色培養基、離胺酸脫羧酶試驗培養基、糖發酵管、鄰硝基苯β-D半乳醣苷 (ONPG) 培養基、半固體瓊脂、丙二酸鈉培養基、沙門氏菌因子O和H多價診斷血清、Vi因子診斷血清。

3. 操作方法

(1) 採樣原則和方法　樣品的採集應遵循隨機性、代表性的原則，採樣過程應遵循無菌操作程序，防止一切外來汙染。採樣時應在同一批產品中採集，每件樣品的採樣量應滿足微生物指標檢驗的要求，一般不少於500g (mL)；獨立包裝不大於500g的固態產品或不大於500mL的液態產品，取完整包裝；獨立包裝大於500g的固態產品，應用無菌採樣器從同一包裝的不同部位採集適量樣品，放入同一個無菌採樣器內作為一件樣品；獨立包裝大於500mL的液態產品，應在採樣前搖動或用無菌棒攪拌液體，使其達到均勻後採集適量樣品，放入無菌採樣器內作為一件樣品。

(2) 採集樣品的儲存和運輸　採樣完成後應盡快將樣品送往實驗室，注意在運輸過程中保持樣品完整，同時注意應在接近原有儲存溫度條件下儲存樣品，或採取必要措施防止樣品中微生物數量的變化。

(3) 前增菌　無菌條件下秤取25g (mL) 樣品，加入裝有225mL滅菌的BPW的500mL無菌錐形瓶內，置於振盪器中，以8 000～10 000r/min振盪2～3min；若樣品為液態，振盪混勻即可。在 (36±1) ℃下培養不少於 (18±2) h。

注：可以用無菌均質袋代替錐形瓶，然後用均質器拍打2～3min，但有堅硬或稜角的樣品不能夠使用均質袋，只能使用錐形瓶，以防均質袋破裂泄露，造成汙染。

（4）選擇性增菌　前增菌液搖勻後，取1mL，接種於裝有10mL RV的試管中，於（42±1）℃下培養18～24h。另取前增菌液液1mL，接種於裝有10mL SC的試管中，（36±1）℃下培養24～48h。

（5）分離培養　用接種環取1環選擇性增菌液，劃線接種於BS瓊脂平板上，於（36±1）℃下培養40～48h。另取1環選擇性增菌液，劃線接種於DHL瓊脂平板或沙門氏菌顯色培養基平板上，於（36±1）℃下培養18～24h，觀察各個平板上生長的菌落，沙門氏菌在各個平板上的菌落特徵見表7-2。

表7-2　沙門氏菌屬在不同選擇性瓊脂平板上的菌落特徵

選擇性瓊脂平板	沙門氏菌菌落特徵
亞硫酸鉍瓊脂（BS）	菌落為黑色有金屬光澤、棕褐色或灰色，菌落周圍培養基可呈黑色或棕色；有些菌株形成灰綠色的菌落，周圍培養基不變
膽硫乳（DHL）瓊脂	菌落為無色半透明或粉紅色，菌落中心黑色或幾乎全黑色
沙門氏菌屬顯色培養基	按照顯色培養基的說明進行判定

（6）生化試驗　從選擇性瓊脂平板上分別挑取2個以上典型或可疑菌落，接種三糖鐵瓊脂，先在斜面劃線，再於底層穿刺，接種針不要滅菌，直接接種離胺酸脫羧酶試驗培養基和營養瓊脂平板，於（36±1）℃下培養18～24h，必要時延長至48h。三糖鐵瓊脂培養基特徵變化見表7-3。在三糖鐵瓊脂和離胺酸脫羧酶試驗培養基內，沙門氏菌屬的反應結果見表7-4。

表7-3　三糖鐵瓊脂培養基特徵變化

培養基部位	培養基變化	說明
斜面和底部	黃色	乳糖和蔗糖陽性
	紅色或不變色	乳糖和蔗糖陰性
底部	底端黃色	葡萄糖陽性
	紅色或不變色	葡萄糖陰性
	穿刺黑色	形成硫化氫
	氣泡或裂縫	葡萄糖產氣

表7-4　沙門氏菌屬在三糖鐵瓊脂和離胺酸脫羧酶試驗培養基內的反應結果

三糖鐵瓊脂				離胺酸脫羧酶試驗培養基	初步判斷
斜面	底層	產氣	硫化氫		
K	A	+ (-)	+ (-)	+	可疑沙門氏菌
K	A	+ (-)	+ (-)	-	可疑沙門氏菌
A	A	+ (-)	+ (-)	+	可疑沙門氏菌
A	A	+/-	+/-	-	非沙門氏菌
K	K	+/-	+/-	+/-	非沙門氏菌

注：K，產鹼；A，產酸；+，陽性；-，陰性；+ (-)，多數陽性，少數陰性；+/-，陽性或陰性。

接種三糖鐵瓊脂和離胺酸脫羧酶試驗培養基的同時，可直接接種蛋白腖水（供做靛基質試驗）、尿素瓊脂（pH 7.2）、氰化鉀（KCN）培養基，也可在初步判斷結果後從營養瓊脂平板上挑取可疑菌落接種。於（36±1）℃下培養18～24h，必要時延長至48h。將已挑菌落的平板儲存於2～5℃或室溫至少保留24h，以備必要時複查。

如選擇生化鑑定試劑盒或全自動微生物生化鑑定系統，可根據上述初步判斷結果，從營養瓊脂平板上挑取可疑菌落，用生理鹽水製備成濁度適當的懸濁液，使用生化鑑定試劑盒或全自動微生物生化鑑定系統進行鑑定。

(7) 血清學鑑定　首先檢查培養物有無自凝性，操作如下：採用1.2%～1.5%瓊脂培養物作為撥片凝集試驗用的抗原。首先排除自凝集反應，在潔淨的玻片上滴加一滴生理鹽水，將待試培養物混合於生理鹽水內，使成為均一性的混濁懸液，將玻片輕輕搖動30～60s，在黑色背景下觀察反應（必要時用放大鏡觀察），若出現可見的菌體凝集，即認為有自凝性，反之則無自凝性。對無自凝性的培養物參照下面方法進行血清學鑑定。

O抗原的鑑定方法：在玻片上劃出2個約1cm×2cm的區域，挑取1環待測菌落，各方1/2環於玻片上的每一區域上部，在其中一個區域下部加1滴多價菌體O血清，在另一區域下部加入1滴生理鹽水，作為對照。再用無菌的接種環或針分別將兩個區域內的菌落研成乳狀液。將玻片傾斜搖動混合1min，並對著暗背景進行觀察，任何程度的凝集現象皆為陽性反應。O血清不凝集時，將菌株接種在瓊脂量較高的（2%～3%）細菌培養基上在檢查；如果Vi抗原的存在而阻止了O凝集反應，可挑取菌苔於1mL生理鹽水中做成濃菌液，於酒精燈火焰上煮沸後再檢查。

H抗原的鑑定方法：操作同上，H抗原發育不良時，將菌株接種在0.55%～0.65%半固體瓊脂平板的中央，待菌落蔓延生長時，在其邊緣部分取菌檢查；或將菌株透過接種裝有0.3%～0.4%半固體瓊脂的小玻管1～2次，自遠端取菌培養後再檢查。

Vi抗原的鑑定方法：操作如上，用Vi因子血清檢查。

第五節 寵物食品適口性檢測

生產的食物寵物是否喜歡，決定了產品是否有銷路。因此，在寵物食品開發過程中研究產品適口性非常重要。根據寵物在測試時是否攝取食物，適口性的測試方法分為攝取性測試和非攝取性測試（Griffin，2003）。

攝取性測試主要是根據犬貓對測試食物的攝取量來評價適口性，主要有單碗測試和雙碗測試兩種方法。非攝取性測試是有條件的響應測試，透過特定條件與不同食物相對應，包括嗅覺測試、認知適口性評估和偏好排序法。此外，還可以使用仿生儀器（如電子鼻、電子舌）等方法對犬貓飼料的感官特性（如香氣、質地和風味）進行分析來判斷飼料的適口性。

貓和犬作為常見的寵物都是食肉哺乳動物，但二者味嗅覺系統的結構、飲食習慣都有一定的差異。犬貓的嗅覺都很靈敏，進食前都會嗅聞食物以做出初步判定。犬有1 700個味蕾，可以辨別酸、苦、鹹、甜和鮮味，通常不喜歡苦味。犬進食快速的習慣（5 ～ 20min）會留下一個短窗口期來觸發嗅覺神經元（Ahmet Yavuz Pekel等，2020）。貓也從嗅聞食物開始，但貓的進食習慣是少量多次，進食次數達2 ～ 15次，這樣就有更多的機會觸發嗅覺神經元，但較長的週期內寵物對食品的感知也會發生變化（一部分已經開始消化的食物回饋回來的資訊可能會影響貓對食物的感知）。另外，較長的進食週期也給觀察帶來困難。貓科動物有473個味蕾，可以品嘗到酸、苦、鹹和鮮味，卻無法品嘗到甜味（Jennifer Barnett Fox，2020）。食物的質地對貓很重要，酥脆的膨化貓糧更受貓歡迎。

一 攝取性測試

（一）單碗測試法

1. 測試步驟 單碗測試法是將一定量食物提供給動物，讓試驗動物在規定時間（一般為5d或更長）內自由採食，記錄其採食量和採食速度，飼餵一個週期後更換新飼料重複試驗（更換飼料時設定一定間隔的適應期）。透過對多個不同飼料進行試驗，最終比較犬貓對不同食物採食量和採食速度來評價食物的適口性。

2. 影響因素及注意事項 考慮到寵物採食量的季節性差異（如貓冬季進食量較大而夏季較少）以及其他環境因素對試驗的影響，為了保證試驗結果的可比性，測試時盡量保證上述環境因素一致。在試驗中使用多只動物以消除個體差異。

該測試通常在籠養環境中進行。任何品種和大小的動物都可以使用。但是應注意提供的食物量不超過正常的每日能量攝取量（加10%），否則動物可能會超重，影響試驗結果。有研究表明，籠養動物對食物的反應不一定與家養動物相同（Griffin等，1984）。由於先前餵食的差異，在家庭環境中評估的動物對食物的接受程度可能差異更大。這可以透過在試驗前的一段時間（4～5d）內使用適應飲食來克服。單碗測試僅測量測試食物的每日攝取量，這是一個衡量可接受性的較好指標，但如果能把包括心率、瞳孔擴張、呼吸頻率、活動水準、身體運動、進食率或其他參數納入指標，將能更客觀全面地反映貓對食物的感受。已有研究把貓咪採食時的面部動作納入指標。此外，記錄和分析餵食情況的影像可以透過寵物的行為、表情等進一步了解測試食物的相對喜好（Van den Bos等，2000）。

3. 優點　單碗測試很大程度模倣了動物居家環境，即一餐只食用一種食物，最真實地反映了犬貓實際生活中的飲食方式；可以有效地辨識由於異味、香氣或質地而完全不可接受的產品；如果測試時間較長，還可能反映出食物被消化後對寵物接受性的影響。單碗測試成本相對較低，一組測試使用8～10只動物基本可以滿足要求。

4. 缺點　可以對食物「接受度」進行測量或推斷，但無法提供關於偏好、喜歡程度或食物的其他特徵資訊。此外，貓和犬以不同的方式適應新的或不同的食物，單碗法沒有考慮到這些特定物種的差異。

5. 適用性　單碗法更適合於對產品進行「最壞情況」評估，比如在出現對某一食品的投訴時，也可以作為客戶服務目的的質量檢查。因為該方法所能獲得的資訊有限，測試結果不能用於行銷聲明、風味指導或產品改進活動。

（二）雙碗測試法

雙碗法是目前普遍使用的一種方法。

1. 測試步驟　用兩個相同的碗同時放測試物給實驗動物，每個碗各盛放一種需要檢測的食物（每個碗中提供的食物量應滿足動物每天所需的食物攝取量），試驗動物可在預定時間內自由採食，記錄動物第一口採食的飼料（這一般與食物的香味有關），並在預定時間結束或某一碗中的飼料採食完時結束，將兩個碗回收秤重，記錄犬貓對每種食物的採食量，計算每種飼料的採食量占攝食總量的比例（採食率），以此判斷動物對這兩種食物的偏好。

2. 影響因素及注意事項　雙碗法主要用於測試動物對兩種食物的偏好。試驗時需要透過交換兩個碗的位置以排除動物偏左或偏右的習慣對試驗的影響，且需要用足夠多的重複試驗以保證試驗的準確性。

3. 優點　雙碗法試驗方法簡單，可以在較短的時間獲得試驗數據，可以在兩種食物間進行偏好性比較。

4. 缺點 雙碗法無法排除兩種食物之間營養價值和熱量的相互影響以及飽腹感等因素導致試驗結果出現偏差。由於提供了超過每天所需的食物（總量是兩份），所以容易造成動物採食過量導致肥胖，這使得雙碗法不適合長期的適口性分析。

二 非消費性測試

1. 嗅覺測試 Hannah Thompson等（2016）使用了一種嗅覺測試的方法來檢測犬對不同食物的偏好。首先讓犬適應測試房間（犬在自主進入房間的情況下不再有偵查動作），在檢測室一側相互獨立的三聯碗中放置每種樣品各三片，讓犬連續採食，三種樣品順序隨機。

在檢測室另一側的地板上放置兩個金屬絲蓋，大小足以蓋住一個食物碗，相隔75cm。實驗者在兩個完全相同的碗中各放入一種食物一片，站在兩個金屬絲蓋之間，雙手握住兩個碗。犬由訓導員牽引在距離實驗者前方1.5m、與兩個導線蓋等距的起點處。

實驗者蹲下來，訓練者把犬帶到實驗者面前，實驗者一次給犬一個碗，每個碗裡都有一片食物，同時把另一個碗放在牠背後。食物展示的順序與犬在適應期首先嘗試的食物一致。實驗者左手和右手中兩種食物的位置是平衡的。犬有機會吃每一塊食物。一旦犬完成了這個過程，訓導員就把犬帶回到起點。實驗者重新在碗內裝入食物，並將每個碗放在地板上最靠近的蓋子下（即實驗者左手中的碗放在實驗者左側的蓋子下），這樣犬可以看到和聞到食物，但不能接觸到食物（圖7-1）。此後，實驗者站起來，眼睛盯著地板。然後，引導員鬆開犬繩，允許犬自由進入房間1min。此時，實驗者和訓練者都沒有給予犬任何形式的注意力。使用攝影機對所有試驗進行錄影，以進行後續行為分析。

圖7-1 犬嗅覺食物偏好測試裝置（Hannah Thompson等，2016）

作為一種非消費測試方法，嗅覺測試可以在避免受試寵物超量進食引起的肥胖等實驗倫理問題，以及超量進食引起寵物生理狀況發生改變而導致後續結果偏差的問題。利用的是寵物自然的生理反應，所以也無需對寵物進行複雜的訓練，操作也比較簡單。氣味是犬貓選擇食物的依據之一，因此良好的對寵物有誘惑力的氣味是好的寵物食品的特徵之一。但是也要注意，好的氣味並不等同於適口性，如果氣味和食物的質地、口感等不一致，同樣寵物也不會選擇。因此，嗅覺測試可以作為適口性的一部分，但需要結合其他資訊對適口性作進一步的評價。

2. 偏好排序法 Li等提出一種新的檢測方法：將5種食物分別裝在中空的硬質橡膠玩具中，讓每隻犬依次嗅聞每種食物約2s後（此時犬只能聞到食物而無法取食，後續試驗犬自由接觸玩具時可以很容易拆開玩具並採食食物），訓導員將犬重新帶回起點，另一名試驗人員將5只橡膠玩具並排擺放在距起點2m的地上，擺放順序及編號完全隨機。一名實驗者把犬帶進試驗區，在犬取出每種食物後將空玩具移出試驗區，另一名試驗人員則在試驗區外記錄犬消費每種食物的時間和順序。當犬被釋放接近並從玩具中提取食物時，啟動定時器。犬選擇（提取和食用）食物的順序被視為優先順序（1～5）（Li等，2020）。例如，犬食用的第一種食物得分為1，被認為是最優選的；而犬最後食用的食物得分為5，被認為最不優選。未被犬取出食用的食物，得分為5分，被視為最不優選。一隻犬完成測試並回到他們的測試區外後，另一隻犬被帶到測試區開始測試。犬進入測試空間的順序保持不變，以消除外部干擾，如不熟悉的氣味。每個階段連續5d重複該測試，以使犬能夠將香味與味道連繫起來，並確認排名順序。

偏好排序法可以同時比較犬對五個樣本的偏好且不需要大量的實驗動物即可保證試驗的準確性。試驗發現這些訓練成功的犬在重複試驗中表現出更高的效率，且試驗犬在測試之後12個月仍保留上次試驗的記憶，如果能定期使用該適口性檢測方法則不需要進行重複培訓，因此該方法可以長期使用。在試驗中需要注意保證進人測試房間犬的順序，以消除不熟悉的氣味等外部因素對試驗結果產生的誤差。如有必要，須對測試房間進行清理。該方法的缺點是需要試驗犬保持其對試驗內容感興趣並能在較短的時間內從玩具中將食物取出，對試驗犬具有一定要求，並需消耗大量的時間對其進行訓練。

3. 認知適口性評估 所謂認知適口性，是期望使受試寵物把食品適口性特徵與餐具形狀等非適口性特性建立關聯，從而在不攝食或者少量攝食的情況下對食品的適口性作出評判。簡單地說，就是讓寵物「說」（選擇相應形狀的餐具等）出自己喜歡哪種食物而不是用吃的量來告訴測試人員。Araujo等提出了一種認知適口性評估方法，試驗主要分為四個階段（Araujo等，2004）。

第一階段為偏好與關聯階段：這個階段首先是讓寵物熟悉測試用的物體並進行選擇，根據寵物的選擇把食物和物體進行關聯。具體操作方法如下：首先同時向犬展示A、B、C三個大小，形狀存在明顯差異的物體供其選擇，每個物體中放有一定量的相同食物，當犬每做出一次選擇後將三個物體隨機打亂順序進行重複試驗，數次重複後犬經常選擇的物體記為首選對象（以下以B物體為首選物體進行介紹）。接下進行關聯，用2d時間使每隻犬熟悉不同物體以及與之相關聯的測試食物（在關聯階段，每次測試只給犬呈現一個物體）。第1天，在一個非首選物體中放入一種測試物（將A食物放入A物體），改變物體位置重複試驗；第2天，在另一個非首選物體放入另一種測試物（將C食物放入C物體），改變物體位置重複試驗。

第二個階段為辨別訓練階段：三個物體同時展示給犬，但在第一階段確定的首選對象（B物體）中不放食物，其他兩種測試物分別裝在關聯測試階段與之關聯的物體（A食物—A物品、C食物—C物品），當犬從2個非首選對象中獲得食物或選擇首選對象沒有獲得食物後試驗結束，打亂物體位置重複試驗，當犬不再選擇首選對象時該階段完成。

第三階段為穩定階段：這一階段是確定食物偏好的強度和可靠性。測試流程同第二階段，測試10d以上，以犬每個對象的選擇次數來評判對兩種食物的偏好。

第四階段為反轉階段：這個階段是確定犬選擇食物的確是因為喜歡食物而不是裝食物的物體。把裝兩種食物的物體進行交換（A食物—C物品，C食物—A物品），而首選物體仍不裝食物，之後重複第二階段和第三階段。

與雙碗法相比，本方法可以在不超量攝取食物的情況下表達對食物的偏好，排除了兩種食物營養價值、熱量和飽腹感對試驗的影響。用這方法對食物偏好進行短期或長期測試，不會受到營養或熱量的影響。本方法在檢驗適口性方面有更高的可靠性，只需要很少的試驗動物數量就可檢測出較強的差異；並且該方法容易修改，以檢測其他因素對犬食物偏好的影響。

本方法的缺點是較繁瑣，對實驗用犬的認知能力要求較高且還要進行大量的訓練，尤其是在試驗的反轉階段，高齡或學習能力差的犬可能導致測試結果出現偏差。

4. 耐口性測試　適口性是表明寵物喜歡哪種食物，但是喜歡能持續多久也很重要，尤其是對於產品的競爭力而言。犬貓飼料耐口性指犬貓對於所採食飼料的持續採食和反覆採食的頻率程度。飼料耐口性通常使用單碗測試法進行檢測，使用單碗測試法對一種飼料進行10d以上的試驗，記錄其採食量，透過觀察犬貓對飼料採食量下降的趨勢來判斷飼料的耐口性。在犬貓飼料及誘食劑的研發測試中，適口性和耐口性試驗都十分重要。適口性好壞和耐口性優劣，將兩者綜合起來才能準確判斷犬貓飼料質量的好壞。

第六節 寵物食品消化率檢測

一 體內消化率

寵物食品中被動物消化吸收的營養物質稱為可消化營養物質。消化率是指可消化營養物質占食入營養物質的百分比。進入消化系統的養分只有一部分能被吸收，被吸收的這部分可以透過消化試驗進行測定，並作為確定消化率的參數。研究人員同時測定飼料和糞便或者迴腸（更準確）中含有的營養物質的量，這兩部分的差值就是被動物消化吸收的部分，通常用百分數或對於1的小數表示（1表示完全消化）。對所有養分而言，每種飼料都有特定的消化參數。

寵物食品的消化率（以犬為例），簡單地說，反映了犬所攝取的食物輸送基本營養物質的能力，這不僅影響著糞便的數量和質量（多少、性狀和氣味），最重要的是，寵物食品的消化率影響著犬的長期健康。一般來說，犬糧的消化率如果為75%或更少，那麼它的品質相對較低；消化率為75%～82%，屬於中等品質；消化率高於82%，屬於高品質食物。

美國飼料管制協會（AAFCO）給出了消化率測定公式的標準：消化率=（採食的營養物質-糞中營養物質排泄量）/採食量×100%。AAFCO推薦犬貓在換糧前5d時用該測定方法測消化率，因為糞便中的殘留營養物質會影響結果精確性。

二 體外模擬消化率測定

體內消化率反映了食物在寵物體內的實際消化情況，但受實驗動物個體因素影響較大，因此更多地應用在營養學研究過程。產品研發過程中一般採用較多的是體外模擬消化率。

1. 原理 脫脂試樣用溫熱的胃蛋白酶溶液（酶液濃度和用量與酶解試樣質量恆定），恆溫下持續不斷的振搖或攪拌下消化16h，過濾分離不溶性殘渣，洗滌、乾燥，測定殘渣的粗蛋白質含量。同時測定脫脂未酶解試樣的粗蛋白質含量。

2. 試劑和材料 20IU/mL胃蛋白酶溶液（臨用前配製）：將6.1mL依鹽酸稀釋至1 000mL水中（溶液pH1～2），加熱至42～45℃，加入2g活性為1：10 000生化級胃蛋白酶，並緩慢攪拌直至溶解。

3. 儀器與設備 恆溫式平轉搖床：溫控範圍20～50℃，可調轉速水浴式或空氣浴式（15 ～ 300r/min），實驗室用樣品粉碎機，索氏抽提器，脫脂設備，定氮儀器。

4. 試樣製備 樣品粉碎至全部過20目（0.84mm）篩，混勻裝於密封容器，保存備用。

5. 測定步驟 秤取3g ～ 4g試樣用乙醚脫脂（含脂肪小於1%可不脫脂，含脂肪1% ～ 10%建議脫脂，含脂肪大於10%則應脫脂）。脫脂後的樣品需在室溫風乾，揮乾乙醚。

秤取已脫脂風乾後的試樣1.000g（精確至±0.010g）於250mL帶蓋磨口瓶中，加150mL新配製並已預熱至42 ～ 45℃的胃蛋白酶溶液，應確保樣品完全被胃蛋白酶溶液浸溼，蓋緊瓶蓋，將瓶夾於恆溫搖床上，於45℃恆定速度攪動16h進行保溫酶解消化。

從攪動器上取下磨口瓶，呈45°角放置，讓殘渣沉澱15min以上，隨後在鋪有快速濾紙的布氏漏斗上抽濾，先用少量水將瓶蓋上的殘渣洗至濾紙，再將磨口瓶保持沉澱時的角度移至布氏漏斗上，慢慢傾出內容物，使之透過濾紙後形成連續的細流，避免任何不必要的攪動。液體透過濾紙的速度應與傾入的速度相同.

當上層液體透過濾紙後，於瓶中加入15mL丙酮，用拇指蓋住瓶口劇烈振搖，放開。再用拇指堵住瓶口，在濾紙上方將瓶倒置振搖，放開拇指，丙酮和殘渣流到濾紙上。再用15mL的丙酮洗滌，照上法振搖和倒出。檢查瓶子，並用丙酮再次洗染。當全部液體透過濾器後，用洗瓶以少量丙酮洗滌漏斗壁上殘渣2次，並抽乾。從布氏漏斗上小心取下載有殘渣的濾紙，無損地移入凱氏燒瓶中，並將凱氏燒瓶置於105℃烘箱內烘乾。

烘乾的殘渣按規定方法測定粗蛋白質的質量分數（w），計算時需扣除酶液蛋白量。同時，秤取脫脂風乾的樣品若干克（精確至0.000 2g），直接按規定方法測定脫脂未酶解的樣品中粗蛋白質的質量分數（w）。

6. 分析結果 試樣胃蛋白酶消化率x，以質量分數計，數值以%表示，按下式計算：

$$X = \frac{\omega_1 - \omega_2}{\omega_1} \times 100\%$$

式中：ω_1為脫脂未酶解的樣品中粗蛋白質的質量分數，%；ω_2為脫脂酶解後殘渣中粗蛋白質的質量分數，%。

每個試樣脫脂風乾後取兩份試料進行酶解，平行測定殘渣粗蛋白質的質量分數，以其算術平均值為測定結果（保留3位有效數字），測定結果的相對偏差≤6%。

第七節 寵物食品物性學檢測

寵物食品的適口性如何，受很多因素的影響，除寵物的自身因素外，還受到寵物食品自身特點的影響，其中寵物食品的質地就是其中重要的影響因素。例如針對不同的目標寵物，食物的硬度是不同的：對於剛斷奶的寵物，食物顆粒硬度應盡量軟；對於成年犬，為了鼓勵其咀嚼，減緩牙菌斑和預防牙石，應使之食用硬度較大的食物。評價質地的參數包括使顆粒破碎的最大受力值，在顆粒破碎前寵物牙齒的穿透深度、寵物食品的硬度等，這些參數都可以用質構儀（物性儀）來完成測試。

質構儀主要包括主機、專用軟體、備用探頭及附件。其基本結構一般是由一個能對樣品產生變形作用的機械裝置，一個用於盛裝樣品的容器和一個對力、時間和變形率進行記錄的記錄系統組成。測試圍繞距離、時間和作用力三者進行測試和結果分析，質構儀所反映的主要是與力學特性有關的質地特性，其結果具有較高的靈敏性與客觀性，並可透過配備的專用軟體對結果進行準確的量化處理，以量化的指標來客觀全面地評價物品。

質構儀作為一種感官物性分析類儀器，可用於檢測食品、生物、製藥和化工等領域樣品的物性指標，包括硬度、彈性、黏聚性或黏結性、酥脆性、咀嚼度、堅實度、韌性、延展性、回復性、順服性等。

硬度（hardness）：樣品達到一定變形所必需的力。

彈性（springiness）：變形樣品在去掉變形力恢復到變形前條件下的體積和高度的比率。

黏聚性或黏結性（cohesiveness）：該值可模擬表示樣品內部黏合力，即將樣品拉在一起的內聚力，其反義詞為可壓縮性。當黏聚性遠遠大於黏著性，探頭同樣品充分接觸，探頭仍可保持清潔而樣品黏著物。實際測試中，探頭先從起始位置壓向樣品，接觸到樣品後繼續下壓一段距離，爾後返回到壓縮觸發點，停留一段時間後，繼續向下壓縮到同樣的距離，爾後以測試速率返回到起始點。黏聚性或黏結性的度量是第二次穿衝的做功面積除以首次的做功面積的商值。

酥脆性（fracturability）：致使樣品破碎的力，當樣品同時具備較高硬度和較低黏聚性時可表現脆度。

咀嚼度（chewiness）：該值模擬表示將半固體樣品咀嚼成吞咽時的穩定狀態所需的能量（硬度黏聚性黏著性）。

堅實度（firmness）/韌性（toughness）/纖維強度（fibrousness）：在特定條件下切斷

樣品所需的最大力或輸出功。

延展性（creep）：即物質的緩慢變形，通常是在恆定壓力條件下發生的。

回復性（resilience）：該值度量出變形樣品在與導致變形同樣的速度、壓力條件下回復的程度。

順服度（compliance）：被定義為張力除以相應壓力的商值，是彈性模數（見後文）的倒數。

黏連性（stringiness）：樣品在同壓力探頭分離前減壓過程中的延展距離。

黏著性（adhensiveness）：該值表示在探頭與樣品接觸時用以克服兩者表面間吸引力所必需的總功。當黏著性＞黏聚性，表示在探頭上將附有部分樣品殘留物。

彈性模數（elasticity/youngs modulus）：彈性模數度量出物質的剛性或硬度，在適宜的限制下，是壓力對於相應的張力的比例，也是順服度的倒數。

膠著性（gumminess）：膠著性被定義為硬度×凝聚力。半固體食品的一個特點就是具有低硬度，高凝聚力。因此，這項指標應該用於描述半固體食品的口感。

質構儀工作過程：選擇合適的工作探頭（面積要大於測試樣品），設置上下形成開關的位置，確定運動比的形成範圍，防止探頭觸及測試臺造成測試中斷或部件損壞而出現意外，要重新進行力校準。檢查力感測器規格是否符合要求，嚴禁超載使用。一切就緒後，打開主機電源和工作站電腦，進入工作站，選擇測試項目，設定測試參數（測試速率、運動位移、時間等）。將樣品放在測試臺上，調整探頭初始位置。設置文件名、保存路徑、探頭型號、樣品名稱、探頭的原始參數、數據採集速率等，開始測試。

此時探頭從起始位置開始，先以一定速率壓向測試樣品，接觸到樣品的表面後再以測試速率對樣品壓縮一定的距離，而後返回到壓縮的觸發點，停留一段時間後繼續向下壓縮同樣的距離，而後以測後速率返回到探頭測前的位置。在此過程中，探頭的受力情況被記錄成質構儀圖譜，根據質構儀圖譜就能分析出樣品的物性數據。

在軟體上設置圖形格式，選擇座標變數，確定座標範圍、單位等。利用軟體分析峰值、峰面積、斜率等得到相應測試結果。用質構儀測定樣品時，要根據樣品特性及測試條件設定質構圖譜，比如，如果壓縮程度很小，樣品沒有出現明顯的破碎，就得不到脆裂性數據，而且耐咀嚼性和膠黏性數據也不能在一次測試中得到。

第八節 寵物食品的安全性評價

為了確保寵物食品安全和保障寵物健康，需要對寵物食品進行安全性評價，透過安全性評價闡明食品是否可以食用，或闡明寵物食品中有關危害成分以及毒性和風險大小，利用毒理學資料和毒理學試驗結果確認寵物食品的安全劑量，進行企業質量風險控制。海內外目前尚無系統的寵物食品毒理學評價程序，但是傳統的人類食品毒理學評價程序中曾經用到犬作為實驗動物，因此有了犬和其他動物毒理學劑量的換算關係，可用來進行犬用寵物食品的毒理學評價，同時應加快寵物食品毒理學基礎數據的研究。

一 安全性評價的準備工作

（一）熟悉食品安全性毒理學評價的程序和方法

程序包括：準備工作→急性毒理試驗→遺傳毒理學試驗→亞慢性毒理試驗（含90d餵養試驗、繁殖試驗、代謝試驗）→慢性毒理試驗（包括致癌試驗）。

（二）受試物的要求

(1) 提供受試物（必要時包括雜質）的物理、化學性質（包括化學結構、純度、穩定性等）。

(2) 受試物必須是符合既定的生產工藝和配方的規格化產品。其純度應與實際應用相同，在需要檢測高純度受試物及其可能存在的雜質的毒性或進行特殊試驗時，可選用純品及雜質分別進行毒性檢測。

（三）常用的試驗動物

大鼠是最常用的試驗動物之一，壽命2～3年，性成熟2～3月齡；小鼠用途廣泛，也最常用，壽命約2年，生育期1年多；豚鼠等。純系動物，主要是透過近親交配並按人們的需要長期選擇的結果。通常經20代「兄妹」或「親子」相互交配而培育出來的動物稱為純系動物。應用最廣泛的是純系小鼠。

二 安全性毒理學評價試驗的4個階段

第1階段：急性毒性試驗

急性毒理試驗用LD_{50}即半衰期表示，它是指受動物經口一次或在24h內多次感染受試物後，能使試驗動物半數（50%）死亡的劑量，單位為mg/kg（體重）。

本試驗有局限性，很多有長期慢性危害的受試物，急性毒性試驗反映不出來，尤其是急性毒性很小的致癌物質，但長期少量攝取能誘發癌症的發生，所以應進行第2階段的試驗。

第2階段：遺傳毒性試驗、傳統致畸試驗、短期餵養試驗

遺傳毒性試驗的組合必須考慮原核細胞和真核細胞、生殖細胞與體細胞、體內和體外試驗相結合的原則。例如細胞致突變試驗、小鼠骨髓微核率試驗或骨髓染色體畸變試驗、其他備選遺傳毒性試驗等。

傳統致畸試驗：所有受試物必須進行本試驗。

短期餵養試驗：30d餵養試驗。如受試物需進行第3、4階段毒性試驗者，可不進行本試驗。

第3階段：亞慢性毒性試驗

90d餵養試驗、繁殖試驗、代謝試驗。

第4階段：慢性毒性試驗

凡屬中國創新的物質，一般要求進行4個階段試驗。特別是對其中化學結構提示有慢性毒性、遺傳毒性或致癌性可能者，或產量大、使用範圍廣、攝取機會多者，必須進行全部4個階段的毒性試驗。凡屬與已知物質（指經過安全性評價並允許使用者）的化學結構基本相同的衍生物或類似物，則根據第1、2、3階段毒性試驗結果判斷是否需進行第4階段的毒性試驗。

寵物食品新資源和新資源寵物食品，原則上應進行第1、2、3階段毒性試驗，以及必要的人群流行病學調查。必要時應進行第4階段試驗。若根據有關文獻資料及成分分析，未發現有或雖有但量甚少，不致構成對健康有害的物質，以及較大數量人群有長期食用歷史而未發現有害作用的天然動植物（包括作為調味料的天然動植物的粗提品），可以先進行第1、2階段毒性試驗，經初步評價後，決定是否需要進一步的毒性試驗。

三 安全性毒理學評價試驗的目的

（一）急性毒性試驗

透過測定的LD_{50}了解受試物的毒性強度、性質和可能的靶器官，為進一步進行毒性試驗的劑量和毒性判定指標的選擇提供依據。

（二）遺傳毒性試驗

對受試物的遺傳毒性以及是否具有潛在致癌作用進行篩選。

（三）傳統致畸試驗

了解受試物對胎兒是否具有致畸作用。

（四）短期餵養試驗

對只需進行第1、2階段毒性試驗的受試物，在急性毒性試驗的基礎上，透過30d餵養試驗，進一步了解其毒性作用，並可初步估計最大無作用劑量。

（五）亞慢性毒性試驗

90d餵養試驗、繁殖試驗觀察受試物以不同劑量水準經較長期餵養後的毒性作用性質和靶器官，並初步確定最大無作用劑量，了解受試物對動物繁殖及對子代的致畸作用，為慢性毒性和致癌試驗的劑量選擇提供依據。

（六）代謝試驗

了解受試物在體內的吸收、分布和排泄速度以及蓄積性，尋找可能的靶器官；為選擇慢性毒性試驗的合適動物種系提供依據，了解有無毒性代謝產物的形成。

（七）慢性毒性試驗

了解經長期接觸受試物後出現的毒性作用，尤其是進行性和不可逆的毒性作用以及致癌作用；最終確定最大無作用劑量，為受試物是否能用於食品的最終評價提供依據。

第九節 寵物食品能量值計算

寵物飼料除了安全問題，還應關注其所含的能量。當寵物能量攝取過少時，可能會導致機體營養不良；攝取過多時，可能會誘發機體疾病問題。隨著寵物食品管理規則的完善，像人類食品一樣，寵物食品標籤上標明能量值也是將來的必然趨勢，很多寵物食品廠商已經開始在食品上標注能量值。因此，準確測算能量值對於寵物食品開發非常重要。

寵物飼料產品涉及的能量值主要有總能、消化能和代謝能這三種。下面就以每100g犬用型和貓用型寵物飼料產品舉例，說明寵物食品能量值計算。

一 總能

總能（gross energy，GE）指飼料中有機物質完全氧化燃燒生成二氧化碳、水和其他氧化物時釋放的全部能量，主要為碳水化合物、粗蛋白質和粗脂肪能量的總和。

GE（kcal）=5.7×粗蛋白（g）+9.4×粗脂肪（g）+4.1×［無氮浸出物（g）+粗纖維（g）］

無氮浸出物（%）=100 - 水分（%）- 粗脂肪（%）- 粗蛋白（%）- 粗灰分（%）- 粗纖維（%）

上面計算提及到的無氮浸出物（nitrogen-free extract，NFE），它不是單一的化學物質，還包括單醣、雙醣、五碳醣、澱粉及部分可溶性木質素、半纖維素、有機酸及可溶性非澱粉多醣類等物質。常規飼料分析不能直接分析飼料中的無氮浸出物的含量，僅根據飼料中其他營養成分的分析結果進行差值計算得到。

二 消化能

消化能（digestible energy，DE）指被消化吸收的飼料所含能量。消化能是衡量寵物食品能量指數表達需求的常用指標。

DE（kcal）= *GE*× 能量消化率（%）

其中，犬用型和貓用型寵物飼料產品的能量消化率值是不一樣的，具體計算如下：

犬用型寵物飼料產品：能量消化率（%）= 91.2 - 1.43× 乾物質中粗纖維占比

貓用型寵物飼料產品：能量消化率（%）= 87.9 - 0.88× 乾物質中粗纖維占比

乾物質中的粗纖維占比=每100g產品中的粗纖維（g）/［100-每100g產品中的水分（g）］×100%。

三 代謝能

代謝能（metabolic energy，ME）是消化能減去尿能所得的值。

其中，犬用型和貓用型寵物飼料產品代謝能的計算是不一樣的，具體計算如下：

犬用型寵物飼料產品：*ME* = *DE* - 1.04× 粗蛋白質（g）

貓用型寵物飼料產品：*ME* = *DE* - 0.77× 粗蛋白質（g）

上述寵物飼料產品這三種常見的能量值的計算結果都是以kcal為單位進行計算的，kcal（大卡）與kJ（千焦）的換算係數為4.186，透過該係數可以進行能量單位間的轉換，從而更直觀地評估寵物飼料產品對適用寵物的能量滿足情況。

第十節 寵物食品致敏物檢測

寵物正常的免疫系統可產生抗體抵禦有害物質，但過敏體質或免疫失衡的寵物，會對無害物質（過敏原）產生過度反應，出現各種不適症狀，這種情況稱為過敏。

寵物食品中牛肉、乳製品、雞肉是犬最常見的過敏原。貓常見的過敏原有牛肉、雞肉、魚肉的蛋白質。寵物犬出現過敏的主要症狀：強烈搔癢（面部、耳朵、爪子、尾巴的基部、肘部下方和腹股溝區域），皮膚慢性炎症，紅疹，脫毛，色素沉積，皮膚有斑點或丘疹，結痂，嘔吐腹瀉。

貓咪的過敏反應：強烈搔癢（面部，耳朵，爪子，尾巴的基部，肘部下方和腹股溝區域），潰瘍性皮膚炎，粟粒性皮膚炎，脫毛，皮膚知覺過敏，皮脂，嘔吐腹瀉，掉毛，皮屑增多，皮膚有紅斑和異味。

以上列舉的都是非急性症狀。如果出現急性症狀，還可能會有喉頭水腫、昏厥、抽搐等嚴重影響到寵物生命的情況。

針對食品中過敏原檢測主要是體外檢測技術，體外檢測常用蛋白質和 DNA 作為過敏原標記物。常見體外檢測主要有兩大類：一類是基於過敏蛋白的免疫學檢測方法，另一類是基於DNA的檢測方法（李玉珍等，2006）。

一 酶聯免疫吸附技術

酶聯免疫吸附技術（enzyme-linked immunosorbent assay，ELISA）又稱酶標法，是在免疫酶學基礎上發展起來的一種新型的免疫測定技術。ELISA是利用抗原抗體免疫反應的特異性和酶的高效催化作用來實現對抗原或者抗體的檢測（吳序櫟等，2009）。用酶標記抗體或進行抗原抗體反應，並以酶作用底物後的呈色在特定波長下的吸收來反映待測樣品中抗原或抗體的含量。

酶聯免疫法分為直接法、間接法、雙抗體夾心法、競爭法等。

檢測步驟：以雙抗體夾心法為例。

將用0.05M pH9.6的碳酸鹽包被緩衝液稀釋好的抗體加入96孔板子，每孔100μL，放置4℃過夜，再用洗液洗滌3次，洗掉未結合在板子上的抗體。

加入封閉液（一般為BSA），37℃孵育1h，再用洗液洗滌3次，洗掉未結合在板子上的材料。將待測樣本加入96孔板，37℃孵育1h，再洗板3次，洗掉未結合在板子上的待測樣本。加入帶有辣根過氧化物酶標記的酶標二抗，與結合在一抗上面的抗原結合，37℃孵育1h，再洗板3次，洗掉未結合的二抗標記的辣根過氧化物酶。將顯色液A與B混合後，每個96孔板的孔裡加入100μL，並放置在陰暗處10min。每孔加入2mol/L的硫酸終止液50μL。用專用的酶標儀讀取結果。

ELISA分析法具有特異性高、靈敏度高、穩定性好、操作簡單、可大批量檢測樣品、對儀器要求不高、易於推廣等特點，可降低檢測的成本，從而實現樣品的現場檢測，特別適用於食物中少量存在就能引起嚴重過敏症狀的過敏原檢測。但是 ELISA 分析法也存在一些局限性：比如製備抗體比較困難；對試劑的選擇性高，無法進行多殘留檢測；分析低分子量或不穩定的化合物有一定的困難；對結構類的化合物存在一定程度的交叉反應（王瑞琦，張宏譽，2007）；另外，由於樣本、試劑以及操作等因素造成檢測中容易出現假陽性結果。

放射過敏原吸附抑制試驗（RAST）或酶標記過敏原吸附抑制試驗（EAST）主要應用於食物過敏的臨床診斷，同時也應用於食物過敏原的定性檢測及多種食物中潛在致敏性的評價。RAST/EAST 的檢測原理是抗原在固相載體上與特定群體血清中的 IgE 結合，樣品中的抗原與固定相上的抗原競爭結合 IgE，加入一種抗 IgE 的同位素或酶標記抗體，並加入可改變顏色或者能發光的底物用於檢測結合 IgE 的抗體。RAST 和 EAST 是目前國際上變態反應臨床及科研人員使用最廣泛、最靈敏的方法，也是評價過敏原總致敏活性的關鍵技術。但RAST 和EAST 抑制試驗的一個主要不足是對人血清的依賴性，血清是很難保證一致的，因此這兩種方法也難以標準化。儘管它們可以很好地檢測食品過敏原，但是人 IgE抗體特異性的不確定性大大限制了這些方法在更寬領域的應用。此外，商業化的食品過敏原固相載體與 IgE 的結合能力也不盡相同（孫秀蘭等，2012）。

免疫層析法（immunochromatography）是將特異的抗體先固定於硝酸纖維素膜的某一區帶，當該乾燥的硝酸纖維素一端浸入樣品後，由於毛細管作用，樣品將沿著該膜向前移動，當移動至固定有抗體的區域時，樣品中相應的抗原即與該抗體發生特異性結合，若用免疫膠體金或免疫酶染色可使該區域顯示一定的顏色，從而實現特異性的免疫診斷（吉坤美等，2009）。膠體金免疫標記技術（immunogold labelingtechnique）免疫層析法中應用較為廣泛一種技術。其是以膠體金作為示蹤標記物，應用於抗原抗體反應的一種新型免疫標記技術。

免疫感測器檢測技術免疫感測器是將高靈敏的感測技術與特異性免疫反應結合起來。免疫感測器的工作原理和傳統的免疫分析技術相似，即把抗原或抗體固定在固相支持物表面，透過抗原抗體特異性結合來檢測樣品中的抗體或抗原（韓鵬飛等，2011）。具有快速、靈敏、選擇性高、操作簡便、省時、精度高、便於電腦收集和處理數據等優點，又不會或很少損傷樣品和造成汙染，易於推廣普及。

二 聚合酶鏈式反應技術

聚合酶鏈式反應技術（PCR）是一種在體外模擬體內DNA複製的核酸擴增技術，以少量的DNA分子為模板，經過變性—退火—延伸的多次循環，以接近指數擴增的形式產生大量的目標DNA分子（曹雪雁等，2007）。食品中存在的基因組DNA更穩定且不易受食品加工的影響，因此基於基因組DNA開發的PCR技術在食品過敏原檢測方面起重要的作用。PCR方法具有所用儀器簡單，操作方便，穩定性好，檢測速度較快，能夠滿足一般實驗室的要求等優點（Hirao等，2005）。不足之處在於PCR產物一般透過瓊脂糖凝膠電泳和溴化乙錠染色紫外光觀察結果，需要多種儀器，試驗過程繁雜，容易造成汙染和出現假陽性的結果。

即時螢光定量PCR是PCR衍生出來的產品。即時螢光定量PCR的基本原理就是在反應體系和條件完全一致的情況下，樣本DNA含量與擴增產物的對數成正比，由於反應體系中的螢光染料或螢光標記物（螢光探針）與擴增產物結合發光，其螢光量與擴增產物量成正比，利用螢光信號累積即時監測整個PCR進程（Herrero等，2012）。即時螢光定量PCR方法可快速、準確地檢測出食物中過敏原成分基因，從而判斷食品中是否存在過敏原。

即時螢光定量PCR技術與常規PCR相比，實現了由定性到定量檢測的一次飛躍，即時螢光定量PCR不僅操作簡便、快速高效，而且具有敏感性、特異性高、重複性較好，全封閉反應和定量準確等特點，大大拓寬了食品過敏原DNA檢測方法的應用範圍。

第十一節 輻照寵物食品檢測

食品輻照具有殺菌效率高、方法簡單、成本低等優點，但是普通消費者對於食品輻照的理解度還不夠充分。為了貿易公平，維護消費者的知情權，國家法規要求輻照食品必須在外包裝註明。隨著寵物食品管理法規的日益完善，寵物食品參照人類食品的輻照技術管理政策也是必然趨勢，這就要求國家監管部門能夠對食品是否經過輻照進行檢測。

輻照食品檢測是利用電離輻射與食品相互作用產生的物理、化學和生物的可檢測性而建立的鑑定輻照食品的檢測方法。國際食品法典委員會（CAC）相繼批准了歐盟提出的「輻照食品鑑定方法」的國際標準。這些方法提供了鑑定食品是否已被輻照和測定輻照食品吸收劑量的方法，而且強化了有關輻照食品的國家法規，提高了消費者對輻照食品的信任度，推動了國際貿易和輻照食品商業化。

一 碳氫化合物的氣相色譜測定

含脂肪食品在受到輻照時，脂肪酸中甘油三酸酯的α、ß位羰基斷裂，生成相應有揮發性的C*n*-1（比原脂肪酸少一個碳的烷烴）、C*n*-2（比原脂肪酸少兩個碳的烯烴）等碳氫化合物，含量遠遠高於未輻照同種食品，可認為是輻照特異產物。肉類中的主要脂肪酸有油酸（C18）、棕櫚酸（C16）、硬脂酸（C18）。用GC-FID或GCMS可檢測到輻照樣品中的十六碳二烯、十七碳烯和十四碳烯，而未輻照食品中這些成分含量很少或不存在。可藉此與未輻照樣品區別。歐盟標準《食品—含脂輻照食品的檢測碳氫化合物的氣相色譜分析》EN-1784已經把該方法列入。樣品提取脂肪後用Florisil小柱淨化後上機檢測。不同的樣品採用相應的分離梯度，以保證目標物分離效果。

二 2-烷基環丁酮含量測定法

含脂食品被輻照時，其脂肪酸和醯基甘油分解形成2–烷基環丁酮（2-Alkylcyclobutanones，2-ACBs），它們與母體脂肪酸有相同的碳原子數，且烴基在碳環的2號位上。在大多數食品中，棕櫚酸（C16：0）、硬脂酸（C18：0）、油酸［C18：1（9）］、亞油酸［C18：2（9,12）］是主要的脂肪酸，相應的2-ACBs產物分別為2–十二烷基環丁酮（2-dodecylcyclobutanone，2-DCB）、2-十四烷基環丁酮（2-tetradecylcyclobutanone，2-TCB）、2-（5’-十四烯烴基）環丁酮（2-tetradec-5’-enylcyclobutanone，TECB）和2-（5’，8’-十四二烯烴基）環丁酮（2-tetradeca-5’，8’-dienylcyclotutanone，5’，8’-CB）。一般認為，2-ACBs 是由脂肪酸或甘油三酸酯的羰基氧失去1個電子，再經由重排過程生成（徐敦明等，2011）。迄今為止，僅在輻照的含脂食品中發現2-ACBs，任何未輻照食品中從未檢測到此類化合物（LeTellier 和Nawar，1972）。

2-十二烷基環丁酮的檢測方法。樣品首先索氏抽提得到脂肪，脂肪矽膠層析純化得到2-DCB，上機檢測。色譜柱120℃保持1min，然後以15℃/min升溫至160℃；再以0.5℃/min升至175℃；再以30℃/min升至290℃，保持10min，檢測器溫度250℃。進樣口溫度：250℃，接口溫度：280℃，離子源：EI源，70eV，測定方式：選擇離子檢測（SIM），監測離子（m/z）：55、98、112，定量離子（m/z）：98，載氣：氦氣，流速1.0mL/min，進樣量：1.0μL，不分流進樣。外標法定量。

三 電子自旋共振儀（ESR）分析法

當食品經電離輻射照射後，會產生一定數量自由基。對自由基施加一定外加磁場，激發電子自旋共振。電子自旋共振波譜儀檢測電子自旋共振現象，並記錄電子自旋共振波譜線。食品輻照後產生的大多數自由基壽命很短，透過自由基相互反應會迅速消失。電子自旋共振法依賴對長壽命自由基的電子自旋共振譜線進行分析。含纖維素和含骨食品中的自由基擴散困難，通常具有較長的壽命，適用於電子自旋共振法檢測。當 ESR 圖譜上出現典型的不對稱信號（分裂峰），可作為食品接受輻照的判定依據。

ESR鑑定輻照食品的方法。樣品乾燥後裝入ESR管，含骨類動物食品微波頻率9.5GHz，功率5 ～ 12.5mW，中心磁場348mT，掃場寬度5 ～ 20mT，調變頻率50 ～ 100kHz信號通道，振幅0.2 ～ 0.4mT，時間常數50 ～ 200ms，掃描頻率2.5 ～ 10mT/min，增益1.0×10^{4} ～ 1.0×10^{6}。含纖維素食品微波頻率9.78GHz，功率0.4 ～ 0.8mW。中心磁場348mT，掃場寬度20mT。信號通道的調變頻率50 ～ 100kHz，調變振幅0.4 ～ 1.0mT，時間常數100 ～ 200ms，掃描頻率5 ～ 10mT/min，增益1.0×10^{4}至1.0×10^{6}。

四 熱釋光（TL）分析法

黏著在食品表面的矽酸鹽礦物質在接受電離輻射時，能夠透過電荷捕獲方式儲存輻射能量。這些矽酸鹽被分離出來後置於一定的高溫環境，就會以光的形式釋放儲存的能量，這種現象被稱為熱釋光。測量並記錄熱釋光信號形成熱釋光曲線。熱釋光強度可用熱釋光曲線的面積積分值表示。矽酸鹽礦物質的種類和數量不同，產生的熱釋光信號也不同。為了消除矽酸鹽種類的差別，需對樣品進行兩次熱釋光測定。以G1表示樣品矽酸鹽的熱釋光一次發光曲線面積積分值；給予樣品確定劑量的輻照後，再次測定樣品的熱釋光，並且用G2表示二次發光曲線的面積積分值，最終用G1/G2值判定樣品是否經過輻照。

五 直接表面螢光過濾（DEFT）和平板計數（APC）篩選

直接表面螢光技術（DEFT）測量出樣品中微生物總量（包括非活性細胞），菌落平板計數（APC）給出疑似輻照樣品中微生物存活量，可測定各種需氧菌的總數與活的微生物數的比值，該比值不僅能提供進行輻照處理的證據，並且能說明輻照食品處理前的微生物學性質。對於未輻照食品來說，兩種計數法的結果應相近，但是輻照食品中APC法所得結果顯然少於DEFT法。若樣品中微生物太少（APC＜10^3cfu/g）或經過熏劑和加熱滅菌處理，以及樣品中含微生物抑制成分（如丁香、肉桂、大蒜和芥末），會導致APC降低（假陽性），DEFT/APC計數與輻照樣品接近。不過滅菌薰蒸劑可探測出來。

六 光致發光（PSL）法

大部分食品中都含有矽酸鹽或羥基磷灰石等生物無機材料的礦物殘骸，如貝類中有成分為方解石的外骨骼，動物骨骼和牙齒中有羥基磷灰石。這些礦物殘骸受電離輻照時，其中的空隙結構或不純位點俘獲的帶電載體會儲存能量。光刺激礦物將放出帶電載體顯示勵磁激發光譜。用光刺激草藥、香料整體以及其他食品可獲同樣的光譜。PSL是無損檢測，可對樣品整體（有機、無機材料或者二者的混合物）反覆測量。但PSL信號隨測量次數增加而減弱。此方法包括初步影像PSL觀察樣品的狀態，再用PSL進一步校準樣品的輻照敏感性。初步影像PSL設置了上下限，輻照樣品的PSL信號一般超過上限，未輻照樣品信號低於下限，信號在上下限之間的樣品需進一步研究。用上下限既方便了觀察，又可標度輻照吸收程度。為判別PSL信號低的樣品是否受過輻照，可將樣品在初測PSL後用特定劑量再輻照測PSL，輻照過的樣品PSL信號只增加少許，而未輻照樣品再輻照後PSL信號會大幅增加［歐盟標準《食品—使用光刺激發光檢測輻照食品》（EN13751：2002)］。

七 DNA「彗星」檢測法

食品中DNA經過輻照後，可能發生單鏈或雙鏈的斷裂，將這些細胞用瓊脂包埋後用裂解試劑溶解細胞膜，在一定電壓下電泳，DNA片段會被拉長，移動，並在電場中按電極方向呈尾狀分布，已經發生DNA受損的細胞會呈現出彗星狀電泳圖，未受輻射的細胞呈現圓形電泳圖譜。

八 內毒素（LAL）和革蘭氏陰性細菌（GNB）計數篩選輻照食品

該方法確定活的革蘭氏陰性細菌，並根據革蘭氏陰性細菌表面脂多醣確定內毒素濃度，確定樣品中所有革蘭氏陰性細菌（活的和死的)。GNB菌落數表達為log10cfuGNB/g，內毒素濃度表達為log10EU/g，如果兩者差異很大，表明可能經輻照處理。但是，樣品輻照後冷凍，減少了活的微生物，可能影響GNB和EU的比例；相反，輻照後不冷藏，細菌增殖也會影響結果［歐盟標準《食品—使用LAL/GNB方法對輻照食品進行微生物篩選》（EN14569：2004）］。

第十二節 寵物食品原料溯源檢測

由於宗教、飲食習慣等原因，人們對食品中是否含有某類成分比較敏感，因此對食品原料進行溯源檢測顯得非常重要。海內外進行肉類溯源鑑定主要以核酸作為靶標，核酸鑑定也是物種鑑別最常用、最核心的方法，以DNA檢測為基礎建立起來的DNA條形碼、多重PCR、螢光定量PCR、螢光探針等技術也得到空前發展和廣泛應用。目前，基於PCR發展起來的衍生技術憑借其高靈敏度、強特異性和高通量等優勢在動物源性成分檢測工作中顯示出巨大潛力，也是肉類成分鑑定未來的重要方向。

TaqMan即時螢光PCR技術，根據線粒體DNA（COX Ⅰ）基因上動物中間多態性的差異而進行動物源性種類鑑定。利用多色螢光檢測技術，採用多重PCR法，牛、羊、豬源性成分單體系檢測時，對反應中含有的兩種不同螢光染料進行雙通道同步檢測，在同一反應管內對牛或羊或豬的COX Ⅰ基因及內參照反應同時進行擴增，並透過標記兩種不同螢光物質（FAM、HEX）的特異性探針進行特異性雜交，兩色螢光同步檢測，牛、羊源性性成分混合體系檢測時，對反應液中含有的三種不同螢光染料進行三通道同步檢測，在同一反應管內分別對牛、羊特異的COX Ⅰ基因及內參照反應同時進行擴增，並透過標記三種不同螢光物質（FAM、HEX、ROX）的特異性探針進行特異性雜交，多色螢光同步檢測，其中，對內參照反應的檢測，可以監控反應是否正常進行，防止出現假陰性結果。

一 取樣

剪刀、鑷子、扡子等採樣工具經（180±2）℃、2h高溫滅菌。待檢樣品裝入一次性塑膠袋或其他滅菌容器，編號，密封，保存待測。固液態樣品分別採用相應的DNA提取試劑盒要求處理樣品。為確保檢測結果的準確性，樣品檢測時應設立空白對照、陰性對照和陽性對照實驗。即時螢光PCR反應體系見表7-5，從牛、羊、豬、牛羊源性成分即時螢光PCR檢測試劑盒中取出相應的反應試劑，融化後，2 000r/min離心5s，向每個即時螢光PCR反應管中各分裝24μL反應混合液（除模版DNA外），轉移至上樣區。

表7-5 即時螢光PCR反應體系

試劑	體積（μL）
2× 預混液	12.5
引物混合液	1
探針混合液	1
樣品DNA（1～100ng/μL）	1
（ddH_2O）	約25

注：①空白實驗時，用ddH_2O替代樣品DNA；②陰性對照時，用非目標源性成分替代樣品DNA；③陽性對照時，用相應牛、羊、豬或牛羊混合DNA替代樣品DNA。

二 檢測

在各設定的即時螢光PCR反應管中分別加入製備的模版DNA溶液，蓋緊管蓋，離心5～10s。上機檢測，循環條件設置：95℃ /10s，1個循環；95℃ /5s，60℃ /20s（24、30、31、34s），40個循環。在每次循環的退火時收集螢光，檢測結束後，根據擴增曲線和Ct值（循環閾值，即每個反應管內的螢光信號到達設定的域值時所經歷的循環數）判定結果。

三 判定

牛、羊、豬源性成分單體系檢測陰性對照，有HEX螢光信號檢出，並出現典型的擴增曲線，Ct值應小於28.0，而無FAM螢光信號檢出，見表7-6。

牛、羊源性成分混合體系檢測陰性對照，有HEX螢光信號檢出，並出現典型的擴增曲線，Ct值應小於28.0，而無FAM和ROX螢光信號檢出，見表7-7。

牛、羊、豬源性成分單體系檢測陽性對照，有FAM和HEX螢光信號檢出，並出現典型的擴增曲線，Ct值應小於28.0。

牛、羊源性成分混合體系檢測陽性對照，有FAM、ROX和HEX螢光信號檢出，並出現典型的擴增曲線，Ct值應小於28.0。

Ct值小於等於35視為有效值，大於35視為無效值。

表7-6　對牛、羊、豬單體系檢測時結果的判定情況

FAM螢光	HEX螢光	結果判定情況
+	- (+)	如果同時進行的陰性對照實驗結果正常，檢測試劑樣品時，不管HEX螢光信號是否檢出（如果檢測樣品濃度高會抑制內參照DNA的擴增）：如果有FAM螢光檢出，且Ct值小於等於35，判定為含有牛、羊、豬源性成分；如果Ct值大於35，可視為不含有牛、羊、豬源性成分
-	+	如果同時進行的陰性對照實驗結果正常，樣品檢測時有HEX螢光檢出，無FAM螢光檢出，判定為不含有牛、羊、豬源性成分
-	-	PCR反應失敗，注意以下方面後再進行反應： 如果同時進行的陰性對照實驗結果正常，則可能是樣品DNA製備有問題，如樣品中可能存在PCR反應抑制物等 如果同時進行的陰性對照實驗結果不正常，則可能是實驗操作失敗或試劑失活

表7-7　對牛、羊混合體系同時檢測結果的判定

FAM螢光	ROX螢光	HEX螢光	結果判定情況
+	-		如果同時進行的陰性對照實驗結果正常，檢測實際樣品時，不管HEX螢光信號是否檢出（如果檢測樣品濃度高，會抑制內參照DNA的擴增）：如果有FAM螢光檢出，且Ct值小於等於35，判定為含有牛源性成分；如果Ct值大於35，可視為不含有牛源性成分。無ROX螢光檢出，判定為不含羊源性成分
-	+	- (+)	如果同時進行的陰性對照實驗結果正常，檢測實際樣品時，不管HEX螢光信號是否檢出（如果檢測樣品濃度高會抑制內參照DNA的擴增）：如果有ROX螢光檢出，且Ct值小於等於35，判定為含有羊源性成分；如果Ct值大於35，可視為不含有羊源性成分。無FAM螢光檢出，判定為不含羊源性成分
+	+		如果同時進行的陰性對照實驗結果正常，檢測實際樣品時，不管HEX螢光信號是否檢出（如果檢測樣品濃度高會抑制內參照DNA的擴增）：如果有FAM和ROX螢光同時檢出，且Ct值小於等於35，判定為同時含有牛源性成分和羊源性成分；如果FAM通道Ct值大於35，可視為不含有牛源性成分；如果ROX通道Ct值大於35，可視為不含有羊源性成分
-	-	+	如果同時進行的陰性對照實驗結果正常，檢測實際樣品時有HEX螢光檢出，無FAM螢光檢出，判定為不含牛源性成分；無ROX螢光檢出，判定為不含羊源性成分
-	-	-	PCR反應失敗。注意以下方面後再次進行反應：①如果同時進行的陽性對照實驗結果正常，則可能是樣品DNA製備有問題，如樣品中可能存在PCR反應的抑制物等；②如果同時進行的陽性對照實驗結果不正常，則可能是實驗操作失敗或試劑失活

參考文獻

曹雪雁，張曉東，樊春海，等，2007．聚合酶鏈式反應（PCR）技術研究新進展［J］．自然科學進展（5）:580-585.

韓鵬飛，李洪軍，鄒忠義，2011．免疫傳感器在食品眞菌毒素檢測中的應用［J］．食品工業科技（4）:430-433.

吉坤美，陳家傑，詹群珊，等，2009．膠體金免疫層析法檢測食品中花生過敏原蛋白成分［J］．食品研究與開發（5）:101-105.

李玉珍，林親錄，肖懷秋，2006．酶聯免疫吸附技術及其在食品安全檢測中的應用研究進展［J］．中國食品添加劑（3）:108-112.

孫秀蘭，管露，單曉紅，等，2012．食品過敏原體外檢測方法研究進展［J］．東北農業大學學報（2）:126-132.

王瑞琦，張宏譽，2007．放射過敏原吸附抑制實驗評價過敏原提取液的總效價［J］．中華臨床免疫和變態反應雜誌（2）:150-153.

吳序櫟，吉坤美，李佳娜，等，2009．雙抗體夾心ELISA法測定食物中蝦過敏原成分［J］．食品科技（8）:240-243.

徐敦明，張志剛，吳敏，等，2011．氣相色譜檢測含脂輻照食品中的碳氫化合物［J］．福建分析測試，20（5）:7-14.

Araujo J A, Milgram, et al．2004．A novel cognitive palatability assessment protocol for dogs［J］. Journal of Animal Science, 82 (7) : 2200-2206.

Bos RV, Meijer MK, Spruijt BM, 2000．Taste reactivity patterns in domestic cats (Felis silvestris catus)［J］. Applied Animal Behaviour Science (69) : 149-168.

CENELEC．Detection of irradiated food using Direct Epifluorescent Filter Technique/Aerobic Plate Count (DEFT/APC) - Screening method.EN13783: 2001［S］. CEN, 2001.

CENELEC．Detection of irradiated food using photostimulated luminescence．EN13751: 2002［S］, CEN, 2002.

CENELEC．Microbiological screening for irradiated food using LAL/GNB procedures EN14569: 2004［S］. CEN 2004.

EN 1784: 2003．Foodstuffs-Detection of irradiated food containing fat-Gas chromatographic analysis of hydrocarbons［S］. European Standard Norme．CEN.

Griffin RW, Scot GC, et al．1984．Food preferences of dogs housed in testing-kennels and in consumers' homes: Some comparisons［J］. Neuroscience And Biobehavioral Reviews (8) : 253-259.

Griffin RW．2003．Section IV: Palatability［M］. In Petfood Technology, 1st ed．Kvamme JL, Phillips TD, Eds．Watt Publishing Co．Mt．Morris, IL, USA, 176-193.

Herrero B, Vieites JM, Espineira M．2012．Fast real-time PCR for the detection of crustacean allergen in foods［J］. Journal of Agriculture and Food Chemistry, 60 (8) : 1893-1897.

Hirao T, Imai S, Sawada H, et al．2005．PCR method for de-tecting trace amounts of buckwheat (Fagopyrum spp.) in food［J］. Biosci Biotechnol Biochem, 69 (4) : 724-731.

Jennifer Barnett Fox · 2020 · Understanding the science behind pet food palatability［OL］. https://www.petfoodprocessing · net/articles/13789-understanding-the-science-behind-pet-food-palatability · 2020, 04.28.

LeTellier PR, Nawar WW.1972 · 2-alkylcyclobutanones from the radiolysis oftriglycerides［J］. Lipids, 7 (1) : 75-76.

Li H, Wyant R, Aldrich G, et al · 2020 · Preference Ranking Procedure: Method Validation with Dogs［J］. Animals · an Open Access Journal from MDPI, 10 (4) .1-10.

Pekel AY, Mülazımoğlu SB, Acar N, 2020 · Taste preferences and diet palatability in cats［J］. Journal of Applied Animal Research, 48 (1) : 281-292.

Thompson H, Riemer S, Ellis S, et al · 2016 · Behaviour directed towards inaccessible food predicts consumption—A novel way of assessing food preference［J］. Applied Animal Behaviour Science (178) : 111-117 ·

寵物食品概論

主　　編：馬海樂
發 行 人：黃振庭
出 版 者：崧燁文化事業有限公司
發 行 者：崧燁文化事業有限公司
E-mail：sonbookservice@gmail.com
粉 絲 頁：https://www.facebook.com/sonbookss/
網　　址：https://sonbook.net/
地　　址：台北市中正區重慶南路一段 61 號 8 樓
8F., No.61, Sec. 1, Chongqing S. Rd., Zhongzheng Dist., Taipei City 100, Taiwan

電　　話：(02)2370-3310
傳　　真：(02)2388-1990
印　　刷：京峯數位服務有限公司
律師顧問：廣華律師事務所 張珮琦律師

定　　價：650 元
發行日期：2025 年 07 月第一版
◎本書以 POD 印製

國家圖書館出版品預行編目資料

寵物食品概論 / 馬海樂 主編 . -- 第一版 . -- 臺北市：崧燁文化事業有限公司, 2025.07
面；　公分
POD 版
ISBN 978-626-416-670-6(平裝)
1.CST: 寵物飼養 2.CST: 食品衛生
437.11　　　114009789

電子書購買

爽讀 APP

臉書